学 前 教 育 专 业 方 向 拓 展 系 列 教 材

"十 二 五" 职 业 教 育 国 家 规 划 教 材
经 全 国 职 业 教 育 教 材 审 定 委 员 会 审 定

婴儿心理与教育（0～3岁）

（第2版）

主 编／文 颐
副主编／杨春华 唐大章

YING'ER XINLI YU JIAOYU
0~3SUI

北京师范大学出版集团
BEIJING NORMAL UNIVERSITY PUBLISHING GROUP
北京师范大学出版社

图书在版编目(CIP)数据

婴儿心理与教育：0～3岁 / 文颐主编. —2版. —北京：北京师范大学出版社，2015.1(2023.1重印)

ISBN 978-7-303-17873-5

Ⅰ.①婴… Ⅱ.①文… Ⅲ.①婴儿心理学—幼儿师范学校—教材 Ⅳ.①B844.11

中国版本图书馆CIP数据核字(2014)第173810号

图书意见反馈：gaozhifk@bnupg.com 010-58805079
营销中心电话：010-58802755 58801876

出版发行：北京师范大学出版社 www.bnupg.com
北京市西城区新街口外大街12-3号
邮政编码：100088
印　　刷：北京溢漾印刷有限公司
经　　销：全国新华书店
开　　本：787 mm×1092 mm 1/16
印　　张：19
字　　数：382千字
版　　次：2015年1月第2版
印　　次：2023年1月第11次印刷
定　　价：45.00元

策划编辑：姚贵平 于晓晴　　责任编辑：于晓晴
美术编辑：焦　丽　　装帧设计：焦　丽
责任校对：李　菡　　责任印制：马　洁
封面插图：蔡爱文

前言

《婴儿心理与教育(0～3 岁)》是为了适应我国早期教育发展的需要而编撰的，本书既可作为新形势下高校学前教育专业 0～3 岁早期教育方向师资培养的专业课教材，也可作为 0～3 岁早期教育指导机构亲子课程教师和 0～3 岁婴儿家长的理论指导书。

《婴儿心理与教育(0～3 岁)(第 2 版)》在第一版的基础上增补了大量新资料，同时维持第一版的主线不变。第二版仍分为九章，具体内容结构如下：

第一、二章主要介绍了婴儿心理研究的历史、研究对象、主要研究方法以及关于婴儿心理发展的有影响的理论观点，目的是让学生了解婴儿心理研究的大概面貌；

第三章到第八章分别介绍了婴儿心理六个重点领域的年龄心理特点和不同年龄段各领域的教育重点，目的是让学生更易将婴儿心理学知识融入到未来的保教活动中；

第九章专门介绍了容易被家长和教师混淆的三对正常与异常心理表现，目的是让学生在未来的工作中能够及时采取有针对性的策略。

第二版教材坚持落实立德树人根本任务，支持国家托育事业发展，在第一版的基础上进行了如下改进：

第一，更紧跟学科发展的前沿。

新版本增加了大量能够显著提高学生理解水平的婴儿研究新成果和新理论，并以“相关链接”的方式嵌入正文，有助于学生理解知识点。每章“相关链接”栏目力求反映知识更新和科技发展的最新动态，以确保教材的针对性与适宜性。

第二，更适应当前教育教学改革发展形势。

根据新时期对幼儿教师的要求，本版修订力求突出能力培养。在充分研究当前幼儿教师素质与能力的基础上，本版优化了教材的整体结构，更突出能力培养与热点问题探讨。正文中适当设置“想一想”“教育故事”小栏目，以引导学生边学习、边思考、边实践。

为了加强对每节知识的巩固。我们结合每节的学习目标、核心知识点和技能，在最后增加了“任务回顾”栏目，以帮助学生反思自己对每个知识点学习掌握的程度，找到与教师要求的差距。同时在每章最后增加了“思考与练习”“拓展训练”“阅读导航”“学习反思”栏目，以便为学生的课后学习提供支架。

第三，更贴近实际，贴近学生。

近年来学生的整体素质水平明显提高。学生的专业意识、知识基础、学习能力等均较前几年有较大变化。本版教材在内容的广度、深度上进行了完善，提供信息的方式和途径也根据当前学生阅读方式的变化做了调整，在行文中穿插案例或图片，以丰富教材的形式，激发学生的阅读兴趣。

本教材由成都师范学院(前身为四川教育学院)文颐担任主编，由成都学院杨春华、成都师范学院唐大章担任副主编。教材第一版的作者包括：文颐、杨春华、唐大章、张岩莉、曾莉、唐爽、石贤磊、程敏、张远丽、栾文娣、李秀敏、胡玉智、文欣；第二版修订人员包括郑子莹(负责第一章修订)，唐大章(负责第二章修订)，石贤磊(负责第三章修订)，唐爽(负责第四章修订)，杨春华、张远丽(负责第五章修订)，文颐、李秀敏(负责第六章修订)，余红梅(负责第七章修订)，程敏(负责第八章修订)，文欣(负责第九章修订)。

感谢上述参与第二版修订的老师在教材改写上付出的辛勤劳动，感谢他们在繁重的教学工作之余还能抽出时间查阅大量资料、提出有价值的建议并参与撰写。同时特别感谢北京师范大学出版社姚贵平老师，因为他的指导和提醒使得本书的修订更为符合当今教材改革的要求和学生实际，使本书的质量上了一个台阶。

同以往一样，我们欢迎并感谢来自读者的批评和意见，这将有助于我们继续改进本教材。

文　颐

目录

第一章 婴儿心理研究的概述

学习目标

1. 了解婴儿心理研究的历史。
2. 知晓婴儿心理学研究的对象及其内容。
3. 理解并掌握婴儿心理研究的基本方法。
4. 了解婴儿心理研究的价值。

本章导读

小豆豆1岁半了，可他非常爱哭。为此，豆豆妈经常向其他妈妈讨教。有的妈妈告诉她："如果宝宝哭闹，先别理，让他哭会儿，否则宝宝以后就经常会用哭来要挟父母。"有的妈妈又说："这么小的孩子，他哭总是有原因的，你应该及时响应。"还有妈妈认为："小宝宝的哭闹是他(她)们的交流语言，我们要去读懂这种语言。"这种让人摸不着头脑的"火星语"常常令人束手无策。诸如此类的问题常常吸引许多教育工作者和科学家对婴儿心理与教育展开广泛的思考。

第一节 婴儿心理研究的历史沿革

早在公元9世纪，生活在古希腊斯巴达城邦中的男婴，出生后如果身体瘦小、活动无力，将会被丢弃在荒郊野外被野兽吞食。如果看起来比较强壮，父母将用冷水给婴儿洗澡以锻炼他们的意志。直到12世纪，欧洲的法律才规定灭婴为触犯法律，但是虐待婴儿的现象经常发生。婴儿被成人看作"小大人"。婴儿的命运在17世纪有了根本性的转折，人们开始懂得要对婴儿进行抚育和关心。到了19世纪婴儿的地位才有了更大的改变……

一、心理研究与心理学的产生

“心理学”一词源于古希腊语，意为“灵魂之科学”。在汉语中，我们习惯于把思想和感情叫作“心”，把条理和规则叫作“理”。心理就是心思、思想、感情的总称，而心理学则是关于心思、思想、感情等规律的学问。也就是说，心理学是研究人的心理活动及其发生、发展规律的科学。

心理学，既是一门年轻的科学，又是一门古老的科学。说它古老，是指人类探索自己的心理现象，已有两千多年的历史。说它年轻，是指心理学最初包含在哲学中，并没有成为一门独立的学科，直到 1879 年冯特在德国莱比锡大学建立了第一个心理学实验室，心理学才从哲学中分离出来，成为一门独立的专门研究人的心理现象的科学。

之后心理学经历了繁荣发展的阶段，涌现出了各种有关心理学的流派和一批杰出的心理学家，如行为主义的创始人华生，精神分析学派的创始人弗洛伊德等。心理学尽管是一门年轻的学科，但有着强大的生命力。当前，心理学已越来越广泛地应用于人们生活实践的各个领域。

相关链接

科学心理学和儿童心理学诞生的标志

1879 年，德国著名心理学家冯特在德国莱比锡大学创建了世界上第一个心理学实验室，开始对心理现象进行系统的实验研究，使心理学从哲学中脱离出来，成为一门独立的学科。

1882 年，德国生理学家普莱尔出版了《儿童心理》一书，该书是他对自己的孩子从出生到三岁每天进行系统观察记录的基础上整理而成。《儿童心理》被公认为一部科学的、系统的儿童心理学著作，该书的正式发表标志着科学的儿童心理学的诞生，普莱尔亦被称为“儿童心理学之父”。

二、婴儿心理研究的历史与现状

(一)婴儿心理的早期研究

心理研究有着悠久的历史渊源和短暂的历史，婴儿心理研究的发展也不例外。有史以来，儿童被认为是成年人的雏形，婴儿则是更小的小人。在古希腊、古罗马社会，儿童就被认为是未来的公民，接受成人式的任务训练。那时的人们从未考虑过儿童具有自己独特的天性。①我国对婴幼儿心理的论述有着悠久的历史渊源。早在公元前 500 年，中国伟大的教育家孔子已经对婴幼儿心理发展表述过自己的独特的看法，如“性相近，习相远”。孔子认为婴儿出生时，先天上有许多相近和相似之处，随着后天的教育和社会的影响，其发展情况越来越有差异。到公元 15 世纪，明代哲学家王廷相对此做了进一步深入的表述，他说：“婴儿在胞中自

① 桑标. 当代儿童发展心理学[M]. 上海：上海教育出版社，2006：10.

能饮食，出胞时便能视听，此天性之知，神代之不容已者。自余因习而知，因悟而知，因过而知，皆人道之知也……人也，非天也。”①在这些论述中，我们可以看到古代学者对婴幼儿遗传和后天环境对婴幼儿发展的重视。同时，我们也可以看到我国古代教育思想的先进性和前瞻性。

相关链接

扬·阿姆斯·夸美纽斯

扬·阿姆斯·夸美纽斯(1592—1670)，捷克教育家，西方近代教育理论的奠基者，出身于一个磨坊主家庭；年轻时被选为捷克兄弟会的牧师，并主持兄弟会学校；三十年战争(1618—1648)爆发后数十年被迫流亡国外，继续从事教育活动和社会活动。他尖锐地抨击中世纪的学校教育，号召“把一切知识教给一切人”，提出统一学校制度，主张普及初等教育，采用班级授课制度，扩大学科的门类和内容，强调从事物本身获得知识。主要著作有《母育学校》《大教学论》《语言和科学入门》《世界图解》等。

从 18 世纪后期到 19 世纪中期，随着社会观念的发展，越来越多的人认识到尊重儿童、发展儿童天性的重要性，越来越重视利用儿童心理的特点与规律去教育儿童。

捷克教育家夸美纽斯(J. A. Comenius)从人的本性出发，把儿童从出生到成熟分为四个年龄阶段，并编写了第一本以儿童年龄特征为基础、系统讲述科学知识的书——《世界图解》。此外，夸美纽斯还提出了一系列符合儿童特点并能促进儿童心理发展的教育与教学原则。

英国哲学家洛克(J. Locke)提出了“白板说”，认为人的心灵在出生时就如一块白板，一切知识和观念都是从后天的经验中获得的，因此，儿童心理发展的原因在于后天，在于教育。他强调要培养儿童的兴趣，发展儿童的独立能力，并认为良好习惯的培养应从很小的年龄就开始。

法国思想家卢梭(J. Rousseau)的儿童观集中体现在他的教育哲理小说《爱弥儿》一书中。在书中他提出儿童不是成人的宠物和玩物。儿童首先是一个完整的“人”，是有自己的思想、意识和情感的人。成人应该尊重儿童，对儿童的教育要遵循自然法则，应按照他们的本性，考虑他们的年龄特征。他根据自身对儿童发展进程的理解，将儿童的年龄特征分为四个阶段：第一阶段，0～2 岁是身体发育较快的时期；第二阶段，2～12 岁是“理智睡眠”或外部感觉发展时期；第三阶段，12～15 岁是发展理智的时期；第四阶段，15 岁至成年是“激动和热情”时期，这段时期主要应实施道德教育。②

相关链接

让·雅克·卢梭

让·雅克·卢梭(1712—1778)，法国伟大的启蒙思想家、哲学家、教育家、文学家，是 18 世纪法国大革命的思想先驱，启蒙运动最卓越的代表人物之一。主要著作有《论人类不平

① 张民生．0～3 岁婴幼儿早期关心与发展的研究[M]．上海：上海科技教育出版社，2007：18.

② 桑标．当代儿童发展心理学[M]．上海：上海教育出版社，2006：12.

等的起源和基础》《社会契约论》《爱弥儿》《忏悔录》《新爱洛漪丝》《植物学通信》等。

之后达尔文的研究对婴儿心理学的发展有更重要的作用。达尔文经过长达 27 年的环球考察与研究，于 1859 年出版了《物种起源》。在《人类的由来和性选择》(1871)中，达尔文提出人猿同祖，并认为人与动物具有心理上的连续性；《动物与人类的表情》(1872)则进一步分析了人类与动物表情上的共性和共同的发生根源。达尔文不仅从种系演化的途径研究了人类心理的发生与发展，也从个体变化的途径研究了个体心理的发生与发展。他认为，通过对儿童的观察研究可以了解人类心理的发展，并揭示动物心理向人类心理的演变过程，儿童成了研究进化的最好的自然实验对象。达尔文根据长期观察自己孩子的心理发展而写就的《一个婴儿的传略》(1876)，是儿童心理学领域早期的专题研究成果之一。

相关链接

查尔斯·罗伯特·达尔文

查尔斯·罗伯特·达尔文(1809—1882)，英国生物学家，进化论的奠基人。曾乘“贝格尔”号舰作了历时 5 年的环球航行，对动植物和地质结构等进行了大量的观察和采集。出版《物种起源》这一划时代的著作，提出了生物进化论学说，从而摧毁了各种唯心的神造论和物种不变论。除了生物学外，他的理论对人类学、心理学及哲学的发展都有不容忽视的影响。恩格斯将“进化论”列为 19 世纪自然科学的三大发现之一。

在此阶段婴儿心理发展的早期研究具有很大的局限性：大多只限于婴儿感知觉等可观察的现象研究，没有形成系统的研究体系；大多使用日记法(或传记法)和观察法，其他研究方法很少，而且大多数的研究都只限于对个别婴儿的观察。总之，这个阶段的婴儿心理研究仅仅是婴儿心理研究的粗浅的、片面的、不成系统的阶段。

19 世纪下半叶，德国实验心理学家、生理学家普莱尔对婴儿心理研究的发展作出了杰出的贡献。他在儿子出生不久后就每天对儿子进行观察。在对儿子 4 岁前心理发展的报告里，他做了深入细致的观察和记录，并将别人提供的素材以及动物行为的比较资料渗透其中。他辛勤劳动而编著的《儿童心理》(Preyer，1882)一书是一部儿童心理学经典著作。① 普莱尔的书共分三编②：第一编讲感知觉的发展(关于视觉、听觉、肤觉、嗅觉、味觉和肌体觉的发展)；第二编讲意志的发展(主要关于动作的发展)；第三编讲智力的发展(主要关于语言的发展)。这本专著既把婴儿心理研究推向了一个新的起点，同时也标志着科学儿童心理学的诞生，并为婴儿心理学的产生奠定了最初的科学体系。

相关链接

普莱尔

普莱尔(1841—1897)，儿童心理学的创始人，德国实验心理学家和生理学家，其 1882 年

① 朱智贤. 儿童心理学史论丛[M]. 北京：北京师范大学出版社，1982：1-2.

② 普莱尔. 幼儿的感觉与意志[M]. 孙国华，等译. 北京：科学出版社，1960.

出版的《儿童心理》一书被公认是第一部科学的、系统的儿童心理学著作。书中，普莱尔肯定了儿童心理研究的可能性，并系统地研究了儿童的心理发展；他阐述了遗传、环境与教育在儿童心理发展中的作用，并旗帜鲜明地反对当时盛行的“白板说”；他运用系统观察和传记的方法，开展了比较研究，对比了儿童与动物的异同点，对比了儿童智力与成人特别是有缺陷的成人智力的异同点，为比较心理学乃至发展心理学作出了不可磨灭的贡献。

(二)婴儿心理研究的相对停滞时期

19 世纪 80 年代到 20 世纪 50 年代末 60 年代初，由于社会历史条件和研究方法的限制，0～3 岁研究总体上始终处于相对停滞阶段。在此阶段，婴儿心理发展的研究无论是从研究的数量上还是质量上来说，都是相当的不足。但在这个漫长的时期内，曾有两个稍起“波澜”的时期。一是 20 世纪二三十年代，关于儿童“天性—教养”之争；二是在 40 年代中后期，关于婴儿情绪、社会性发展等方面的研究。

1. 关于儿童“天性—教养”之争

早在 17 世纪，不同观点、学派的哲学家们在认识论上，也就是在知识的来源和发展问题上形成了明显对立的两大派别，即天性论和经验论。这两种不同的认识论运用在关于人类发展上，演化为关于天性与教养问题的争论。① 英国哲学家约翰·洛克认为，天性和教养是婴儿发展的决定因素。他认为，婴儿的心灵生来是一块白板，在后天生活中接受各种各样的影响而成长。但是天性论者断然拒绝那种认为婴儿生来只带有一个“空白的头脑”的观点。天性论者以柏拉图和笛卡儿所主张的先天理念为重要依据，认为人生来就具有在发展过程中展现并成为有意识的先天理念，婴儿发展由天性决定。

20 世纪二三十年代所进行的关于婴儿行为和发展的研究大都是为要证明上述两种观点中的一种，从而展开比较激烈的儿童“天性—教养”之争。环境决定论者认为儿童心理的发展完全是外界影响的被动结果，强调环境教育的作用，华生是这一主张的代表。而与此持相反主张的是格塞尔提倡的“天性说”。格塞尔认为支配儿童心理发展的因素有二：成熟与学习。格塞尔认为学习需要一定的成熟作为基础，某机能的生理结构未达成熟之前，学习训练是不能进行的。格塞尔并不完全否认学习、环境的作用，认为“评价成长的特点时，我们不应忽视环境影响——文化背景、同胞、父母、营养、疾病、教育等，但上述这些必须把它们与最初的素质构成因素联系起来考虑，因为素质构成因素最终决定所谓‘环境’的反应程度乃至反应方式。机体始终参与着对它所处环境的创造活动，而儿童的成长特征实际上是内在因素和外在因素之间相互作用的最后产物的表现……”

与此同时，精神分析学家弗洛伊德认为，婴儿心理发展结果是由生物学上的“阶段”与环境体验相互作用造成的。瑞士心理学家皮亚杰也认为，婴儿发展是机体和环境相互作用的复杂过程的产物。后来的争论由于当时研究技术和条件的限制没能得到妥善的解决，但由这场争论带给人们的思考却从来没有停息过。

---

① 孟昭兰．婴儿心理学[M]．北京：北京大学出版社，2001：11.

2. 关于婴儿情绪、社会性发展等方面的研究

20世纪40年代以来，以鲍尔比(J. Bowlby)为代表对婴儿的社会性依恋和感情剥夺的开创性工作，对婴儿先天特性的无限展露提出了有说服力的证据，同时把社会化与本能特性紧密结合的思路和研究成果为婴儿心理研究开辟了新的领域。①

(三)婴儿心理研究的蓬勃展开

在20世纪50年代末60年代初期，由于社会的发展、教育研究和心理研究的深入等多方面的原因，婴儿心理研究又重新得到关注，到20世纪80年代后，广泛开展的婴儿研究形成了一股世界的热潮②。

相关链接

美国正式公布脑科学研究计划

2013年4月2日，美国白宫正式公布一项被认为可与人类基因组计划相媲美的脑科学研究计划(以下简称“脑计划”)，以探索人类大脑工作机制、绘制脑活动全图、针对目前无法治愈的大脑疾病开发新疗法。这项计划有三大特点，即通过公私合作的方式完成，潜在影响力深远，同时面临艰巨挑战。

公私合作

在“脑计划”中，美国将采取“集中力量办大事”的思路，吸纳公立和私营的科研机构共同参与。多家联邦公立机构将为此拨款，如美国国家卫生研究院将在2014财年为“脑计划”投入约4000万美元，该机构下属的15个研究所和中心将参与其中。美国国家科学基金会将提供2000万美元，用于开发分子尺度的探测装置，力争能感知并记录神经网活动，并通过“大数据”技术增进对大脑思维、情感、记忆等活动的理解。在私营机构中，一些相关研究项目在“脑计划”正式启动前就已起步。例如艾伦脑科学研究所在去年3月启动为期10年、旨在理解大脑活动的项目，每年将为此提供6000多万美元。霍华德·休斯医学研究所于2006年启动主要研究神经网络的新园区，每年将提供至少3000万美元的资助。

分析人士认为，“脑计划”将促进美国公私科研机构之间的合作，推动脑科学各个领域的跨学科交流。

影响深远

过去10年中，科学家已在脑科学领域取得了一系列重要发现，为实施“脑计划”打下了良好基础。这些发现包括人类基因组测序、研制出为神经连接绘图的新工具、提高造影技术的分辨率等。现在科学家已能利用光脉冲确认大脑中具体的细胞活动如何影响行为，还可利用高分辨率造影技术观测大脑如何在架构和功能上连接。

“脑计划”无疑将进一步推动技术的进展，白宫在启动该计划的声明中强调了其深远影

① 孟昭兰. 婴儿心理学[M]. 北京：北京大学出版社，2001：14.
② 庞丽娟. 婴儿心理学[M]. 北京：北京师范大学出版社，1999：31.

响——“脑计划将加速新技术的开发和应用，使研究者能绘制复杂神经回路图像，实时捕捉大脑中‘一念闪过’时细胞间的交互动态。”

“这些技术将打开探索大脑如何记录、处理、使用、存储、找回海量信息的大门，加深对大脑功能和复杂行为的理解。”

（引自：科技日报[N]. 2013-04-04.）

莱因格德、范茨与贝尔林分别发表了关于婴儿的研究报告和著作，让长期受到人们忽视的婴儿心理学又重新受到了重视。这三个实验报告分别是：莱因格德关于通过环境干预矫正婴儿“设施病”、培养社会反应性的实验报告；范茨与贝尔林分别发表的关于婴儿视觉和行为的研究报告。这些研究报告让人们看到了婴儿心理学发展的广阔前景，促进了婴儿心理学的发展①。

另一位值得关注的心理学家是皮亚杰。皮亚杰重视婴幼儿时期智力的发生和发展的研究。他在其夫人的协助下详细研究了他们的孩子在出生头几年的心理发展，提出了有关儿童智力起源、儿童象征行为(游戏和模仿)等一系列重要的理论。1963 年他的《发展心理学》一书很快在美国心理学界引起强烈反响。其中提出的认知理论得到心理学家广泛的认同，理论里提到的同化与顺应、图式、“客体永久性”等学术名词引起了人们普遍关注。

此后婴儿心理的研究进入了一个迅速发展的时期。这个时期也涌现出了大量优秀的婴儿心理学家，如吉布森、鲍厄、托马斯、艾斯沃斯等。他们都在各自的领域作出了超越前人的研究工作，为婴儿心理研究的发展作出了非常重要的贡献。进入 20 世纪 80 年代以后，随着社会的发展和科学技术的进步，婴儿心理研究的新技术、新方法更是层出不穷，婴儿心理学理论发展进入了鼎盛时期。以 0～3 岁婴儿为对象进行的研究取得了一系列令人振奋的成果。通过测量婴儿注视不同图案的时间或者吸吮可以发出女性声音的奶嘴的频率，研究者发现新生儿对看到和听到的内容有一些特殊偏好。通过对婴儿面部表情进行录像，研究者记录下了婴儿第一次出现基本情绪(如喜、怒、惧)的时间。借助成像技术，研究者将特定的功能和情绪与大脑的不同脑区联系起来。特别是 90 年代后脑科学研究的迅速发展更是大大拓展了婴儿心理和教育研究的深度和宽度。总而言之，我们现在了解到，婴儿的世界相当丰富，他们的能力远远超出了我们先前的想象。

相关链接

脑科学与教育

对教育的研究与实践起重要作用的脑科学新概念，归纳起来至少有 5 方面。

1. 大脑神经突触生长呈倒 U 状的模型假说。

大脑的秘密主要在于神经细胞，而脑科学研究发现，早期大脑神经突触联系形成最为迅速。假定这个倒 U 状模型是存在的话，似乎可以得出这样一个结论，突触生长高峰期的童年是学习收获最多和智力发展最充分的时期。这项研究发现对开展早期教育提供了科学依据，

① 庞丽娟. 婴儿心理学[M]. 北京：北京师范大学出版社，1999：11.

尽管还没有完全证实，但值得进一步探讨。

2. 大脑发育的关键期假说。

脑科学研究的另一项发现是关于大脑发展的关键期问题。最近这30多年来，数以百计的脑科学专家对“关键期”进行了大量研究并已取得相当的进展。其科学结论简要说来就是，脑的不同功能的发展有不同的关键期，某些能力在大脑发展的某一敏感时期最容易获得，如人的视觉功能发展的关键期大约在幼年期；对语言学习来说，音韵学习的关键期在幼年，而语法学习的关键期则大约在16岁以前。此时相应的神经系统可塑性大，发展速度特别快，过了这段关键期，则可塑性与发展速度都要受到很大的影响。此外，对不同的人来说，脑的不同功能发展的关键期也并不完全一致，存在着一定的个体差异，在脑的不同发展上有着不平衡性。所以在教育中要抓住关键期，让诸如视觉、听觉、语言等能力都应适时打开“机会之窗”（“windows of opportunity”），使脑的不同功能得到及时的发展。如果教育工作者能在关键期给予儿童适当的学习机会，则不但学得快，还可以促进生理发展，进而更能促进相应能力的发展。为此，有必要深入研究大脑发展关键期的起始时间、持续时间、表现形式、所需学习经验的性质和作用，以及教育与关键期的匹配问题，这对于在儿童的教育中如何发展脑的最大潜能而不导致认知障碍有着重要意义。

3. 大脑的变化、学习和记忆及脑内神经元的联结程度决定于环境对大脑的刺激。

脑科学研究发现，多姿多彩的环境刺激对早期大脑发展具有显著的影响。科学材料证实，大脑的生理变化是经验的结果，而大脑功能的水平在很大程度上取决于其工作时所处的环境状态，服从“用进废退”的规则。

4. 脑高级功能的生理基础主要是后天形成并终生可变，不存在先天预成的智力，也不存在单一性的智力，心智的结构是多元的。

脑科学研究的这一项发现与上述发现有着密切的联系，即智商不是生来固定不变的。美国亚拉巴马大学心理学家拉迈耶在1996年从事了一项对贫困儿童进行早期教育干预的研究，证实了对贫困儿童的教育干预方案能够有效防止他们智力发展上的延缓，并能提高IQ分数。该项研究中还有一个重要的发现是，智商测试或许是一个有用的工具，但智力实际上是多元或者说多重的。因为每个大脑表现出来的个体特征不尽相同，在情感、行为和认知能力上存在着差别。在这方面美国哈佛大学心理学教授加德纳曾花数年时间分析了大脑和大脑对教育的影响。

5. 突出了杏仁核在情绪反应乃至大脑整体结构中的关键作用，并强调大脑神经系统和行为系统的整合机能，进而提出“情感智力”和“情商”(EQ)概念，向狭隘的经典智力和智商(IQ)概念提出了挑战。

脑科学研究越来越多的证据表明：情感在人类学习中起着不可低估的作用，情感与认知并不是对立的两个过程，而应当理解为两个并行的过程，它们以特殊的方式联系在一起，对有机体有不同的意义或价值，都是脑神经整体功能的体现，反映出神经活动的效率。

［引自：刘力．脑科学与教育：值得关注和拓展的研究领域[J]．教育研究，1999(8)．］

任务回顾

序号	本节知识要点	教师认为应达到的程度	学生自评达到的程度
1	掌握心理学的概念	☆☆☆☆	☆☆☆☆
2	科学心理学和儿童心理学诞生的标志	☆☆☆☆	☆☆☆☆
3	婴儿心理研究各历史时期的主要代表人物及其主要观点	☆☆☆☆	☆☆☆☆
4	儿童“天性—教养”之争的本质	☆☆☆☆	☆☆☆☆
备注	☆　了解：记住了知识要点 ☆☆　掌握：理解了知识点之间内在的逻辑关系与要义 ☆☆☆　分析：在理解的基础上，应用知识点对相关教育观点或现象进行分析评价 ☆☆☆☆　运用：综合使用已掌握的知识，创造适当的方法解决专业问题(如开设专题讲座、修改教案或点评课堂、创设教育环境、撰写评论文章等)		

第二节　婴儿心理研究的对象、内容及意义

一提到婴儿心理研究，人们不禁要说，不就是研究婴儿，这有什么好问的。但是如果我们进一步追问，什么年龄的儿童算是婴儿呢？却有众多的答案。在一次关于婴儿教养的调查中得到了很多的回答：“婴儿就是不会走路的孩子。”“婴儿就是还没有上幼儿园的孩子。”“婴儿就是吃饭还要靠人喂的孩子。”“婴儿就是 1 岁前的孩子。”“婴儿就是 2 岁前的孩子。”……带着这些疑问我们进入这一节内容的学习，去寻找相关的答案。

一、婴儿心理研究的对象

婴儿心理研究与“婴儿”这个概念有着密切的联系。在涉及“婴儿”这个概念的时候，“对婴儿到底是哪个年龄阶段的儿童?”学术界说法很不统一。早期儿童心理学把婴儿期认定为 0～1 岁。医学把婴儿与乳儿等同，也认定为 0～1 岁。心理学著作中，有的把婴儿期也看作是 0～1 岁，有的则扩展到 0～2 岁，以至 0～3 岁。①

(一)“0～1 岁”说

持“0～1 岁”说的学者认为，从字源上分析，英语中的婴儿一词来源于拉丁文 infants，其原意就是“不会说话”的意思。因此，婴儿就是指 1 岁前不会说话的儿童，而只要 1 岁后会说

① 孟昭兰．婴儿心理学[M]．北京：北京大学出版社，2001：21.

话就不再是婴儿了。婴儿期以从出生到 1 岁为界。这一观点在欧美各国心理学界是最为传统的说法，由来已久，且至今还有一定的市场。如查普林主编的《心理学词典》和里博主编的《心理学词典》中，均把婴儿期限定为“生命第一年的儿童”。中国台湾的张春兴和苏联的穆欣娜等亦持此观点。

(二)“0～2 岁”说

传统的“0～1 岁”说严格地规定了婴儿心理狭小的研究领域，严重地束缚并妨碍了婴儿心理发展规律的揭示和研究内容的扩大，因而已逐渐被现代婴儿心理研究工作者所抛弃。20 世纪 70 年代以来，婴儿心理研究者开始突破“0～1 岁”说的界限，认为婴儿包括从出生到 2 岁前的儿童，并对 0～2 岁范围内的婴儿心理发生、发展的全过程开展了广泛的研究。这一趋势和这些成果都集中反映在沃尔曼主编的《发展心理学手册》和黑斯与坎普斯主编的《儿童心理学手册》第二分卷《婴儿和发展心理生理学》中。

(三)“0～3 岁”说

持这一观点的心理学家认为，婴儿是指从出生到 3 岁的儿童。近年来，越来越多的研究者持这种观点。这一倾向反映了当前婴儿心理研究的最新进展。进入 20 世纪 80 年代以来，由于各领域里婴儿心理发展研究成果提供给人们的新认识和心理发展连续性规律研究的需要，人们普遍开始将婴儿理解为 0～3 岁的儿童，将儿童心理研究的范围扩展到 3 岁，使许多原在 2 岁处终止的研究有了“下文”。学者们试图把婴儿的某种水平的认知策略、同伴关系发展、个性特征的显露等方面纳入婴儿期中。这一动向突出地反映在奥索夫斯基主编的《婴儿发展手册》和墨森与凯根等编著的《儿童发展与个性》等著作中。在我国林传鼎、陈舒永、张厚粲(1986)主编的《心理学词典》和朱智贤、林崇德(1988)编著的《儿童心理学史》等著作中，也都将婴儿界定为 0～3 岁的儿童。①

弄清楚婴儿这一概念的确切年龄界限，是很重要的。孟昭兰认为界定婴儿期应从下述 8 个心理结构子系统的转折来看，当下述 8 个方面都达成后，婴儿才成长为幼儿：②

第一，身体系统的生长与成熟，达到摆脱成人的携带、能独立地移动自身位置，去实现随意活动。

第二，神经系统的发育成熟，达到神经细胞数量增长和神经联结构造基本完成，保证婴儿随意运动的实现；脑的功能区域的划分和成熟。

第三，言语能力发展，初步掌握语法规则，保证基本生活所需的口语理解与表达。

第四，认知能力发展，达到在表象记忆水平上、在动作中进行思维操作。

第五，自我的发展，达到把自己与外界、他人区分开来。

第六，情绪的发展，基本情绪的各类品种已具备。

第七，个性发展，个体稳定的气质特征明显定性和性格倾向的初步显露。

---

① 庞丽娟. 婴儿心理学[M]. 北京：北京师范大学出版社，1999：2-3.

② 孟昭兰. 婴儿心理学[M]. 北京：北京大学出版社，2001：22.

第八，社会性发展，通过依恋成人与他人交往保证初步的社会适应能力。

上述 8 个方面发展有先有后，相互连接又参差不齐。因此并非在同一天达到，但总体上在 2～3 岁均可实现。因此婴儿期确定在 0～3 岁较为妥当。

因此，婴儿心理研究的对象是 0～3 岁儿童的心理和行为。

二、婴儿心理研究的内容

婴儿心理研究的众多成果，反映在婴儿心理学中。婴儿心理学是专门研究婴儿心理发生、发展规律的科学。它不仅是心理学的重要分支，更是儿童发展心理学的重要分支。

婴儿心理学将婴儿心理研究的问题集中在三个方面：第一个方面，是什么？即婴儿心理发展过程的特征与模式是什么？第二个方面，什么时间？婴儿心理特征与模式发展变化的时间表。第三个方面，什么原因？影响婴儿心理发展变化的内在机制和外在原因是什么？对上述三个问题研究成果体现在四个方面：

(一)婴儿心理发展的趋势与基本规律

心理发展具有一定的方向性和先后顺序，按由低级到高级、由简单到复杂的固定顺序进行。如个体动作的发展，就遵循自上而下、由躯体中心向外围、从粗动作到细动作的发展规律。

(二)儿童各阶段的心理年龄特征

婴儿心理发展是一个从量变到质变的发展过程，即量变和质变的统一。先有量变，量变积累到一定程度发生质变。婴儿心理发展的阶段性体现在婴儿心理发展呈现出年龄特征，具体理解为：

第一，婴儿心理年龄特征是指婴儿心理在每段年龄上的特征；

第二，婴儿心理年龄特征是指婴儿心理在一定年龄阶段中的那些一般的、典型的、本质的特征。

(三)儿童心理的个体差异

婴儿心理发展不平衡性的表现：心理的各个组成成分的发展速度不相同；个体整个心理面貌变化速度不同。虽然同一年龄阶段的儿童无论是身体还是心理方面都存在着发展的共同趋势和规律，但是不同的人发展特点不同，同一个人不同心理领域发展的速度不同，人生不同时期发展的速度也不同。

(四)影响心理的各种因素

影响儿童心理发展的因素很多，包括遗传因素、环境因素、教育因素、实践活动因素以及个人主观努力因素等。其中遗传因素是心理发展的生物前提，环境因素和教育因素起着决定作用。从科学的心理学创建以来，关于遗传和环境问题的争论经历了三个时期：20 世纪初，问题的提法是一种非此即彼的绝对二分法，即“是谁起决定作用”；20 世纪中叶，开始注意到遗传和环境二者都是必不可少的条件，开始研究分析各自的作用，即“各起多少作用”；发展到现代，随着研究的深入，越来越显示二者的复杂关系，因而开始探究二者是“如何起作用”，分析二者的相互制约的关系。

三、婴儿心理研究的意义

(一)婴儿心理研究在早教工作中的价值

进入21世纪以后，人类纷纷从教育上寻找面对知识经济的对策。因此，教育和人才的竞争成为世界各国关注的热点。随着脑科学研究的新进展，婴幼儿早期教育越来越受到国际社会的广泛关注。如美国的“不让一个孩子掉队”教育法案提出教育要从婴幼儿抓起，强调早期教育对孩子一生的发展有重要的作用[①]。英国于1997年开始实施“良好开端”。该计划是一项由政府发起、以早期保育和教育为切入点的、综合性社区婴幼儿早期发展和教育的服务计划，目的是为生活在条件不利区域的未来父母以及拥有3岁以下婴幼儿的家庭提供更多、更好的服务，将早期教育纳入社会的公共服务体系，使儿童有一个良好的人生开端。新西兰从1993年就启动了以前首相名字命名的3岁前婴幼儿教育的国家计划——“普鲁凯特计划”。新西兰教育部在《面向二十一世纪教育》报告中明确提出：“教育必须从出生开始。”[②]

我国对0～3岁早期教育的重视起步晚于大多数的发达国家。长期以来，我国的学前教育虽然把范围划到了0～6岁，但主要是关注3～6岁的教育。20世纪90年代末，随着社会的发展和经济条件的提高，0～3岁的早期教育开始引起幼教界专家、学者、教师及家长的广泛关注。21世纪初，0～3岁婴幼儿早期教养工作开始进入国家决策。2001年5月国务院批准印发了《中国儿童发展纲要(2001—2010年)》。《纲要》以促进发展为主题，以提高儿童身心素质为重点，以培养和造就21世纪社会主义现代化建设人才为目标，从儿童与健康、儿童与法律保护、儿童与教育、儿童与环境四个领域，提出了2001—2010年的目标和策略措施。在儿童与教育方面，第一次提出要发展0～3岁婴幼儿的早期教育。《国家中长期教育改革和发展规划纲要(2010—2020年)》再次提到重视0～3岁婴幼儿教育。

随着人们对教育的重视，教育扩展到0～3岁是世界教育发展的必然趋势，但早期教育要想有效，必须有据可依，有规可循。婴儿心理研究恰恰可以为0～3岁婴儿的教育提供全面的、系统的、科学的心理依据，使之既适合于婴儿而又有效地促进婴儿心理的发展。比如，婴儿的学习方式是什么？学习的内容应该怎样规定才科学？在不同的发展阶段，应该给予婴儿什么样的教育才是有效的？0～3岁的教育更应该看重孩子哪些方面的发展？这一切问题的解决都需要婴儿心理研究为其提供相应的科学依据。否则，早期教育将偏离科学发展的道路。

总而言之，婴儿心理研究对早期教育的发展有重要的贡献。具体来讲，为保教人员了解和评估儿童提供参照；为保教人员制定适宜课程和创设保教环境提供依据；为保教人员评估自身和托幼机构的保教行为提供标准。另外，婴儿心理学是学前教育专业的一门重要的专业

---

①② 张民生．0～3岁婴幼儿早期关心与发展的研究[M]．上海：上海科技教育出版社，2007：1.

基础理论课，为后续学习婴儿教育教法提供了依据。作为未来的教育工作者，学习婴儿心理学，可以避免工作中的盲目性，提高教育工作成效，科学地教育儿童。

想一想

让幼小的婴儿过早接受目标明确的教育，是否真的对孩子的身心健康有益？

随着人们对早期教育重要性的认识，承担着科学育儿服务与指导重任的早教机构应运而生，自1998年国内第一家早教机构在北京市成立以来，早教机构便如雨后春笋般在中国各大中城市迅速发展起来。“不要让孩子输在起跑线上”“最新科学研究表明，孩子3岁前将完成大脑发育”“全面提升宝宝IQ、EQ”……各种早教机构打出的宣传口号让不少家长怦然心动。市民冯小姐给1岁的女儿报读了2万元的天才式早教课程，每节课价格高达220元。为了孩子能成才，她和老公勒紧裤腰带，省吃俭用。身为父母希望孩子有更好的发展是人之常情，但将希望寄托于早教培训班，让幼小的婴儿过早接受目标明确的教育，是否真的对孩子的身心健康有益呢？

（二）婴儿心理研究在专业学科体系中的作用与地位

1. 理论价值

婴儿心理研究可以为辩证唯物论、心理学等提供理论依据。

（1）可以为辩证唯物主义的基本原理提供科学依据

婴儿心理研究不仅研究婴儿个体心理现象的发生和发展，具体说明环境对个体心理发展的作用，各种心理现象在什么条件下产生，在什么条件下发展变化，还揭示了婴儿心理发展的过程、动力和原因，揭示婴儿心理变化、发展的内、外部矛盾及其在发展各阶段的不同表现，以及各矛盾对立统一、变化发展的过程。这些资料都可以为揭开意识起源的奥秘提供依据，为论证辩证唯物主义关于“物质第一性，意识第二性”的基本原理提供佐证，为唯物辩证法中的质变、量变规律、矛盾运动法则和辩证否定规律等基本原理提供丰富的事实依据。

婴儿心理研究个体心理从简单到复杂的变化发展，揭示人的认识过程通过从感知到思维的形成过程。这些过程在成人是以比较压缩的形式，在较短时间内完成的，各阶段之间的界限非常不明显。而个体的早期阶段，这些过程的形成以缓慢的方式进行，以扩展的形式，在较长时间内逐步形成，发展的阶段性也比较清楚。因此，婴儿心理的研究，可以为辩证唯物主义认识论关于感性认识与理性认识的关系以及认识与实践的关系等基本原理的正确性提供可靠的依据。

总之，婴儿心理的研究可以有助于我们理解辩证唯物主义的基本原理，形成辩证唯物主义的科学世界观，提高同一切迷信思想和作风作斗争的能力！

（2）有助于丰富和充实心理学的一般理论

婴儿心理的研究有助于丰富和充实心理学的一般理论。例如，在婴儿期，在言语或思维发生之前均存在着一个相当漫长的前言语或前思维阶段，关于婴儿思维发生发展和语言发生发展的研究，有助于解决思维和语言的关系问题。而思维和语言的关系，是心理学的基本理论问题之一。其他如婴儿心理活动从完全依靠外部动作向逐渐内化的发展等许多资料也涉及心理活动的一般规律和对心理实质的理解。由于婴儿心理的研究对心理学理论的发展有如此重要的意义，因此许多著名的心理学家，如华生、弗洛伊德等，在他们的研究中都涉及了婴儿心理研究的问题。

2. 实践意义

(1)社会实践的需要是婴儿心理研究产生的根源

许多研究表明，原始社会的最早期，人类无所谓童年。这并非指生理方面，而主要是指由于当时社会生产水平低下，儿童在很小的年龄就在成人的带领下参加劳动了。随着社会的发展和生产力的提高，儿童跨入成人社会所需要准备的时间延长了，从此有必要单独划出所谓儿童时期——童年。①

教育界开始涉及儿童心理的有关问题是在学校教育产生之后，但是在资产阶级革命之前的整个历史阶段，尤其是在中世纪，儿童不为社会所重视，因此那时没有任何关于对儿童心理的研究，更没有对婴儿心理的研究。资产阶级革命以后，儿童观发生了根本性的变化。儿童观的改变引起了人们对儿童的重视，同时也促进了儿童心理研究受到普遍重视。

20 世纪以来，特别是 20 世纪 80 年代以来，科学技术迅速发展，儿童的发展，尤其是早期教育越来越受到社会的重视。这样的形势为婴儿心理研究的发展提供了有力的保证。近年来，高端科学技术更是以突飞猛进之势迅速地发展，如医学科学、神经生物学的发展，以及电子计算机等技术的广泛应用，为婴儿心理研究提供了新的技术和方法论原理，婴儿心理研究朝着更为科学的方向发展。

相关链接

《超级育儿师》，一档值得关注的育儿节目

《超级育儿师》是全球知名的亲子真人秀节目《Super nanny》的中国版，2013 年 12 月 13 日正式登陆 CCTV－2 央视财经频道，为中国年轻父母带去值得借鉴和参考的育儿早教知识，一播出就受到广大家长的热捧。

《超级育儿师》关注年轻父母的育儿困惑，以轻松、富有戏剧性的方式向家长传递科学育儿理念。育儿师走进存在育儿问题的家庭，通过近距离观察、家庭会议、制定家庭规则、协助管教、暂时离开、最后指导等步骤，让家中的“淘气包”变成“乖宝宝”。节目中真实但戏剧性的家庭矛盾冲突，真实的场景展现，专业科学的心理分析，让观众学会不同的育儿问题下不凡的教育方法。例如，节目中有位叫小帅的 2 岁宝宝非常贪吃，只要是吃的，来者不拒，甚至连苦瓜也吃。可能是因为吃得太多，嘘嘘、屁屁就来得毫无征兆，随心所欲、满地开花！因此家里人为了防止小帅吃过多的东西，都背着小帅躲在厨房里吃饭。育儿师通过几天观察，发现小帅贪吃只是表象，深层次原因来自于心理——严重缺乏安全感。想让孩子不贪吃，就必须帮助他重新建立安全感，以避免幼儿产生用食物来代替其他需求的心理。

《超级育儿师》节目能引发收视狂潮，其背后的原因正是它所带来的育儿良方。

① 陈帼眉. 学前心理学[M]. 北京：人民教育出版社，2009：6.

(2)对儿童医疗卫生保健及其他领域的贡献

前面提到婴儿心理研究不仅研究婴儿个体心理现象的发生和发展，具体说明环境对个体心理发展的作用，各种心理现象在什么条件下产生，在什么条件下发展变化，还揭示了婴儿心理发展的过程、动力和原因，揭示婴儿心理变化、发展的内、外部矛盾及其在发展各个阶段的不同表现，以及各矛盾对立统一、变化发展的过程。这些研究无疑为婴儿医疗保健卫生工作者提供了丰富而具体的心理卫生材料，为很多通过医学无法解决的婴儿问题提供了新的解决思路和途径。与此同时，婴儿心理研究成果还将为婴儿玩具、教育以及婴儿动画片的制作提供科学的依据。

任务回顾

序号	本节知识要点	教师认为应达到的程度	学生自评达到的程度
1	婴儿心理研究对象的年龄界定	☆☆☆☆	☆☆☆☆
2	婴儿成长为幼儿的8个心理结构子系统的转折特点	☆☆☆☆	☆☆☆☆
3	婴儿心理研究的主要内容	☆☆☆☆	☆☆☆☆
4	婴儿心理研究在专业学科体系中的作用与地位	☆☆☆☆	☆☆☆☆

第三节　婴儿心理的研究方法

小燕在经历了分娩的痛苦后看着身边的宝宝，她觉得自己是最幸福的人。宝宝红彤彤的脸蛋十分可爱。不久，小燕夫妻俩在养育孩子的过程中经常遇到困惑。她说：“我怎么知道这么小的宝宝的心理状态和想法呢？虽然以前也学过普通心理学，但是研究婴儿我真的力不从心，我应该用什么样的方法去了解她?”的确，婴儿心理的研究方法既具有与成人心理研究一样的共性，又有其特殊之处。

一、心理研究的基本原则

(一)客观性原则

客观性原则是一切科学研究所必须遵循的，尤其在研究心理时要特别注意。因为研究与被研究的都是“人”，都有主观意识，会使材料带有主观性，以致不能反映人心理本来的面貌。因此，在心理学研究中特别强调要以充分的事实材料为依据。

想一想

佟佟的下述行为属于攻击性行为吗？

2岁半的佟佟正在沙池里独自玩挖挖机。就在他玩的时候，小天走了过来，一句话没说，就把挖挖机从佟佟手上抢了过来。随后，正当佟佟打小天并夺回挖挖机的时候，你碰巧朝他们这边看。你会怎样描述和解释这个情景呢？你可能认为佟佟有攻击性行为。如果这时你只从表面上接受这件事，那么你就遗漏了一些重要信息。你把佟佟的行为解释为攻击性，这种解释有些草率，不太准确，因为你可能忽略了一个关键事件，即小天诱发了攻击性行为的产生。可见，如果你出于某种目的描述儿童行为，那么就必须理解行为所发生的广泛背景。

(二)发展性原则

发展性原则指的是必须用发展的眼光研究婴幼儿的心理，不仅要注意已经形成的心理特点，更要注意那些刚刚萌芽的新特点及其发展趋势。

(三)教育性原则

婴幼儿心理研究中贯彻教育性原则，是研究者必须遵循的职业道德。从设计研究方案、安排时间到研究者的举止行为，都必须考虑到对婴幼儿的心理可能产生的影响。例如：曾有心理学家为研究遗传、环境在儿童心理发展中所起的作用，从孤儿院找了一些儿童，使其处于与人隔离、相对封闭的环境中，该研究严重影响了这些儿童的发展。虽然他的研究课题很重要，研究材料也是独一无二，但由于严重损害了儿童的身心健康，而遭到了强烈的谴责。

二、儿童心理研究的基本方法

儿童心理研究的方法(如观察法、测验法)也可以用在婴儿心理的研究上，但在具体运用的时候，应考虑适应婴儿的年龄特征。

(一)观察法

观察法是指对儿童不加任何控制，研究者直接到自然环境或现场中去观察儿童，通过有目的、有计划地考察学前儿童在日常生活、游戏、学习和劳动过程中的表现，包括其言语、表情和行为，并根据观察结果分析儿童心理发展的规律和特征的方法。

观察法是研究儿童最基本的方法。因为儿童的心理活动有突出的外显性，通过观察其外部行为，就可以了解他们的心理活动。同时，观察法是在自然状态下进行，观察对象处于正常的生活条件下，其心理活动及表现都比较自然，研究者可以比较真实地获得学前儿童心理活动的资料。例如，达尔文的《一个婴儿的传略》和陈鹤琴的《儿童心理学之研究》都主要是通过观察法收集资料完成的。日记法或传记法是一种长期的全面的观察方法。

观察法要求有一定的技术训练。运用观察法研究学前儿童心理时应注意以下几点。

1. 观察前观察者要做好准备

在进入观察场景之前必须做好多项准备。确认观察目标是一个核心任务，观察者必须清楚自己为什么而观察。除此之外，还必须思考下列问题：

你要重点观察哪个发展领域或哪些行为(身体和动作、社会、语言等等)？

你要花多长时间观察你所选的行为(几分钟、一小时，或者行为持续多久就观察多久)？

你要观察谁(群体中的每名儿童、一个群体、某名特殊的儿童、几名特殊的儿童)？

你要怎样记录你的观察(检核表、持续记录、叙述性描述、时间抽样、事件抽样)？

你打算如何解释你观察到的现象(根据特定的理论，还是根据情境中已经发生的事情)?

2. 观察时尽量使儿童保持自然状态

在制订观察计划时，须充分考虑到观察者对被观察儿童的影响，要尽量使儿童保持自然状态，最好不让儿童意识到自己是观察对象。我们可以根据观察目的和任务的不同，采用局外观察或参与性观察。

局外观察是使儿童不知道自己正在被观察。例如，可以通过专门的观察窗或单向玻璃，利用有关的仪器设备来进行观察和记录。

参与性观察是使观察者以某种身份参加到儿童活动中，在和儿童共同活动中观察儿童。这种观察能使儿童表现自然，但应避免使儿童意识到自己正在被观察。

3. 观察记录要求详细、准确、客观

观察记录不仅要记录行为本身，还应记录行为发生的前因后果。由于儿童的心理活动主要表现于行动中，其自我意识水平和言语表达能力又不强，因此必须详细记录，以便依靠客观材料进行分析。特别要注意的是由于学前儿童的言语表达方式和成人不同，要避免以成人的言语记录，改变了儿童言语的本来面目。① 为了使记录准确、迅速，可以采用适当的辅助手段，如录音、录像等；也可以依靠已经设计好的表格记录。

4. 观察应排除偶然性，一般应在较长时间内系统地反复进行

由于儿童心理活动的不稳定性，其行为往往表现出偶然性，因此对儿童的观察一般应反复多次进行。另外，由于对儿童行为的评定容易带有主观性，因此通常需要两个观察者同时分别评定。

观察法最大的优点在于：由于被研究者处于自然状态，因此其心理活动和表现比较自然真实，有利于研究者获得真实可靠的资料。但也正因为强调让儿童处于日常的自然状态，故无法控制刺激变量，使得观察者处于被动地位，也就是说，观察者可能得不到所需要的资料。

(二)实验法

实验法是根据研究目的，改变或控制儿童的活动条件，以引起其心理活动的有规律的变化，从而揭示特定条件与心理活动之间关系的方法。

儿童心理学常用的实验法有两种：实验室实验法和自然实验法。

1. 实验室实验法

实验室实验法是在特殊装备的实验室内，利用专门的仪器设备进行心理研究的一种方法。

实验室实验法在研究出生头几个月的婴儿时广泛运用。心理学家们为了研究婴儿的某种心理想象，设计了特殊的装置，如为了研究婴儿的深度知觉设计的“视崖”等。②

实验室实验法最主要的优点就是能严格控制实验条件，可以通过特定的仪器探测一些不易观察到的情况，取得有价值的科学资料，如利用微电极技术研究新生儿对语音和其他声音刺激的辨别能力。但实验室条件本身往往使儿童产生不自然的心理状态，而且也难以研究较复杂的心理现象。

---

①　陈帼眉．学前心理学[M]．北京：人民教育出版社，2009：14.

②　陈帼眉．学前心理学[M]．北京：人民教育出版社，2009：14.

2. 自然实验法

自然实验法是在儿童的日常生活、游戏、学习和劳动等正常活动中，有目的、有计划地控制某些条件，来引起并研究儿童心理的变化的方法。如在正常的教学活动中，要求不同年龄班的幼儿讲述相同的图片，以分析各年龄幼儿观察的基本特点，从中发现幼儿观察力发展的趋势。

自然实验室的实验整体情境是自然的，因此被试者往往可以保持正常的状态，实验获得的结果也比较真实，这与观察法相同。但其与观察法的不同之处在于研究者可以对某些条件进行控制，避免研究者处于被动的地位，所以说，其兼具观察法和实验法的优点。正因为如此，自然实验法和观察法一样，成为研究儿童心理的主要方法。

自然实验法的不足在于：由于强调在自然的活动条件下进行实验，难免出现各种不易控制的因素。此外，一般而言，自然实验法中对条件的控制不如实验室实验法那么严格。

（三）测验法

测验法是根据一定的测验项目和量表，来了解儿童心理发展水平的方法。测验主要用来查明儿童心理发展的个别差异，也可用于了解不同年龄心理发展的差异。儿童心理测验一般采用个别测验，逐个进行，不宜用团体测验。测验人员必须受过训练，测验中要善于取得婴幼儿合作，使其表现出真实的心理水平。

测验法的优点是比较简便，在较短时间内能够粗略了解儿童的发展状况。但测验法也有严重缺点。如：测验所得往往只是被试完成任务的结果，不能说明达到结果的过程，也就是说，测验法无法反映儿童思考的过程或方式；测验题目很难同时适用于不同生活背景的各种儿童等，另外，由于年幼儿童心理活动有极大的不稳定性，任何一次测验的结果，都难以作为最终评定的依据。因此，对测验法的争议较大。测验法和儿童心理研究的其他方法一样，只能作为了解儿童心理的方法之一，还应与其他方法配合使用。

（四）调查法

调查法是通过家长、教师或其他熟悉被查儿童的人，来了解儿童心理的方法。调查法可以采用当面调查的方式，也可以采用书面调查的方式，也就是问卷的形式。

当面调查可以是个别访问，也可以是开座谈会。个别访问有利于深入了解情况，而座谈会则有利于集体讨论研究，相互补充情况。对学前儿童的家长一般采用个别访问法，对托儿所和幼儿园的教师则可以用个别访问或座谈法。当面调查访问必须有充分准备，事先拟定调查提纲。调查访问人员还应善于向被访问者提出问题。当面调查访问的缺点是比较浪费时间。此外，其不足还在于被调查者的报告往往不够准确，可能由于记忆不确切，也可能是受个人偏见及态度的影响。

书面调查法，即问卷法，其优点是可以在较短时间内获得大量资料，所得资料便于统计，较易作出结论。但是编制问卷表并非容易的事情。即使是较好的问卷，也容易流于简单化，其题目也可能被回答者误解。此外，儿童心理的复杂情况，有时难以从一些问卷题目上充分反映出来，因此，也不能过高估计由此得出的统计结论。

（五）个案法

个案法是指通过调查、访谈、观察和测查测验等方法获得单个被试心理功能的完整资料的方法。运用个案法通常要建立心理档案，收集被试的心理发展资料（如智商、气质等）和背景资料（如家庭结构、父母教育水平等，以及个人的经历，如有没有接受过早期教育、是否上过幼儿园），并对个体进行跟踪研究，在心理档案中不断积累新的资料。这种研究方法有利于研究者详细了解个体心理发展的成长背景和成长现状，从而获得关于个体各种心理功能的完整图景。并可根据研究资料的收集解释个体心理发展的原因，并能对个体心理发展的前景作出预测。

（六）谈话法和作品分析法

谈话法适用于能够流利地用语言交流的幼儿，通过和幼儿交谈，以研究他们的各种心理活动的方法。谈话的形式可以是自由的，但内容要围绕研究者的目的展开。谈话者应有充足的理论准备，非常明确的目的，以及熟练的谈话技巧。

作品分析法是通过分析儿童的作品（如手工、图画等）去了解儿童的心理。由于幼儿在创造活动过程中，往往用语言和表情去辅助或补充作品所不能表达的思想，因此脱离幼儿的创造过程来分析作品，难以充分了解其心理活动，对幼儿作品的分析最好是结合观察和试验进行。

研究儿童心理，往往采取综合方法。应根据不同的研究目的和课题，以及研究的具体条件，综合运用各种方法。

三、婴儿心理研究的特殊方法

由于受婴儿自身发展的制约，除了一般研究方法之外，婴儿心理研究还有一套特殊的方法。

（一）有意义自然反应法

从婴儿有意义的反应中，我们不仅可以看到婴儿对外界物体的辨别与理解，同时也能看到外界事物对婴儿的作用与意义。常用的婴儿自然反应主要有：视崖反应、抓握反应、视觉追踪、回避反应。

（二）视觉偏爱法

视觉偏爱法是指研究者同时给婴儿呈现两种或多种刺激，考察婴儿对这两种或多种物体的不同注视时间以判断婴儿对某一物体的偏好，该方法主要运用了视觉通道，因而又被称为“视觉偏好”。随着现代技术的发展，如眼动技术的出现，不仅能测量婴儿注视哪一个刺激，而且能精确测量婴儿正在注视哪个地方及怎样从刺激的一个部分扫描到另一个部分。眼动记录不仅有助于确定婴儿在辨别刺激时利用了什么信息，也能够表明刺激的哪些方面引起婴儿注意或在哪些方面婴儿能够维持注意。①

① 桑标．当代儿童发展心理学[M]．上海：上海教育出版社，2003：98.

相关链接

视觉偏爱法由来

视觉偏爱法是由著名心理学家范茨于1961年创立的一种研究婴儿知觉的方法技术。他运用此方法的目的在于考察婴儿能否在视觉上区分两种刺激。即是否具有视觉分辨能力。在研究时，婴儿平卧于小床上，并可以注视出现在小床上方的两种刺激。两刺激呈现时其间具有一定的距离，使儿童的视线无法同时聚焦于两个刺激，只有稍稍偏动头部，某个刺激才能完整地投入视线中。研究者在实验时，可以从这个特制装置的上方向下观察婴儿眼中的刺激物映象。一旦发觉婴儿注视某侧的刺激即按动相应一侧的按钮记录婴儿注视该刺激的时间。本方法的假设在于，如果儿童能够在某个刺激物上注视了更长的时间，说明他对该刺激有所“偏爱”，也就表明他区分了这两种刺激。

视觉偏爱法被广泛地运用到各种视觉刺激分辨研究中，例如，人们已运用图案与非图案，有色彩与黑白刺激，二维与三维刺激，新异与熟悉刺激，母亲的脸图与陌生人脸图等研究了婴儿的视觉辨别力，大大丰富了儿童视觉发展的研究。

（三）习惯化与去习惯化

婴儿能对各种刺激物表现出习惯化和去习惯化。给婴儿反复呈现同一刺激，若干次后，婴儿就会不再注意该刺激，或注视时间变短乃至最后消失。如果这时再给其另一个新的刺激，则其注视时间又会立刻回到最初水平。这个方法包括两个过程：习惯化和去习惯化。这是人类反射学习的最简单、最基本形式。根据上面所说的原理，如果婴儿产生了去习惯化现象，说明其能够区分前后两种不同的刺激。如果婴儿对后一个刺激没有任何反应，则说明两个刺激物的差异过于细微，婴儿察觉不到。因此，习惯化和去习惯化法在研究婴儿感知分辨、注意、记忆等发展上是极为有效的。

相关链接

婴儿后期的形状知觉发展实验

实验研究者：菲利浦·科尔曼和伊丽莎白·斯佩克(Philip Kellman & Elizabeth Spelke，1983)

实验方法：习惯化方法——是测量婴儿感知觉能力最普遍的方法，是指反复给婴儿呈现刺激物，使得他们对刺激物越来越熟悉，直到对刺激物的反应(如头部或眼部运动、呼吸或心跳频率的变化等)消失。

实验装置：呈现一根木棍，木棍的前方放了一块木板，这样木棍部分被挡住，那么，婴儿会看到一根完整的木棍，还是两段不相连的木棍呢？

实验过程：首先让4个月的婴儿看A图(一根部分被挡住的静止木棍)或者B图(一根部分被挡住的运动木棍)，直到他们对此不感兴趣，产生习惯化。这时再给他们呈现C图(一根完整的木棍)和D图(两段木棍)，记录他们的视觉偏爱。

实验结果：那些对部分被挡住的静止木棍(A 图)产生习惯化的婴儿，在 C 图或 D 图之间没有表现出明显的偏爱。(因为当木棍部分被挡住时，他们不能根据诸如两段沿着同一直线运动、长度相同的木根，这样的视觉线索知觉到一根完整的木棍。)与此相反，那些看到 B 图的婴儿却能够明显地知觉到部分被挡住的、运动的两段木棍其实是一根，在对 B 图产生习惯化后，对两段短木棍(D 图)比对一根完整木棍(C 图，相对熟悉的东西)更感兴趣。(说明他们能够根据 B 图中两段木棍的同步运动推断出木棍的整体性。)

实验结论：婴儿主要根据运动线索来确认不同的形状。

实验结论的深化：Slater 等人后来发现，婴儿根据物体运动线索感知形状的这一能力并不是与生俱来的，而是在出生后 2 个月的时间里逐渐发展起来的。3～4 个月后，婴儿甚至已经能够在一些吸引他们的静止情境中知觉到形状了。

(四)诱发电位测量法

这种方法是给婴儿呈现一种刺激，然后测量记录婴儿脑电波的变化，确定他们感知觉能力的发展情况。测量时，需要在婴儿头上插上数个微电极。如要测量由视觉引起的脑电波的变化，就将其插在枕叶区；如要测量由听觉引起的脑电波的变化，就将其插在顶叶区。如果婴儿能觉察到刺激，其脑电波的形状将会发生变化，也就是表现出诱发电位。①

相关链接

婴儿参与科学研究

中新网 2012 年 8 月 1 日电，据外媒 7 月 31 日报道，年仅 5 个月大的婴儿瑞奇·金柏头戴接通电源的帽子，乍看上去这身打扮颇为“后现代”。而事实上，她是在参加一项研究，帮助科学家分析婴儿学习模式以及自闭症产生的原因。

据报道，英国杜伦大学的科学家们正在研究婴儿的学习模式，并试图破解孤独症是如何产生的这一谜题。研究人员先让婴儿看他人走路的图像，然后，婴儿会在父母的陪同下，借助“走反射”效应，尝试在装有水的小浴缸里学习走路。在这个过程中，科学家会通过戴在婴儿头上接通电源的传感器分析其脑电波，观察他们大脑的活动情况。

科学家指出，虽然婴儿头戴接通电源的帽子，但这是无伤害、无痛感且无侵犯性的，并强调他们不会为了研究自闭症从而对婴儿进行医学测试。

(引自：http://www.chinanews.com/gj/2012/08-01/4074611.shtml)

(五)高振幅吮吸法

这种方法就是研究者让婴儿吮吸一个里面镶有电路的特殊奶嘴，通过婴儿的吮吸动作，观察他们对被感知环境的反应。在实验开始前，研究者首先记录下婴儿吮吸频率的基本值。

---

① 李燕．学前儿童发展心理学[M]．上海：华东师范大学出版社，2008：80.

每当婴儿吮吸频率高于基本值，吮吸强度增加时，就会通过奶嘴里的电路引发一种刺激。相反，如果婴儿对刺激的兴趣减弱，吮吸频率和强度恢复到基本值状态，那么刺激便会自动消失。①

任务回顾

序号	本节知识要点	教师认为应达到的程度	学生自评达到的程度
1	婴儿心理研究的基本原则	☆☆☆☆	☆☆☆☆
2	观察法、实验法和测验法各自的优缺点	☆☆☆☆	☆☆☆☆
3	有意义自然反应法、视觉偏爱法、习惯化与去习惯化等特殊方法是如何运用的	☆☆☆☆	☆☆☆☆

思考与练习

案例讨论：2 岁的成成聪明、可爱，家人都很喜欢。可是在成成的教养上，爸爸和妈妈经常发生分歧。妈妈认为，孩子的心灵天生就好比一块白板，后天的影响至关重要。所以从小就很关注孩子的教育。而爸爸认为，在教育孩子的问题上应该顺其自然，孩子的发展由天性决定。对此，你是怎么看的？

拓展训练

训练一：对所在区域早教机构进行调查，并讨论各早教机构教育方案背后的理论支撑点

训练二：举办一场关于“婴儿与幼儿研究方法差异化”方面的讲座，分组上台讨论以前婴儿研究内容和方法的局限和未来发展趋势等。

阅读导航

1. 朱智贤. 儿童心理学史论丛[M]. 北京：北京师范大学出版社，1982.
2. 普莱尔. 幼儿的感觉与意志[M]. 北京：科学出版社，1960.
3. 孟昭兰. 婴儿心理学[M]. 北京：北京大学出版社，2001.
4. 庞丽娟. 婴儿心理学[M]. 北京：北京师范大学出版社，1999.
5. 桑标. 当代儿童发展心理学[M]. 上海：上海教育出版社，2003.
6. 李燕，赵燕. 学前儿童发展心理学[M]. 上海：华东师范大学出版社，2009.
7. 陈帼眉. 学前心理学[M]. 北京：人民教育出版社，2009.
8. 方富熹，方格，林佩芬. 幼儿认知发展与教育[M]. 北京：北京师范大学出版社，2005.

① 李燕. 学前儿童发展心理学[M]. 上海：华东师范大学出版社，2008：81.

9. 张民生. 0～3 岁婴幼儿早期关心与发展的研究[M]. 上海：上海科技教育出版社，2007.

10.(法)于宾-盖特. 婴儿的心理世界[M]. 徐海燕，译. 北京：中央编译出版社，2013.

11.(美)帕帕拉，奥尔兹，费尔德曼. 孩子的世界：从婴儿期到青春期[M]. 郝嘉佳，等译. 北京：人民邮电出版社，2013.

学习反思

第二章

婴儿心理发展基础理论

学习目标

1. 领会婴儿心理发展的含义。
2. 了解婴儿心理发展的内容。
3. 领会婴儿心理发展的趋势和特点。
4. 了解几种学说对婴儿心理发展的理论解读。
5. 领会影响婴儿心理发展的各种因素及其不同作用。
6. 掌握应用科学理论分析婴儿心理发展现象的基本方法。

本章导读

天天是比预产期提前35天出生的早产儿，和大多数早产儿一样，一岁之前身体抵抗力非常差，三天两头生病，动作发展也明显落后于其他同龄孩子。最让爸爸、妈妈头疼的是天天一直不说话，只会简单的“咿咿呀呀”，通过检查，他的听力也没什么问题，一直到两岁，天天仍然不能用语言表达自己的意愿。两岁半时，天天开始上幼儿园，身边有了更多同龄的小伙伴，经过一段时间的集体生活，天天的语言能力有了明显的进步，能够叫妈妈、爸爸、爷爷、奶奶了，三岁以后，天天的语言能力获得了突飞猛进的发展，从一个字一个字往外蹦的“小哑巴”变成了一个叽叽喳喳的“话痨”，在幼儿园，天天还成了班上演小话剧的主角。

天天的身心发展过程显得跟其他孩子很不一样，尤其在语言发展上，从一开始的语言能力发展落后到后来发展得比较优秀，这其中有许多令人疑惑的问题。婴儿的心理是如何获得发展的？婴儿的心理发展受到哪些因素的影响？这一发展过程具有怎样的规律？每个孩子为什么会出现各不相同的特点？我们是否可以遵循婴儿心理发展的规律并利用各种影响因素使婴儿心理获得更好的发展？

第一节　婴儿心理发展概述

呱呱坠地的新生儿开始了他人生发展的漫漫旅程，在接下来的3年里，婴儿的身心将发生巨大的变化。婴儿出生时体重3千克左右、身长约50厘米，3岁时体重达到15千克左右、身长100厘米左右，分别是出生时的5倍和2倍；婴儿出生时脑重平均约390克，到3岁时达到1200克左右，是出生时的3倍。伴随身体发育的同时，婴儿的心理发展在这3年中更是日新月异。

相关链接

动物心理发展是人的心理发展的前史

心理现象不是人所特有的，早在人类出现以前，各种动物就已经在地球上存在有亿万年的历史。动物的进化过程经历了从单细胞动物到多细胞动物，从无脊椎动物到脊椎动物，从两栖类到爬行类，从卵生动物到胎生动物，直到人类的祖先灵长类动物出现的漫长历史。在动物进化过程中，动物界心理也经历了从只能反应个别刺激或刺激物的个别属性的感觉阶段到能够对复杂的外界刺激物作出综合、整体反应的知觉阶段，再到能反应事物之间比较复杂关系和联系的具体思维阶段的发展历程。

一、心理发展概述

心理发展是心理学研究的重要理论问题，心理学通常会从历史发展(或称种系发展)和个体发展两个方面对心理发展进行研究。研究心理的历史发展在于探索动物心理如何发展到人的心理，尤其是原始人类的心理如何发展到现代人的心理。

心理学更多是从心理的个体发展方面研究人的心理发展。广义的个体发展是指人的终生发展，即从出生开始到生命终止的全过程中，心理的产生、发展、成熟、衰退和消亡的不断变化的过程，在这一过程中，某些心理因素的发展是持续终生的。狭义的个体发展是指从出生到青春期阶段个体心理的发生发展过程，这是人一生中发展变化最迅速，心理内、外矛盾冲突最剧烈的阶段。

婴儿心理研究则主要研究个体在0～3岁期间心理发生、发展的规律和特点。

二、婴儿心理发展的含义

婴儿心理发展是指0～3岁期间，在生理发育的基础上，尤其是在脑发育的基础之上，心理从低级到高级、从简单到复杂的变化发展过程，这一发展过程是有规律的量变和质变的过程。

(一)婴儿身体的生长发育是心理发展的物质基础

婴儿出生后，随着年龄的增长，身体各个系统、器官和组织在重量、形态、结构、机能等方面发生着巨大的变化，这些变化我们称之为生长发育。婴儿身体上的生长发育为婴儿心理的不断发展准备了必要的物质基础。人脑是产生人类心理活动的物质器官，也是迄今为止我们所发现的在结构和机能上最复杂的物质。婴儿期是脑的发育最快的时期，无论是脑重量的增加速度还是脑机能水平的提高程度，在人一生中都是最快的，这对婴儿心理的迅速发展具有十分重要的意义。

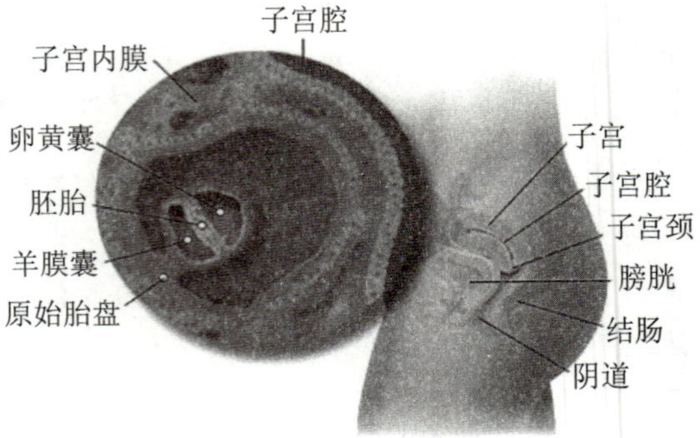

图 2.1.1　怀孕第二周发育情况

1. 儿童的生长发育是从胎儿期开始的

当精子和卵子相结合的一瞬间，人的生命就开始了漫长而独特的发展旅程。从受精卵(或称合子)形成到胎儿从母体中分娩出生，大致要经历胚种期、胚胎期和胎儿期三个发展阶段，共 270 天左右。

第一阶段是胚种期(0～2 周)。这一阶段从女性卵巢排出的卵子在通过输卵管到子宫的过程中遇到男性的精子而受精的那一刻开始。受精卵形成后迅速进行细胞分裂，到第四天左右，就形成一个由 60～70 个细胞组成的球状中空的充满液体的胚泡，胚泡形成后，逐渐由输卵管移动到子宫并植入子宫壁上，即“着床”，着床的受精卵发育成胚盘。

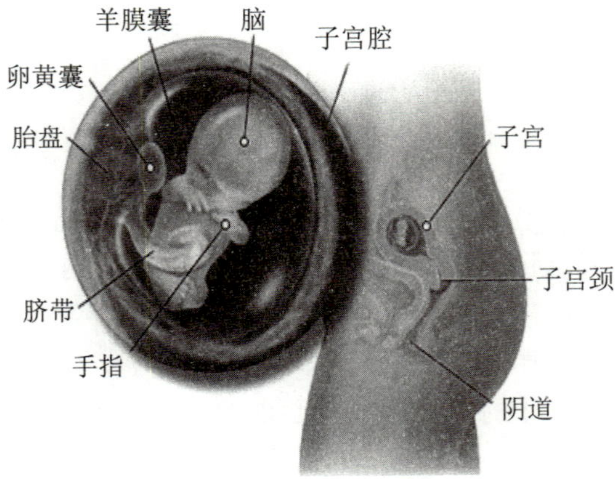

图 2.1.2　胎儿第九周发育情况

第二阶段是胚胎期(2 周～8 周或 10 周)。这一阶段，小生命迅速成长，人体的主要系统和器官都不断分化形成，在胚胎的迅速发育过程中，胎内环境中的不健康因素很容易影响胚胎的正常发育，研究表明，所有的先天发育缺陷(如腭裂、盲聋、四肢不全等)都是在妊娠的头三个月内发生的，这一阶段也是流产最容易发生的阶段。

第三阶段是胎儿期(8 周或 10 周～40 周)。这一阶段，小生命已发育为胎儿，具有人的雏形，且各种器官、肌肉以及神经系统开始有组织地协调起来，胎儿会轻微地踢腿、握拳、张嘴等；到第四个月，母亲就能感觉到胎儿在踢腿了，这称为胎动；第五六个月，如果用耳朵紧贴母亲腹部，可以听到胎儿的心跳声，此时的胎儿已经开始对声音和光线有所反应，说明胎儿的听觉和视觉开始起作用了；第七八个月，胎儿身体各部分的器官与系统进一步发育、成熟；到第九个月，胎儿变得很大，填满了子宫；到出生前，胎儿已为出生做好了准备。

2. 婴儿出生后身体的生长发育十分迅速

新生儿出生时体重约 3.2～3.4 千克，男婴比女婴略重，出生后第 1 个月增长 600～800 克，出生后前 3 个月，体重平均每周增长 200 克左右，出生后 4～6 个月，体重平均每周增长 150 克左右。6 个月龄时体重为出生时体重 2 倍，1 岁时为 3 倍，3 周岁婴儿的平均体重约 14.5 千克；新生儿出生时身长约 50 厘米，男婴比女婴略高，出生后第 1 个月平均增长约 2.5 厘米，6 个月龄时平均身高达到约 70 厘米，1 岁时约 80 厘米，3 周岁婴儿平均身高约 97 厘米，一般来说，在婴儿期内，年龄或月龄越低，体重和身高增长就会越快，见图 2.1.4、图 2.1.5。

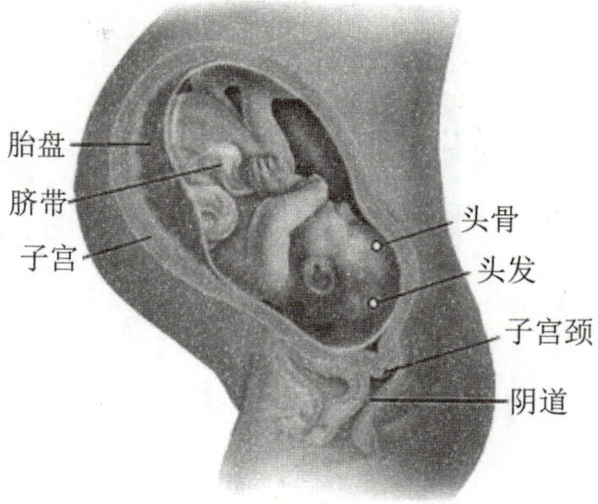

图 2.1.3　胎儿第三十九周发育情况

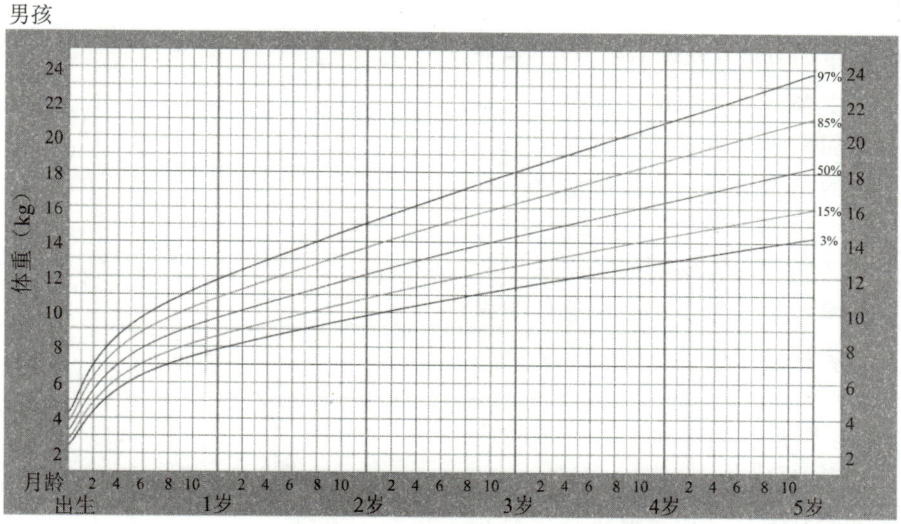

图 2.1.4　体重曲线图(0～5 岁男孩)

（引自：世界卫生组织 2006 年公布）

除了上述身高、体重等身体形态指标的变化外，婴儿身体在运动、循环、呼吸、消化、泌尿、神经、内分泌等各系统的结构、机能等方面也在发展变化，而婴儿身体各个系统的发展变化是不平衡的，见图 2.1.6。

从图 2.1.6 可以看出，婴儿出生后的 3 年中(直到 6 岁时)神经系统的发育都是最快的，以脑为核心的神经系统的迅速发育为婴儿的心理发展准备了充分的物质条件。

3. 婴儿脑的发育直接影响并制约着婴儿心理发展的进程

脑的成熟是婴儿心理发展最直接的自然物质基础。脑的结构和机能的成熟对婴儿心理的发展有直接的制约作用。

婴儿出生时，脑还没有发育成熟，脑的沟回还不明显，大脑皮质上的神经细胞体积很小。神经纤维的长度和分支也不够发达。神经纤维还没有髓鞘化。新生儿的脑重大约只有 390 克，

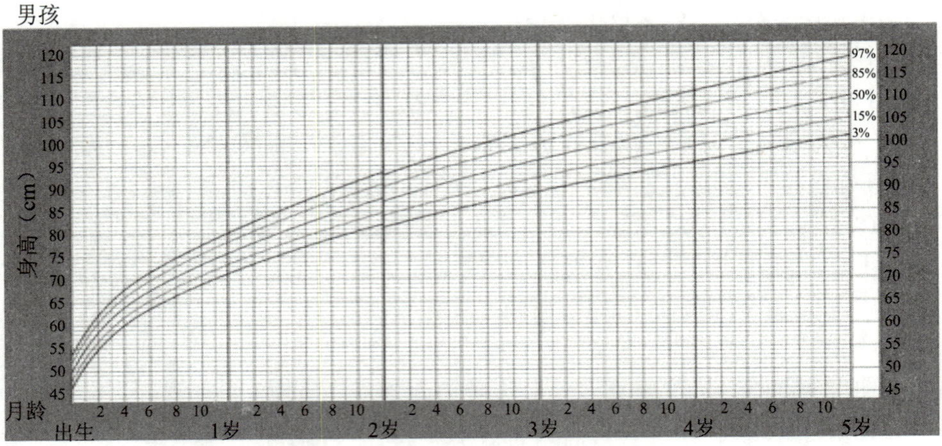

图 2.1.5 身长/身高曲线图(0～5岁男孩)

（引自：世界卫生组织 2006 年公布）

相当于成人脑重(1400 克左右)的 1/3。新生儿的生命活动主要由皮下中枢来调节，大脑皮质的抑制机能刚刚开始发展。因此新生儿区别各种事物的能力很差。认知活动只是处于低级水平。

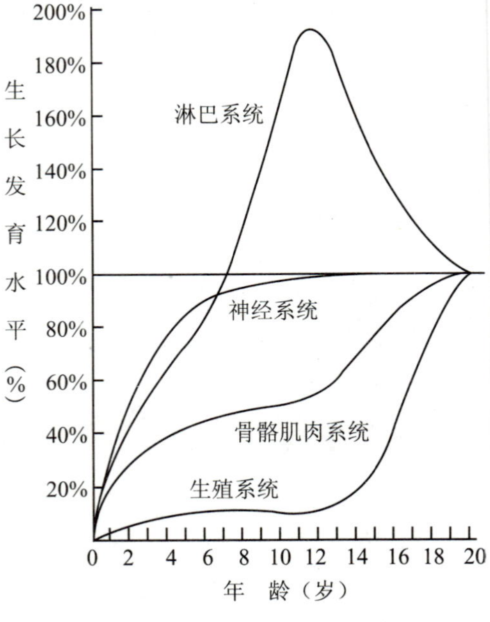

图 2.1.6 身体主要系统生长发育曲线图

从出生到 2 岁，大脑皮质神经联系逐渐复杂化。这种发育过程为婴儿心理过程的逐渐形成、高级认知过程和语言的发生准备了物质条件。

3 岁以后，婴儿脑细胞在形态上不断成熟，细胞体积不断增大，神经纤维日益增长，神经纤维的髓鞘化过程迅速进行。脑的重量增加到 900 克左右，约相当于成人脑重量的 2/3，3 岁婴儿大脑皮质细胞机能的分化基本完成。皮质抑制机能已经有所发展，皮质对皮下的控制和调节作用逐渐加强。兴奋和抑制机能的发展，使婴儿睡眠时间逐渐减少，清醒时间逐渐延长。新生儿每昼夜的全部睡眠时间达 20 小时以上，1 岁婴儿需要 14～15 小时，3 岁婴儿为 12～13 小时，5～7 岁只需 11～12 小时。

相关链接

神经髓鞘化

什么叫髓鞘？髓鞘是包裹在神经突起的外面的神经膜细胞，其主要成分是髓磷脂，具有高度绝缘性。髓鞘就好像包在电线表面的绝缘外皮，保证神经生物信息能够得到迅速、准确的传播。如果没有这层绝缘外皮，神经生物信息就会“跑电”“串电”，使机体产生泛化的反应。

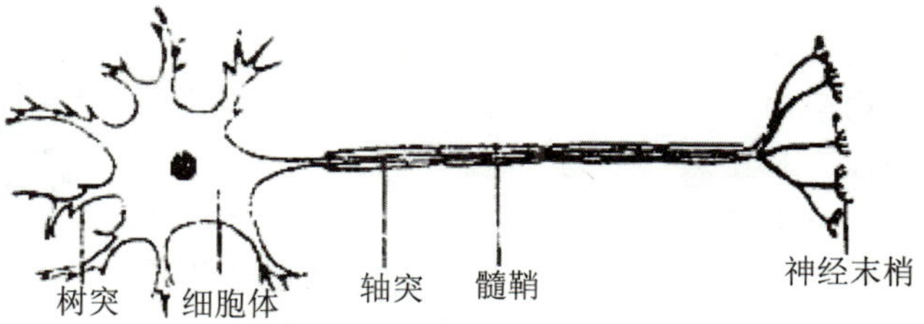

图 2.1.7　神经元细胞结构

神经髓鞘化是指髓鞘发展的过程。婴儿刚出生时，许多神经突起的外面还没有一层起绝缘作用的髓鞘，所以新生儿的动作很不精确，碰碰手，可能引起全身哆嗦。随着婴儿年龄的增长，髓鞘逐渐形成，其动作就变得越来越迅速、准确了。

相关链接

脑　电　图

大脑皮质神经元与其他细胞一样具有生物电活动，如果在头皮上安置引导电极，便可以通过脑电图仪记录到人脑皮质的脑电波图形，称为脑电图。在不同的身心状态下(如兴奋、困倦或睡眠)，脑电图的波形有很大的区别。根据波形频率，通常将脑电波划分为四种基本类型，即 δ 波、θ 波、α 波、β 波。四种波形的频率、幅度以及起源和功能均不同。

δ 波：频率为 1～3.5Hz，幅度为 20～200μV。此波只有在深睡或麻醉状态下才会出现。一般认为，δ 波是大脑皮质处于抑制状态的表现。

θ 波：频率为 4～7Hz，幅度为 100～150μV。此波在婴幼儿中较常见，成人在困倦时也常出现。一般认为，θ 波的出现表明人脑皮质处于抑制状态。

α 波：频率为 8～13Hz，幅度为 20～100μV。正常成年人在清醒、安静、闭目时出现，当被试者睁眼、警觉、思考问题或接受其他刺激时，α 波立即消失而代之以快波。一般认为 α 波是大脑皮质处于清醒、安静状态时脑电活动的主要表现。

β 波：频率为 14～30Hz，幅度为 5～20μV。此波在被试者睁眼视物、突然听到声音或进行思考活动时出现。一般认为，β 波的出现表明大脑皮质处于兴奋状态。

婴儿脑电主要是 θ 波，说明它们和环境的关系是消极的。对许多外来刺激不反应。成人睡眠时是这种脑电波。沃塔认为婴儿缺乏 α 波是一种防御性机制，他们不能像成人那样承受那么多刺激。

婴儿大脑皮质各区域发展成熟过程的顺序是：枕叶、颞叶、顶叶、额叶。额叶是控制有意行为的主要部分，7 岁以后才真正发展起来。

4. 条件反射系统的建立和发展是婴儿心理发展的生理基础

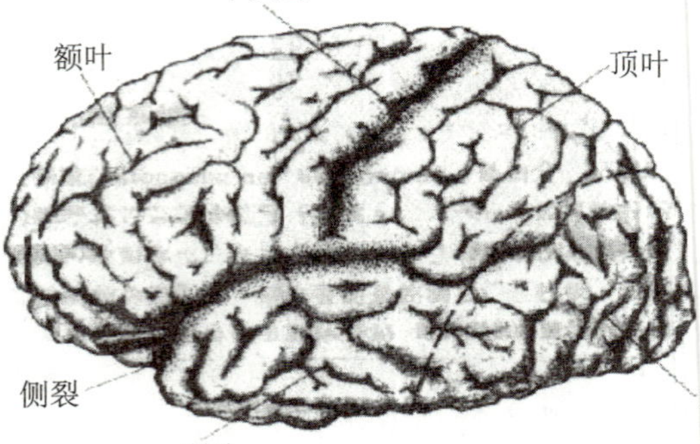

图 2.1.8 大脑左半球简图

刚出生的新生儿只有一些先天遗传的无条件反射活动，新生儿主要利用无条件反射活动来对身体内外的刺激做出简单、机械的反应，以适应周围环境的变化，无条件反射活动是由大脑皮层下的低级中枢来实现的，还没有真正意义上的心理活动。

随着神经系统的逐步发育，在环境刺激的作用下，新生儿在无条件反射基础上开始形成条件反射，且婴儿的条件反射系统逐渐复杂化，这为婴儿的心理发展奠定了生理基础。条件反射是在大脑皮层的高级神经中枢参与下产生的，相对于无条件反射来说，条件反射的建立和发展使婴儿能够更主动、灵活地适应周围环境，并开始出现感知、记忆、想象、思维、情绪情感、亲子关系、注意、言语等真正意义上的心理活动。

（二）婴儿心理发展的内容

婴儿的心理发展过程包括认知、情感、社会性等心理素质的发展，以及与心理发展密切相关的语言、动作等其他重要素质的发展，各种素质的发展相互制约、相互促进，共同构成婴儿心理的整体发展过程。

1. 认知发展是婴儿心理发展的核心内容之一

认知心理是人在认识客观世界的活动中所表现出来的各种心理现象，主要指人的感觉、知觉、记忆、想象和思维等。婴儿出生时只有低级、原始的感觉活动，随着感官的不断成熟和环境的影响，婴儿很快(出生后 9 天左右)就出现了能直接反应作用于感官的事物整体的知觉，并能在头脑中产生对经历过的事物的简单的记忆。1 岁半到 2 岁的孩子开始表现出最初的与动作紧密结合的想象和思维活动。

2. 情感发展是婴儿心理和行为发展的内在动力之一

情感是人们对待现实的主观态度和内在体验。婴儿的情感发展经历了从只有先天的自然情绪反应到逐步具有比较复杂的社会性情感的过程。刚出生的婴儿只有对食物、水、空气、适当的环境温度、舒适的身体状态等维系生存的自然需求，当这些需求得到满足时，婴儿会表现出愉快的情绪，反之则表现出不愉快的情绪。后来婴儿出现了期望与人交往、渴望被人关注和爱抚、喜欢受人肯定和赞赏等社会性需求，在这些需求获得满足的过程中，婴儿逐步形成比较稳定的情感。

3. 社会性发展是婴儿心理发展的重要内容

社会性是人们在与人交往中逐渐形成和发展起来的重要心理属性，是人所特有的属性之一。婴儿刚出生时，还没有在头脑中产生与周围人的社会心理关系，还是一个“自然人”。婴儿在与母亲的交往中形成依恋关系是婴儿社会性发展的开端，随着交往范围的扩大，婴儿逐步由“自然人”发展成为有着初步的人际关系网络的“社会人”，其社会性也随之得到不断发展。

4. 婴儿的动作和语言发展是婴儿心理发展的重要标志

动作和语言本身不是心理，但是动作和语言与人的内在心理活动有着密不可分的关系。语言是人们用于交流的重要工具，也是人们内在心理活动的主要表现形式之一。出生后的3年，婴儿经历了从不具有语言能力到初步具备语言能力的发展过程，婴儿的动作发展则从只有简单的无条件反射动作发展到粗大动作和精细动作相对比较熟练的水平。

三、婴儿心理发展的趋势和特点

如前所述，婴儿心理发展是多种心理因素的发展变化过程，在遗传、成熟、环境、生活实践等多种因素的影响和制约下，婴儿的心理发展表现出以下一些趋势和特点。

(一)婴儿心理发展的趋势①

1. 从简单到复杂

这一发展趋势主要表现为婴儿心理从不齐全向齐全发展、从未分化向逐步分化发展。刚出生的新生儿只有一些简单的无条件反射活动，他们只能对周围环境中的声音、光线、温度等单一刺激作出机械的反应，后来随着条件反射系统的建立和不断的复杂化，在环境的作用下，婴儿的感觉、知觉、记忆、想象和思维等心理活动才逐步出现和发展起来；无论是认知心理还是情绪情感，婴儿的每一种心理活动刚刚出现时都是笼统、单一的，后来才逐渐开始分化、丰富起来。

2. 从被动到主动

这一发展趋势主要表现为婴儿心理从只有无意性向具有有意性发展，从主要受生理制约向逐步自主控制发展。新生儿是通过无条件反射对外界刺激作出直接的、被动的反应，心理和行为没有目的性，也无法自主控制。后来，逐步出现了一些有目的的活动，但是婴儿还不能意识到自己的活动目的。额叶是大脑皮层中控制有意行为的主要机能区，由于婴儿的额叶发育速度相对其他区域的发育要迟缓一些，所以婴儿的心理活动的有意性和目的性水平都还比较低下，加之婴儿整体生长发育水平的局限性，婴儿的心理活动在很大程度上受生理的制约，多数的心理和行为都是在生理需要的推动下产生的。随着生理的成熟，在生活实践的锻炼推动下，婴儿自主控制自身心理和行为的能力逐渐增强。

3. 从凌乱到成体系

这一发展趋势主要表现为婴儿心理从各心理成分零散混乱、缺乏有机联系、不稳定逐步向有组织的、稳定的、整体的心理系统发展。婴儿早期还不能在头脑中将对事物的感知觉信息进行复杂的整合，也不能将各种认知信息进行长久的保存，对周围事物的兴趣、情感等也不稳定。如出生三四个月的婴儿由于不能将视觉信息与动觉信息充分整合，所以就不能做到手眼协调，随着月龄增长，当各种信息能充分整合后，婴儿就能比较准确地完成手眼协调动作了。在情绪发展方面，婴儿各种情绪来得快去得也快，哭笑无常，一个失去玩具伤心哭泣的婴儿会因为得到一颗糖果马上破涕为笑，到两三岁后，婴儿逐渐形成一些比较稳定的情感。

① 陈帼眉．学前心理学[M]．北京：人民教育出版社，2003：386-388.

（二）婴儿心理发展的特点

1. 婴儿心理发展具有共通性

受婴儿遗传、环境和生活实践的影响，不同的婴儿在心理发展的时间和内容上表现出共通的特点。如婴儿在动作发展的顺序和时间上，多数婴儿基本按照“三（个月）翻（身）、六（个月）坐、八（个月）开爬”的顺序进行；婴儿言语能力的发展一般都有1～1.5岁的单词句阶段、1.5～2岁的双词句阶段和2～3岁的完整简单句阶段；婴儿最初级的思维——直觉行动思维则通常是在1.5～2岁时发生。我们把在一定社会和教育条件下，儿童每个年龄阶段中形成并表现出来的一般的、典型的、本质的心理特征称为年龄特征，婴儿心理研究任务之一就是阐明各阶段婴儿心理发展的年龄特征。

2. 婴儿心理发展具有整体性

从横向上看，在婴儿心理发展过程中，各种心理因素之间并不是互相孤立的，一种心理因素的发展必然与其他心理因素的发展之间有着直接或间接的联系，是相互促进也相互制约的整体发展过程。如认知心理发展与情感意志发展之间，认知心理发展与气质、性格等个性心理发展之间都有着非常密切的联系。

3. 婴儿心理发展具有连续性

从纵向上看，婴儿的心理发展是一个持续的过程，前后发展之间具有密切的联系，婴儿心理每一阶段的发展都是为后续的发展准备更充分的条件或基础。反之，如果婴儿心理发展过程的某一阶段存在问题或缺陷，必然对后续的相关心理的发展产生不利的影响。例如，从婴儿语言的形成和发展过程看，在婴儿还不会说话的时期，只有经过周围语言环境在前期对婴儿丰富的刺激和影响下，才会使婴儿后期的语言的出现和发展成为可能。

4. 婴儿心理发展具有个别差异性

婴儿的遗传素质有差异、社会生活条件有差异、教育条件有差异、既往的生活经历有差异，所有这些原因造成了每个婴儿在心理发展的速度、心理活动的内容、心理发展的水平等方面都有着不同于他人的个别特点。

5. 婴儿心理发展具有不均衡性

婴儿期是人一生中心理发展最迅速的时期，但是在整个婴儿期中，心理发展不是等速的，在不同的年（月）龄段和心理发展的不同方面均表现出不均衡的特点。从年龄上看，年龄越小的婴儿其心理发展速度越快，其中新生儿的心理发展速度最快；从心理结构上看，婴儿的感知觉最早出现并迅速达到比较高的水平，而思维则要到2岁左右才出现且发展水平不高。

6. 婴儿心理发展具有阶段性

婴儿心理发展在不同的年龄段之间会出现一些显著的、本质的差异，如婴儿在不会说话阶段和会说话阶段之间，以及婴儿在不能独立行走阶段和能够独立行走阶段之间，具有显著的阶段性特点。再如，婴儿出现直观形象思维后，其思维的发展就表现出了不同于直觉行动思维阶段的显著特点——“能在头脑中运用形象进行解决问题”的思考。

婴儿在心理发展过程中表现出的上述趋势和特点对我们进行婴儿心理学的研究和学习具有重要的意义。

任务回顾

序号	本节知识要点	教师认为应达到的程度	学生自评达到的程度
1	心理的历史发展和个体发展	☆☆☆☆	☆☆☆☆
2	婴儿心理发展的含义	☆☆☆☆	☆☆☆☆
3	婴儿身体的生长发育(尤其是脑的发育)是心理发展的物质基础	☆☆☆☆	☆☆☆☆
4	婴儿心理发展包括认知、情感、社会性、语言、动作等的发展	☆☆☆☆	☆☆☆☆
5	婴儿心理发展的趋势：从简单到复杂、从被动到主动、从凌乱到成体系	☆☆☆☆	☆☆☆☆
6	婴儿心理发展的特点：共通性、整体性、连续性、个别差异性、不均衡性、阶段性	☆☆☆☆	☆☆☆☆

第二节　有关婴儿心理发展的主要理论学说

婴儿时期的心理发展关乎人一生的成长，幼年时的经历会在人的心灵深处留下深深的印记。有的心理学家认为，如果一个成年人难以戒除烟瘾，可能与他在 1 岁前口唇受到的刺激不足有关，有的人在社会生活中表现出不讲规则，具有破坏性、残忍、龌龊等人格特点，可能是因为 3 岁前大小便习惯训练不当造成的。也有的心理学家认为，利用环境和教育可以把儿童塑造成任意一种我们所期望的人。关于婴儿心理发展的动力，各家各派的观点有相同的方面，也有完全不同的地方，这是由婴儿心理研究复杂性带来的。前人的种种观点为我们未来的研究提供了极大的帮助，下面我们将心理学家们的精彩观点呈现出来，供大家思考。

一、精神分析理论

精神分析理论是西方影响很大的心理学理论，由奥地利医生西格蒙德·弗洛伊德创立于 19 世纪末。精神分析理论是从治疗人的心理障碍中发展起来的，重视探索人的动机和行为的根源，尤其重视婴幼儿时期的经验对心理发展所产生的影响。

图 2.2.1　西格蒙德·弗洛伊德
(1856—1939)

(一)弗洛伊德的心理性欲理论

弗洛伊德早期从事神经专科临床治疗和神经学研究，在临床实践和研究中，他提出了人的意识层次理论和人格结构理论。后来，弗洛伊德进一步提出了人的精神活动的能量来源于人的本能，本能是推动个体行为的内在动力等理论观点。

1. 意识层次理论

弗洛伊德认为，人的欲望、冲动、思维、幻想、判断、决定、情感等心理活动会在不同的意识层次里发生和进行，这里的意识层次包括意识、潜意识、下意识三个层次。人的心理活动有些是能够被自己觉察到的，只要我们集中注意力，就会发觉内心有一个个观念、意象或情感不断流过，这种能够被自己意识到的心理活动叫作意识；而一些本能的冲动、被压抑的欲望或生命力却在不知不觉的潜在境界里发生，因不符合社会道德和本人的理智，无法进入意识被个体所觉察，这种潜伏着的无法被觉察的思想、观念、欲望等心理活动被称为潜意识；下意识则是介于意识与潜意识之间的中间层次，一些不愉快或痛苦的感觉、意念、回忆常被压抑保留在下意识这个层次，一般情况下，不会被个体所觉察，但是当个体的控制能力松懈时，比如醉酒、催眠状态或梦境中，偶尔会暂时出现在意识层次里、让个体觉察到。

2. 人格结构理论

弗洛伊德认为人格由三部分组成，即本我、自我和超我。本我是人格结构中最原始的成分，包含生存所需的基本欲望、冲动和生命力，具有很强的生物性。本我按“快乐原则”行事，它不理会社会道德、外在的行为规范，它唯一的要求是获得快乐，避免痛苦，本我的目标乃是求得个体的舒适、生存及繁殖，它是无意识的，不被个体所觉察；自我是人格结构中自己可意识到的执行思考、感觉、判断或记忆的部分，自我的机能是在现实条件下寻求本我中欲望、冲动和生命力的满足，同时又要保护整个机体不受伤害，自我遵循“现实原则”为本我服务；超我是人格结构中的理想成分，它是个体在成长过程中通过内化道德规范、社会及文化环境的价值观念等形成的，其作用主要在于监督、批判及管束自己的行为。超我的特点是追求完美，所以它与本我一样是非现实的，超我大部分也是无意识的，超我遵循的是“道德原则”，它要求自我按现实社会可接受的方式去满足本我。

3. 性本能及儿童发展阶段理论

弗洛伊德认为推动人心理和行为产生的能量来源于人的本能，其中性欲是推动个体行为最重要的本能之一，在弗洛伊德眼里，性欲有着广义的含义，是指人们追求一切快乐的欲望，他根据儿童在不同年龄阶段性欲发展的水平和满足的方式把心理和行为的发展分为口唇期、肛门期、性器期、潜伏期和生殖期五个阶段(详见表 2.2.1)。

表 2.2.1　弗洛伊德性心理发展五个阶段

性心理发展阶段名称	年　龄	各阶段发展特征描述
口唇期	0～1 岁	婴儿的性本能通过口腔活动获得满足，如咀嚼、吸吮或咬东西。若母亲对婴儿的口腔活动不加限制，儿童长大后的性格将倾向于开放、慷慨及乐观；若其口腔需要受到挫折，则未来性格发展可能偏向悲观、依赖和退缩
肛门期	1～3 岁	婴儿的性本能主要通过按自己的意志大小便获得满足。成人对婴儿进行大小便训练容易与婴儿按自己的意志大小便的本能产生冲突。过分严格的训练可能会形成顽固、吝啬的性格；而过于宽松又可能形成浪费的习性

续表

性心理发展阶段名称	年 龄	各阶段发展特征描述
性器期	3～6 岁	儿童的性本能通过抚摩性器官获得满足。儿童会产生想同异性父母有性爱关系的欲望，即所谓恋母情结或恋父情结。在正常发展的情况下，恋母情结或恋父情结会通过儿童对同性父母的性别角色特征和社会道德标准的内化而得到解决
潜伏期	6～11 岁	儿童的性本能是相当安静的，性器期的冲动大部分都潜伏起来，儿童不再受到它们的干扰。儿童可以自由地将能量消耗在为社会所接受的具体活动当中去，如学习、运动、游戏活动等
生殖期	11 岁以上	随着青春期的到来，个体的生殖系统逐渐成熟，性荷尔蒙分泌的增多，性本能复苏，其目的是经由两性关系实现生育。这一时期的心理能量促使个体投入到形成友谊、生涯准备、示爱及结婚等活动中，使成熟的性本能得到满足，以完成生儿育女的终极目标

虽然弗洛伊德的许多理论观点从他提出之日起就引起了热烈的争论，但他关于意识层次、人格结构、性本能、心理和行为发展阶段等理论为当代婴儿心理发展研究提供了独特的视角，特别是儿童早期经验对终生发展影响的理论对婴幼儿早期教养具有重要的启示。

图 2.2.2 埃里克·埃里克森（1902—1994）

(二)埃里克森的心理社会发展理论

埃里克·埃里克森 1902 年出生于德国法兰克福，青年时跟随弗洛伊德的女儿安娜·弗洛伊德研习精神分析的理论和方法，1933 年，埃里克森移居美国，此后他除了从事精神分析外，还长期致力于人类学研究。作为新精神分析学派的代表人物，埃里克森与弗洛伊德过分强调潜意识中本我的作用、人的生物本能的观点不同，埃里克森非常重视自我的主动建构作用，强调社会文化环境对个体心理发展的影响。

1. 自我概念

弗洛伊德认为自我是本我和超我之间的传递者，而埃里克森则认为自我执行许多重要的建构功能。自我是人格中一个相当有力的、独立的组成部分，并不是被动地受制于本我的推动和超我的约束，自我是个体过去经验和现在经验的综合体，能够把人的内部发展和社会发展综合起来，引导心理能力向合理的方向发展，能够建立人的自我认同感和满足人主动控制外部环境的愿望。

2. 人格终生发展理论

弗洛伊德认为人格在 6 岁左右超我出现的时候就基本形成了，埃里克森则认为人格在人的一生中都在不断地发展。他将人生的发展分为八个阶段，每一阶段对人格发展都至关重要，人生发展在每个阶段都会面临一对危机，要顺利进入下一个发展阶段，就必须解决好当前面临的危机，详见表 2.2.2。

表 2.2.2　埃里克森划分的人生发展阶段

阶　段	年　龄	面临的危机	发展特征
婴儿期	0～1.5 岁	基本信任对不信任的冲突	在出生后的第一年或者是后来的岁月中，新生儿完全处在周围人的关爱中。对受到适当的爱和关注的儿童来说，世界是美好的，人们是充满爱意的，是可以接近的，是可以信任的。然而，有一些婴儿很少得到他们所需要的关爱和照顾，这使他们产生了一种基本的不信任感。这些儿童在一生中对他人都会是疏远的和退缩的，不相信自己，也不相信别人。在这一阶段，母亲对婴儿的影响尤为重要
儿童早期	1.5～3 岁	自主对害羞和怀疑的冲突	1 周岁以后，儿童掌握了大量的技能，如爬、走、说话等，大多数儿童在这个阶段产生了“自主性”的意识，他们感到自己是有能力的，是独立的，有了强烈的个人操控感，有充分的机会获得自主感的婴儿今后能够自信地应对生活中的挑战。如果不允许婴儿进行探索，婴儿不能获得个人控制感和对外界施加影响的体验，他们就会产生一种羞怯感和怀疑的感情，对自己感到不确定，变得依赖于他人。在这一阶段，父母是否让婴儿有充分的独立活动和操控的机会将影响婴儿今后自主感和自信心的发展
学前期或游戏期	3～6 岁	主动对内疚的冲突	在这一时期，如果幼儿表现出的主动探究行为受到鼓励，幼儿就会形成主动性，这为他将来成为一个有责任感、有创造力的人奠定了基础。如果成人讥笑幼儿的独创行为和想象力，那么幼儿就会逐渐失去自信心，这使他们更倾向于生活在别人为他们安排好的狭窄圈子里，缺乏自己开创幸福生活的主动性。在这一阶段，家人对儿童的影响非常重要
学龄期	6～12 岁	勤奋对自卑的冲突	这一阶段，大多数儿童进入小学学习，儿童所追求的是学习或活动的成就及其成就所得到的认可与赞许。如果儿童能够完成任务，获得成功体验，得到赞许或奖励，就会促进乐观、进取与勤奋人格的形成。反之，就会产生自卑感，形成自卑的人格。这一阶段，教师和同伴对儿童的影响十分关键
青春期	12～18 岁	自我同一性对角色混乱的冲突	这是一个迅速发展的阶段，是儿童走向成熟的交叉点，青少年开始提出这样一个重要问题：“我是谁?”如果对这一问题的回答是成功的，他们的自我认同感就形成了，他们对个人价值能独立作出决定，理解自己是什么样的人，接受并欣赏自己。如果青少年不能形成良好的自我认同感，就会出现角色混乱。这一阶段，社会中的同伴对青少年的影响很大

续表

阶 段	年 龄	面临的危机	发展特征
成年早期	18～25 岁	亲密对孤独的冲突	这一阶段是建立家庭生活的阶段，青年男女已经具备较强的能力，在共同完成任务的活动中，如果能与他人建立起友谊与爱情，就会产生与他人同甘共苦、相互关怀、共同承担义务的亲密感。如果一个人不能与他人分享快乐与痛苦，不能相互关心与帮助，不能与他人进行思想情感的交流，就会陷入孤独寂寞的苦恼之中。这一阶段，情人、配偶及一些较亲近的朋友对个人的人格发展至关重要
成年中期	25～65 岁	繁殖对停滞的冲突	进入中年，人们开始关心下一代。父母们发现，他们通过对孩子的教育，丰富了自己的生活。没有子女的成年人通过与年轻人的接触也会感到这种生活的丰富。还有一些父母在孩子发展中不能展示自己的潜力，他们对教育孩子充满厌烦，对生活感到不满。没有形成这种繁衍感的成年人会陷入一种停滞感中，它表现为一种空虚感和对人生目标的怀疑。这一阶段，人们所从事的职业、配偶和孩子影响着人格的发展
老年期	65 岁以上	自我完善对绝望的冲突	如果前面七个阶段积极成分多于消极成分，就会在老年期汇集成完美感，回顾一生觉得这一辈子过得很有价值，生活得很有意义。相反，如果消极成分多于积极成分，就会产生失望感，感到自己的一生失去了许多机会，走错了方向，想要重新开始又感到为时已晚，痛不胜痛，于是产生了一种绝望的感觉

埃里克森的人格终生发展理论，为不同年龄段的教育提供了理论依据和教育内容，任何年龄段的教育失误，都会给一个人的终生发展造成障碍。当然也强调了良好的早期教育不仅能促进婴儿的健康发展，更能影响个体一生的发展。

二、行为主义理论

行为主义理论是由美国心理学家华生于 20 世纪初创立的，它是西方心理学的主要理论流派之一。行为主义理论的发展经历了两个时期：早期行为主义时期(1913—1930)和新行为主义时期(1930 年以后)。

图 2.2.3　约翰·华生
(1878—1958)

(一)华生的传统行为主义理论

美国心理学家华生是行为主义心理学派的创始人。他主张心理学应该研究可以直接观察到的行为，而不是看不见摸不着的意识和精神；也反对用内省方法，而主张用观察和实验的方法，他的主要实验方法就是条件反射法。他提出了 S—R 模式，认为有什么样的刺激，就有什么样的反应，心理学研究的目标是为了“预测人的行

为，并控制人的行为”。

1. 华生否认行为来自遗传

首先，行为发生的心理学模式是刺激(S)—反应(R)，从刺激可以预测反应，从反应也能推测刺激，人的行为是由刺激引起的，刺激来自于客观而不是遗传，因此行为不可能取决于遗传；其次，遗传能够给个体带来生理构造上的差异，但是并不能证明生理机能上的差异来自遗传；最后，心理学研究是以控制行为为目的的，而遗传是不能控制的，因此，遗传的作用越小，控制行为的可能性就越大。

2. 华生认为环境和教育是行为发展的唯一条件

首先，华生提出一个重要论断，就是生理构造上的差异以及幼年时期训练上的差异足以说明个体后来行为上的差异；其次，华生提出了教育万能的观点，他认为一个正常人，如果具备合适的环境和受训练的机会，他便可获得任何能力，胜任任何职业，他提出了著名的论断：“请给我一打强健而没有缺陷的婴儿，让我把他们放在特定的世界中抚养，我可以担保，在这些婴儿中随便挑出一个来，都可以训练其成为任何专家——无论他的能力、嗜好、趋向、才能、职业及种族是怎样的，我都能任意训练他成为一名医生，或是律师，或是艺术家，或是商界首领，甚至训练成一名乞丐或窃贼”；最后，华生认为行为学习的基础是条件反射，学习的决定条件是外部刺激，外部刺激是可以控制的，所以不管多么复杂的行为，都可以通过控制外部刺激而形成。

3. 华生关于儿童情绪发展的理论

华生认为个体有三种原始的情绪即恐惧、愤怒和亲爱，这三种情绪反应是遗传而来的本能反应，新生儿出生时就具有，以后的复杂情绪都是在这三种原始情绪的基础上形成的条件反射。

华生把可以直接观察的行为作为心理学研究的对象，使心理学获得了与其他自然科学所共有的客观性，从而在研究对象和方法上具有自然科学的特征。他扩大了心理学研究的领域，促进了心理学的应用。但是华生的行为主义理论却否定了意识，贬低了生理和遗传的作用，否定了脑和神经中枢的地位，片面强调环境和教育的作用，忽视了人的主观能动性。这些观点使他受到了许多心理学家的批评，也使他的学说在一定程度上陷入困境。

相关链接

阿尔伯特情绪实验

为了证明自己的见解，华生将一名11个月大小的婴儿阿尔伯特作被试，成功地运用条件反射法形成他对毛茸茸动物的惧怕，这就是关于情绪研究的著名实验——阿尔伯特的惧怕实验。实验如下：实验初期，阿尔伯特与小白鼠玩了3天。后来，当阿尔伯特开始伸手去触摸白鼠时，脑后敲起了钢条的声音。阿尔伯特猛然跳起，向前摔下，将头埋进垫子，但没有哭。第二次，正当他的右手刚触摸白鼠时，钢条又被敲响，他又猛然跳起，向前摔倒，开始哭泣。一周以后的几次白鼠与响声的组合刺激也都引起阿尔伯特惊起。最后，当白鼠单独出现后，阿尔伯特表现出极度恐惧，转过身去，扑倒在地，匍匐前进，躲避白鼠。几天以后，实验刺激发生泛化，他们发现阿尔伯特玩耍很多东西，但惧怕任何有毛的东西。不管是他看见了白兔、狗、毛大衣、棉花或圣诞老人面具，他都哭或焦急，纵然以前根本没被这些吓怕过。可见阿尔伯特的惧怕已泛化到一切带毛的东西上了。上面的实验提供了惧怕条件反射形成的证据。但这一实验严重伤害了儿童的心理健康，出于道德原因，受到学术界的严厉批评。

（二）班杜拉的社会学习理论

美国心理学家阿尔伯特·班杜拉是社会学习理论的创始人，他认为人的行为，特别是复杂行为都是后天习得的，行为习得过程有刺激与反应的联结式的学习，还有观察学习。班杜拉所关心并研究的是后一种行为的习得过程。

图 2.2.4 阿尔伯特·班杜拉（1925—2021）

1. 观察学习

观察学习是班杜拉社会学习理论的基本概念，就是通过观察他人（榜样）所表现出来的行为及其结果而进行的学习，它不同于传统行为主义的刺激与反应的联结式学习。刺激与反应的联结式学习是通过直接经验获得行为反应模式的过程，班杜拉把这种行为的习得称为“通过反应的结果所进行的学习”，即我们所说的直接经验的学习。例如，桑代克的尝试错误学习、巴甫洛夫的条件反射式学习和传统行为主义的刺激与反应的联结式学习均属于这一类；观察学习的学习者则不必直接地作出反应，也不需要亲自体验强化，学习者只是通过观察他人在一定环境中的行为，并观察他人接受一定的强化就能完成学习。班杜拉将它称为“通过示范所进行的学习”，即我们所说的间接经验的学习。

2. 替代强化

斯金纳认为行为学习中的强化方式有三种，即直接强化、替代强化和自我强化。直接强化是指通过外界因素对学习者的行为直接进行干预，刺激与反应的联结式的学习中就主要依靠的是直接强化；替代强化是指观察者看到榜样或他人受到强化，从而使自己也倾向于做出榜样的行为，如果一个婴儿看见他的同伴推倒另一个同伴抢到了自己想要的玩具，这个婴儿就可能在以后尝试使用这种方法，这就是替代强化；自我强化则是指个体自身的行为达到了自己预定的目标时，个体会用自我肯定的方法对自己的行为作出反应，所以我们有时会看到一个婴儿会为自己某一行动的成功欢呼雀跃。

3. 自我效能感

班杜拉认为自我效能感是指个体对自己是否有能力为完成某一行为取得成功所进行的推测与判断。当人确信自己有能力进行某一活动，他就会产生高度的“自我效能感”，并会去进行那一活动。例如，学生不仅知道注意听课可以带来理想的成绩，而且还感到自己有能力听懂教师所讲的内容时，才会认真听课。人们在获得了相应的知识、技能后，自我效能感就成为行为的决定因素。

班杜拉的社会学习理论为我们研究儿童的攻击性行为、亲社会行为等社会性特征的形成提供了崭新的视角。

三、认知发展理论

认知发展理论是瑞士心理学家让·皮亚杰提出来的。皮亚杰早年对动物如何适应环境抱有浓厚的兴趣，并在1918年取得了动物学领域的博士学位。同时，皮亚杰的另一个兴趣是认识论，也即探讨知识的起源的一种哲学分支。在后来的研究中，他将自己的兴趣合而为一，开始研究儿童认识的发生、发展，期望从儿童思维发展的过程中探究出人类认识发展的规律。皮亚杰心理学的理论核心是“发生认识论”，他认为，人类的知识不管多么高深、复杂，都可以追溯到人的童年时期，甚至可以追溯到胚胎时期。

图 2.2.5 让·皮亚杰
(1896—1980)

(一)图式

图式是皮亚杰理论体系中的一个核心概念，图式是指个体对世界的知觉、理解和思考的方式。我们可以把图式看做是心理活动的框架或组织结构。图式是认知结构的起点和核心，或者说是人类认识事物的基础。因此图式的形成和变化是认知发展的实质。人的认识图式不是一成不变的，它有发生和发展的过程。主体所具有的第一个图式是遗传获得的图式。以这一图式为依据，儿童不断和客观外界发生相互作用，在这种相互作用中，非遗传的后天图式逐渐从低级阶段向高级阶段发展，这也就是图式的建构过程。

(二)制约儿童心理发展的因素

皮亚杰认为制约儿童心理发展的因素有四个，即成熟、物理环境、社会环境、平衡。

1. 成熟

成熟是指机体的成长，特别是指神经系统和内分泌系统的不断成熟。成熟是认知发展的重要条件，它为新的行为模式和思维方式的形成提供了可能性。例如，婴儿期出现的眼手协调，是建构婴儿动作图式的必要条件。不过，如果要使这种可能性成为现实，必须通过机能的练习和获得一定限度的习得经验，才能显现成熟对认知发展的作用。

2. 物理环境

物理环境即“个体对物体做出动作的练习和习得经验”，个体在这种动作练习中得到的经验不同于在社会环境中得到的社会经验。皮亚杰把这种经验分成两类：一是物理的经验，指个体作用于物体，获得关于物体特性的经验。二是逻辑数理的经验，指个体作用于物体，理解动作与动作之间相互协调的结果。在皮亚杰看来，知识来源于动作(动作起着组织或协调作用)，而非来源于物体。

3. 社会环境

社会环境包括社会生活、文化教育和语言等诸多方面，即人与人之间的相互作用和社会文化的传递。它和物理环境一样，要能对主体发展发挥影响，就必须建立在它们能被主体同化的基础上。所以，学习已有的社会经验可能会加速或阻碍社会环境对儿童心理发展的影响。

4. 平衡

平衡是皮亚杰的理论中最独特的观点之一，因为几乎所有学习理论和发展理论都认识到成熟和经验所起的作用，而皮亚杰则提出了儿童心理发展过程中起自我调节作用的平衡过程，他认为平衡或自我调节是心理发展的决定因素，由于平衡的作用，它调和了成熟、物理环境和社会环境的作用，个体才有可能以一种有组织的方式，把接收到的信息联系起来，从而引起认知图式的一种新建构，使认知得到发展。

皮亚杰的认知发展理论具有丰富的辩证法思想，体现在认识的发展观、发展的阶段性及认识过程是持续建构的过程、强调主客观的相互作用等思想中，他的基本理论和实验研究对现代儿童心理学、发展心理学和教学改革具有广泛的影响，受到世界心理学界的普遍重视。

四、社会文化历史理论

维果茨基是苏联卓越的心理学家，他主要研究儿童发展与教育心理，着重探讨思维和语言、儿童学习与发展的关系问题。维果茨基同皮亚杰一样强调儿童是积极主动地探索世界的，所不同的是他认为儿童的高级心理机能亦即随意的心理过程，并不是人自身所固有的，而是在与周围成人或年长同伴的交往过程中习得和发展起来的，是受人类的文化历史所制约的，这就是他的社会文化历史理论。由于他在心理学领域做出的重要贡献而被誉为“心理学中的莫扎特”，他所创立的社会文化历史理论不仅对苏联，而且对西方心理学产生了广泛的影响。

图 2.2.6　维果茨基（1896—1934）

（一）人的心理发展与动物有着本质的区别

1. 人的心理发展主要受社会文化历史发展规律的制约

维果茨基认为，人的心理发展受劳动实践的制约，人的心理活动与劳动活动都是以工具为中介的。人与动物不同，动物通过身体以直接的方式适应自然，而人发明了劳动工具，通过劳动工具间接地适应自然并改变自然。劳动工具本身不属于心理，也不能进入人的心理结构，但是在使用工具的物质生产基础上产生的人与人之间相互交往的方式和社会文化发展的产物——各种符号系统，从根本上改变了人的心理结构，形成了人类特有的、高级的心理机能。在人的生产工具中凝结着人类的间接经验——社会文化知识经验，从而使得人类的发展不再受生物进化规律的制约，而受社会文化历史发展规律的制约。

相关链接

动作发展速度的文化差异①

布雷泽滕（Brazelton，1969）等人将 10 个赞比亚婴儿与 10 个美国婴儿在出生后的第 1 天、第 5 天和第 10 天分别进行比较，结果发现：在出生后的第 1 天，赞比亚婴儿几乎在动作活动

---

① 董奇，陶沙．动作与心理发展[M]．北京：北京师范大学出版社，2004：59-60.

水平、警觉性、视线追随、保护性动作等项目上都差于美国婴儿，但是在出生后第10天时，赞比亚婴儿在一半项目上却优于美国婴儿。这一差异性可能是由赞比亚和美国母亲对儿童早期动作发展的文化期望及教养方式的差异引起的。来自肯尼亚西部的一个部落的儿童，不仅在动作活动水平上优于美国儿童，而且在动作协调性上也优于美国儿童。

回顾50年来儿童动作的跨文化研究，沃纳(Werner，1972)得出如下结论：常模团体的心理动作的发展有一个加速度，非洲的最大，其次是拉丁美洲和印度，欧美白人的最小。

我国上海儿童与美国丹佛儿童的动作发展比较研究发现，上海儿童的精细动作发展略早于丹佛儿童，而丹佛儿童粗大动作的发展早于上海儿童(李丹，1987)。

2. 儿童心理发展直接受到所处环境的社会文化影响

维果茨基所说的"文化"主要指儿童所处社会环境中人们的信仰、价值观、传统和风俗习惯等。在不同的文化影响下，儿童的心理发展水平和发展阶段是不一样的，因而从儿童发展的角度上看，文化是有"优劣"的。一些跨文化研究结果表明，不同文化背景下，儿童的身心素质发展水平具有显著的差异。

(二)教学与发展的关系

1. "最近发展区"思想

维果茨基的另一个重大贡献就是提出了"最近发展区"的概念。最近发展区是与现有发展水平相对而言的，现有发展水平是儿童已经形成的心理机能的发展水平，最近发展区则是指儿童当前尚未达到但是只要给予支持或经过儿童自身的努力就可以达到的发展水平。最近发展区是介于儿童"能为"与"可能为"之间的一个发展区，这个发展区对儿童来说是"最近的"。

2. 教学应当走在发展的前面

根据最近发展区的思想。维果茨基提出了"教学应当走在发展的前面"，教育者要清楚把握儿童的现有发展水平，找到儿童达到最近发展区需要解决的各种问题，走在心理机能形成的前面。维果茨基的最近发展区思想帮助教育者能够正确把握婴儿教育的时机。

五、关键期(或敏感期)理论

当代心理学研究中，不少学者提出了儿童发展的关键期或敏感期的理论，比较具有代表性的是意大利儿童教育家蒙特梭利提出的敏感期理论。

(一)关键期

所谓关键期是指特定能力和行为发展的最佳时期，在这一时期，个体对形成这些能力和行为的环境影响特别敏感，所以也称为敏感期。在关键期内，机体对环境影响极为敏感，对微细刺激即能发生反应。有的研究者因而改称其为敏感期。研究者还发现，在关键期的开始及结尾阶段，机体对环境的敏感度较低，在中间阶段最高。但若缺乏某种影响，便会引起发展方面的变异。

关键期这一概念的引用，应推到奥地利习性学家K. Z. 洛伦茨的研究。洛伦茨发现刚出生的小鸡、小鹅有印刻现象。他指出，个体印刻现象只能在个体生命中一个短暂的"关键期"

发生，个体在这时刻所印刻的对象，可以使该个体对它接近并发生偏好，而且不会被忘却，由此形成了一种对它的永久约束性的依恋。洛伦茨的研究引起心理学界对关键期的注意，并进行大量研究。其中比较主要的是探索并提出儿童各方面发展的关键期。例如，有的研究者发现人类胚胎最容易受到损害的关键期是怀孕后 6 周以内，即主要器官发育时期。一切先天缺陷都发生在妊娠的关键性的头 3 个月内。有的研究者提出，大脑发展的关键期为出生后第 5～10 个月。在这一时期，如果疏忽或缺乏良好的环境教育，会使发展受到损害。此外，对儿童语言及心理其他方面的发展也曾提出关键期问题。

（二）蒙特梭利有关儿童发展敏感期理论

意大利著名儿童教育家玛利亚·蒙特梭利毕生从事儿童心理、教育的研究和实践工作，留下了丰富的著作，其中关于 0～3 岁儿童心理发展与教育的主要有《童年的秘密》《发现儿童》《有吸收力的心智》等。蒙特梭利在长期与儿童的相处和教育实践中提出的"精神胚胎期""有吸收力的心智""儿童心理发展存在敏感期"等理论。

图 2.2.7　玛利亚·蒙特梭利
（1870—1952）

1. 精神胚胎期

蒙特梭利认为"人似乎有两个胚胎期，一个是在出生前，与动物相似；另一个是在出生以后，只有人才有"①。婴儿出生后第一阶段的心理发展如同他出生前在胚胎期的生理发育，"所有的儿童在出生时是非常相似的，他们以一种相同的方式，按照同一的规律发展"，于是，蒙特梭利把这一时期称为"精神胚胎期"②。这种"精神胚胎期"是婴儿今后发展的前提。

2. 有吸收力的心智

儿童出生后的心理发展非常迅速，而且刚出生儿童的心理发展具有与成人或年龄稍长儿童的心理发展不相同的特点。成人获取知识是通过有意识的主动学习来完成的，而婴儿则是利用他们的天赋能力来吸收环境中的信息，在获取知识的同时促进大脑的发育。

3. 蒙特梭利通过长期的研究和实践，提出了婴幼儿心理发展的多个敏感期

（1）语言敏感期（0～6 岁）

婴儿开始注视大人说话的嘴形，并发出牙牙学语的声音，就开始了他的语言敏感期。学习语言对成人来说，是个困难的大工程，但幼儿能容易地学会母语正因为儿童具有自然所赋予的语言敏感力。因此，若孩子在 2 岁左右还迟迟不开口说话，应带孩子到医院检查是否有

---

① ［意］玛利亚·蒙特梭利. 蒙特梭利幼儿教育科学方法［M］. 任代文，主译校. 北京：人民教育出版社，2001：391.

② ［意］玛利亚·蒙特梭利. 蒙特梭利幼儿教育科学方法［M］. 任代文，主译校. 北京：人民教育出版社，2001：405.

先天障碍。语言能力影响孩子的表达能力，为日后的人际关系奠定良好的基础。

(2)秩序敏感期(2～4 岁)

孩子需要一个有秩序的环境来帮助他认识事物、熟悉环境。一旦他所熟悉的环境消失，就会令他无所适从，蒙特梭利在观察中，发现孩子会因为无法适应环境而害怕、哭泣，甚至大发脾气，因而确定“对秩序的要求”是幼儿极为明显的一种敏感力。幼儿的秩序敏感力常表现在对顺序性、生活习惯、所有物的要求上，蒙特梭利认为如果成人未能提供一个有序的环境，孩子便“没有一个基础以建立起对各种关系的知觉”。当孩子从环境中逐步建立起内在秩序时，智能也因而逐步建构。

(3)感官敏感期(0～6 岁)

孩子从出生起，就会借着听觉、视觉、味觉、触觉等感官来熟悉环境、了解事物。3 岁前，孩子透过潜意识的“吸收力心智”吸收周围事物；3～6 岁则更能具体地透过感官判断环境里的事物。因此，蒙特梭利设计了许多感官教具，如听觉筒、触觉板等用以敏锐孩子的感官，引导孩子自己产生智慧。您可以在家中用多样的感官教材，或在生活中随机引导孩子运用五官，感受周围事物，尤其当孩子充满探索欲望时，只要是不具危险性或不侵犯他人他物时，应尽可能满足孩子的需求。

(4)对细微事物感兴趣的敏感期(1.5～4 岁)

忙碌的大人常会忽略周边环境中的细小事物，但是孩子却常能捕捉到个中奥秘，因此，如果您的孩子对泥土里的小昆虫或您衣服上的细小图案产生兴趣时，正是您培养孩子巨细靡遗、综理密微习性的好时机。

(5)动作敏感期(0～6 岁)

2 岁的孩子已经会走路，最是活泼好动的时期，父母应充分让孩子运动，使其肢体动作正确、熟练，并帮助左、右脑均衡发展。除了大肌肉的训练外，蒙特梭利则更强调小肌肉的练习，即手眼协调的细微动作教育，不仅能养成良好的动作习惯，也能帮助智力的发展。

(6)社会规范敏感期(2.5～6 岁)

2 岁半的孩子逐渐脱离以自我为中心，而对结交朋友、群体活动有了明确倾向。这时，父母应与孩子建立明确的生活规范，日常礼节，使其日后能遵守社会规范，拥有自律的生活。

(7)书写敏感期(3.5～4.5 岁)

(8)阅读敏感期(4.5～5.5 岁)

孩子的书写与阅读能力虽然较迟，但如果孩子在语言、感官、肢体等动作敏感期内，得到了充足的学习，其书写、阅读能力便会自然产生。此时，父母可多选择读物，布置一个书香的居家环境，使孩子养成爱书写的好习惯，成为一个学识渊博的人。

(9)文化敏感期(6～9 岁)

蒙特梭利指出幼儿对文化学习的兴趣，萌芽于 3 岁，但是到了 6～9 岁则出现探索事物的强烈要求，因此，这时孩子的心智就像一块肥沃的田地，准备接受大量的文化播种。成人可在此时提供丰富的文化资讯，以本土文化为基础，延伸至关怀世界的大胸怀。

敏感期是自然赋予幼儿的生命助力，如果敏感期在内在需求受到妨碍而无法发展时，就会丧失学习的最佳时期，日后若想再学习此项事物，尽管付出了更大的心力和时间，成果也不显著。而如何运用这股动力，帮助孩子更完美的成长，正是成人的职责。

任务回顾

序号	本节知识要点	教师认为应达到的程度	学生自评达到的程度
1	弗洛伊德的心理性欲理论关于婴儿心理发展的主要理论	☆☆☆☆	☆☆☆☆
2	埃里克森的心理社会发展理论关于婴儿心理发展的主要理论	☆☆☆☆	☆☆☆☆
3	华生的传统行为主义理论关于婴儿心理发展的主要理论	☆☆☆☆	☆☆☆☆
4	班杜拉的社会学习理论关于婴儿心理发展的主要理论	☆☆☆☆	☆☆☆☆
5	皮亚杰的认知发展理论关于婴儿心理发展的主要理论	☆☆☆☆	☆☆☆☆
6	维果茨基的社会文化历史理论关于婴儿心理发展的主要理论	☆☆☆☆	☆☆☆☆
7	蒙特梭利的敏感期理论关于婴儿心理发展的主要理论	☆☆☆☆	☆☆☆☆
8	上述几种学说对婴儿心理发展与早期教育的解读	☆☆☆☆	☆☆☆☆

第三节　影响婴儿心理发展的各种因素

猩猩在良好的人类生活条件和精心训练下，为什么其智力发展的极限也只能达到幼儿的水平？俗话说“龙生龙，凤生凤，老鼠的儿子会打洞”，这样的说法有道理吗？俗话说“龙生九子，各有不同”，在同一个家庭里生活的双胞胎，为什么长大之后性情各异？当你面对这些问题时，你想过其中的原因吗？或许在学习了本节后，你能够了解出现这些现象的原因。

婴儿心理发展是一个复杂的过程，它是遗传素质、生理成熟、健康状况、环境影响、营养条件、教育训练等众多因素共同作用的结果，这些因素概括起来可以分为自身因素和外部因素两大类。自身因素主要指婴儿自身具有的生理因素和心理因素，外部因素则是指婴儿心理发展必不可少的外在条件。

一、影响婴儿心理发展的自身因素

影响婴儿心理发展的自身因素，我们可归结为生理因素和心理因素两大类。

(一)生理因素

1. 遗传因素

遗传是一种生物现象。遗传的生物特征主要指那些与生俱来的解剖生理特点，如机体的构造、形态、感官和神经系统的特征等。其中对心理发展具有最重要意义的是神经系统的结构和机能的特征。这些遗传的生物特征也叫遗传素质。遗传素质是婴儿心理发展的最初的自然物质前提。遗传对婴儿心理发展的作用表现在以下几个方面。

(1)提供人类发展的最初自然物质前提

人类在进化过程中，机体得到高度的发展，特别是脑和神经系统高级部位的机构和机能达到高度发达的水平，获得了不同于其他一切生物的特征。人的天然的族类特征是正常婴儿出生时都具有的遗传素质。人类共有的遗传因素是使婴儿在成长过程中有可能形成人类心理的前提条件，也是婴儿有可能达到一定社会所要求的那种心理水平的最初的、最基本的条件。

相关链接

唐氏综合征

唐氏综合征，又称为21-三体综合征、先天愚型或Down综合征，是小儿最为常见的由正常染色体畸变所导致的出生缺陷类疾病，患儿的主要临床特征为智能障碍、体格发育落后和特殊面容，并可伴有多发畸形。我国婴儿中唐氏综合征的发生率约为0.5‰～0.6‰，男女之比为3∶2，60%的患儿在胎儿早期即夭折流产。唐氏综合征为染色体结构畸变所致的疾病，形成的直接原因是卵子在减数分裂时21号染色体不分离形成异常卵子所致。患病儿童的脑部通常过小、过轻，小脑、脑干和脑前回出奇地小，精神发育迟缓，智商很少超过60。目前该病尚无有效的治疗方法，对患儿进行长期耐心的教育和训练，对改善功能有帮助。

现实生活中，一些婴儿可能出现先天遗传缺陷，由于遗传缺陷造成的婴儿脑发育不全，其智力障碍往往难以克服。现代科学研究证实，人类与黑猩猩的遗传基因相似度达98.5%，但是，即使在良好的人类生活条件和精心训练下，黑猩猩智力发展的极限也只能达到幼儿的水平。上述事实都说明了正常的遗传素质是婴儿心理形成和正常发展的必要前提。

(2)奠定婴儿心理发展个别差异的最初基础

一些同卵双生子的研究说明，同卵双生子有近乎相同的智力。同卵双生子是由一个受精卵分裂为两个发育而成的，具有相同的遗传素质。

英国心理学家西里儿·伯特(Cyril Burt)的研究材料表明：在一起长大的无血缘关系的婴儿智力相关很小，而有血缘关系的婴儿之间的智力相关随家族谱系的亲近程度而逐渐增高，同卵双生子的智商有很高的相关。

表 2.3.1　不同血缘关系的婴儿的智商相关表

遗传变量	同卵双生子		异卵双生子	非孪生兄弟姐妹	无血缘关系婴儿
环境变量	一起长大	分开长大	一　起　长　大		
智商相关	0.87	0.75	0.53	0.49	0.23

美国教育心理学家詹森(Jenson，1968)对 8 个国家 100 多种有关不同亲属关系者的智商相关的研究材料作了总结，也得出类似的结论：婴儿与亲生父母的智商相关高于养父母；异卵双生子与一般兄妹间的智商相关相似；同卵双生子的智商相关最高。遗传关系越近，智力发展越相似。我国心理学家林崇德的研究也证明了这一点。

上述关于儿童与儿童之间遗传与心理发展的相关性的研究表明，遗传素质奠定了人与人之间心理发展个别差异性的最初物质基础。

2. 生理成熟

生理成熟是指由基因引起和控制的各个器官的形成、机能的发展，以及动作模式的有程序扩展，也称生理发展。婴儿生理成熟的规律明显地表现在发展的方向、顺序和发展速度上，其方向、顺序是按所谓的首尾方向(从头到脚)和近远方向(从身体中轴到边缘)。如，婴儿头部发育最早，其次是躯干，再次是上肢，最后是下肢。婴儿体内各大系统成熟的顺序是神经系统最早成熟，骨骼肌肉系统次之，最后是生殖系统。婴儿的生理成熟(尤其是神经系统的生理成熟)为心理发展提供可能，并制约着心理发展的顺序和水平。

(1)生理成熟为婴儿心理发展提供可能

以脑为核心的神经系统是产生心理活动的物质器官，刚出生婴儿的神经系统发育水平还比较低，不可能产生复杂的心理活动。随着神经系统的不断成熟，婴儿的心理发展具有了越来越好的生理条件，例如，刚出生婴儿大脑额叶的发育水平较低，婴儿心理活动的有意性相对发展就比较差，随着额叶的不断发展完善，婴儿对自己的心理和行为的有意调节能力才逐步发展起来。

(2)生理成熟也制约着婴儿心理发展的顺序和水平

婴儿的心理发展还受制于婴儿的生理结构和功能的成熟水平，只有当生理成熟达到一定的水平，婴儿的心理活动才可能获得相应的发展。例如，婴儿的语言总是要到一岁左右才能发生，是因为婴儿与语言相关的神经系统、发音器官等要到一岁左右才能达到相应的生理成熟水平。

相关链接

格塞尔的双生子爬梯实验

美国心理学家格塞尔曾经做过一个著名的实验：让一对同卵双胞胎练习爬楼梯。其中一个为实验对象(代号为 T)，在他出生后的第 46 周开始练习，每天练习 10 分钟。另外一个(代号为 C)在他出生后的第 53 周开始接受同样的训练。两个孩子都练习到他们满 54 周的时候，T 练了 8 周，C 只练了 2 周。实验结果出人意料，只练了两周的 C 其爬楼梯的水平比练了 8

周的T好，C在10秒钟内爬上那特制的五级楼梯的最高层，T则需要20秒钟才能完成。

格塞尔分析说，其实46周就开始练习爬楼梯，为时尚早，孩子没有做好成熟的准备，所以训练只能取得事倍功半的效果；53周开始爬楼梯，这个时间就非常恰当，孩子做好了成熟的准备，所以训练就能达到事半功倍的效果。

这个实验给我们的启示是：教育要尊重孩子的实际水平，在孩子尚未成熟之前，要耐心地等待，不要违背孩子发展的自然规律，不要违背孩子发展的内在"时间表"人为地通过训练加速孩子的发展。

3. 健康状况

个体的生理发育从胎儿期就开始了，胎儿孕育在母体过程中，身体是否能健康发育并顺利分娩出生，不仅影响其以后的身体发育，也影响其心理发展的水平。

出生后的三年里，疾病、意外伤害、营养不良等在给婴儿的身体健康造成危害的同时，也可能对婴儿的心理发展带来不利的影响。

相关链接

先天性脑瘫

先天性脑瘫即先天性脑瘫性瘫痪，指由于出生前、出生时、婴儿早期的某些原因造成的非进行性脑损伤所致的综合征，主要表现为中枢性运动障碍和姿势异常，可伴有智能落后及惊厥发作、行为异常、感觉障碍及其他异常。

先天性脑瘫的致病原因主要包括缺氧窒息(如胎儿在母亲子宫内缺氧窒息、分娩时新生儿缺氧窒息)、脑部受伤(如分娩过程中婴儿脑部受伤，新生儿颅脑受伤或脑部感染、脑血管意外)、早产和胎儿发育不良(如胎儿宫内感染、宫内生长缓慢、先天畸形)等。

(二)心理因素

1. 婴儿自身的心理因素是影响婴儿心理发展的内部原因

影响婴儿心理发展的自身心理因素，笼统地说，包含婴儿的全部心理活动，尤其是婴儿的需要、兴趣、注意、情绪等心理因素是婴儿心理发展最重要的内部原因。

需要是影响婴儿心理发展最活跃的心理因素。婴儿从出生起，就有对食物的需要、对温暖的需要。稍大的孩子，有和人交往的需要、认识的需要、游戏的需要等。需要归根结底是客观事物的反映，它对婴儿的心理发展发挥着重要的推动作用。成人对婴儿进行教育，如果不引起婴儿接受教育的需要，那么教育也不可能奏效。

兴趣是婴儿力求认识某种事物和从事某项活动的内在意识倾向，是影响婴儿心理发展的重要心理因素。比如，在有趣的游戏里，婴儿的坚持性可以有明显的提高。婴儿感兴趣的具有鲜艳的色彩、夸张的造型、悦耳的声音的玩具和材料等更能让婴儿在乐此不疲的操作中获得发展。

注意、激情、心境等心理因素是婴儿心理活动的背景，即心理活动进行时所处的心理状态，起着提高或降低心理活动积极性的作用，婴儿的注意力发展水平、情绪控制力发展水平同样也影响到婴儿其他心理因素的发展水平。

2. 婴儿心理的内部矛盾是推动婴儿心理发展的根本原因或动力

婴儿心理的内部矛盾即新的需要和旧的心理水平或状态之间的矛盾。随着婴儿的成长和生活条件的变化，外界对婴儿的要求也不断变化。客观要求如果被婴儿接受，它就变成婴儿的主观需要，需要是对新的心理发展需求的反映，旧的心理水平或状态心理反映之间总是不一致的，不一致即差异，有差异就有矛盾。两者构成心理内部不断发生的矛盾。它们总是处于相互否定、相互斗争中。有了新的需要就不满足于已有的水平。

婴儿心理内部矛盾的两个方面又是互相依存的。一方面，婴儿的需要依存于婴儿原有的心理水平或状态。因为需要总是在一定的心理发展水平或状态的基础上产生的。另一方面，一定的心理水平的形成，又依存于相应的需要。没有需要，婴儿就不去学习任何知识技能，心理水平不能提高。教育的任务是根据已有的心理水平和心理状态，提出恰当的要求，帮助婴儿产生新的矛盾运动，促进其心理发展。

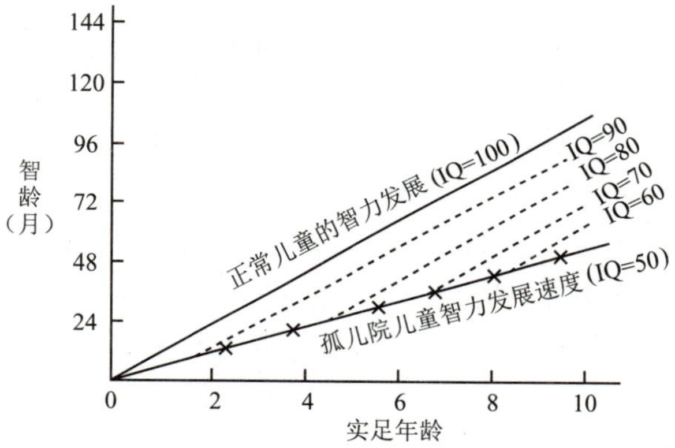

图 2. 3. 1　智力发展与环境

（引自：叶奕乾，何存道，梁宁建．普通心理学(第 2 版)[M]．上海：华东师范大学出版社，2004.）

二、影响婴儿心理发展的外部因素

外部因素是指个体体外一切能影响其身心发展的环境因素，包括自然环境和社会环境两方面。

（一）自然环境

自然环境提供个体生存所需要的物质条件，如空气、阳光、水分、营养物质等。自然环境是婴儿心理发展所需的外部因素之一，自然环境通过对婴儿的感官产生刺激，促进其心理获得一定程度的发展。

（二）社会环境

社会环境指社会生活条件，如社会生产发展水平、社会文化、家庭状况、教育条件等，社会环境是促进婴儿心理发展的最主要的外部因素。因为人类心理发展与动物心理发展有着本质的区别，动物发展主要依靠本能、成熟和直接经验，而人类心理发展则主要是在一定的社会环境中依靠学习、社会文化传递来实现。因此，影响婴儿心理发展的外部因素主要是指社会环境。

1. 社会环境使遗传所提供的心理发展的可能性变为现实

社会环境，首先指人类生活的环境，它不同于动物生活的环境，人的后代如果不生活在社会环境里，那么虽然遗传提供了发展婴儿心理的可能性，这种可能性不会变成现实。野兽哺育长大的孩子，虽然具有人类遗传素质，却不具备婴儿的心理。典型的例子如印度狼孩卡玛拉和阿玛拉，法国的阿威龙野男孩，以及近年来发现的印度 10 岁男狼孩巴斯卡尔等，他们都不会直立行走，不能学会说话，没有人类的动作和情感。直立行走和说话本来是人类的特征，但是，对每一个具体婴儿来说，遗传只提供了直立行走和说话的可能性，没有人类的社会环境，这种可能性不能变为现实性。许多正常婴儿似乎是自然而然地学会走路和说话的，其实都是社会生活环境影响的结果，不过有时不被人察觉而已。具备正常遗传因素的婴儿，其心理发展受环境的重大的影响，甚至是决定性的影响。

2. 社会生活条件和教育是制约婴儿心理发展水平和方向的最重要客观因素

婴儿心理发展与动物心理发展有本质不同，动物发展靠本能，靠成熟，靠个体的直接经验，而婴儿发展主要靠学习，靠文化传递，靠群体经验，靠社会生活条件和教育的影响，这是因为，婴儿是一个自然实体，更是一个社会实体。

社会生产力的发展水平，影响国民经济生活，影响科学文化和教育水平，从而影响到婴儿心理的发展水平。近百年来特别是近几十年来，人类在改变自然界方面的极大发展，即生产力的飞速发展，使新一代的智力也有很大发展。近年来人们公认，新生婴儿比以前能干了，幼儿也比过去聪明，这些都是当代社会生产力发展的反映，现代婴儿生活环境的多样化和复杂化，是前辈在儿时望尘莫及的。

想一想

现在，越来越多的婴儿正在电视、平板电脑、智能手机等电子产品的陪伴下成长，你如何看待这一现象对婴儿心理发展的作用？

妞妞的降生给爸爸妈妈带来了前所未有的满足和幸福，照料妞妞的日常生活也让初为人父(母)的爸爸妈妈非常辛苦，从早到晚难得有空闲的时间，特别是妞妞哭闹起来更是让人费神费力。从出生后 2、3 个月开始，妞妞开始对看电视产生兴趣，只要妞妞看着电视，就可以显得很专注、很安静，爸爸妈妈也可以腾出时间做做家务或者休息片刻，他们把电视亲切的称为“电视保姆”。

人的环境，除了“人类化的自然”(马克思)之外，还有人与人之间的关系。生产关系，主要是社会制度，以及婴儿所处的社会地位，对婴儿心理的发展有极其重要的作用。在工业发展的资本主义社会里，恩格斯在《英国工人阶级状况》一书中详细描述了工人阶级的子女所处的非常贫困的地位。他们的生活条件非常差，教育水平极低。所调查的儿童 3/4 不会读也不会写，这些孩子连字母都分不清。其心理发展水平可想而知。

社会生产越发达，教育对婴儿心理发展的作用越明显。因为婴儿的心理发展主要依靠掌握前人的经验，而不能仅仅依靠自己的直接经验。社会生产方式越复杂，需要掌握的间接知识越多。教育正是通过组织和选择信息，指引并促进婴儿通过学习而得到心理发展。

表 2.3.2　母亲教养态度与孩子性格的关系

母亲的态度	孩子的性格
支配	消极、缺乏主动性、依赖、顺从
干涉	幼稚、胆小、神经质、被动
娇宠	任性、幼稚、神经质、温和
拒绝	反抗、冷漠、自高自大
不关心	攻击、情绪不稳定、冷酷、自立
专制	反抗、情绪不稳定、依赖、服从
民主	合作、独立、温顺、社交

具体社会生活条件和教育条件是形成婴儿个别差异的最重要条件。在同一个社会里，婴儿所处的环境是千差万别的。如果说，世界上除了同卵双生子外，没有任何两个婴儿具有相同的遗传模式，那么，可以毫不夸张地说，环境的多样性更超过遗传模式的多样性。即使是在一起长大的同卵双生子，各自的环境也有所不同，如在胎内所处的位置、出生的顺序以及由此引起的成人的不同要求等，尽管这些差别与其他婴儿相比要小得多，但也会产生某些影响。据加拿大的布莱兹报告，一家同卵生 5 姐妹的性格、能力有很大差别：老大严肃自信，最得姐妹喜爱；老二表现出一定的社交领导才能；老三似乎很自得；老四有点反复无常，不可捉摸；老五则需要别人照顾，依赖性极大。造成这些差别的原因，主要是外界(父母)对每个在 5 姐妹中处于不同地位的孩子有不同的要求。

综上所述，作为内部因素的遗传、生理成熟、婴儿心理内部矛盾和作为外部因素的自然环境、社会环境、教育等都是婴儿心理发展的必要条件，它们之间的关系是复杂的，在婴儿心理发展过程中是相互依存和相互影响的。脱离了环境和教育等外部因素，遗传、生理成熟等内部因素就不起作用，婴儿的心理发展就失去了客观的源泉；反之，不考虑内部因素，环境和教育等外部因素也很难发挥积极的作用。

任务回顾

序号	本节知识要点	教师认为应达到的程度	学生自评达到的程度
1	影响婴儿心理发展的自身因素	☆☆☆☆	☆☆☆☆
2	影响婴儿心理发展的外部因素	☆☆☆☆	☆☆☆☆
3	各种影响因素对婴儿心理发展的不同作用	☆☆☆☆	☆☆☆☆
4	对婴儿心理发展特点的影响因素分析	☆☆☆☆	☆☆☆☆

思考与练习

分析以下案例，谈谈案例中婴儿的心理发展受到哪些社会因素的影响？这些影响是如何起作用的？

案例一：一对双生子由于家庭的变故，其中一人被一对很有教养的经济条件优越的夫妻收养，并耐心教育；而另一人则流落街头，沦为乞丐，将来他们的个性会相同吗？为什么？

案例二：城市的孩子在粗大动作方面的发展落后于农村的孩子，而农村的孩子在精细动作方面的发展不如城市的孩子。

拓展训练

训练一：组织一次以“我推崇的儿童心理学家及其观点的现实意义”为主题的演讲活动。

训练二：访问一个婴儿家庭，了解分析家庭中影响婴儿心理发展的各种因素及其对婴儿心理发展产生的不同作用。

阅读导航

1. 陈帼眉．学前心理学[M]．北京：人民教育出版社，2003.

2. 孟昭兰．婴儿心理学[M]．北京：北京大学出版社，2003.

3. 庞丽娟，李辉．婴儿心理学[M]．杭州：浙江教育出版社，2003.

4. 林崇德．发展心理学[M]．北京：人民教育出版社，1995.

5. 李燕．学前儿童发展心理学[M]．上海：华东师范大学出版社，2008.

学习反思

第三章

婴儿感知觉的发展与教育

学习目标

1. 了解感知觉的含义以及在婴儿心理发展中的重要作用。
2. 了解婴儿感知觉的特点和发展规律。
3. 了解婴儿感知觉培养中的教育探索成果。

本章导读

经常听到小可的妈妈批评小可："这么大的孩子了，都快上幼儿园了，还总是穿错鞋子，你怎么就这么笨呢？左右脚明明就不一样，穿反了肯定不舒服，用眼睛稍微观察一下就该知道哪个穿左脚，哪个穿右脚。"小可拿着鞋子看来看去还不懂怎么回事。是小可还小，还是他方位知觉差？或许在学习了本章后，能够为此找到答案。

第一节　感知觉研究概述

你相信吗：当你蒙着眼罩、躯体与四肢被缠满绷带、躺在一个没有一点儿声音的屋子里20天以上时，你会与精神病人没有两样？你的亲眼所见、亲耳所听不一定为实？当你捏着鼻孔吃苹果时会觉得味同嚼蜡？虽然你不是瞎子，但面对同样的环境，你却看不到别人能看到的东西？明明是一样长的棍子，你却会觉得它们不一样长？这些不是由于你的感官出了问题，而是所有正常人都会出现的感知觉现象。本节就将带领大家走进神秘的感知觉世界。

一、什么是感觉和知觉

我们的感官不断地接受着变动的光、形、色、声、味、触、温度等刺激的冲击，这一个个刺激构成了客观事物的个别属性。感觉就是人脑对直接作用于感官的事物的个别属性的反映。对于外物属性，感官会去反映，如闻到气味、尝到味道、看到颜色、听到声音、摸到硬软；对于身体的内部状况，感官也会反映，如感到痛、痒、麻、热等。感觉虽然是最简单的心理现象，但它却是高级和复杂心理现象的基础。

任何事物的个别属性不可能脱离具体事物而独立存在，因此我们在对事物进行反应时，不可能把个别属性孤立出来反应，而是把个别属性作为事物的一个方面与整个事物同时反应。在这个过程中需要人脑对感觉信息进行选择、组织和解释。比如，图 3.1.1 所示三幅图呈现出来的色彩与线条对每个人都一样。但并非每个人对图的理解都一致。第一幅图有的人看到的是女人，但有的人看到的是一张男人的脸；第二幅图有的人能看出奶牛，有的人只看到杂乱的色块；第三幅图有的人看到下雨打着伞的人，有的人却可能并不知道画的是什么。由此可见，虽然组成图的个别属性是一样的，但每个人对图的整体反应却有不同。知觉就是人脑将直接作用于感官的个别属性化为整体经验的过程，是个体选择、组织并解释感觉信息的过程。在反应客观刺激的过程中，个体的过去经验和主观态度直接影响着它对刺激的选择、组织和解释。

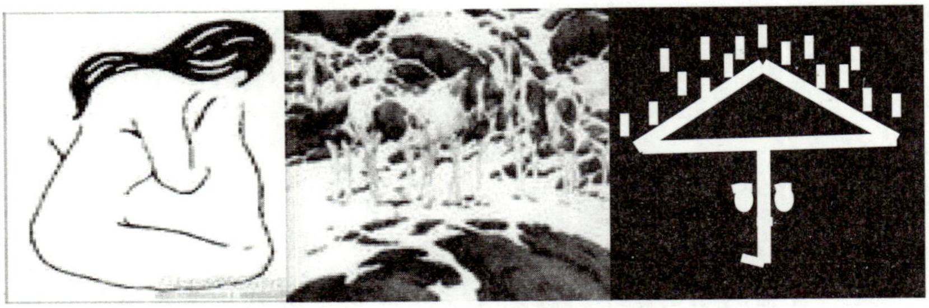

图 3.1.1　知觉的对象与背景

二、感知觉的分类

(一)感觉的分类

在我国古代《吕氏春秋》中，对人的感觉早已做了分类："耳之欲五声，目之欲五色，口之欲五味。"两千年前的古希腊哲学家亚里士多德早已区分出五种感官以及与之相适应的感觉。

心理学按不同分类标准对感觉进行了以下分类。

1. 按感受器所处的位置分

可分为外感受器感觉、本体感觉、内脏感觉。位于身体表面的叫外感受器感觉，包括视觉、听觉、嗅觉、味觉、触觉等；位于前庭器官、肌肉、肌腱和关节中的叫本体感觉，包括平衡觉、运动觉；位于身体内脏器官和组织中的叫内脏感觉，包括饥饿感、渴感、痛感等。

外感受器感觉主要反应外界环境的刺激，本体感觉和内脏感觉主要反应身体内的刺激，如身体的位置、运动状态以及内脏器官的痛痒等。

2. 按引起感觉的刺激物同感受器是否接触分

可分为距离感觉与接触感觉。距离感觉反应远离身体的刺激，如视觉、听觉、嗅觉等；接触感觉反应直接作用于身体的刺激，如味觉、触觉等。

(二)知觉的分类

根据不同的分类标准，知觉被分成以下几类。

1. 根据知觉中起优势作用的分析器分

可分为视知觉、听知觉、嗅知觉、味知觉、触知觉、运动知觉、内脏知觉等。如在听收音机时，视觉器官和内脏感官作用不大，主要是听觉感受器起主导作用，此时的知觉主要是听知觉。

2. 根据被知觉的对象分

可分为空间知觉、时间知觉、运动知觉。空间知觉是对占有一定空间位置的物体的形状、大小、体积的反应。时间知觉是对物体在空间中存在的延续性和出现顺序性的反应，包括对事物出现时间间断的判断(什么时候开始与停止)、持续时间长短的判断(秒、分、时、天、月、年等)以及事物先后出现顺序的判断。运动知觉是对物体空间位移和运动速度的反应。位移是物体位置在空间中的移动，而移动的速度则是物体在时间中的运动，所以运动知觉是与空间知觉和时间知觉密切联系在一起的知觉。

三、感知觉的相关研究

(一)感受性和感受性变化

1. 感受性

感受性就是人的感觉能力。感受性又分为绝对感受性和差别感受性。

绝对感受性反映的是人能觉察出客观事物最小刺激量的能力。例如，0.05 克的压力就能引起张三手臂触觉，0.08 克的压力才能引起李四手臂触觉。那么张三对压力的绝对感受性就比李四的绝对感受性好。

差别感受性反映的是人能够觉察出两种刺激物最小差别量的能力，或者说能区别事物细微变化的能力。比如，在原来的糖水中增加 2 克的糖张三就能感觉这杯糖水变甜了，而要在原来的糖水中增加 4 克的糖李四才能感觉糖水变甜，说明张三的味觉差别感受性比李四的好。

2. 感受性变化

人和环境相互作用的过程中，由于多种刺激物的影响以及多感官的作用，感受性是有变化的。常见的变化有以下几种。

(1)感觉的适应：由于刺激物对感受器的长期作用而使感受性发生变化。比如，当电影开演后走进电影院，刚开始什么也看不清，过一会儿眼前的景象逐渐清晰起来，这是视觉的适应现象。人们常说的“入芝兰之室久而不闻其香，入鲍鱼之肆久而不闻其臭”说的就是嗅觉的适应现象。

(2)感觉的对比：同时有两种刺激或先后有两种刺激冲击感受器时，引起的感受性的变化。比如，灰色圆块在黑色背景中出现和灰色圆块在灰色背景中出现，会觉得黑色背景中的灰色圆块比灰色背景中的灰色圆块亮。

(3)感觉的补偿：某些感觉缺陷的人，经过长期锻炼，可以利用健全的感觉器官来弥补那些因缺陷而失去的能力。例如盲人与正常视觉的人相比有更发达的听觉、嗅觉、触觉。

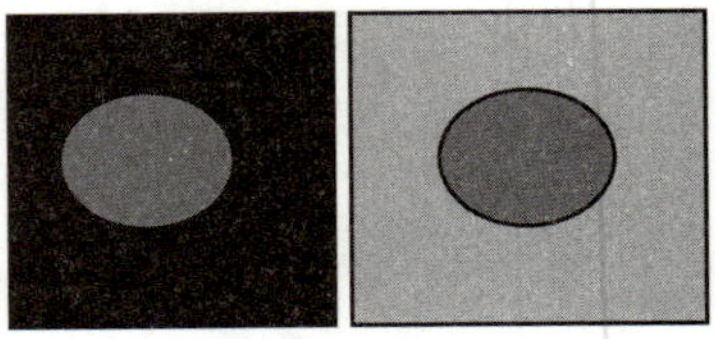

图 3.1.2　感觉对比

(4)不同感觉的相互作用：某一感官的感受性会因其他感官受到刺激而产生变化的现象。比如，音乐引起视觉和动觉的兴奋性，微弱的听觉刺激使视觉对颜色的感受性加强。再比如，当用铲子刮锅时，我们会感到不寒而栗，是因为刮锅声音让皮肤产生了冷觉。

(二)知觉的特性

1. 知觉的选择性

进入人体感官的刺激在同一时刻是十分丰富的，但人体不是对所有的刺激都给予加工，总是依靠过去经验和当前需要，有选择地对某些刺激进行反应，而忽视其他刺激，这就是知觉的选择性。被选择深加工的刺激，称为知觉对象，而同时作用于人体感官却被忽视的刺激叫知觉的背景。比如，我们上课时如果对老师的说话声反应清晰，就会模糊教室外小鸟的鸣叫声或汽车跑过的声音。老师的说话声就是知觉对象，而小鸟的鸣叫声和汽车跑过的声音就成为知觉的背景。

2. 知觉的整体性

人们根据自己的经验把直接作用于感官的不完备刺激整合成完备整体的过程，就是知觉的整体性。比如，人们会将两幅图中并不完备的三角形知觉整合成完整的三角形，见图 3.1.3。

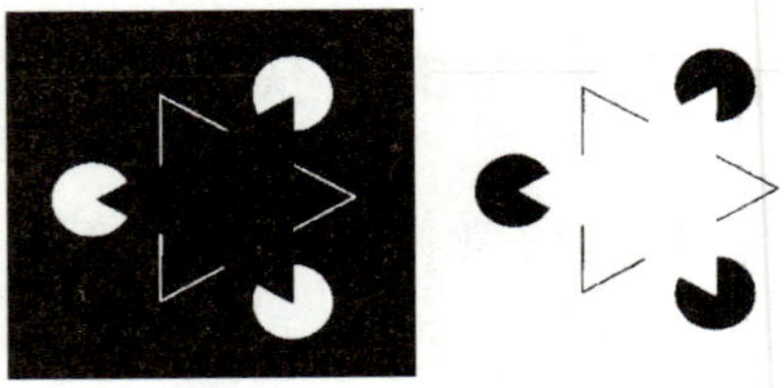

图 3.1.3　知觉整体性

3. 知觉的理解性

人们在知觉的过程中会根据自己的知识和经验，对感知的事物进行加工处理，并用语词加以概括和赋予意义，这就是知觉的理解性。图 3.1.4 中，左图容易被知觉为以黑色为背景的白色带子而不是以白色为背景的黑色带子，原因是白色带子宽度一样，容易被人们理解成为较有意义的模式。右图如果在你看了很久还不能说出意义，那么请你将之理解成在黑背景上写有“FLY”的英文字母，就令人难忘了。

图 3.1.4　知觉的理解性

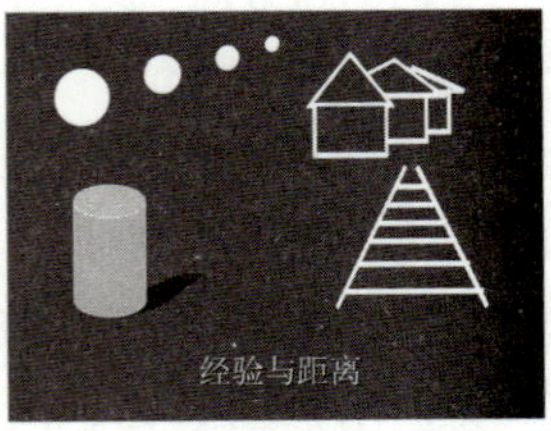

图 3.1.5　远近的知觉与经验

知觉的理解性受个体实践经历、兴趣爱好、知识经验等影响。因为刚学会走路的小孩身体位移能力才刚刚萌发，还没有积累足够的前后、远近的经验，所以在判断图中物体的前后、远近时会觉得非常困难。比如，问小孩图中“哪个圆离自己近？哪栋房子在前面？阴影在圆柱的前面还是后面？铁轨哪端离自己近？”时，小孩常常回答错误，见图 3.1.5。

4. 知觉的恒常性

在不同的角度、不同的距离观察熟知的物体，虽然物体的形状、亮度、大小、颜色都会因观察环境的变化而不同，但人们对此物的知觉却趋于保持稳定不变。这种保持对客观事物相对稳定的组织和加工过程就是知觉的恒常性。比如，我们同时看面前的小孩子和远处的大人，虽然大人在视网膜上的影像比小孩要小，但我们仍然知觉大人高，小孩矮。再比如，一扇打开的门，虽然在我们视网膜上的影像不是长方形，但我们仍然把它判定为长方形。如果人类知觉不具有恒常性的话，那么人类适应环境的活动就会变得十分复杂。所以知觉的恒常性是人类适应环境的重要能力。

5. 错觉

不符合客观事物本身特征的失真或扭曲的知觉反应叫错觉。错觉的产生并非是人的感官出现了问题，而是所有正常人都会出现的现象。对错觉产生的真正原因至今没有找到确切的答案。下面是一些常见错觉现象。

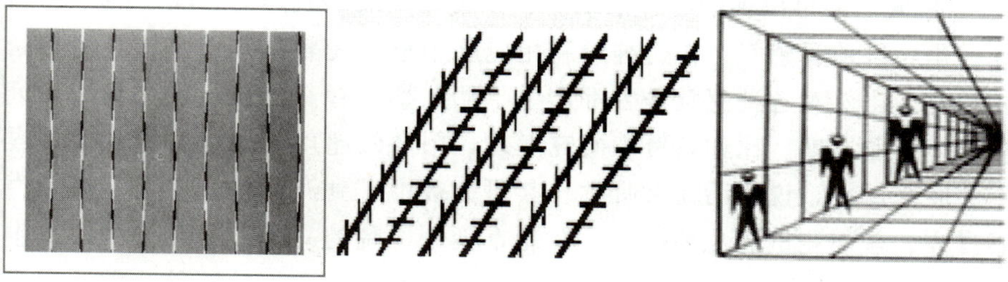

弯曲的直线　　看起来不平行的平行线　　看起来越来越高的人

图 3.1.6　错觉

任务回顾

序号	本节知识要点	教师认为应达到的程度	学生自评达到的程度
1	感知觉的定义	☆☆☆☆	☆☆☆☆
2	感知觉的分类	☆☆☆☆	☆☆☆☆
3	感受性和感受性变化	☆☆☆☆	☆☆☆☆
4	知觉的特性	☆☆☆☆	☆☆☆☆

第二节　感知觉在婴儿心理发展中的作用与发展趋势

1954 年加拿大麦克吉尔大学心理学家赫布和贝克斯顿征集一些大学生为被试，要求其每天 24 小时躺在一个小房间里一张极其舒服的床上，除了吃饭和上厕所的时间，严格控制其任何感觉的输入。实验者给每一位学生戴上眼罩以限制视觉；手和脚被套上用纸板做成的袖套以限制触觉；小房间中一直充斥单调的空调嗡嗡声以限制学生听觉。在实验中，学生们报告他们对任何事情无法思考，思维变得杂乱无章。部分学生体验到幻觉，比如看见闪烁的光、感觉有蚂蚁在手臂上爬。甚至在实验后的很长一段时间，这种状况仍继续存在。自此后研究者进行了多种形式的感觉剥夺实验，所有的实验都显示：在感觉剥夺情况下，人会情绪紧张、记忆力衰退、判断力下降、出现幻觉、妄想。可见，丰富的感知觉刺激对维持我们生理、心理功能正常状态是必需的。不仅如此，感知觉在童年早期还具有更为特殊的意义。

一、感知觉在婴儿心理发展中的地位与作用

（一）感知觉是高级心理活动产生与发展的基础

1. 感知觉是人类最早出现的心理活动，也是婴儿期最早成熟的心理活动

新生儿在出生以前，感官、传送神经和相应脑中枢的完整系统已基本具备传送、接收并储存信息的功能。虽然对各种感觉是否都产生于胎儿期还存在争议，但大量的研究表明，某些感觉确实产生在胎儿期。比如，贾森研究发现，用高效超声显像设备能观察到震颤传音刺激引起的胎儿眨眼反应，说明胎儿有听觉。其研究被推广到产前检查中，通过超声波仪器观察胎儿眨眼反应，从而测试胎儿的听力。在北京天坛医院的一个产科实验中，医生把白炽灯浸入装水的玻璃槽中(排除光的热效应)，装水的玻璃槽贴近孕妇的腹壁，发现当光线突然照射时会引起胎儿的胎动增强，这说明胎儿有视觉，能够察觉妈妈腹外的光线刺激。随着研究方法和技术的发展，科学家可能会更准确地揭示各种感觉产生的时间。但现在的婴儿研究技术已经告诉我们新生儿已有着相当惊人的感知能力，甚至有些感知觉在婴儿期已经达到成人的水平(本章第三节详述)。大量研究证实，胎儿和新生儿缺乏思维与想象，记忆的能力相对感知觉而言也差很多，所以说，感知觉是人类最早出现的心理活动，也是婴儿最早成熟的心理活动。

2. 感知觉是人类高级心理活动产生与发展的基础

信息通过感官的输入进入大脑，输入环节出错(如输入错误信息、输入通道不畅、输入程序出错)将导致后续信息储存和信息处理的错误，所以感官输入的正确是后续认识过程(记忆、思维、想象)正常活动的保证；情绪、情感是伴随认知过程而产生的态度体验，认知过程出错又必然引起态度体验的偏差，所以感知觉也是情绪情感产生的基础。先天盲人无法想象五彩缤纷、姹紫嫣红的景色，聋子无法感受悦耳的音乐，是因为盲人或聋子没有对色彩和乐音的感知，由这两种感觉唤起的想象、情绪等高级心理活动当然也就无从产生。

(二)婴儿阶段是感知觉发展最快与最敏感时期

1. 婴儿阶段是感知觉发展最快与最敏感时期

大脑神经生理学表明，脑和神经系统的发育是人类心理发展的物质基础。脑和神经系统在发育的某个阶段存在加速现象，在加速阶段其神经细胞数量和神经联系的变化速度非常快。大脑皮层不同区域加速开始和结束的时间不同，感觉皮质的神经活动早于其他皮质开始加速，所以感知觉在婴幼儿阶段比其他高级认知活动发展得更早和更快。胡腾洛赫尔 1979 年的研究证实了这点，胡腾洛赫尔发现视觉/听觉皮层突触量(神经细胞之间接触点)在出生前 1 月左右开始加速递增，在出生后 3 月左右达到高峰，达到高峰后逐渐削减，削减过程一直延续到 4 岁左右，4 岁后削减速度减慢，此后视觉/听觉皮层突触量与成人水平一致，也就是说，视觉/听觉皮层神经发育从出生前的 1 个月到 4 岁是发育最快的时期。负责语言的脑区域和负责高级认知活动的脑区域观察到的发展模式与视听区域的发展模式基本上是一样的，只是突触数量开始加速的时间和停止的时间要晚一点，见图 3.2.1①。上述实验研究证明婴儿阶段是感知觉发展最快的时期。

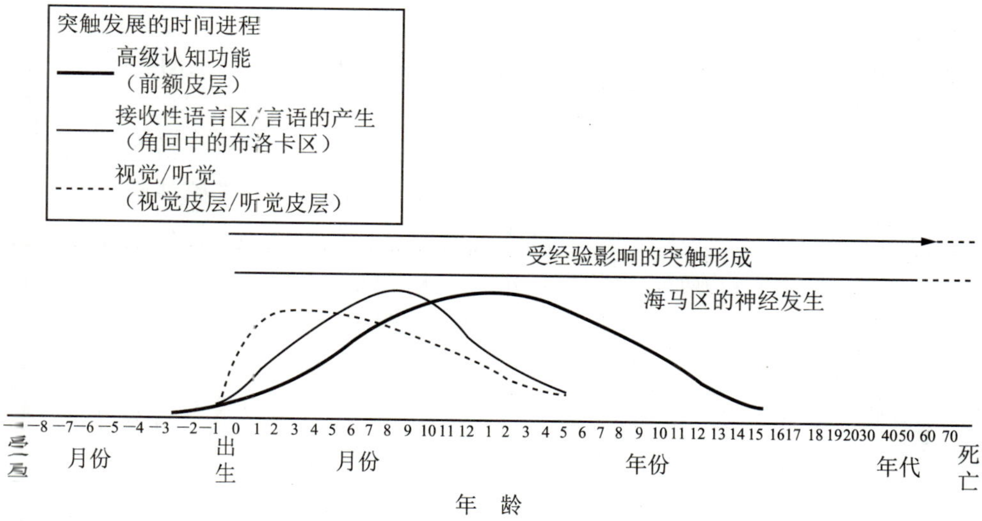

图 3.2.1　人类脑的发展

最新的脑科学研究揭示：“大脑发展在某个时段存在进行某类学习和心理发展的敏感期。”敏感期可以定义为发展中的一些独一无二的时间段，在这些时间段中特定的结构和功能特别易受特定经历的影响，它们将来的结构或功能会因为这段时间的经历而改变。动物实验和人类早期的生物性损伤为“敏感期的存在”提供了证据。戴维·休伯尔和陶斯顿·威赛尔于 20 世纪 60 年代研究猫的视觉时发现：如果在猫出生 30～80 天内将其左眼或者右眼缝合，3 个月后把缝合的眼打开，那只被缝合的眼睛会完全变盲。如果缝合猫眼睛的时间改在猫出生 80 天

① ［美］杰克·肖克夫，黛博拉·菲利普斯．从神经细胞到社会成员——儿童早期发展的科学[M]．南京：南京师范大学出版社，2007：159.

后，虽然猫眼也被缝合了3个月才打开，但被缝合的那只眼睛的视觉功能却可以完全恢复正常。说明猫眼视觉发展的敏感期是30～80天。另有研究发现，斑胸草雀必须在它出生后65天里接受成年斑胸草雀鸣叫指导，错过这个时间它将终生无法鸣叫。因为让儿童经历感觉剥夺实验是极其不人道的，所以人类感知觉敏感期研究比动物研究复杂得多。即便如此，依赖自然实验和对早年感知损伤儿童的观察研究间接让我们了解到了人类感知觉敏感期现象。如，3个月前的胎儿接触风疹病毒将造成眼睛、耳朵等多种器官畸形，但对已有6个月的胎儿而言却不易构成威胁；儿童视觉发展敏感期大约在8岁前，患有白内障、内斜视或长期戴过眼罩的孩子如果不在小学前矫治受累及那只眼，将使视觉产生不可逆转的损伤，但如果在8岁前得到矫治，就有恢复正常视觉的可能。听觉研究发现，一个生活在英语家庭的6个月婴儿能分辨出带印地语父母发音与纯正英语语音的区别，但如果没有听觉经验的伴随，4岁则不能做这种区分。还有研究发现对外来语语音的分辨能力在儿童出生后8～12个月间开始持续下降，如果7岁前接触第二语言环境，则其外来语语音水平与母语接近，而在青春期后才接触第二语言，那么其语音学习将费时、费力①。12岁前儿童听觉感受性一直增长，但12岁后开始停止增长。在科学还没有提供更多证据前，虽然我们不能断然否定或过分夸大“敏感期”的重要性。但已经被发现的“敏感期”现象是应在教育中考虑的。

2. 婴儿期的感官损伤与成人后的感官损伤相比，其对未来认知活动的影响更大

现代生理学研究发现，大脑皮层的视区如果在童年时期出了问题，就会影响思维的发展，而视区在成年以后才出毛病，思维基本不受影响。人的抽象思维是以概括性为特征的，先天视残人对某一事物的反应只能建立在自己听到、嗅到、触摸到的局部感性经验上，无法了解事物的整体面貌，其感觉犹如“盲人摸象”寓言中的现象。先天视残人缺乏视觉经验导致的另一后果是形象思维的贫乏，例如，有的视残儿童认为苍蝇和蜜蜂是一样的，因为它们都是能飞的昆虫；还有的视残儿童摸到苹果是圆的，于是就把梨子、圆形玩具等也都说成是“苹果”。视觉信息的贫乏对儿童思维造成的障碍使他们在分析和判断事物时发生困难。至于后天失明的视残人，他们的思维特点与正常人并无明显区别。因为他们可以借助于失明前的视觉表象进行形象思维，又可借助于词和概念唤起的视觉形象进行抽象思维。

想一想

如果从小进行听觉训练，会不会发展出与盲人一样的听觉定位能力？

1944年美国康奈尔大学的达伦巴史及其同事发现：盲人能在碰到墙壁之前停下来并报告说在遇到墙壁之前他的脸似乎受到某种震动影响，为此把盲人对障碍物的感觉称为“面部视觉”。而正常的明眼人，却没有盲人的这种精确的“面部视觉”。随后实验者用面罩和帽子盖住盲人的眼睛和头，仍然发现盲人在走到墙壁前就能停住；实验者除去面罩和帽子改用毛呢包住盲人的耳朵，却发现盲人一个个撞上了墙壁。由此可见，面部视觉的解释是错误的，盲人是靠听觉线索避开障碍的。这个实验似乎说明，盲人的视觉发展受限，所以一直保持了强大

① 董奇，陶沙．论脑的多层面研究及其对教育的启示[M]．教育研究，1999(10)．

的听觉定位能力。试想，如果正常人在听觉定位的敏感期保持听觉定位能力训练，会不会也会发展出与盲人一样强大的听觉定位能力呢？

（引自：崔丽娟．心理学是什么[M]．北京：北京大学出版社，2002.）

（三）婴儿认识世界的主要手段是感知觉

在人生最初的3年，人类主要依靠感知觉认识世界，感知觉是认知结构中最重要的部分。瑞士心理学家皮亚杰把儿童从出生到2岁时间段称为“感知运动阶段”，在这个阶段里儿童对客观事物的反应是无意的，只有当他看到、听到、摸到事物后才产生心理活动，事先并没有计划我要去看或去听什么的目标。比如，儿童在骑木马时一定在想关于木马的事情，此时他不会去想昨天的电视节目有多么好看，当木马移开了他就不会再去深入地思考关于“木马多么有趣，木马在哪个地方”的问题。所以感知觉是婴儿阶段认识世界的主要方式。

2岁后，虽然儿童高级认知活动开始发展起来，但思维活动常常受到感知觉信息的明显干扰。比如，让孩子比较两排数目一样多的棋子，如果两排棋子排列的间隔不同，上一排的排列稀疏些，下一排的排列紧密些，儿童会认为上一排的棋子比下一排排得多。类似的感知觉影响思维的例子还有很多。

同样，婴儿记忆也依赖于感知觉。有感知形象支撑的记忆材料远远优于抽象的记忆材料（如婴儿对儿歌、数字记忆远远难于图片记忆）。此外，儿童的情绪情感也明显地受直接感知的影响，比如，当给孩子说：“笑一个就给你糖。”此时如果你的手上没有糖，孩子没有反应，但当你手上有糖，孩子看见了，就会立刻露出笑脸。

二、婴儿感知觉发展趋势

（一）从感觉的无意性向有意性发展

“无意”就是事先没有目的，“有意”就是事先有预定目的。新生儿的感觉主要是由外部刺激物引起的，不是孩子刻意发起的，所以其感知觉是无意的。随着脑和神经系统的发展以及教育的影响，孩子才开始进行有意感知。

条件反射产生与发展，展示了孩子的感知觉从无意到有意发展的过程。刚出生的婴儿没有条件反射，只有无条件反射。无条件反射是人与动物与生俱来的、对某些刺激作出直接反应的能力。无条件反射事先没有目的，属于无意感知。

条件反射不是与生俱来的，是后天学会的。条件反射的形成，使无意感知向有意感知发展。比如，最初新生儿要碰到妈妈的奶头才出现吸吮动作，但10天后只要把孩子身体倾斜成喂奶姿势，孩子的嘴就开始出现吸吮动作，说明孩子已经意识到身体倾斜是喂奶信号。随着年龄的增长，孩子预先有目的感知动作越来越多：从听到声音引起扭头行为，到为了听声音先扭过头；从看到了妈妈才出现微笑，到为了再次唤起妈妈的微笑而模仿妈妈的表情。不仅如此，条件反射还扩展了机体对外界复杂环境的适应范围，使机体能够识别远方的刺激物的性质，并预先作出不同的反应。因此，条件反射使人类认知具有更大的预见性、灵活性和适应性。

(二)整体感觉与部分感觉从分离向统一发展

儿童最初只能感知事物的一个或某几个部分而看不到整体，或只看到事物整体而忽略各部分。随着年龄的增长，儿童慢慢理解部分和整体的关系，并把部分作为整体事物的一个方面看待，也慢慢懂得整体是由几个部分构成的。国外心理学家艾尔金德研究了儿童整体知觉与部分知觉的问题：给 195 名儿童看一些图片，见图 3.2.2，每次看其中的一幅。对儿童说："你告诉我，你看到了什么？它们看起来像什么？"如果儿童观察时漏看了部分或漏看了整体，就问他："你看还有别的什么？"实验结果表明，71%的 4 岁儿童只看到了图片的部分，如"两只长颈鹿""一个苹果"；只有极少部分 4 岁儿童看到"长颈鹿抱着一颗心""苹果和梨组成小人"。但 9 岁儿童已经既看到部分又看到整体。这个实验研究进一步揭示，儿童感知觉遵循"仅认识个别部分—仅认识整体部分—既认识部分又认识整体"的顺序。对 3 岁前的孩子来讲，既要认识事物部分又要认识事物整体是达不到的，所以 3 岁前孩子对事物的感知觉是片面的，反映出来的事物的整体与其部分是分离的。

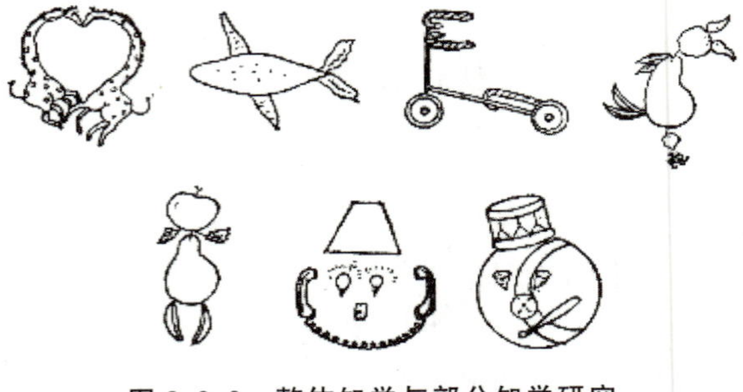

图 3.2.2　整体知觉与部分知觉研究

婴儿的图画处于乱涂乱画阶段，接近 3 岁才可能在孩子画中偶尔看到一些代表事物的符号，比如一个圆圈代表头，一段线段代表汽车等，但整个画面没有完整物的出现。这个现象除了与孩子手眼不协调和较低水平的精细动作有关外，感知觉不能反映事物的整体面貌是一个重要原因。

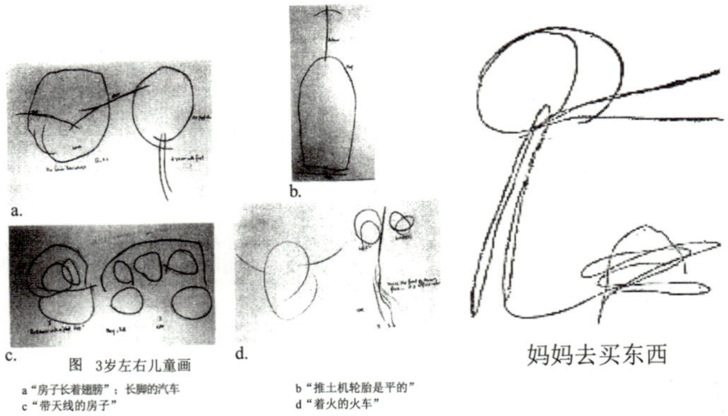

图 3.2.3　婴儿绘画

（引自：[美]格罗姆．儿童绘画心理学[M]．北京：中国轻工业出版社，2008.）

(三)从感官单一反应向感官协同反应发展

各种感受器成熟的时间有早晚的不同，因而各相应感知觉出现和发展时间也有早迟之分。

一般来说，婴儿最早出现的是单个感觉器官的感觉，一段时间后开始出现不同感觉器官的协同活动。孟昭兰总结 20 世纪 70～90 年代感知觉研究资料后认为，婴儿感知觉活动经历三个阶段：第一阶段(0～4 个月)婴儿单一感觉开始发生；第二阶段(5～7 个月)婴儿出现视觉和听觉联合、视觉和动觉联合和视觉—听觉—动觉联合的活动(这时婴儿看到物体或听到物体声音后表现出用手或脚去接近物体动作)；第三阶段(8 个月后)婴儿出现更多感官的协同活动。此时婴儿身体位置移动能力的增长和手部精细动作的发展给各种感觉联合活动提供了更多的训练机会，在多感官协同作用下各感觉通道的输入刺激以某种方式整合起来，使知觉更具概括性。

相关链接

经典实验 1　视—听协同作用

卡彭特发现 5～8 个月婴儿面对以下四种情境时存在不同的反应。①母亲用自己的声音说话。②母亲用陌生人的声音说话。③陌生人用陌生人的声音说话。④陌生人用母亲的声音说话。第一种情境，婴儿看得时间最长；第二种情境，不去看母亲；第三种情境，看得时间很短；第四种情境，不去看母亲。说明当孩子已经具备视觉和听觉联合能力后，视听之间的矛盾会导致婴儿困惑。而当这两种感觉没有协同作用时，婴儿不会感觉困惑。

经典实验 2　触觉—视觉的相互转移

2003 年的一个研究：研究人员把三棱柱和圆柱分别放到两组婴儿的手里，让婴儿熟悉这种形状。然后把这两种物体放在婴儿眼前，为时 60 秒，并对婴儿在 60 秒钟注视两个物体的时间作比较。结果发现拿过三棱柱的婴儿注视圆柱的时间更长，而拿过圆柱的婴儿注视三棱柱的时间更长。而之前没有拿过两个物体的婴儿，对两种物体注视时间一样。这个实验说明，婴儿手的触觉信息迁移到了视觉。两种感官产生了结合。

从特异化神经通道信息机制的行程来看，首先是感觉发展的专门化与单一化，然后进步到多感觉通道信息特征的整合与分化。各种感觉通道的输入刺激以某种方式整合起来，才是婴儿认识事物和把握操纵物体技能的心理基础，才是婴儿智慧发展的基础。

任务回顾

序号	本节知识要点	教师认为应达到的程度	学生自评达到的程度
1	感知觉在婴儿心理发展中的地位与作用	☆☆☆☆	☆☆☆☆
2	婴儿感知觉发展趋势	☆☆☆☆	☆☆☆☆

第三节　婴儿感知觉特点描述

在人们的印象中，婴儿似乎整天吃饱了就睡，睡醒了就吃，一天天不断地长胖长大。20 世纪初，医生们也普遍认为刚生下来的儿童又盲又聋。但事实是否如此呢？心理学家范茨给出生 8 周的婴儿看一张靶心图和一张横条图，发现婴儿注视两张图的时间明显不同，说明婴儿对不同形状已有了一定的分辨能力。更让人惊叹的是出生 35 个小时的婴儿就可以识别自己的哭声：让正在哭闹的婴儿听 4 分钟哭声录音带，婴儿当听到自己的哭声录音时会停止哭闹，而在听到其他婴儿哭声录音时会哭得更厉害。此实验说明婴儿已能辨别细微的声音差别。随着研究技术的日益发展，我们越来越惊讶于婴儿无比强大的感知觉能力，也越来越感到婴儿的世界远不是我们原来想象的那么简单。

婴儿感知觉可以根据不同的标准分成不同的类型。如果按最常用的分类标准对感知觉分类，感觉可分为外感受器感觉、本体感觉和内脏感觉；知觉分为空间知觉、时间知觉、运动知觉①。本书将以此分类为线描述婴儿感知研究中最重要的成果，借此使读者能较为全面地了解婴儿感知觉阶段发展的水平和特点。

一、外感受器感觉

外感受器感觉主要反应来自外界环境的刺激，外感受器感觉的感受器主要位于身体表面，包括视觉、听觉、触觉、嗅觉、味觉等。

(一)视觉

视觉是人们获得知识最重要的途径，人类大脑对客观事物的认识 70%～80%是从视觉获得的。眼睛是视觉器官，视网膜是对光波非常敏感的接收器。由外界物体反射来的光，通过眼球的透明体、角膜、水晶体、玻璃体等进入视网膜，视网膜接受刺激后，把光能转化为神经冲动，经神经交叉传达到大脑皮层的视区，进行综合分析后，再通过传出神经到达眼底产生视觉。婴儿的视觉研究主要集中在：视觉集中、视敏度、颜色视觉三个方面。

1. 视觉集中

视觉集中是指个体将视觉集中在一定对象上的能力。新生儿的视觉调节能力很差，刚出生时其眼睛不能停留在任何物体上，视觉的焦点也很难随客体远近的变化而变化。1 个月之后视觉集中的距离、时间才开始随年龄的增长而增长。

表 3.3.1　视觉集中与追随研究②

年龄	视觉集中时间	视觉集中距离	视觉追随的范围	眼球追随状态
出生后的第 3 周	5 秒钟	远处 1～1.5 米物体引起注视，但只能清晰反应距离眼睛 20 厘米的物体	眼水平线左右 30 度和垂直线上 10 度左右	飞快地扫视，双眼协调比较困难，可能出现暂时性斜视
第 2 个月		清晰反应距离眼睛 12.5 厘米的物体	平躺时垂直、水平范围 60 度左右	追随缓慢运动的物体一旦目标移动过快，视觉追随出现跳动

① [苏]彼得罗夫斯基. 普通心理学[M]. 北京：人民教育出版社，1981：257-279.

② 资料摘自国内部分学前心理学教材，供参考。

续表

年龄	视觉集中时间	视觉集中距离	视觉追随的范围	眼球追随状态
第 3 个月	视觉集中时间达到 7～10 分钟	远端物体注视的距离可达到 4～7 米，清晰反应距离眼睛 7.5 厘米的近物	平躺时垂直、水平范围 90 度左右	目光追随物体做圆周运动，出现目光主动搜索物体现象
5 个月起		注意更远距离的物体，如街上的汽车、建筑物上的霓虹灯	平躺时垂直、水平范围 180 度左右	成人水平
8 个月		成人水平	成人水平	成人水平

从表 3.3.1 看出，在 8 个月以前的婴儿其视觉追随的范围和眼球追随的平稳性受到一定局限，但婴儿 8 个月时其视觉的集中与追随能力已经达到成人水平。视觉追随能力的训练以及相应的视觉追随玩具应该匹配婴儿视觉追随能力的发展过程。

2. 视敏度

视敏度是指视觉精确辨别物体细微差别的能力，即通常所说的视力。新生儿的晶状体不能变形，难以对视觉对象进行有效的聚焦，所以视力是很低的。视力正常成人在 200 厘米远处看到的人像，出生 3 周的婴儿只能在 20 厘米处看到，此时孩子是高度近视眼(按照斯尼伦标记，视敏度被标示为 20/200)。所以婴儿的悬挂玩具应放在离婴儿 20 厘米左右的距离才是有效的。虽然用不同的测量方法测试出来的婴儿视力有差异，但总的来讲，婴儿的视力大约在 20/150～20/290 之间。出生后 6 个月婴儿的视力改善极其迅速，视力已达 20/100，出生后半年是儿童视力发展的关键期，2 岁时儿童视力基本接近成人。

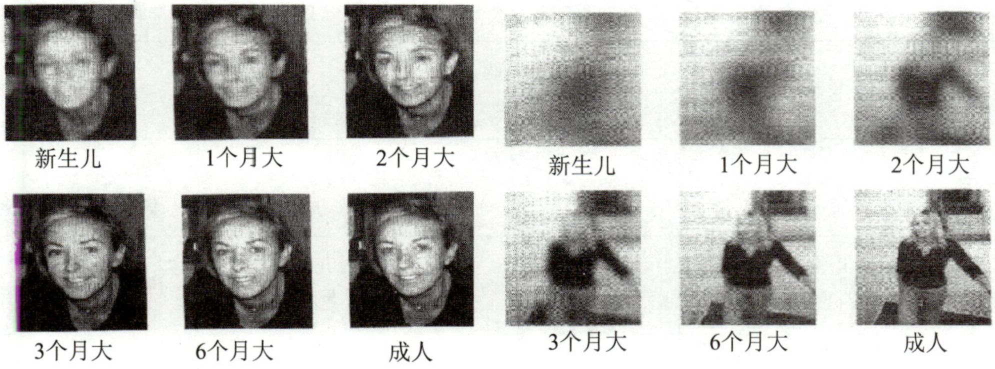

不同年龄儿童在30厘米远处看到的母亲面孔　　不同年龄段儿童看到的3米远处人像

图 3.3.1　婴儿视觉发展

(引自：[法]赛尔日・西科迪．100 个心理小实验——帮你更好了解宝宝[M]．上海：上海社会科学院出版社，2009.)

弱视是孩子视觉发展中一种常见病，弱视的孩子两眼不能注视同一个目标，无立体感，不能完成精细动作，但弱视是可以治疗的。对无器质性病变的弱视，经过及时治疗，大多数儿童可以恢复正常视力。根据有关研究，治疗弱视的最佳时间是 3～5 岁之间，12 岁后弱视已经巩固，难以取得较好的治疗效果。

3. 颜色视觉

颜色视觉是对光谱上不同波长光线的辨别能力。人眼视网膜上有三种含红、绿、蓝不同感光色素的视锥细胞，分别产生对红、绿、蓝的光波敏感。红、绿、蓝被称为三原色，其他颜色都是由这三种颜色的感光色素混合。

冯小梅(1988 年)报告，80%的新生儿能分辨红和灰，说明新生儿有了红色辨别的能力。很多实验发现，2 个月婴儿具有二色视觉，婴儿能从白色背景中辨别红、橙，但无法区分白色背景中的黄、黄绿、绿和紫色。2 个月婴儿缺乏蓝色的视锥细胞或对蓝色的波段不敏感(即俗话说的蓝色盲或蓝色弱)。进一步研究证实，到 3 个月这种缺乏消失，此时婴儿已具有红、绿、蓝三色视觉。黑斯 1900 年总结大部分研究资料后认为，对三色视觉辨别是婴儿具有颜色视觉的标志。因此可以判定：3 个月婴儿已经具有分辨各种颜色的能力，4 个月婴儿已经能在可见光谱中辨认各种颜色，并接近成人水平。张增慧的进一步研究发现 2～3 岁儿童比较偏爱鲜艳的暖色，婴儿对颜色偏爱顺序依次为：红、黄、绿、橙、蓝、白、黑、紫。

当婴儿具有颜色视觉分辨力后，其颜色感知水平可以从三个方面衡量：能否进行颜色配对、能否在成人说出名称后指认出正确颜色、能否看到颜色说出名称。部分研究数据可以为我们了解婴儿的颜色视觉提供参考(见表 3.3.2)。

李忠忱的研究数据明显比张增慧的研究数据所揭示的婴儿颜色能力强。其原因：一是后期研究的技术比以前更先进。二是李忠忱的研究数据是在其女儿早期颜色训练基础上得出的。李忠忱的研究表明，适当的早期教育可以提前和加速婴儿颜色认知能力。

表 3.3.2　颜色的配对—指认—命名

年龄	配对 1984 年张增慧的研究数据	指认 1990 年李忠忱的研究数据(个案)	说出名称	
			1984 年张增慧的研究数据	1990 年李忠忱的研究数据(个案)
13 个月		指认红、绿、蓝、黑、黄、白色		
16 个月				说出红、绿、蓝、黑、黄、白色名称
24 个月	30%儿童能配对红、白、黄积木		7.9%儿童正确命名部分颜色	说出 15 种颜色名称
30 个月	95.8%儿童能匹配红、白、黄、黑、绿、紫、蓝、橙积木			
36 个月			25%儿童正确说出颜色名称	

综上所述，婴儿的视觉追随能力应从眼前的上下左右 30 度开始训练而不是从 180 度开始

训练；婴儿的悬挂玩具应放在离婴儿眼前 20 厘米左右距离，随着婴儿视力的发展可以在这个距离范围前后适当调整；婴儿的颜色辨认能力训练从 4 个月就可以进行，颜色辨认能力应按颜色配对—颜色指认—颜色命名顺序进行训练。

（二）听觉

听觉是个体对声波物理特性的感觉。耳朵是听觉器官，在耳朵里有负责听觉的感受器。声波从外耳传入，引起鼓膜振动，经听神经传入大脑皮层的听觉中枢，产生听觉。与视觉刺激一样，听觉对人类有重大的适应价值。

婴儿听觉的研究主要集中在五个方面：第一，听觉的绝对阈限(要多响的声音婴儿才能听到)。第二，听觉的差别阈限(声音差别要达到多大，婴儿才能察觉)。第三，听觉的定位能力。第四，语音听觉。第五，乐音的听觉。下面我们从五个方面来描述婴儿的听觉特点。

1. 听觉的绝对阈限

成人能听到 20 赫兹到 19000 赫兹频率之间的声波，但多响的声音婴儿能听到呢？刘泽伦等学者研究发现，5～6 个月的胎儿可以听到透过母腹的频率为 1000 赫兹下的外界声音(2000 赫兹以上的高频声波被母腹滤掉了)。斯尼德等用人类可听声频范围(声波频率 200～19000 赫兹间)测量了出生 6 个月、12 个月、18 个月、24 个月的婴儿听觉阈限。结果显示，婴儿对低频声音(低于 1000 赫兹)反应比成年人迟钝，对高频声音(高于 10000 赫兹)反应比成年人敏感。穆格研究也发现 0～4 个月婴儿对高频乐音和噪音较为敏感。此类实验证实了为什么妇女和儿童的声音容易引起婴儿的注意而男性声音却不容易引起婴儿注意的现象。

2. 听觉的差别阈限(听敏度)

听敏度指对声音刺激的精细分辨能力。听觉差别阈限的多少常用来衡量个体听敏度，听觉差别阈限范围越大，听敏度越差，反之越好。有不少心理学家进行了婴儿听敏度的研究，沃米斯等人研究发现：1 个月的婴儿已能鉴别 200 赫兹与 500 赫兹的纯音差异。奥尔修等人在研究 5～8 个月婴儿听觉差别阈限时发现：如果声波在1000～3000 赫兹范围内，婴儿能察觉声频 2%的变化(成人是 1%)；如果将声波范围换成 250～8000 赫兹范围时，婴儿在 200～2000 赫兹范围内的听觉差别阈限是成人的 2 倍，在 4000～8000 赫兹范围内与成人水平相同，甚至高于成人。这说明婴儿对高频声波的听敏度高于成人，对低频声波的听敏度低于成人。正因如此，成人不能听到的尖细声音和高音哨声婴儿却能够听到。布雷伯格认为这主要是由于成人与婴儿耳蜗的构造存在差异。

相关链接

绝对音高

对婴儿绝对音高(绝对音高指音名 C，D，E，F，G，A，B 的固定振动频率)的一系列研究发现，婴儿绝对音高的听敏度受听觉训练影响。如果 5～6 岁前就开始训练听力，成年后有 88%的人有绝对音高；从 6.4 岁后开始训练听力，成年后有 69%的人有绝对音高能力；从 9.9 岁后训练听力，成年后只有 33%的人有绝对音高能力。所以绝对音高能力的生成也有关键期，这也是西洋乐器需要从小学的原因之一，一般优秀的音乐家都具有绝对音高的感知能力。因此我们必须尽早对婴儿进行听力训练，以使儿童获得良好的听力。

人们使用更有趣的声音刺激来研究婴儿对声音的分辨能力。例如播放母亲的心跳声和其他婴儿的哭声录音带，结果发现母亲的心跳声更能引发婴儿活动，这或许是因为胎儿在子宫一直听这种声音的缘故(德卡斯伯和西加福斯，1983)。同一个研究小组让一组孕妇高声朗读瑟斯博士的《帽子之猫》，让另一组孕妇高声朗读另一版本的《帽子之猫》，两个版本差别在于“猫”被换成“狗”，“帽子”被换成“雾”。出生后，婴儿表现出对在母亲子宫听过那个版本的偏爱，表明婴儿能够分辨非常细微的声音。另一个实验发现，当传来一个婴儿哭声时新生儿会持续哭下去，可是当婴儿自己的哭声传来时会停止哭泣，说明新生儿已能分辨自己和别人的哭声(马丁和克拉克，1982)。

3. 听觉的定位能力

在对婴儿的声音刺激检测中，均发现婴儿在听到声音时会将头转向声源，这意味着婴儿可以通过调整头部的位置确定声源方向。个体根据声源发出的声音作用于双耳的时间差异察觉出声音来自偏离身体的哪个侧面。婴儿头颅较小，双耳间距小，声音到达双耳的时间差异小于成人，导致婴儿辨别头颅左右方位的声源较成人困难。有研究发现，6 个月前的婴儿凭借声音抓取头颅正前方物体的准确率甚至高于凭视觉抓取物体的准确率。原因是正前方发出的声响同时到达双耳。6 个月之后，婴儿对来自旁边的声音定位开始变得准确。

鲍厄曾用实验研究婴儿的听觉定位。他把婴儿分成两组，第一组坐在漆黑的房间里，在婴儿面前放着一个持续发响的玩具，用婴儿伸手抓到玩具的次数作为听觉定位准确性指标。第二组坐在同样的房间里，面前放的是不发响的玩具，在关灯前先让婴儿看看放玩具的位置，关灯后让婴儿用手去抓玩具，以此作为视觉定位准确性指标。结果发现 6 个月前的婴儿听觉定位准确性高于视觉定位准确性，以成人为被试做同样的实验，却没有表现出成人听觉定位准确性高于视觉定位准确性的结果。这个实验似乎说明，听觉定位能力在 6 个月前是很强大的，随着视觉的发展使听觉定位能力逐渐退化①。

4. 语音听觉

婴儿对语音的听觉非常敏感。康登和桑德研究发现：美国东部出生 1～2 天的婴儿对成人语音、磁带播放的美国口语、汉语(无噪声背景)的行为反应明显多于婴儿对分散元音和有规律敲击声的行为反应。心理学家认为婴儿这种对语音的敏感反应是人类在漫长的种族进化过程中积累下来的本能。

想一想

当你给宝宝讲故事时应该关上电视吗？

声音的世界非常嘈杂，婴儿与成人如何从其他声音中辨别出一种单纯的声音？婴儿与成人有没有差异？维尔纳和博伊科对 73 名 7～9 个月大的婴儿和 49 名成人的辨音行为作了比

① 陈帼眉. 学前心理学[M]. 北京：人民教育出版社，1989.

较，结果显示当噪声与语音混杂时，婴儿比成人更容易捕获到噪声，更难捕获到语音。另一项实验显示5～9个月的婴儿只有在叫自己名字的声音高过背景音10分贝时才能听到自己名字，13个月婴儿要高过5分贝时才能听到自己的名字。这些实验说明，当父母在给宝宝讲故事或说话时要关掉电视或收音机声音，不然宝宝会很难从嘈杂的环境中听到语音。另外实验显示，1～3岁长期待在电视机前的婴儿，会在以后年龄阶段表现出更难集中注意力。因此，我们应当限制低龄婴儿使用电视。

同时，婴儿很早就能辨别不同人的语音。在一个研究中让婴儿听自己母亲和别的女性朗读同一个故事的录音带，实验中婴儿可以通过改变吸吮橡皮奶头的时间间隔来控制录音的播放，结果发现婴儿多采用能引起母亲声音的吸吮间隔来达到听到母亲声音的目的，这说明婴儿爱听自己母亲的声音。哈蒙德进一步实验证实了上述结果，他要求19位母亲从孩子刚出生时就和婴儿对话，结果发现5～10天时，18位婴儿只对母亲的声音有反应，只有1位婴儿对别的妇女声音产生反应。

想一想

婴儿喜欢听妈妈唱歌还是喜欢听磁带里妈妈唱的歌?

特雷诺1996年的一项研究证实，婴儿更喜欢母亲当面给他唱歌而不是听母亲的唱歌录音。一项声学分析证实母亲当面给宝宝唱歌时唱歌速度更慢、句子停顿更长、声调更高，更易为婴儿所接受。所以，可以确信母亲当着孩子的面唱歌对孩子的影响更大。

这类对人类语音和母亲声音的偏好应使婴儿父母受到鼓舞，从而增加与婴儿的对话兴趣与机会，使婴儿能在不断地与父母交流的过程中学习和掌握母语。

5. 乐音的听觉

巴特菲尔德1968年采用“吸吮技术”研究婴儿对乐音的反应时发现，出生仅24小时的婴儿就能够辨别乐音和噪音。麦考尔和梅尔森用“习惯化”研究5个月的婴儿，测定当一组8分音系列重组时婴儿心率的变化，结果发现当几个同样的8分音以新的排列方式呈现时，婴儿心率有明显的变化。由此可见，婴儿已能感觉到音乐旋律的变化。

其他一些研究证实：从4个月开始，婴儿开始积极地倾听音乐，听音乐时总伴有身体的反复动作，但这时身体动作和音乐还不能完全同步，显得动作与音乐的不协调。6个月后，在听到比较愉快的音乐或乐曲时伴有强烈的身体动作，动作出现了节奏感。18个月时有10%的婴儿已能协调音乐节奏与身体动作的关系，这时身体动作看起来像是伴随音乐的舞蹈。24个月婴儿已能安静地听音乐，出现合着音乐节奏的舞蹈。

综上所述，可以得知婴儿对高频声音比对低频声音敏感，婴儿有很精细的分辨声音的能力，婴儿对语音和乐音的偏爱具有先天的成分，听力的训练(经常性的与孩子对话和欣赏音乐等)对提高婴儿的听觉感知能力有重要的意义。

(三)触觉

在胎儿的发育过程中，触觉是最先发育起来的感觉系统。当视觉、听觉系统刚刚开始发育的时候，触觉系统已开始有效地发挥功能。触觉信息经神经传到脑干，再从脑干广泛分布到大脑其余部分，这些信息中有许多在大脑较低层次的组织中即加以处理，而不会传导到大脑皮层使个体意识到它的存在。因此我们通常对衣服、微风、轻微的碰撞不会反应。在没有意识到它们存在的情况下，这些信息就在帮助个体把自己调整成清醒状态，从而以最快的速度采取有效的行动。触觉太敏感的孩子大脑动荡不安，对任何刺激都急着反应，注意力难以集中，重要的学习信息自然很难传入大脑皮层。触觉太敏感的孩子，对外界的新环境的适应力也较弱，所以会固执在熟悉的经验上，比如常固执于自己熟悉的环境或喜欢某种特殊感觉，容易偏食、有吸吮手指、触摸生殖器的习惯。

触觉功能很早就显现出来。先天的无条件反射：吸吮反射、防御反射、抓握反射等都是触觉的反应。对人工流产胎儿的研究发现，2 个月的胎儿就可以对毛发的刺激产生反应；触及 4～5 月胎儿上唇或舌头，会看见其嘴的开闭活动；触及胎儿手心和脚板会出现抓握动作。这说明胎儿已经有了触觉反应。出生后不久新生儿能辨别不同长短毛条的发刷对皮肤的接触差异，还能对电刺激以及成人都察觉不到的一阵阵吹气做出反应。婴儿的触觉发展主要反映在口腔触觉发展和手的触觉发展两方面。下面分别从这两个方面描述婴儿的触觉特点。

1. 口腔触觉

口腔触觉对婴儿获取物体信息起着重要的作用。罗恰特对 1～4 个月的婴儿口腔触觉进行了研究，发现 1 个月的婴儿已能凭口腔触觉辨别不同软硬性的奶嘴，4 个月的婴儿能同时辨别不同形状和软硬度的奶嘴，这表明婴儿的口腔触觉此时已能区别不同的物体。科普对 8～9 个月婴儿探索行为进行分析研究后发现，当婴儿面前呈现某个新物体时，有三种反应：摆动手中物品并观看、口腔活动(嘴动)、用新物体去敲击桌面或在桌面滑动。三种反应中，口腔活动最多。在这个时期，由于婴儿的视觉、动作等发展缓慢，所以口腔探索成为婴儿了解物体的主要方式。

当婴儿手的动作发展起来后，口腔的探索渐渐退居次要地位。但在相当长的时间内，婴儿仍以口腔探索作为手的探索的补充。比如，6 个月的孩子往往把抓到的东西放到嘴里；1～2 岁的孩子，在地上捡起东西也要往嘴里送。

2. 手的触觉

婴儿期是手的触觉探索产生时期，其发展经历了以下阶段。

(1)手的本能触觉反应

抓握反射即是手的触觉本能反射。当物体碰到孩子掌心，他立即把手指收起，紧握物体。所以让婴儿学会放手比让婴儿学会抓握更难。

(2)手的触觉与视觉的协调

手的触觉与视觉的协调是婴儿认知发展过程的重要里程碑，也是手真正探索的开始。其出现在婴儿 5 个月左右。

5 个月以下的婴儿眼手协调较为困难，主要是视觉不能引导手的动作。鲍厄 1977 年的一个实验发现婴儿的手和物体似乎都在争当视觉的目标，只要当婴儿的手进入婴儿的视野时，婴儿会立即放弃对视野中物体的探索欲望，停止手够物的动作而去专注地看自己的手。这个实验表明，视觉还不能指导手的动作，视觉和触觉还无法为了达到同一个目的而进行协同活动。同一类研究发现，5 个月前的婴儿只要没有在视野中看到自己的手，仍有够物行为，此时够物是出自动作的本能反射，与视觉并没有配合。但 5 个月以后的婴儿，往往先把手伸到视觉范围，用视觉检查手的位置后，再通过视觉把手送到物体所在的位置。这说明 5 个月确实是视觉与手的触觉开始协调活动的重要时期，也是婴儿够物行为发生实质性变化的重要分水岭。

(3)双手探索的协调

研究发现，7 个月以后的婴儿喜欢用双手去挤、甩、滚、摆弄物体，通过双手对物体的摆弄可以更详细了解物体的几个方面。

当手的触觉探索与视觉协调后，成为婴儿探索世界的主要手段。所以要把触觉当作儿童认识世界的重要工具看待，认识触觉在心理发展中的作用。

相关链接

皮肤饥饿

心理学家米拉尔德提出"皮肤饥饿"理论，认为婴儿天生有一种被抚摸的需要。生活中缺乏皮肤触摸的孩子，往往会自己咬手指、啃玩具、哭闹不安，这就是"皮肤饥饿"的表现，如果让孩子长时间处于皮肤饥饿的状态，会引起孩子食欲不振、智力发育迟缓及行为异常等。而常被亲人抚摸的孩子却没有上述现象。所以对于婴儿，父母应经常搂抱他们，定时对他们的背部、颈部、腹部及四肢进行抚摸，亲吻他们的面额，以及谈话时用手去捏他们的小手小脚等，这会极大地满足婴儿的触觉需要，有利于婴儿的健康成长。

(四)味觉、嗅觉

与视听触相比，味觉和嗅觉已退居次要的地位。但它们仍是婴儿生存和认识世界不可或缺的重要感觉。

1. 味觉

新生儿的味觉十分敏锐。不同的研究得出相似的结论，新生儿偏好"甜味"。研究发现，对出生 2～5 天的孩子分别给以 5％、10％、15％的蔗糖溶液，新生儿对 15％的蔗糖溶液吸吮的速度最慢，吸吮的时间最长，似乎他们在享受这份糖水。还有些研究发现，当把糖、盐、柠檬酸和金鸡纳霜(苦)放在刚出生 2 小时的婴儿口中时，婴儿表情有明显差异：当尝到甜味时，婴儿表情轻松愉快；当尝到酸味时，婴儿紧闭嘴唇；当尝到苦味时，婴儿半张嘴巴；当尝到咸味时，婴儿没有特别表情。由于对"甜味"特殊偏爱，导致婴儿较为拒绝其他味道的饮品，这也是为什么孩子特别不喜欢喝放盐的菜汤和白开水的原因。有人分析认为，婴儿对味道的偏爱是一种保护生命的本能或种族发展中适应环境的结果。婴儿天生对甜味的偏爱可能是为了获取这个时期身体发育最需要的高热量食物；对苦味和酸味的拒绝是为了回避那些有毒或不可食用的食物(有毒物常常带有苦味)。

想一想

母乳、牛奶、奶粉宝宝能区分开吗？

新生儿的味觉相当敏锐，其口腔与咽喉部的味蕾有不同功能。约翰逊等人对味觉研究发现：当吸入的是母乳时，新生儿呼吸不受影响；当吸入的是盐水时，有呼吸稍微抑制现象；当吸入的是奶粉溶液或牛奶时，会抑制呼吸，并停止吸入。可见味觉在防御机制中占有重要的地位。另一项研究发现，出生 3 天的孩子无论是母乳喂养还是奶粉喂养，在尝到母乳时都会用力张开嘴巴并转头索要，但对奶粉却无此反应。所以母乳的味道对婴儿更具吸引力。

人们还注意到，婴儿品盐的能力较差。婴儿在 4 个月以前几乎对咸味没有任何反应，对咸味的味觉是后天慢慢发展起来的。当咸味的味觉发展后，婴儿对甜味的偏爱逐渐减退。之后，味觉开始适应文化和地区的差异，孩子味觉渐渐带有明显的地方或家庭“风格”。所以，为了提高儿童的味觉适应能力，家庭应使婴儿的食物多样化，这对婴儿的健康大有好处。

2. 嗅觉

人的嗅觉是种系发生上很古老的功能之一，在进化早期曾具有重要的保护生存和防御危险的价值。新生儿对氨水、薄荷、醋酸等刺激物已有明显的嗅觉反应。当闻到令人愉快的食物气味(如香蕉、香草、黄油等)时，新生儿的面部肌肉放松，嘴角后缩，仿佛在微笑，并伴之以吸吮和舔唇的动作；而闻到不愉快的气味(氨水等)时会使新生儿嘴唇噘起并流口水和吐唾液。

想一想

吃奶粉的孩子和吃母乳的孩子用鼻子认母亲的能力一样吗？

实验证明，吃奶粉的孩子不能更好地区分母亲与其他母亲的体味。但是如果经常接受母亲的爱抚和拥抱，吃奶粉的孩子也可以识别母亲身上的味道，比如通过脖子上的香水味等识别母亲。因此，小孩子需要母亲的亲近才能更好地认识母亲。

一位研究者借助母亲戴在胸罩里的纱布证实，出生刚 2 天的婴儿就能辨别母亲的体味。他使用了三种纱布：一种是婴儿母亲戴过的、一种是其他年轻产妇戴过的、还有一种是从未用过的，结果显示 20 名婴儿中 17 名更经常转向自己母亲乳房接触过的纱布，说明此时婴儿已经能够使用他们的小鼻子认母亲。那么新生儿识别父亲体味的能力如何呢？另一项研究做了相关实验，研究者把纱布放在父母的腋窝下，发现出生 2 周的婴儿能够区分出母亲的体味，但对父亲的体味不敏感，不能区分出父亲和其他男人的体味。婴儿这种通过鼻子找到母亲的能力能帮助他更快地找到食物，即使在黑暗中也不受影响。由此可见，嗅觉是人类保护生存必备的能力。

二、本体感觉

本体感觉主要反映身体的位置和运动，位于前庭器官、肌肉、肌腱和关节中，包括平衡觉(静觉)、动觉。

（一）平衡觉（静觉）

人体位置移动引起重力方向的变化，这个变化刺激前庭感受器而产生感觉，此感觉就是平衡觉。人体在进行向前向后、向上向下的直线运动或旋转运动以及运动速度变化时，都会刺激前庭感受器，前庭感受器是人耳内除了听觉感受器以外的重要感觉器官，它在重新分配肌肉紧张度和保持身体自身平衡方面起重要的作用。大部分平衡觉的信息由脑干和小脑处理，其中脑干担任重要的统合角色。部分信息再从脑干传至大脑半球的过程中和动觉相互作用，从而保持姿势的平衡和运动，部分信息传送到大脑较高层与视觉、听觉等信息相互作用，判断空间的位置以及空间方向。当前庭器官受到强度较大的刺激时，常会引起植物神经反应，如恶心、呕吐、眩晕等。前庭器官兴奋性过高的人即使不受很强的刺激，也会引起上述的植物神经反应。在胎儿早期（10 周左右）前庭开始发挥功能。母亲可以通过自己身体的运动来刺激胎儿的前庭系统发育。

（二）动觉

对自己身体运动和位置的感觉，叫动觉。动觉感受器分布在肌肉、肌腱、韧带和关节中。当肌肉收缩、伸展、弯曲、推拉及关节间压缩时会刺激这些感受器产生神经冲动，往上传至脊髓、脑干和小脑，部分传至大脑半球。

动觉在人的认识活动中起着重要的作用。动觉和肤觉结合产生触觉，通过手的触摸可以知觉物体大小、温度和弹性；眼肌的运动产生关于物体大小、远近的视知觉；在言语活动中，声带、舌与唇的运动是语言的重要条件；在随意的运动中，肌肉的运动速度和强度信号不断传入大脑形成反馈信息，使精确动作得以实现。如果没有动觉参与，其他感觉就不能正常地发挥功能。

因为有了静觉和动觉，我们不用看阶梯也能轻易上下楼梯；不用照镜子也能用手摸到眉毛或鼻子；不用低头看刹车，脚也可以踩油门；不用眼睛看也可以拍打叮在身上任何位置的蚊子。本体感在英文中称为 Bodymap（身体地图，有人称为身体形象），好像我们大脑中有一张自己身体的地图，不用眼睛看，也可以随时掌握身体的任何部位。本体感是一种高度复杂化的神经应变能力，也是大脑可充分掌握自己身体的能力。本体感不良的孩子，如果不用眼睛看时，通常做任何事都感觉困难，即使有眼睛帮助，动作也难协调。本体感不良的孩子在其他感觉方面也会出现问题，比如阅读时跳字、注意力不能集中等。

三、内脏感觉

机体内脏器官受到刺激而产生的感觉，叫内脏感觉。内脏感觉在机体的消化、呼吸、循环、泌尿、生殖器官中都有感受器。一般认为大脑的第二感觉区和边缘系统对内脏感觉有调节作用。当人的各种内脏器官工作正常时，各种感觉融合为一种感觉，称自我感觉。但当器官发生病变时，个别器官就会产生痛觉或其他感觉。内脏感受器的神经末梢较为疏松，一般强度的刺激信号，在从内感受器到达大脑的过程中被外感受器的信号掩盖，因而引不起内脏感觉。只有在强烈的或经常不断的刺激作用下，内脏感觉才较鲜明。可单独划分出来的内脏感觉有：饥、渴、气闷、恶心、胀、痛等。

对婴儿内脏感觉发展的研究成果较少。部分研究集中在痛觉和温度觉的研究方面。新生儿的痛觉感受性很低，国外有人对新生儿的痛觉进行了测查，当用针去刺未足月婴儿的最敏感部位(鼻、上唇、手)时，孩子对这种刺激并未产生痛苦表情。还有研究发现，当给孩子打针时，孩子的痛觉反应比成人慢很多。婴儿的痛觉敏感度随着年龄的增长而增长并受情绪影响，有时成人的暗示会加大孩子的痛觉反应。比如，有时孩子摔倒了，本来没有哭，但看见成人表现出紧张情绪后反而哭起来。与迟钝的痛觉相比，新生儿的温度觉非常敏锐。当胎儿离开母体时，对冷空气很敏感，所以一出生医生会赶紧用布将孩子包裹上。婴儿还能区别牛奶的温度，温度太高或太低他都会做出拒绝的反应，母乳的温度最适宜，所以孩子吃母乳时往往流露出愉快的表情。婴儿对热的感觉比对冷的感觉迟钝，所以孩子表现出怕冷不怕热的现象，也是由于这个原因成人往往给孩子穿了过多的衣服，结果反而让孩子捂出病来。

知觉可分为空间知觉、时间知觉、运动知觉。空间知觉是对占有一定空间位置的物体的形状、大小、体积的反应，时间知觉是对物体的延续性和出现顺序性反应，运动知觉是对物体空间位移和运动速度的反应。由于在本书的第四章会较为详细地描述婴儿动觉和动作的发展，在第六章会较为详细地描述婴儿空间认知和时间认知，所以本节将不再赘述空间知觉、时间知觉和运动知觉内容。

任务回顾

序号	本节知识要点	教师认为应达到的程度	学生自评达到的程度
1	各个外感受器感觉在婴儿期的主要特点	☆☆☆☆	☆☆☆☆
2	本体感觉在婴儿期的主要特点	☆☆☆☆	☆☆☆☆
3	内脏感觉在婴儿期的主要特点	☆☆☆☆	☆☆☆☆

第四节 婴儿感知觉能力的培养

许多人急于开发婴儿智力，用各种刺激轰炸婴儿的感官，并美其名曰为“不要输在起跑线上”，实际上还没有证据证明这些做法能产生更优秀的“聪明”儿童。相反，拼命把那些刺激给那些还没有做好准备的婴儿会导致他们的退却。弗吉尼亚的研究人员设计了一项鹌鹑试验，他们从几百个鹌鹑蛋上剥去一小片蛋壳，让里面的幼鹌鹑接触一连串闪烁的光，以为这种早期的刺激会诱发视觉发育，但实验发现，过早光线接触会打乱鹌鹑对运动和声音的反应能力，出生后这些鹌鹑与正常发展的同类相比，显得动作茫然。更多的证据来自人类早产儿，过早的降生把婴儿强行推到一个充满光线、噪声、空气的世界里，这些早来的感知觉刺激并未给孩子带来好处，反而使孩子未来出现学习障碍、注意力缺乏、手眼协调能力差的可能性加大。所以，婴儿感知刺激并非“越早越好”“越多越好”。

一、重视保教环境创设，利用环境的因素培养婴儿感知能力

无意感知是婴儿感知的主要特点，这个特点导致婴儿难以将注意力稳定在一个物品和一个行为上，这个特点也注定了婴儿的学习方式是“自发”“随意”的学习方式，其行为随时都易受到周围环境影响。婴儿由于自己不能事先规划学习任务或学习程序，所以也不能完全按照教育者的要求执行学习任务。并非婴儿故意不听成人的话，也不是成人的学习流程制定不周密，完全是婴儿“无意的感知”特点造成的。强调婴儿的自发性行为并不否认教育者的控制因素，婴幼儿的羸弱决定了他们对环境的极大依赖。正是由于婴儿不能主动创设环境，所以环境是促进孩子全面发展的还是缺失的、游戏材料是丰富的还是贫乏的、教育方式带给孩子的情绪体验是积极的还是消极的等，都取决于成人提供的可能性。教育者该如何利用环境，诱发出孩子自发的感知行为呢？下面几点可供考虑：

（一）强化环境中容易激发感知的刺激属性，诱发孩子的感知兴趣

在环境心理和人类感知觉的研究中发现，当外界刺激物具有以下属性时容易激发人的感知兴趣。

1. 刺激的强度

强度越大的刺激物越容易被注意。比如，响的声音比弱的声音更容易引人注意、大的物体比小的物体更容易被人看见。因此可以考虑通过加大玩教具尺寸或提高它的声音诱发婴儿的注意。

2. 刺激的对比度

刺激与周围背景差异越大越容易被注意。比如，万绿丛中一点红，红花就比绿叶更引人注意；一群大人中的小孩，小孩就比大人更易引起注意。根据这点，应选择与床、被单、家具等对比较大的颜色鲜艳的婴儿玩具，用于某种能力培养的教具应与玩具在发声和形状上有较大的差异。书中重要的部分应该用与背景差异较大的颜色或形状表示。

3. 刺激的新异度

越没有见过的刺激越容易被注意。因此无论是家里的还是婴儿班的玩具要经常更新，活动区里玩具摆放的位置要经常变换。当故意把玩具藏一段时间后再摆放出来，有时会收到意想不到的效果。

4. 刺激的变化度

活动的刺激物总是比静止的刺激物更容易引人注意。录像片或木偶剧比静止的图片更吸引儿童，抑扬顿挫的声音、丰富的肢体语言和夸张的语调比平铺直叙的语言更吸引儿童，镜子里的人脸比人脸图片更有吸引力，因为镜子里的人脸在不断地变化。

当然，如果教育者想尽量不让周边环境分散婴儿注意时，就需要降低周边环境刺激的强度、对比度、新异度和变化度。

（二）中等的“刺激装载量”对孩子感知能力发展的促进作用最大

“刺激装载量”指在特定环境中，资讯的流动速度和刺激呈现的数量。高的刺激装载量表

现为：范围广、结构复杂、东西密集、新鲜事物的出现不确定、突发事件随时可能发生。如超市就是一个高装载量的地方。低的刺激装载量表现为：小范围、结构简单、熟悉东西多、新东西少，事物出现具有确定性。如监狱中的单间牢房。中度刺激装载量是介于这两者之间的量。

脑科学研究发现，神经网络的发展与环境中“刺激装载量”密切相关。一方面，太低的“刺激装载量”会影响婴儿大脑发展，如，Craig Ramey 1996 年在亚拉巴马大学对一群婴儿 12 年跟踪研究发现：从 6 个月就在有丰富刺激的环境(指有小伙伴、营养与学习和游戏的机会)中生活的实验组婴儿明显比未参与实验的婴儿智商高，脑成像技术的结构扫描揭示实验组婴儿的脑在利用能量方面更加有效。另一方面，过高的“刺激装载量”(过于丰富环境)并非都利于大脑发展，在突触数量不是无限发展的前提下，“无用”的刺激太多或者“有用”刺激流动的速率太快，必然会减少“有用”突触形成的机会。对鼠类研究证实，过强、过量的刺激会使大鼠海马的突触功能降低，神经回路的形成发生困难。

由此可见，中等稍高的刺激装载量才是最佳的环境。对婴儿成长的环境而言，中等刺激装载量的环境应该是熟悉物品(刺激新异度低)与新奇物品(刺激新异度高)、持续活动经验与临时变化游戏、稳定的空间布局与灵活设置的活动区等因素之间的有机结合。很多托幼机构在掌握刺激装载量方面作了有益尝试，比如，投放新的教玩具时保留部分旧玩具；每周采取一种新方式来进行常规活动；随时在墙面上添加新的图片以改变常年不变的墙面装饰；大型玩具四周搭配多样的可以随时移走和添加的周边物。以上的措施都是为了保证用中等的环境装载量去影响大脑。所以在托幼机构的教室里摆放的玩具并不是越多越好。

相关链接

根据婴儿的发展，选择适合的玩具

1 个月

2～3 个月

4～5 个月

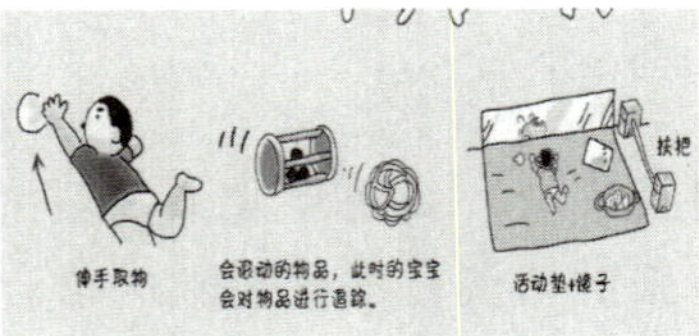

5～6 个月

6～7 个月

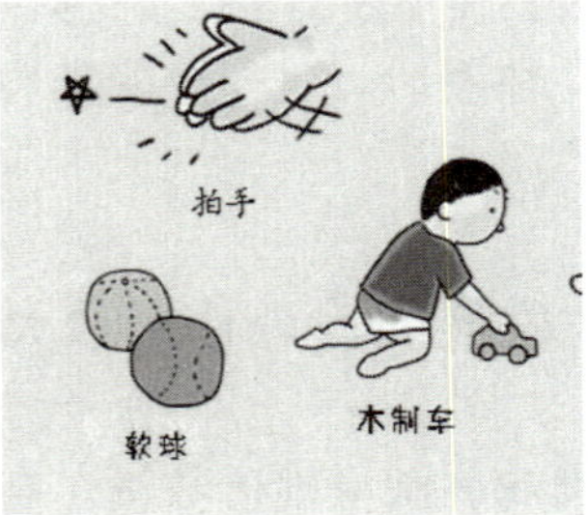

7～8 个月

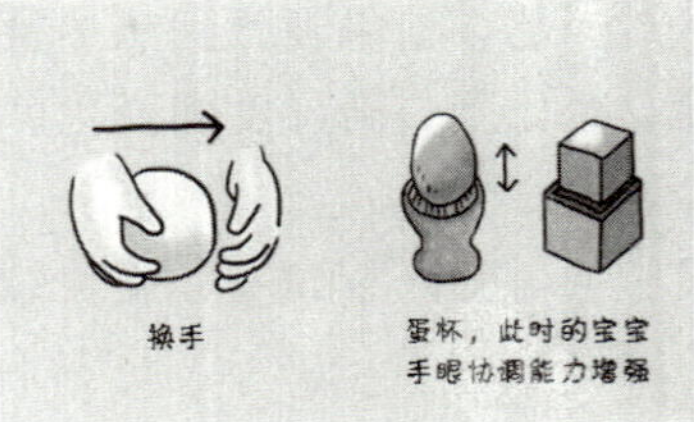

8～9 个月

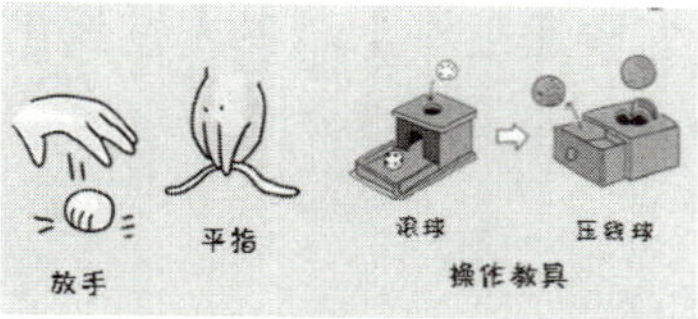

10 个月

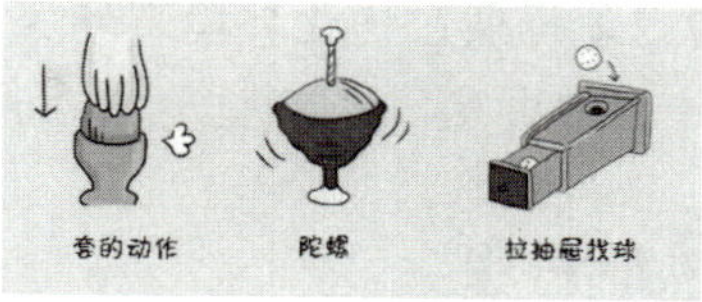

11～12 个月

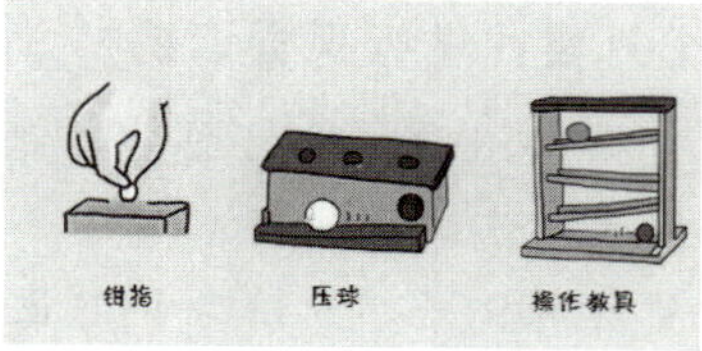

二、尊重孩子发展的差异性，符合感知发展规律

（一）尊重孩子的感官差异，以孩子最易接受的方式进行感觉能力培养

美国的一项“感官”研究发现：不同个体从环境中吸取感知信息时存在不同的感官偏好，个体会按自己不同的感官偏好选择合适的刺激与学习方式。擅长处理视觉感官信息的个体喜欢在学习时有录像和图片的材料支持；擅长处理听觉感官信息的个体喜欢用谈话和讲授方式学习；擅长处理运动觉—触觉感官信息的个体则长于操作的学习方式。教育者应根据感官这种特点采取针对性教育，比如在动作的教学中，教育者可以在听觉指令(听觉理解)、动作模仿(视觉理解)和手把手教导(触觉理解)三种方式中选择适合孩子感官特点的方式。而不是像传统教学中那样将三者同时作用于孩子，对小孩来讲，过多的方式同时作用于感官反而会引起大脑混乱。怎样为不同特质儿童提供感知材料和活动方式并让他们都能在环境中获得发展是教育者应思考的问题。

（二）按孩子的年龄特征和各个感官发展的敏感期进行感觉能力培养

前面章节已介绍了部分婴儿感知觉的特点，但是前面的介绍是按不同的感官领域介绍的。为了让教育者更好地了解婴儿每个年龄阶段的感官教育，本部分试着按婴儿年龄阶段感觉特点来描述教育内容和方式。

1. 0～8 个月的婴儿感官教育

来自世界很多地方的研究显示，从教育的角度来说，大多数出生正常的儿童在出生的头 8 个月中都会有正常发展。也就是说，头 8 个月孩子的发展在很大程度上是自然成长的结果。只要不是太恶劣的环境(营养极度不良、父母完全冷漠等)，孩子都会正常长大。然而，除了“正常”发展，还需要更好地发展孩子潜能，感官教育是孩子潜能开发的基础。

就感官发展而言，0～8 个月是遗传因素体现最为明显的阶段。在这 8 个月当中，与生俱来的本能多于学习而来的技能。有些本能反应会自然消失(如行走反射、惊跳反射、游泳反射、抓握反射等)，这类本能反应对生存没有意义，但它的出现和消失代表了孩子神经系统发育情况，所以这类本能反应可以帮助教育者早期发现神经系统发育异常的孩子，对这类孩子的早期干预是非常有效的。还有些本能反应，因与人的生存密切相关会持续一生(如吞咽、眨眼、对强烈刺激的回避或关注等)。在这类反应中，部分无须训练也会随着孩子的成熟自然展现，部分在成熟的基础上可以通过训练挖掘出更大的潜能。面对上述两种本能反应，教育者应考虑怎样通过优化环境来确保成熟正常展开，怎样通过科学培养来挖掘出更大潜能。下面将0～8个月婴儿感知觉能力培养的重点项目列举出来，供参考。

想一想

哪些玩具适合对0～8个月婴儿进行视觉训练？

颜色对比鲜明且画有两眼和嘴的人脸图案、棋盘图案、几何图案，都是孩子较为感兴趣的玩具。把这些图案固定在孩子眼上方适当的位置，让孩子观看。

另一个有用的东西就是镜子，应当选高质量防碎镜子，此阶段把它固定在婴儿床的左右栏杆上，稍微向内倾斜10度，让不会转头的婴儿也能看见。

（引自：伯顿·L. 怀特．从出生到三岁[M]. 北京：京华出版社，2007.）

(1)视觉追随

视觉追随是0～8个月孩子视觉发展的主要项目，灵活的视觉追随能力可以帮助孩子很好地观察事物，对以后阅读效率的提高也大有帮助。视觉追随训练可以从出生后3周开始，婴儿平躺时可将直径大于12厘米的鲜艳的玩具放置在离婴儿眼平面上方20～30厘米处，训练孩子视线随物体上下、左右、圆圈、远近、斜线等方向运动，以发展眼球运动的灵活性及协调性。最先训练时，玩具移动的范围可小一点(双眼水平左右扫视角度30度、双眼垂直线上下扫视角度10度内)，到眼部中间时停顿一下，再慢慢加大左右和上下的移动角度(水平180度、垂直视野90度)。当孩子能仰起自己头部后，成人还可以创设一些非常有趣的游戏来锻炼孩子的视觉追踪能力：比如，将孩子挺直抱在胸前，让孩子的脸朝外看移动的物体(电扇上的彩色布条、水槽中的流水、移动的人等)，或成人移动自己身体位置抱着孩子从不同角度去看感兴趣的图片。通过一段时间有意识的训练后，婴儿的视觉追随能力将大大提高。另外，在平时的保教环境中，成人还需注意经常调换让孩子感兴趣的图片位置和孩子躺着时头的方向，孩子面前悬挂玩具的移动速度也不宜太快。

(2)声音分辨与定位

从第3个月起，孩子会对声音表现出浓厚的兴趣，这种兴趣会逐渐发育成学习语言和学习音乐的能力。由于婴儿的听觉非常敏感，这时既是听力训练的最佳期也是听力损伤可能造成最大危害的时期。

首先，教保者要学会及时地发现婴儿的听力损伤，越早对孩子进行听力康复治疗其预后效果会越好。教保者可以通过下述方法筛查出18周以上孩子听力缺陷：在孩子清醒、感觉舒适而且没有专心做事的时候，在他视线之外183～305厘米远的地方用正常的声音叫他，孩子应该在几秒钟内停下动作，准确地转向声源。从183～305厘米距离内不同方位处，重复三次同样的测试，孩子都有此反应，说明这个孩子听力正常。如果在2～4天内进行的3～4次测试中，孩子都无此反应，就要引起重视，及时就医。

其次，应让孩子听不同的声音以丰富孩子的听觉经验。孩子醒着的时候，需要时常有人唱歌或说话给他听，母亲的声音是婴儿最喜爱听的声音之一。在说话时应配合脸部的表情和肢体语言，说话或唱歌的内容应该重复而多样。当孩子制造任何声音时，成人都必须给予回应。此阶段，孩子很难从噪声中分辨出语音，所以混杂了太复杂声音背景的收音机、电视机或者磁带歌曲反而会阻碍孩子听觉发展，长期的让孩子沉浸在上述声音中还会导致听力损伤。另外，成人可以利用生活中或大自然中的声音(如水的滴答声、不同人的脚步声、开关电灯的声音、钥匙扭动锁孔的声音、风吹树叶的声音、动物的叫声等)训练听觉，它们是很好的听觉训练材料。让孩子体验这些声音的差异不仅对听敏度提高有帮助还有利于孩子日后语言和思维发展。

最后，增强孩子对声音方向的辨别能力。成人可以站在孩子身后，通过说话声或玩具声诱发婴儿转头寻找声源。一段时间后再慢慢移动器具使它在孩子身后的不同方位和不同距离发响，逐渐提高孩子寻找声音能力。成人还可以在孩子手腕和脚踝上系上铃铛，让孩子去确认声音的位置，还可以在婴儿床的末端贴上一个一压就发声的软垫，让孩子知道只要用脚去压软垫就会发出声音。反复进行此类活动会逐渐提高孩子听觉定位能力。

(3)身体抚触

身体接触对0～8个月的婴儿而言，是非常有价值的。在婴儿醒着的时候，成人需要抽出时间拥抱自己的孩子，亲子拥抱不仅可以帮助孩子建立基本信任也可以促进孩子多感官的整合。

抚触操是此阶段很好的触觉运动。成人配合抚触音乐的旋律，轻柔或轻敲婴儿头面部、背部或摆动孩子的手脚可以增加孩子的触觉经验。

不同织物(硬的、柔软的、湿的、干的)也是此阶段触觉训练的好材料，教保者可用人工毛料、天鹅绒、缎布、棉布等织物搓搽孩子的面部、背部、手臂、手、腿、脚板等身体部位，也可以让孩子用身体或手去触摸室内外不同材质的墙面、地面、门面、桌面、书面或各种有趣纹路的物品，以增加孩子的触觉感受力。

由于此阶段是婴儿口腔探索活动的活跃期，成人一方面需要鼓励孩子用嘴去探索世界；另一方面又要注意孩子嘴和手边物品的卫生和安全。毛绒玩具或带有小饰品的玩具都不宜拿给此阶段的孩子玩，家里或托幼机构的玩具一定要经常消毒。太脏、不合尺寸的玩具在这个阶段常常引发出大的安全事故。

(4)气味与味道分辨

0～8个月婴儿已经能够辨别酸甜苦咸的味道。虽然孩子喜欢甜味食品，但成人不能一味在食品中加糖或限制其他味觉刺激的输入，总体说来，味觉经验丰富的孩子其味觉的适应能力更强。成人可让孩子尝试各种味道的食物，如吃饭时用筷子蘸菜汁给婴儿尝尝，吃苹果时让孩子尝尝苹果的味道。这对预防孩子偏食有极大帮助。虽然白开水无味，也不讨孩子喜欢，但白开水对身体健康有很大好处，所以成人要保障孩子每天白开水的摄入量。

嗅觉不仅可以帮助孩子辨认父母，还可以增强孩子嗅觉适应能力。多让孩子闻闻不同物体的气味可培养孩子适应环境的能力。比如，吃饭时让孩子闻闻调料的香味；洗澡时让孩子闻闻肥皂的味道。当然，成人一定要保证孩子所闻到的气味是无害的。

(5)本体感训练

本体感是人体非常重要的感觉。传统的保教较为缺乏本体感的训练。轻微地左右摇晃婴儿或改变婴儿的空间位置(如滚动婴儿身体、把婴儿举高放下、抱着婴儿转圈等)都可以增强孩子本体感。但是一定要注意，剧烈的、突然的、速度很快的身体位置变动会伤害婴儿脑部。

成人在变换婴儿身体位置时需要降低晃动的幅度和速度，一旦婴儿表情显现痛苦，需立即停止训练。

2. 9～12个月的婴儿感官教育

依靠爬行在空间中移动整个身体的能力是婴儿最重要的能力之一，这种能力通常会在8个月左右出现。随着婴儿身体位移能力的增加，婴儿从原来只能依靠成人抱过去触摸物体变为自己可以爬过去甚至扶物走过去触摸物体。自控力的增加，使婴儿的感官能力发生了质的飞跃。9～12个月的婴儿感官教育应增加以下项目。

(1)刺激物注解。除了继续进行丰富的感知刺激，本年龄段孩子需要增强感知信息的理解力。无论是何种感觉刺激，需要成人用语言将感官感受和信息特征描述出来。看到人出现，成人可以向孩子介绍这人的名字和身份，可以让孩子摸摸这人的脸和身体，如“他是爸爸，叫×××；他有大大的鼻子、短短的头发；这是他的耳朵……”；听到声音，成人可以向孩子解释声音的来源和特征，如“听到了吗？这声音是水龙头流出的声音、这声音是开门的声音、这声音是爷爷在叫宝宝……”；给孩子洗澡时，成人可以说“水很滑、很温暖、会把宝宝身上脏东西冲干净……”当孩子感觉时，成人的语言应始终伴随孩子的感觉过程。感觉言语化不仅增加了孩子的安全感，而且对孩子日后的语言发展和思维发展都有极大帮助。

(2)视觉—动觉协调。最初的“够物”动作，视觉与动觉没有协调，所以孩子无法准确抓取面前的物品，动作也显得笨拙。5个月开始，婴儿的视觉与手的“够物”动作开始协调。研究发现，如果有适当的玩具供孩子练习“够物”动作，到9个月时孩子视觉与动觉的协调能力会很灵活。在皮亚杰关于智力的发展理论中，“伸手够物”被视为婴儿对客观世界初次探索的重要方式，而灵活的“伸手够物”将使孩子对事物的认识更全面和更深入。地板健身架(放在地上的架子，架上挂有各种玩具)或那种手一按就弹出玩具的宝藏盒是训练“视—动协调”的好材料。在这一阶段，还会发现孩子对视觉控制下的双脚动作感兴趣，当然此时孩子更多的是进行手眼控制活动，还很难协调脚—眼协调活动。

(3)双手的配合。随着“视—动协调”的发展，孩子的双手动觉协调能力开始发展。5个月时，孩子还不知道把左手的东西移到右手或右手的东西移到左手。但8个月时，孩子就可以在视觉的引导下进行左右手东西的交换和简单的双手配合运动(如双手拉、双手抱、双手撕等动作)。这时要提供适宜孩子双手配合训练的材料，发展孩子双手配合能力。

(4)刺激消失与出现。6个月后孩子出现了“客体永存性概念”，说明感官刺激在孩子脑内保存的时间加强了。这时可以进行一些视觉或听觉记忆的游戏。比如，“躲猫猫”“藏藏找找”“听声音后找物”等。

3. 13～24个月的婴儿感官教育

独立行走和开口说话，使婴儿的感知又获得了更大的发展。此阶段需增加的项目包括：

(1)颜色辨认。早在3～4个月时，婴儿对颜色已有辨别能力。4～8个月的婴儿喜欢明亮色而不喜黯淡色，已表现出爱看暖色，如红、橙、黄色，不爱看冷色，如灰、蓝、紫色。因此，在选择婴儿玩具时应注意他的偏爱。颜色视觉训练不仅可以利用特制的各色色卡进行，还可以结合日常生活中看到的各种颜色实物来进行，如食物、衣服、花朵、玩具、用具等。颜色色卡应按“基本色(红、黄、绿、蓝色卡)——间色(橙、黄绿、紫色卡等)——无彩色(黑、白、灰色卡)——深色浅色、冷色暖色”的顺序训练，难度应从颜色配对开始再到颜色指认再到颜色命名。上一节中李忠忱的研究说明，经过颜色训练的孩子其颜色的感知能力远远大于没有经过颜色训练的孩子。

(2)听觉辨认。项目包含①音高、音色、音强辨别训练——可选择不同速度、响度或不同乐器奏出的音乐或发声玩具让孩子辨别，也可让孩子辨别家中不同物体敲击声，如钟声、敲碗声等。②语调区分训练——改变对婴儿说话的声调来训练孩子语音分辨力，成人根据不同情景，用不同语调说话，使孩子逐渐能够感受到语言中不同的感情成分，提高对语言的区别能力。③音乐感知训练——对音乐的感知仍以轻柔、节奏鲜明的轻音乐为主，节奏要有快有慢，有强有弱。可让孩子听不同旋律，(如音色、音调、节奏的音乐)以提高对音乐的感知能力。成人还可握着孩子的两手教孩子和着音乐学习拍手，也可边唱歌边教孩子舞动手臂，这些活动既可培养孩子的音乐节奏感，发展孩子动作，还可激发孩子积极欢快的情绪，促进亲子交流。

(3)感觉记忆力。项目包含①实物记忆练习——让孩子根据记忆寻找所需要的玩具，如先让孩子看一个小球，然后把看到的球收起来再让孩子在其他的玩具中找这种小球。再如先让孩子听一个动物的叫声后让孩子听数个动物的叫声，然后让孩子回忆中间有没有刚才出现的动物叫声。②强化记忆练习——父母可以选择一些形象直观，与婴儿本人关系较为密切的东西和他感兴趣的事物来训练他的感官记忆。可教孩子认识自己的五官和身体主要部位的图片与名字、教孩子认识常见动物、交通工具的图片与名字等。

4. 25～36个月的婴儿感官教育

(1)感觉稳定性训练：婴儿注意力短暂，不稳定，成人应帮助孩子更长时间地集中感官于一个或一种游戏中。训练方法有：①增加玩法。如小孩玩皮球时，玩一会儿就扔掉，成人可以在小孩正要开始做其他的事情时拿起皮球，教他一些新的玩法。②注意力集中法。如在各种几何形状中，要求孩子在短时间内找出三角形，并在这个形状上画一个点。

(2)扩大感觉的范围：教孩子注意物体之间的联系，发展注意的分配力。在培养孩子注意的分配力时，应多带孩子接触大自然，注意引导孩子调动多种感觉器官参与观察活动，可教孩子看日出日落、感受风吹草动、听鸟语、闻花香等。

(3)图形—背景辨别：训练孩子把物体从包绕它的背景中区别出来的能力。如，从森林图片中找出长颈鹿，从混杂的几何图案中找到圆形，从一大群人的照片中找出爸爸妈妈。

(4)视觉填充：要求孩子在刺激不完备的情况下把刺激补充完整。如，在找缺失的图片游戏中，成人故意把眼镜少画一个把儿，故意少画个小白兔耳朵，让孩子自己去发现缺失的部分。

(5)听觉系列化能力：听觉系列化是把别人口头所述的一系列信息按次序回忆出来的能力。如，可以让孩子按顺序复述成人说出的数字或事物名称，可以让孩子向其他人转告电话里所说的话，可以让孩子按照成人布置的三件指令做事且顺序不能颠倒等。

由于0～3岁孩子个体差异很大，所以以上分年龄的感官教育项目必须根据孩子实际情况进行调整，发展慢一点儿的孩子可以把感官教育的项目削减一些，放到下一个月龄段，发展快一点儿的孩子可以把下一个月龄段的项目提上来。总之，感官培养不能完全按年龄将各感官教育目标固定化和教条化。

三、给孩子提供多个感官统合发展的机会

感觉统合是指个体的中枢神经对进入大脑的各种感觉刺激形成有效组合的过程。感觉统合的概念是由美国加州大学的心理学家爱尔丝博士在1969年提出的，她用感觉统合失调来解释儿童种种问题，并设计了一系列感觉统合训练来矫治感觉统合的失调。

(一)儿童感觉统合失调的表现

儿童感觉统合失调的表现多种多样，感觉统合失调的孩子常常伴有多种表现，所以不能将某个孩子归为某一种感觉统合失调类型。为了使读者系统认识感觉统合失调的症状，根据主要受影响的感觉通道，将感觉统合失调分为以下几类。

1. 身体运动协调障碍

运动协调能力存在问题而导致的运动障碍。表现为走跑、翻滚、骑车、跳绳等大动作笨拙，系鞋带、扣纽扣、用筷子等精细动作也不能像其他孩子那样灵活。

2. 结构和空间知觉障碍

主要涉及视知觉问题，这类障碍表现为对空间距离知觉不准确，左右分辨不清，易迷失方向。尽管能长时间地看动画片，玩电动玩具，却无法顺利地阅读，经常出现跳读或漏读现象，常把数或字写颠倒。

3. 平衡功能障碍

表现为多动不安、走路易摔倒、原地打圈眩晕、爱做小动作、任性兴奋好动、黏人、自控能力差、情绪不稳定等。

4. 听觉语言障碍

表现为听觉信息处理不良。这类障碍可造成语言发育迟缓，还可能表现为急躁、注意力不集中，对别人的话听而不见等，这可能与他们对声音来源的辨别力不足和无法漠视旁边的无关杂音有关。

5. 触觉防御障碍

触觉反应包括触觉防御和触觉辨认，二者都是触觉信息在神经系统内有效整合的结果。触觉信息在头脑中统合不良即造成触觉防御障碍，包括触觉防御过度或过弱，前者对环境变化过于敏感，后者往往缺乏自我意识，学习积极性低下。表现为害怕陌生的环境、吃手、咬指甲、爱哭、爱玩弄生殖器、过分依赖父母、过分紧张、有强迫性的行为(一再的重复某个动作)、缺乏自信、消极退缩等。

相关链接

学龄前儿童感觉统合失调与神经心理发育的关系研究

感觉统合正常组与异常组儿童各项神经心理测试指标的差异有统计学意义，表明感觉综合失调(SID)儿童在视听觉敏感性、注意力、眼、手、脑反应能力等方面均较正常者迟钝。

而前庭功能异常、本体感失调和触觉防御异常则与儿童眼、耳、手、脑的反应能力、反应速度和动作的灵敏性、协调性下降有关，与双手精细动作能力受损也有关联。SID 儿童常同时出现多种神经心理功能障碍，如手精细动作、视觉反应速度、注意力分配等，这可能与感觉统合失调儿童大脑功能发育迟滞或受损相关。Castellanos 等人采用大脑 MRI 分析技术的研究结果也发现 SID 儿童大脑体积有不同程度的发育异常。但究竟是由于感觉统合功能失调导致神经心理功能障碍，抑或是神经心理功能障碍产生 SID，有待于进一步深入探讨。此外，各种感觉统合障碍也可相互交错影响，一种感觉功能障碍可作为病灶直接促使另一种感觉功能障碍的发生，从而加速儿童 SID 的发生和进展。

［引自：杨少萍，彭安娜，石淑华，等. 现代预防医学[J]. 2009(3).］

(二)感觉统合失调的原因

人类与其他动物最大的区别在于：大脑发育存在幼态延续的现象。出生时人类大脑只发育了 23%，剩下的 77%在后天发育，这种庞大的可塑性为人类适应环境提供了非常广阔的天地，当然大脑的发育本身也需要外界的刺激源的引导。但当今我国家庭多为独生子女，不但伙伴少了，而且家长视孩子为掌上明珠，对孩子过分保护，孩子应有的摸、爬、滚、打、蹦跳等行为，在发育的自然历程中被人为破坏。该爬的时候不让孩子爬，使孩子日后可能出现协调性、平衡感差；该哭的时候不让哭，口腔肌肉缺乏锻炼，心肺功能弱，甚至语言表达差。

儿童出现感觉统合障碍的主要原因是：

第一，城市化使空间变小，孩子活动空间不足。

第二，小家庭化使人际交往减少，尤其是老人领养或者保姆代养，造成和母亲接触时间减少。

第三，生产方式的转变——剖宫产增多。

第四，孕期妈妈休息不充分导致胎位不正。

第五，孕期有过感染或者不顺利生产的经历。

相关链接

学龄前儿童感觉统合失调家庭影响因素研究

周虹等人对北京市海淀区 7 所幼儿园 1816 名学龄前儿童进行调查。被调查的 1816 名儿童感觉统合失调率为 26.4% ，轻、重度分别为 19.3%和 7.0% 。不同年龄、不同性别儿童的感觉统合失调率差异均有统计学意义(P 值均<0.05)。非条件 Logistic 回归分析发现，父母感情差(OR=1.553)、照顾人文化程度低(OR=1.366)、家庭人均月收入低(OR=1.119)、人工喂养(OR=1.836)、没有经过爬行阶段(OR=1.470)、有过伤害(OR=1.660)的儿童发生感觉统合失调的风险增加。

本调查发现，家庭环境因素在 SID 的发生上可能起到了重要作用。单亲家庭的儿童、父母感情差的儿童 SID 的发生率较高，原因可能在于单亲家庭的儿童长期以来缺少父母双亲的关爱，可能要面对父母感情不和、争吵甚至大打出手等情况，使得儿童在语言表达、性格发展和智力发育方面都要差于家庭和睦的孩子 。研究还发现，主要照顾人文化程度低、家庭人均收入低的儿童 SID 的发生率较高，可能与儿童在成长过程中获得的资源有限、受教育机会较少有关。同时，6个月内纯母乳喂养的儿童SID发生率低于人工喂养和混合喂养的儿童，与相关研究结果一致。母乳中含有胱氨酸、牛磺酸、唾液酸等脑发育的营养物质，能够促进婴儿神经系统的发育，特别是对于出生后1岁内处于脑发育关键时期的婴儿。母乳喂养过程中婴儿通过母亲的肌肤接触、眼神交流、言语刺激，能够全方位地促进婴儿的感知觉发育，使儿童未来会面临更少的行为、心理相关问题。王敬彩等研究发现，婴儿期母乳喂养量越多、持续时间越长，儿童学龄期认知发育得越好、行为问题发生得越少。

本研究显示，生长过程中经历过爬行阶段的儿童SID的发生率较低，提示爬行可能在儿童感觉统合系统的发展上起到了关键作用。儿童爬行时，左右肢体交替运动的冲动通过脑桥交叉，可以调动整个大脑的活动，特别是可以改善小脑的平衡能力；而且借助爬行可以了解自己身在何处、如何有效避开障碍物，可以发展婴儿的空间概念及距离感，有利于思维和记忆的训练；同时，爬行需要统合感官信息，使婴儿能够根据自己的意志移动身体，促进认知能力的发展。在儿童生长发育过程中，如果未能经历爬行阶段，将不利于儿童身体协调性和前庭固有感觉的发展，导致SID的发生风险增加 。还有研究显示，在婴儿期未经爬行阶段的儿童在学龄前期运动和感觉系统的发展水平都要低于经历过爬行阶段的儿童。张冬敏等的研究也支持生长过程中未经历爬行阶段的儿童SID发生率高的观点。因此，在儿童生长发育过程中，儿童看护人要为儿童提供更多的爬行机会，以促进儿童的全面健康发展。

[引自：周虹，张妍，袁全莲，等. 中国学校卫生[J]. 2012(11).]

（三）感觉统合训练基本内容

1. 感觉统合训练

采用专门的感觉统合器材或生活用品对儿童的感觉器官和身体运动、平衡、协调性进行训练，以预防或矫正儿童的感觉统合障碍。

2. 训练内容与器材

感觉统合分为四个部分：平衡感、触觉感、前庭感、本体感。对孩子进行训练也从这四个方面入手。下面介绍训练的一些主要方法，供参考。

平衡感。利用专业器具，对孩子进行跳、摇、旋转训练。大陀螺、圆形旋转盘、大弹力球、平衡板、踩踏石、跳床、踩踏跷跷板、平衡游戏板、万象组合等教具，都是平衡能力训练的专用教具。

触觉感。成人不要过分制止孩子的行动，让孩子玩泥沙，用粗糙清洁的毛巾为他们擦身体，并经常肌肤接触。为孩子按摩，特别是敏感部位，还有常梳头、淋浴（喷头洗澡）等。一般可利用平衡触觉板、平衡步道、大龙球、按摩球、按摩梳、魔术环、毛刷、吹风机、万象组合等教具让孩子通过每寸肌肤的按摩，及大小关系的活化来训练孩子触觉。

前庭感。成人要让孩子尽量多做颈部运动，颈部运动让前庭神经发育更成熟。最重要的动作就是爬行，可利用滑板、圆形滑车摇滚圈、吊缆、太极平衡板、88轨道、沙袋、荧光颗粒球等教具对孩子实行训练，设计各种活动让他们做颈部运动，让前庭神经发育更成熟些。

本体感。本体感训练就是在追、跑、赶、跳、碰中成熟。主要以综合游戏为主，培养对一整件事的运动企划能力。

任务回顾

序号	本节知识要点	教师认为应达到的程度	学生自评达到的程度
1	利用环境的因素培养婴儿感知能力的两个关注内容	☆☆☆☆	☆☆☆☆
2	孩子各年龄的感觉能力培养重点	☆☆☆☆	☆☆☆☆
3	感官统合失调表现及训练方法	☆☆☆☆	☆☆☆☆

思考与练习

案例分析：一岁半的微微最喜欢用蜡笔在纸上画画了，他比较喜欢用红、黄、蓝、绿等鲜艳的颜色。妈妈想寓教育于色彩之中，一遍遍地向微微讲这是什么颜色，那是什么颜色，很快就认了四种颜色，妈妈着实高兴了一阵。但接下来的几天，妈妈再问："这是什么颜色?"微微要么张冠李戴，要么避而不谈，妈妈迷惑了：微微已经学会了，怎么又不会了？请帮助微微妈妈解决她的疑惑。

拓展训练

训练一：请收集能用本节知识回答的20个家长育儿问题，并写出答案。

训练二：结合婴儿感知培养途径描述的相关知识，举出家庭教育中的3～5个反例，并设计出相对应的正确的教育指导方案。

训练三：根据婴儿感知觉核心能力，为0～3岁的婴儿家庭分别设计一份适合0～3月、3～6月、6～12月、12～18月、18～24月、24～30月及30～36月孩子的、并能促进感知觉发展的玩具采购计划，附采购理由的说明。

阅读导航

1. 文颐．婴儿早期教育指导课程[M]．北京：北京师范大学出版社，2012.

2. 庞丽娟，李辉．婴儿心理学[M]．杭州：浙江教育出版社，2003.

3. 方富熹，方格，林佩芬．幼儿认知发展与教育[M]．北京：北京师范大学出版社，2005.

4. 李丹．儿童发展心理学[M]．上海：华东师范大学出版社，1987.

5. [美]玛丽安·戴梦德．儿童智力发育的五大里程碑——提高儿童全项智能的科学方法[M]．天津：天津科技翻译出版社，2005.

6. [美]伯顿·L．怀特．从出生到三岁——婴幼儿能力发展与早期教育[M]．北京：京华出版社，2007.

7. 徐云．儿童早期教育与训练[M]．杭州：浙江教育出版社，1998.

8.[瑞士]皮亚杰，英海尔德．儿童心理学[M]．吴福元，译．北京：商务印书馆，1980.
9.[瑞士]皮亚杰．儿童的语言与思维[M]．傅统先，译．北京：文化教育出版社，1980.
10.[苏]柳布林斯卡娅．儿童心理发展概论[M]．李子卓，等译．北京：人民教育出版社，1961.
11. 朱智贤，林崇德．儿童心理学史[M]．北京：北京师范大学出版社，1998.

学习反思

第四章

婴儿动作发展与教育

学习目标

1. 理解动作的含义，了解婴儿动作的类型。

2. 了解影响婴儿动作发展的各种因素及其不同作用，理解动作发展在婴儿身心发展中的重要意义。

3. 理解掌握婴儿动作发展的规律。了解不同年龄阶段婴儿各种动作发展的不同水平和特点。

4. 理解掌握婴儿动作教育中应遵循的原则。

5. 了解婴儿动作教育中存在的问题，掌握不同年龄阶段婴儿动作教育的基本方法。

本章导读

凡凡已经10个月了，凡凡妈妈在亲子课上学到了如何教宝宝爬行。在家里，凡凡妈妈经常让凡凡在地上自由地爬来爬去。但凡凡的奶奶却不同意这样做，她认为地面又脏又冷，容易把宝宝弄感冒，万一撞到桌子、茶几之类的，还会让宝宝受伤。每当凡凡在地上爬来爬去时，奶奶总是立马就把凡凡抱起来，一边对凡凡讲：“宝宝，在地上爬的孩子不是好孩子！”没过多久，妈妈又把凡凡放到地上了。凡凡的奶奶和妈妈都坚持自己的观点和做法，互不相让。到底妈妈和奶奶谁做对了呢？在学习了本章后，也许能够为这个问题找到解决的方法。

第一节　动作发展研究概述

你知道吗？当你用两手扶在新生儿的腋下，使其脚心着地，新生儿就会表现出行走样的动作；2～3个月的孩子，当手偶然碰到被子或别的东西时，他会去抚摸物体，但不会抓握物体；“狼孩”不会直立行走，只会四肢着地走；冬季出生的婴儿较之其他三个季节出生的婴儿，其爬行起始年龄平均提前2～4周；两个在其他方面相似的婴儿学习走路的时间却很不相同，一个在10个月时就开始走路，另一个却到18个月才开始走路；在婴儿期，男孩比女孩的动作量更大些，男孩更喜欢到室外去跑、跳；而女孩则喜欢待在家中做一些精细动作，像观察妈妈的针线包等。为何会出现以上现象呢？本节内容将解答你的疑惑。

一、什么是动作

（一）运动学对动作的定义

在运动学中，动作主要被看成是在一定的时间和空间限定下，肢体、躯干的肌肉、骨骼、关节协同活动的模式。

它既可以指由多个部分共同构成的完整活动模式，也可以指某一部分的特定活动模式。如行走是全身大部分肌肉、骨骼和关节参与的位移动作模式，包括手臂摆动、下肢交替迈步等多个局部动作；投篮的动作以上肢和躯干为主，包括躯干倾斜、手臂送力、手指弹拨等一系列局部动作。运动学对动作的研究集中在动作模式的构成及其力学和生理学规律上，目的在于揭示动作的技能特征及其影响因素。

（二）神经科学对动作的定义

神经科学认为，任何动作，无论简单或是复杂，都是在神经系统调控下进行和完成的。

动作绝非是肌肉、骨骼、关节简单的、盲目的或本能的连接，也不仅仅涉及运动皮质、小脑、脑干等脑的局部区域的活动，而与大脑前额叶、顶叶、丘脑、边缘系统等多个区域密切相关。如，小脑和脊髓主要控制不随意的反射动作，如呼吸、吞咽等；此外，小脑也负责调控动作的稳定性与协调性；而皮层运动区、前额叶等则主要控制目的性动作。

（三）心理学对动作的定义

心理学将动作视为信息加工的过程和结果，认为动作是心理功能的外在表现。

动作的发起和完成过程实际上取决于内外信息在个体心理系统中的登录、编码、储存与提取。如，投篮不只是肢体和躯干的共同活动，还涉及对篮圈大小、距离、自身力量、投掷角度等的感知、分析、判断，甚至涉及对过去经验的唤醒，在一系列如此复杂认知加工的基础上，形成并执行动作程序。

因此，动作可以被看作是运动器官、神经系统和心理系统在一定环境要求和条件作用下的协同活动过程与结果。①

我们所研究的婴儿的动作发展是指从出生到3岁期间，儿童的各种基本动作有规律地出现和不断发展变化的过程。

---

① 董奇，陶沙．动作与心理发展[M]．北京：北京师范大学出版社，2004：3.

二、动作的分类

根据不同的标准，婴儿的动作类型可作以下划分。

(一)按照是否来自先天遗传分类，分为无条件反射动作和条件反射动作

无条件反射动作又称先天反射性动作，是种族发生、发展过程中建立并遗传下来的一些为数有限的基本动作能力，是与生俱来的，主要表现为固定的刺激作用于一定的感受器引起的恒定的活动。无条件反射动作从个体胎儿期开始出现，是人类一生动作发展的最早形式，对个体生存和发展有着重要意义。无条件反射动作主要有以下几种。

吸吮反射：也叫食物反射。接触儿童的嘴唇，就引起吸吮动作。

觅食反射：奶头、手指或其他物体，如被子的边缘并未直接碰到新生儿的嘴唇，只是碰到了他的脸颊，他也会立即把头转向物体，张嘴做吃奶动作，这种反射使新生儿能够找到食物。

眨眼反射：物体或气流刺激眼毛、眼皮或眼角时，新生儿会作出眨眼动作。这是一种防御性的本能，可以保护自己的眼睛。

怀抱反射：当新生儿被抱起时，他会本能地紧紧靠贴成人。

惊跳反射：当新生儿突然失去支持或受到大声刺激时，常常表现为惊恐状态，如双臂伸开，又迅速收回胸前，紧握拳头等，这个反射约在出生后 4 个月消失，又叫摩罗反射。

巴布金反射：如果新生儿的一只手或双手的手掌被压住，他会转头、张嘴。当手掌上的压力放松时，他会打呵欠。

蜷缩反射：当新生儿的脚背碰到平面边缘(类似楼梯的边缘)时，他会本能地作出像小猫那样的蜷缩动作。

防御反射：儿童出生后的头几天就能对温度刺激或痛觉刺激产生泛化性的反应(刺激一处，全身反应)。

定向反射：儿童出生后不久，在 2 周左右，就能对强烈的刺激(如强光或大声)产生定向反射(如眼睛转向光源或暂时停止吸吮动作)。

迈步反射：扶住新生儿直立或平躺时，脚掌接触到什么物体，他就会作出迈步的动作。到 2 个月左右这种反射就消失了。几个月后再出现迈步动作就跟本能的迈步反射不是一回事了。

击剑反射：当婴儿躺着时，把他的头转向左侧或右侧，于是他就伸出与头转向一致的手，而把身体另一侧的手和腿屈曲起来，这个姿势很像击剑动作。这种反射在 2～3 个月消失。

拥抱反射：任何突然的强刺激都可以引起这种反射。可以这样一试：将新生儿放在桌上，重击其任一侧桌面，新生儿就会双臂突然前伸，姿势犹如拥抱，随后，急速收回。动作中拇指、食指呈 C 状。通常，这种反射在 3～5 个月前后消失。

抓握反射(达尔文反射)：用一个小棒碰新生儿的手掌，他就会把小棒紧紧抓住，以至足以把自己的身体吊起来。这种反射在出生后 3 个月左右消失。

游泳反射：把不满 6 个月的婴儿放在水里，他会表现出协调性很好的不随意的游泳动作。

或是托住新生儿的腹部，他就会作出像游泳样的动作。

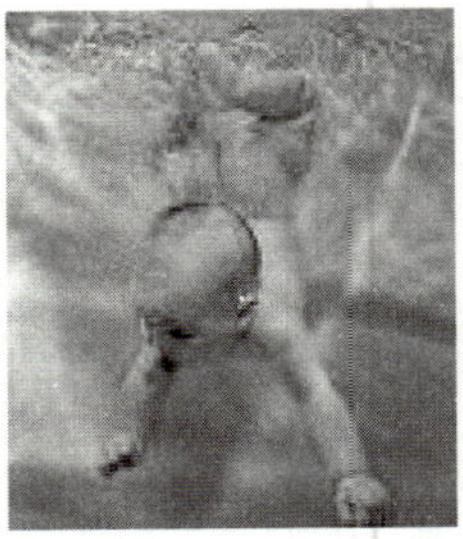

图 4.1.1　游泳反射

巴宾斯基反射：刺激新生儿的脚掌，就出现脚趾先扇形展开，然后卷拢的反应。这种反射在出生后 6 个月左右消失，最迟 8～9 个月消失。因这种反射是由法国神经科医生巴宾斯基发现的，故此得名。

此外，还有其他一些无条件反射，如瞳孔反射、吞咽反射、打嗝、打喷嚏等。无条件反射是遗传下来的，是本能性的，是固定神经联系，因此，它的适应性是非常低的，但是它同时又是形成条件反射的自然前提。研究发现，婴儿早期(0～3 个月)共存在 73 种无条件反射；新生儿阶段的反射活动有 40 多种，一般常见的则有 20 种。一部分无条件反射对婴儿的发展有着现实意义，比如：无条件食物反射：觅食、吸吮、吞咽；无条件防御反射：眨眼、打喷嚏、呕吐、惊跳；无条件定向反射：对新刺激注意(个体被动的反应)。还有一部分无条件反射也许曾经对人类婴儿的发展有一定意义，但随着人类的进化，已经丧失最初的意义，比如抓握反射，对于人类祖先需要爬树来保护和维持生命的年代，可能是有实际作用的。一部分无条件反射都会随着婴儿的成长而逐渐消失。如果过了一定年龄还继续出现，反而是不正常的表现。比如 9 个月后，儿童不再出现巴宾斯基反射，刺激儿童脚心的时候，脚趾不再向上张开变成扇形，而是脚趾向内弯起。这些无条件发射消失的时间可作为诊断儿童神经系统是否发育正常的指标。

当然，还有一部分无条件反射仍会保留下来。如角膜反射、眨眼反射、瞳孔反射、吞咽反射、定向反射、打嗝、打喷嚏等。

人类的生存并不仅仅只是依靠无条件反射，大多数还需要条件反射的参与。婴儿出生后不久，就开始出现条件反射，条件反射是在无条件反射的基础上建立的。条件反射动作是指两个并无任何联系的事件，因为长期一起出现，以后，当其中一样事件出现的时候，便不可避免地同时出现另一样事件，是有机体因信号的刺激而发生的反应。同巴甫洛夫的经典条件反射实验所揭示的一样，铃声本来不会使狗分泌唾液，但是如果在每次喂食物之前打铃，经过若干次之后，狗听到铃响就会分泌唾液，这种因铃声这个信号的刺激而发生的反射叫作条件反射，铃声叫作条件刺激。比如，如果妈妈在每次喂奶前，先用手轻轻抚摸孩子的前额，那么，以后只要妈妈抱起孩子轻轻抚摸孩子的前额，孩子就会作出吸吮动作并分泌唾液，这时，孩子的吸吮动作则属于条件反射动作了。

相关链接

巴甫洛夫的条件反射实验

伊凡·彼得洛维奇·巴甫洛夫，俄国生理学家、心理学家、医师、高级神经活动学说的创始人、高级神经活动生理学的奠基人、条件反射理论的建构者，也是传统心理学领域之外对心理学发展影响最大的人物之一，曾荣获诺贝尔奖。巴甫洛夫提出了条件反射学说。在巴甫洛夫的条件反射实验中，以狗作为实验对象，首先呈现中性的无关刺激(如灯光或铃声)，同时或紧接着分别给予能引起唾液分泌的食物或退缩反应的电击等无条件刺激。在一般情况下，如此反复进行若干次之后，仅仅灯光或铃声的出现就能引起唾液分泌反应或退缩反应了，也就是说形成了条件反射。在巴甫洛夫的实验条件下，为了形成条件反射，必须使中性的、无关刺激物的作用与无条件刺激物的作用同时发生，或者更准确地说，必须使它稍早一些发生。如果铃声以足够的次数与狗的喂食同时发生，它就会变成条件性食物刺激物，变成喂食的信号，而只要有铃声的时候，狗就会分泌唾液。

（二）按照牵引动作产生的肌肉类型分类，分为粗大动作和精细动作

动作是在肌肉的收缩和舒张作用下产生的，在大肌肉的作用下产生的动作称为粗大动作，在小肌肉的作用下产生的动作称为精细动作。

婴儿躯干和四肢的大肌肉粗大动作包括：抬头、翻身、坐、爬、站、走、蹲、跑、跳、平衡等。

婴儿双手的小肌肉精细动作包括：抓握、手眼协调配合、拇指与其他手指配合对捏、搭积木、握笔、翻书、穿扣、折纸、绘画等。

想一想

你知道人类个体最早产生的动作是什么吗？

最早产生的动作是胎儿期的胎动和一些反射活动 。

刚满 2 个月的胎儿便可利用头或臂的旋转，使身体弯曲离开刺激。

胎动有三种类型：

一是缓慢的蠕动或扭动，这在妊娠 3～4 个月时最易察觉；

二是剧烈的踢脚或冲撞，这种活动从 6 个月起增加，直至分娩；

三是剧烈的痉挛动作。

此外，3 个月的胎儿已出现巴宾斯基反射和其他类似吸吮反射及抓握反射的活动。

（三）按照动作产生的部位分类，分为头颈部动作、躯干动作、上肢动作、下肢动作、手部动作、足部动作

头颈部动作：如头部左右转动、抬头。

躯干动作：如坐、爬。

上肢动作：如挥臂。

下肢动作：如蹲、踢腿。

手部动作：如抓握、搭积木、握笔、翻书。

足部动作：如走、跑、跳。

（四）按照使用动作的活动性质分类，分为生活活动动作、游戏活动动作、学习活动动作、劳作活动动作、体育活动动作

生活活动动作：如穿衣、系鞋带、握勺、使用刀叉、筷子。

游戏活动动作：如折纸、剪纸、搭积木。

学习活动动作：如握笔、翻书。

劳作活动动作：如下蹲、抓握、挥臂。

体育活动动作：如跑、跳、单脚站立。

相关链接

自发动作

婴儿期的反射是生命最初几个月里早期动作发展的重要组成部分，但这些反射只能代表婴儿动作行为很小的一部分。新生儿最经常表现的是自发动作，如踢腿、挥动手臂和摇摆躯干。尽管自发动作似乎不同于后来获得的自主动作，但是它们在动作发展上可能是相关的连续体。

幼小婴儿最常见和最早出现的自发动作之一是踢腿。当新生儿仰卧时，他的腿强有力地向空中踢动，这种动作一般在第1个月左右出现，在第6～8个月时达到高峰，到出生后一年末时变得不太常见，这些踢腿动作形式一致，并且类似于踏步动作。经过出生后第一年的发展，婴儿踢腿动作关节间的协调和肌肉的收缩方式变得和成年人的行走越来越相似。婴儿动作发展具有连续性，其自发动作是后来获得的动作技能的前身。

不论有无握持物体，挥动手臂是婴儿早期另一个常见的自发动作。婴儿自发挥动手臂动作可能是后来获得的自主且有目的伸够动作的前身。婴儿自发动作的其他例子还包括躯体摇摆、弓背、手指屈曲和摇头等，这些特点也可以在婴儿期出现，但没有踢腿和挥动手臂那么常见。

（引自：Greg Payne，耿培新，梁国立．人类动作发展概论[M]．北京：人民教育出版社，2008.）

三、影响婴儿动作发展的因素

婴儿动作的发生和发展受到先天和后天两种因素的影响。

（一）先天因素

1. 遗传

婴儿的动作是肌肉、骨骼、神经系统等人体组织和器官协同活动的产物，肌肉、骨骼和神经系统的生长发育、结构、功能等在很大程度上受制于遗传，因此，婴儿的动作发展不可避免会受到遗传的影响和制约。

想一想

“左撇子”显露出来了，是否要改？

利手的偏好是由什么原因造成的？基因遗传对此有较大的影响。有研究发现，被收养儿童的利手性与其养父母的利手性无关，但与其亲生父母的利手性有关（Cartet-Saltzman，1980）。右利手在所有文化中都处于统治地位（右利手与左利手的比例大概是9∶1），而且这种现象似乎是在文化对儿童施加影响以前就已经出现了。左利手与右利手有哪些不同呢？左利手更容易出现阅读问题，但左利手者往往表现出非凡的空间视觉能力和进行空间设计想象的能力，数学家、音乐家、建筑师、画家中左利手的百分比要比我们想象得高。米开朗基罗、利奥那多·达·芬奇和毕加索都是左利手。在一项研究中，1万多名学生参加了学习能力倾向测验(SAT)，高分组中左利手者占了20%，是普通人群中左利手比例(10%)的两倍(Bowen，2001)。

手的动作由大脑支配。人的大脑由左右两半球组成，两半球的支配作用又有不同分工。大脑的左半球支配右半身的活动，具有处理语言，进行想象思维、逻辑推理、数字运算及分析等功能；右半球支配左半身的活动，是处理总体形象、空间概念，鉴别几何图形，识别、记忆音乐旋律和进行模仿的中枢。一般情况下，左脑抽象思维功能较发达，右脑形象思维功能较发达。

人一般习惯于用右手操作，但也有孩子习惯用左手活动，并逐渐成为习惯，即人们常说的“左撇子”。大人如果发现孩子使用左手，没有必要纠正，因为习惯用左手并不影响智力。如果孩子左手活动频繁，就会促使右脑发达。所以理想的结果是孩子左右手同时活动，从而促进大脑两半球的充分发展，使孩子更聪明。

(引自：唐敏，李国祥. 0～3岁婴幼儿动作发展与教育[M]. 上海：复旦大学出版社，2011.)

2. 成熟

个体自身的肌肉、骨骼、关节与神经系统在结构与功能上的成熟为动作发展提供了生物前提，是动作发展的物质基础。每一个婴儿的成熟过程都有一个自然的发展顺序表。1929年，美国心理学家格塞尔完成“双生子爬梯实验”，表明成熟对动作发展的重要影响。但是，遗传和成熟因素不是决定儿童动作发展的唯一因素。如“狼孩”不会直立行走，只会四肢着地走。

(二)后天因素

后天因素主要是指婴儿的成长环境。

1. 营养和健康

营养不良或营养过剩对儿童生理发育的影响，会直接表现在儿童的动作发展上。如，肥胖儿童的动作灵敏度、速度等相对落后于体态匀称儿童，营养不良导致身体羸弱的儿童，其动作的力度、速度、灵敏度等往往也会落后于正常儿童。因为疾病、意外伤害等使婴儿的身体健康或健全受到影响的，很可能使婴儿的动作发展受到影响，这种影响甚至是持续终生的。

2. 学习与教育

个体的学习为个体提供了必要的刺激与经验，影响着动作发展的速度、水平以及顺序和倾向等，对个体的动作发展具有一定的促进或阻碍作用。

想一想

小宝快1岁了，妈妈买了个学步车给小宝学习走路，但是爸爸却反对用学步车。小宝到底该不该使用学步车呢？

婴儿动作能力发展的影响因素是多方面的。环境设置和相关器材的运用在婴儿动作发展中起到了重要作用。婴儿大动作和精细动作能力的发展，都可以利用专门创设的适宜的教育环境来培养和促进。部分教养者不具备环境创设的意识或基本知识，没有给婴儿动作发展提供一个良好的具有教育性的环境，一定程度上也阻碍了婴儿的动作发展。对于学步车，家长一定要根据自己宝宝的成长情况合理使用，但千万不要纯粹依赖或是盲目使用学步车，以免使用不当产生恶果。曾经有孩子因为不恰当地使用了学步车，而造成踮脚走路难以矫正的后果。

3. 家庭生态环境

家庭生态环境包括物质与心理两个方面。

第一，家庭的物质环境为儿童的动作发展提供了活动的场地和前提条件，物质条件的匮乏会限制婴儿动作的发展。某调查表明，在我国大城市中婴儿有一部分没有经过明显的爬行阶段就直接学会了行走，这与居住条件及其相关的父母养育方式有密切关系。因为城市居民住房紧张，居住面积狭窄，父母为保护婴儿安全、避免受到伤害，很少让婴儿自己在地上玩耍，婴儿缺少练习爬行动作的机会。也有些婴儿被父母放到床上，但床接触面软，不利于婴儿用力，也不能很好地发展爬行动作。第二，家庭的心理环境为儿童的动作发展提供了活动的机会和必要条件，父母对儿童动作发展的态度及其养育方式直接影响着儿童的动作发展。比如，父母对待头出生子与对待家庭其他孩子冒险行为的态度不一样，可能导致这些出生顺序不同的孩子在动作经验上的差异。父母对待不同性别儿童动作活动的态度，可能也是两性动作发展差异的重要原因之一。父母希望女孩多进行一些安静的精细动作活动，更多鼓励男孩进行较激烈的粗大动作活动。

想一想

一般说来，在1岁左右能掌握行走技巧。两个在其他方面相似的儿童学习走路的时间却很不相同，一个在10个月时就开始走，另一个到18个月才开始走，二者的动作发展正常吗？

通常，一个身心正常的婴儿，其动作的发展总是符合发展的总趋势的。但是，在发展速度、发展的优势领域和发展的最终水平上，每一个儿童又都表现出自身的特点，形成了个体间发展的差异性(通常称为个体差异)。造成个体差异的原因是复杂的，既有先天的因素，又有环境和教育的影响。可以说，每一个个体具体的动作发展曲线都是有所差异的。

案例中的两个儿童开始行走的时间相差8个月，只要儿童行走的姿态和心理是正常的，那么两个儿童的动作发展就都是正常的。儿童开始行走的时间，因个体的生理发展和个体所处的环境以及教育因素而异。

有的教养者总喜欢把自己的孩子和其他孩子进行对比，以其他孩子的发展情况为准绳来衡量自己孩子的动作发展情况，认为每个孩子的动作发展情况应该是一致的，只是看到婴儿动作发展的共性，而没有意识到或是忽视了婴儿动作发展的个体差异性，造成盲目的焦虑心态。

4. 气候

冬季出生的婴儿较之其他三个季节出生的婴儿，其爬行起始年龄平均提前2～4周。① 对母亲的访谈研究表明，婴儿在爬行动作发展中的季节效应可能是与季节性气温变化相联系的婴儿

---

① 董奇，陶沙. 动作与心理发展[M]. 北京：北京师范大学出版社，2004：82.

家庭生态环境变化的结果。具体而言，春、夏、秋出生的婴儿，在其可能开始爬行的几个月中，由于气温正处于逐渐下降的阶段，父母对婴儿动作发展的态度与抚育活动会相应变化，有意识地减少为婴儿提供爬行的机会。而冬季出生的婴儿在其可能开始爬行的几个月中，气温则正处于逐渐上升的阶段，父母就会相应地指导其进行更多的与爬行动作发展有关的活动。

5. 文化背景

研究巴西婴儿出生后 12 个月中动作行为的发展过程，并与美国普遍采用的贝利婴儿发展量表的常模进行了对比。结果，巴西婴儿在第 3、第 4、第 5 个月中的整体动作发展分数显著低于美国婴儿。因为巴西母亲认为让婴儿做坐和爬的练习会损害他们的脊柱和腿，在前 6 个月中，婴儿大多数时间被抱在母亲的腿上。这些做法都限制了婴儿粗大动作的发展。

6. 性别差异

第一，在活动方面的性别差异，首先表现在男婴和女婴活动的兴趣不同。这种不同，不但表现在活动内容方面，也体现在运用大动作和精细动作方面。据观察，在婴儿期，男孩比女孩的动作量更大些，男孩更喜欢到室外去跑、跳等活动；而女孩则喜欢待在家中做一些精细动作，像观察妈妈的针线包等。这种差异也许是由于父母的不同鼓励，也许是由于儿童自己渴望模仿“正确”的性别行为。但无论如何不应当排除这种差异是有遗传、生理差异基础的。第二，活动方面的性别差异还表现在男婴和女婴动作的能力不同。一般来说，女孩更经常地表现出精细动作技能，她们通常可以比男孩更高、更快、更少错误地搭建一座积木塔；女孩也更经常表现出平衡和韵律方面的技能，像舞蹈等。男孩则在速度和力量方面超过女孩，他们在室外跑得更快，更喜欢玩打仗游戏等。这种差异部分由于婴儿时期实践、学习的不同，部分由于婴儿时期自我意识的发展，也由于不可否认的性别方面的生物学差异，虽然有时不很明显，但它是存在的。

任务回顾

序号	本节知识要点	教师认为应达到的程度	学生自评达到的程度
1	动作的含义	☆☆☆☆	☆☆☆☆
2	婴儿动作发展的含义	☆☆☆☆	☆☆☆☆
3	动作的分类：按是否来自先天遗传分类、按牵引动作产生的肌肉类型分类	☆☆☆☆	☆☆☆☆
4	影响婴儿动作发展的先天因素：遗传、成熟	☆☆☆☆	☆☆☆☆
5	影响婴儿动作发展的后天因素：营养和健康、学习与教育、家庭生态环境、气候、文化背景、性别差异	☆☆☆☆	☆☆☆☆

第二节 动作在婴儿身心发展中的意义与发展趋势

“直立行走”是人类的主要动作方式之一，婴幼儿教育专家们却强烈建议家长们不要让孩子错过“爬行”的机会，应该给孩子的“爬行训练”提供充分的机会和条件，这是什么原因呢？

一、动作在婴儿身心发展中的意义

动作发展是婴儿期儿童身心发展最重要的组成部分。在婴儿没有掌握语言之前，动作是婴儿认识事物、与人交往最重要的手段。在3岁之前，即使儿童掌握了简单的语言，动作仍然是婴儿重要的认知和交往的手段。婴儿期是一个人许多基本动作产生和发展的关键期。婴儿期动作的发展不仅关乎其今后动作能力的发展水平，更与儿童的身心素质的全面发展密切相关。

（一）婴儿动作发展是婴儿身心素质全面发展的重要方面

婴儿的发展包括动作能力的发展、认知和语言能力的发展、社会性能力的发展，动作能力的发展对婴儿的全面发展和独立生活能力的形成具有重要意义。

人们要解决生产生活中遇到的各种实际问题，除了要经过大脑的思考和想象外，最终还必须要借助直接的行动。而人的每一次行动都是由从小形成和发展起来的一个个基本动作组合而成的。当代众多的理论和实践研究证实，婴幼儿时期是人的许多基本动作产生和发展的关键期，从出生起就对婴儿进行科学、系统的动作训练，不仅有助于最大限度地开发人的动作发展潜能，更有利于促进婴儿身心素质的全面和谐发展，为其今后一生的发展奠定良好的基础。

想一想

宝宝不会爬就会走，这样对身体发育好吗？

1岁2个月的东东会走路了，虽然东东从来都不会爬，但是其父母仍然特别高兴，认为只要学会走路了，爬不爬无所谓。你同意东东父母的观点吗？

俗话说：“二抬四翻六会坐，七滚八爬周会走”，爬是婴儿成长过程中具有里程碑意义的行为。充分的爬行是全方位的感觉统合训练，对提高婴儿全身协调性及大脑发育非常关键。首先，爬行时婴儿必须头颈抬起，胸腹离地，用四肢支撑身体的重量，这就使手、脚及胸腹部肌肉得到锻炼，为以后站立和直立行走打下基础。其次，爬行使婴儿主动移动自己的身体，扩大了视野和接触范围，促进认知能力的发展。再次，爬行可以加强前庭与感觉系统的统合，促进身体平衡与手眼协调，有助书写、阅读和运动技能的发展。最后，爬行运动还能提高婴儿新陈代谢水平，有助于身体的生长发育。

人们动作发展的速度和水平，既跟人的先天遗传有关，也与人出生后所受的环境影响和教育训练有关，更与人长期从事的实践锻炼有关。

（二）婴儿动作发展是观察、检测婴儿身心发展的窗口

人所做的每一个动作都是在神经系统的调控下，由组成运动系统的骨骼、肌肉、关节、肌腱等协同完成的。神经系统的大脑、小脑、脑干、脊髓、传入神经、传出神经等共同组成动作分析器，在动作过程中，既需要大脑皮层运动区的调控，更需要感觉区的配合。而大脑皮层的运动区和感觉区遍及大脑皮层的顶叶、颞叶、枕叶以及前后联合区的有关部位。只有大脑皮层以及神经系统中与动作有关的组成部分正常发育，人的动作才会协调、正常发展。因此，动作的协调、正常发展可以看作是婴儿神经系统正常发育的重要标志。

对儿童的早期发展评估都是以动作为主要指标。如新生儿的评定量表、丹佛尔量表、Kent 小儿量表等。此外，格塞尔发展顺序量表、贝利婴儿发展量表、皮亚杰量表、西南小儿智能体格测定表、中国 0～3 岁小儿精神发育检查表等也都将动作作为主要的观察指标。

如果 4 个月后的孩子俯卧时还不能抬起头，就说明神经系统发育有问题，甚至可能是脑瘫，因为绝大部分孩子在这个时期即便不能翻身，但也能做这个动作。

（三）婴儿动作发展对心理功能发展具有多方面的影响

1. 动作发展是促进婴儿认知协调发展的重要因素

儿童刚出生时的感知觉经验的积累来源于视觉、听觉、味觉、嗅觉、肤觉以及来自本体的运动觉和平衡觉等，婴儿抬头、翻身、坐、爬、站、走、跑、跳、抚摸、抓握、拍打、投掷等动作能力的发展，使他们获得越来越大的感知空间和越来越多的感知觉信息来源，使他们获得了越来越丰富的感知觉经验，在运用各种动作的活动中，更促进了儿童在头脑中对各种感知觉信息进行综合的能力。

婴儿在使用各种动作的身体运动中，扩大了活动空间，增加了外界和本体的感知信息来源，在大脑与外界更多、更频繁的信息交换过程中，对于记忆的输入、输出和储存功能提出了更高的要求，也提供了更多运用和锻炼的机会。

婴儿在 2 岁左右出现了一些新的心理活动，即把当前的事物虚拟地看作另一种事物，例如一个 1 岁 8 个月的孩子把一个肥皂匣向前推动，边推边说“嘀嘀、嘀嘀……”，这就是最初的想象；婴儿在摆弄玩具时，有时拼合、有时拆分，头脑中开始了最原始的分析和综合，婴儿还逐渐学会在实际的行动中尝试解决自己遇到的困难和问题，例如儿童拿不到放在桌子上的玩具，他会搬来一把椅子然后爬上去取玩具，这是婴儿逐渐开始运用思维的表现。婴儿的想象和思维都具有明显的直觉行动性，即思维和想象都必须依靠动作才能进行，动作一停止，思维和想象便不再进行下去，可以说，动作是婴儿进行思维和想象必不可少的重要“工具”。

综上所述，婴儿动作的发展是促进婴儿的感知、记忆、想象和思维等认知因素协调发展的重要因素。

相关链接

动作发展与概念形成

鲁夫（Ruff，1978）采用“习惯化法”对 6～9 个月婴儿进行研究后发现，9 个月婴儿具有鉴

别事物新特点的能力，而6个月婴儿则没有。这是否跟婴儿在7～8个月时学会爬行有关呢？为此，凯波斯等人采用年龄恒定设计法对7.5个月的婴儿进行了研究。

他们将30名前运动组被试与30名运动组被试进行比较，结果发现，运动组婴儿表现出明显的对事物新异特点的鉴别能力。其外部行为表现与鲁夫实验中9个月的婴儿极为相似；前运动组婴儿则未能对事物新异特点作出去习惯化反应或偏爱，其外部行为表现与鲁夫实验中6个月婴儿相似。

这一实验结果表明，早期概念形成也可能受到动作发展的影响，运动经验对婴儿概念形成有着某种积极作用。

（引自：庞丽娟，李辉．婴儿心理学[M]．杭州：浙江教育出版社，1993.）

2. 动作发展是促进婴儿自我意识产生和发展的重要条件

在摆弄各种玩具、生活材料的精细动作和爬、坐、走、跑、跳等粗大动作中，婴儿逐步将自己同其他事物区分开，认识了自己的身体，认识了自己的能力，认识了自己同周围人的关系等，帮助婴儿建立起最初的主体和客体概念。

动作的不断发展促进了婴儿的自我认知（本体感觉）、自我体验、自我监控的发展，促进了婴儿“去自我中心化”①。

婴儿动作的缺乏协调和逐步协调，是婴儿期自我中心化和去自我中心化的根本原因。

3. 动作发展是促进婴儿情感和社会性发展的重要因素

随着动作的发展，婴儿活动的空间不断增大，接触的人、事、物越来越多，越来越复杂，促进了婴儿的社会性需求的产生和发展，有利于婴儿掌握与人交往的规则，学习社会交往的技能。实验研究证明：给予婴儿更多的爬行机会，亲子之间有了更多、更复杂的交流，有助于亲子关系的发展。

相关链接

卡兰德的研究

卡兰德设计了一个五阶段“陌生情境”研究程序。

头两个阶段（每阶段6分钟）里，婴儿坐在地板上摆弄其身边的玩具，婴儿的母亲与婴儿成对角线坐在屋子的一张椅子上，第一阶段面对婴儿；第二阶段则背对婴儿而坐；第三阶段母亲离开房间3分钟；第四阶段母亲返回房间与婴儿相聚；婴儿重新坐下摆弄玩具，母亲坐回原处后，第五阶段就开始了。这时走进来一位“陌生人”，母亲按照事先约定，对陌生人的出现或发出微笑或面露恐惧，除此以外便不作其他表示。1分钟后陌生人离开，实验结束。

结果发现，在前两个阶段里，前运动组婴儿注视墙壁、地板的时间与注视其母亲和玩具的时间相等；而运动组注视其母亲或玩具的时间则显著增多。

---

① 去自我中心化：自我中心是指儿童倾向于从自己的立场和观点去认识事物，而不能从客观的、他人的立场和观点去认识事物。但儿童又不会停留在自我中心状态，在动作协调的基础上，儿童逐渐学会区分主体与客体，逐渐意识到自我，并尽可能找到自我在世界中的地位，因而能够在自我与世界、自我与他人之间建立相互联系。这就是去自我中心化的过程，实际上也是意识客观化的过程。

这表明，有运动经验的婴儿对于富于动态变化的玩具(或母亲)有着更高的感受性，而且善于同母亲进行非言语交谈。特别是当母亲背对婴儿时，他们会更加频繁地注视母亲以期重新引起和她的交流。前运动组婴儿则不会这样。

另外，对最后一阶段婴儿的反应进行分析后发现，运动组婴儿更明显地倾向于采用与其母亲一致的情感信息对陌生人作出反应。其中，62.5%的运动组婴儿同母亲一样对陌生人发出微笑；而当母亲对陌生人表示惧怕时，有75%的运动组婴儿作出严肃的表情。前运动组婴儿则没有这种反应。

这一实验研究表明，运动经验在婴儿社会交流能力发展中扮演着一个极其重要的角色。有可能是动作的发展在诱导人社会交流能力的发展。①

4. 动作发展是婴儿独立生存能力发展必不可少的重要条件

刚出生的婴儿毫无生存和生活能力，完全依赖成人对他们的悉心照料，婴儿各种动作的发展是婴儿独立生存必不可少的重要条件。

比如，爬行是婴儿的第一个自主位移动作，可以不依赖成人的帮助去接近目标物，自主性大为增强。各种生活动作的发生与发展，可以帮助婴儿更好地适应周围环境，是婴儿独立生存不可或缺的能力，比如使用筷子、勺子、学会扣纽扣、系鞋带等。

(四)婴儿动作训练是婴儿身心发展障碍的重要康复手段

面对婴儿在发展中出现的脑损伤和心理功能损害进行的临床康复治疗或训练，用得较多的手段和方法都和动作训练有关，如智力落后者进行的生活自理能力训练，注意分散患者进行的行为控制训练，帮助自闭症儿童建立正常行为模式进行的动作训练。

二、婴儿动作发展趋势(规律)

(一)首尾规律：即由头部到尾端，由上肢到下肢的顺序发展动作技能

婴儿动作的发展，先从上部动作开始，然后到下部动作。婴儿最先出现眼和嘴的动作，然后是手的动作，上肢的动作又早于下肢的动作；婴儿先学会抬头，然后俯撑、翻身、坐和爬，最后学会站和行走。也就是离头部最近的部位的动作先发展，靠足部近的动作后发展。

这种趋势也表现在一些动作本身的发展上，例如：婴儿学爬行，先是学会借助于手臂匍匐爬行，然后才逐渐运用大腿、膝盖和手进行手膝爬行，最后才是手足爬行，这就是首尾规律。

(二)近远规律：即由身体中心向四肢远端发展动作技能

婴儿动作的发展先从头部和躯干的动作开始，然后是双臂和腿部的动作，最后是手部的精细动作。也就是靠近中央部位(头颈、躯干)的动作先发展，然后才发展边缘部位(臂、手、腿、足等)的动作。例如：婴儿看见物体时，先是移肩肘，用整个手臂去接触物体，以后才学

---

① 庞丽娟，李辉．婴儿心理学[M]．杭州：浙江教育出版社，1993：106.

会用腕和手指去接触并抓取物体。这种从身体的中央部位到身体边缘部位的发展规律，就是近远规律。

(三)大小规律：即先发展大肌肉粗大动作，再发展小肌肉精细动作

婴儿动作的发展，先是从活动幅度较大的粗大动作开始，尔后才学会比较精细的动作，也就是从大肌肉动作到小肌肉动作。所谓大肌肉动作是指抬头、坐、翻身、爬、走、跑、跳、走平衡、踢等，即大肌肉群所组成的动作。大肌肉动作常伴随强有力的大肌肉的伸缩、全身运动神经的活动，以及肌肉活动的能量消耗；小肌肉动作，一般来说，是需要运用手指的动作，如吃饭、穿衣、画画、剪纸、玩积木、翻书、穿珠等。从四肢动作而言，婴儿先学会臂与腿的动作，以后才逐渐掌握手和脚的动作，通常是先用整个手臂去够物体，以后才会用手指去抓。这种动作发展规律，称为大小规律。

(四)无有规律：即由无意识的活动发展向有意识的探索行为

儿童动作发展的方向是越来越多地受心理、意识支配，动作发展的规律也服从于儿童心理发展的规律——从无意向有意发展的趋势。婴儿早期的动作多为无意动作，比如，2～3个月的孩子，当手偶然碰到被子或别的东西时，他会去抚摸物体，但不会抓握物体，没有任何目标，没有方向性，是纯粹的无意动作。4～5个月以后的孩子，动作有了简单的目的方向，例如伸手抓玩具或是把奶瓶的奶嘴送到自己的嘴里等，这些都是有意动作。

(五)泛化集中规律：即婴儿出生后的动作发展从泛化的全身性的动作向集中的专门化的动作发展

婴儿最初的动作是全身性的泛化动作。这种动作是笼统的、弥散性的、无规律的。例如，满月前的婴儿，在受到痛刺激以后，会边哭闹边全身活动；尔后，婴儿的动作逐渐分化，向局部化、准确化和专门化的方向前进。这就是从整体到局部发展的泛化集中规律。比如，C. 彪勒指出，将一块毛巾放在2个月的婴儿脸上，他会全身乱动，对刺激的动作反应是笼统的、弥散性的。5个月的儿童开始出现比较有定向的动作，双手向毛巾方向乱抓。如果将毛巾放在8个月的婴儿脸上，他会伸出手去拉下毛巾，动作反应是精确的、专门化的。①

任务回顾

序号	本节知识要点	教师认为应达到的程度	学生自评达到的程度
1	动作发展是婴儿全面发展的重要方面，是观察、检测婴儿身心发展的窗口	☆☆☆☆	☆☆☆☆

① 朱智贤. 儿童心理学[M]. 北京：人民教育出版社，2003：117.

续表

序号	本节知识要点	教师认为应达到的程度	学生自评达到的程度
2	动作发展对婴儿心理发展的影响：促进认知、自我意识、社会性、独立生存能力的发展	☆☆☆☆	☆☆☆☆
3	婴儿动作训练是身心发展障碍的重要康复手段	☆☆☆☆	☆☆☆☆
4	婴儿动作发展规律：首尾律、近远律、大小律、无有律、泛化集中律	☆☆☆☆	☆☆☆☆

第三节　婴儿动作发展特点描述

一般说来，在1岁左右能掌握行走技巧。两个在其他方面相似的儿童学习走路的时间却很不相同，一个在10个月时就开始走，另一个到18个月才开始走，两者的运动发展正常吗？婴儿动作发展的特点是什么？影响婴儿动作发展的因素有哪些？如何培养婴儿的动作发展呢？

一、婴儿粗大动作发展特点

（一）头颈部动作的发展

婴儿2～3个月的时候就开始出现一些局部动作，学会抬头。3个月时，婴儿能够在坐和直立的状态下自主将头竖直。这时大人可以顺利地竖抱婴儿。

（二）躯干动作的发展

1. 翻身：婴儿4～5个月出现了翻身，婴儿一般先学会仰卧翻身，然后逐渐在可以翻身的同时，自由转动头部，接着可以灵活地俯卧翻身、仰卧翻身交替进行。

2. 坐：婴儿5～6个月学坐，从扶髋能坐—身体前倾独坐，并用手支撑—自如独坐—卧位坐起。

3. 直立姿势：约9个月时，婴儿开始表现出将自己由坐的姿势向上拉的倾向，婴儿经常想让自己扶着其他物体站起来。到1岁时，婴儿通常都能独立站直，这是行走动作发展的前提。婴儿学会站立后，在大人的扶持下，能够跳跃。但是独立原地跳跃得到了18～24个月以后。

图4.3.1　8个月婴儿独坐自如

（三）爬行动作的发展

5～7个月时能用手支撑胸腹使身体离开床面，8～9个月时比较灵活地爬行。从婴儿爬行时其躯干与地面的距离而言，可分为腹地爬和手膝爬两种姿势。

相关链接

影响婴儿爬行动作的因素

近年来的研究指出(Freeland & Bertenthanl，1994)，婴儿的爬行动作在开始的时间以及姿势上都存在很大的个体差异性，神经系统成熟因素不能完全解释这种个体差异，个体本身的多种因素都会对婴儿的爬行动作产生重大影响。

首先，因为爬行动作的发展与重力对抗有密切联系，婴儿腹地爬和手膝爬开始的时间与其身体形态相关，体形瘦小一些的婴儿倾向于比肥胖婴儿更早开始爬行动作。其次，Vereijken 等学者认为，因为婴儿总是运用双臂推动身体前进，必须具备足够的臂部力量以克服来自躯干与地面摩擦以及躯干本身重力的阻碍，所以臂部力量的差异是影响爬行动作发展的因素之一。再次，个体动机是影响婴儿爬行动作发展的另一个重要因素，腹地爬过程中婴儿必须以很强的动机来克服腹部与地面摩擦而产生的不适感。有研究(Alexander，1992)显示，随着手膝爬姿势的获得，大多数婴儿都逐渐发展起更高的用手和膝盖移动的动机。最后，Vereijken 和 Denny(1998)的研究表明，练习也是婴儿爬行动作迅速提高的重要影响因素之一。当婴儿的爬行经验达到一定程度时，手膝爬的技巧性就会得到大大提高。这种爬行经验并不局限于某种特定的爬行姿势，即一种姿势的练习经验可以部分迁移到其他动作姿势中去。此外，练习还可以增强婴儿的臂力，提高腹部对阻力的克服能力，增强手和膝盖在爬行活动中克服重力的能力。

(引自：董奇，陶沙. 动作与心理发展[M]. 北京：北京师范大学出版社，2004.)

(四)行走动作的发展

1岁左右，儿童开始学习独立行走。刚开始，婴儿能扶物行走，后来发展到颤巍巍地向前迈步，身体前倾，能独自行走5步以上，但大多是因为不协调的交叉步，自己绊倒自己。婴儿为了保持身体平衡，有明显的身体左右摇晃动作。以后能够在大人扶持下双脚交替上楼5梯以上，然后足尖对足跟走3米以上。

2岁左右，孩子学会了双脚原地跳和原地站立踢球，学会了跑和攀登，并且很少摔跤。以后，孩子又陆续学会越过小障碍，单独上下楼梯，双脚学小兔向前跳。到了3岁时，还学会了独脚跳等比较复杂的动作。

虽然我们经常说在不同的月龄会出现发展不同的动作，但是婴儿动作不是一定先学会一样再学会另一样，而是交叉进行的。如婴儿8个月左右会灵活地爬行，但是在新生儿时期就会做出相应的爬行姿势，2个月左右能在俯卧位交替踢腿，5～7个月时能用手支撑胸腹使身体离开床面，8～9个月时比较灵活地爬行。在此期间，他同时又在练习翻身、坐等动作。

二、婴儿精细动作发展特点

随着年龄增长，婴儿的精细动作主要表现出以下特点。

（一）不随意的手的抚摸动作

2～3个月的婴儿，只会抚摸放在他手上的东西，但是还不能自主抓握，无方向、无目的、纯粹的无意识动作。

（二）自主随意抓握

3～4个月的婴儿，婴儿的手的动作是不随意的抚摸动作，有东西放到手上，会进行抓握，但还具有先天抓握反射的特征，主要表现在：眼手不协调，看到东西但是不能准确抓到；动作无目的、无意识性；能抓握，但是不能拾起，手指不能灵活配合。

（三）有目的抓握、眼手协调

4～5个月，婴儿手眼协调动作发生了，能将视觉、触觉、动觉配合行动，从而准确地抓住物体。这个阶段的特点如下。

第一，观察物体，然后伸手去抓。

第二，有效动作和无效动作同时存在。

第三，动作有了一定的目的性，而且会简单地摆弄玩具。

第四，两手不会分工。如看到感兴趣的东西，会把手上的东西丢掉，去拿别的东西，而不会同时使用两只手取物。

第五，初步学会变换手的姿势，改变了五个手指头同时取物的习惯。

相关链接

3岁前儿童手的动作发展顺序

顺序	动作项目名称	年龄（月）	顺序	动作项目名称	年龄（月）
1	抓住不放	4.7	11	堆积木6～10块	23
2	能抓住面前玩具	6.1	12	用匙稍外溢	24.1
3	能用拇指食指拿	6.4	13	脱鞋袜	26.2
4	能松手	7.5	14	串珠	27.8
5	传递（倒手）	7.6	15	折纸长方形近似	29.2
6	能拿起面前玩具	7.9	16	独自用匙	29.3
7	从瓶中倒出小球	10.1	17	画横线近似	29.5
8	堆积木2～5块	15.4	18	一手端碗	30.1
9	用匙外溢	18.6	19	折纸正方形近似	31.5
10	用双手端碗	21.6	20	画圆形近似	32.1

（引自：陈帼眉，冯晓霞，庞丽娟．学前心理学[M]．北京：北京师范大学出版社，1996.）

（四）更加灵活的手部动作

半岁以后，婴儿在反复使用手的过程中，积累了相当的经验，他们逐渐能够灵活而有效地使用自己的双手。具体表现为：

第一，7 个月左右能够用拇指与食指、中指三个指头配合一起抓握东西，9 个月进而发展到用拇指与食指指尖抓起东西。

第二，学会传递东西。能用两个手同时玩玩具，也能把玩具从一只手递到另一只手。

第三，学会反复从容器中取物、放物。

第四，不仅学会了取物的方法，而且会采取相应的策略。如获取成人的帮助。

（五）1～3 岁手部动作发展

1 岁之后，婴儿发展了更为熟练的手部动作，具体表现为：婴儿学会了抓握笔的姿势和动作；婴儿开始会用工具，如用棍子取出桌子或床下面的玩具；能够按照用具的特点来使用它，并且能够根据使用时的客观条件改变动作方式。

任务回顾

序号	本节知识要点	教师认为应达到的程度	学生自评达到的程度
1	0～1 岁婴儿粗大动作发展特点：抬头、翻身、坐、爬、站、走	☆☆☆☆	☆☆☆☆
2	1～3 岁婴儿粗大动作发展特点：独走、上下楼梯、跳跃、跑、攀登	☆☆☆☆	☆☆☆☆
3	0～1 岁婴儿精细动作发展特点：从不随意的抚摸抓握到有目的的抓握、手眼协调动作	☆☆☆☆	☆☆☆☆
4	1～3 岁婴儿精细动作发展特点：握笔、使用工具等	☆☆☆☆	☆☆☆☆

第四节　婴儿动作能力培养

玲玲爸爸为了让 8 个月的玲玲尽快学会走路，每天让她练习 30 分钟行走。如果玲玲哭闹不走，爸爸还是坚持让她练习，玲玲爸爸的做法正确吗？乐乐今年 2 岁了，他总是爱用左手吃饭，左手做事。在大人的强迫下，勉强改为右手，父母对他的这些特点很担忧，不知道该孩子是不是动作上还没有发育好？有时家长的愿望是美好的，但由于不知道儿童动作发展的顺序性和规律性，反而会事与愿违，影响儿童的正常发展，科学的动作能力培养是怎样的呢？

一、婴儿动作能力培养中存在的问题

（一）忽略个体身心发展特点，过早进行动作训练

关于婴儿动作的发展，前面所介绍的是对一般情况或大多数情况而言。有些家长为了让自己的孩子有较好的动作发展，早早地就对孩子进行各项动作训练。如本该周岁左右学会行走，有的婴儿在 6 个月左右就开始长时间站立行走。动作发展是由神经中枢、神经和肌肉的协调所组成。过早练习或过多训练都会影响到婴幼儿动作的正常发展。

（二）方法或训练器材不当

婴儿动作能力发展的影响因素是多方面的。训练方法或相关器材的运用在婴儿动作发展中起到了重要作用。部分教养者不具备训练幼儿动作能力的相关知识，没有给婴儿动作发展提供一个良好的具有教育性的环境，一定程度上也阻碍了婴儿动作发展。

（三）过度保护，忽略动作训练

受到传统养育观念的影响，有的婴儿生下来长期包蜡烛包、经常穿袖子过长的衣服，其动手的机会相对较少，因此也影响手灵巧度的发展；有些家长怕孩子在训练的过程中受到伤害，从而回避动作训练。如害怕婴儿坐会伤害背脊、爬会伤害膝盖，因此不进行动作训练，任其自由发展。

二、婴儿动作能力培养原则

婴儿动作发展对他们的健康成长有着很大的推动作用，我们要树立正确的观念，采取合适的方法，依据一定的原则，有目的、有依据地进行有效训练，才能促进其身心健康发展。

（一）循序渐进原则

动作训练不能操之过急、揠苗助长。尤其在大运动方面如坐、爬、走、跑、跳时，不可提前过早，让一个两三个月婴儿学会独坐和让 6 个月婴儿学会行走都是困难而且有害的。精细动作的训练也是如此，让一个 1 岁左右的孩子会自己用筷子，写字画画也是困难的，儿童身心发展有其规律性，我们要遵循幼儿身心发展特点进行相应的动作训练。

想一想

我能把他直接放到攀爬架上吗？

我的宝宝不擅运动，10 个月的时候才会往前爬，现在他 26 个月，我带他去小区幼儿园玩，别的同龄孩子都在攀爬架上玩得很愉快，而他却害怕地站在一边。我鼓励他去玩他也不去，我想是不是因为他没有体会到攀爬的乐趣，我能把他直接放到攀爬架上吗？

宝宝不敢攀爬，说明他对攀爬的难度和危险性具有自己的预测，或者他对攀爬活动缺乏兴奋点，在他还没有做好心理准备的时候，不要把他直接放到攀爬架上，这样会吓着他。宝

宝之间的运动兴趣和运动能力是不同的，家长不宜强求和盲目攀比。

你可以采取适合宝宝心理承受能力和难度适宜的攀爬训练，让宝宝先爬高度和难度都较低的架子，最初家长要帮助宝宝，扶好他，使他有安全感，还可以在小朋友少的时候，带他来训练攀爬，以减轻他的心理压力。此外，在一定高度放一个他喜欢的新颖玩具，告诉他如果攀爬上去，这个玩具就是他的了，这将对宝宝产生很大的诱惑力，一旦宝宝体验到攀爬的乐趣，他就不再畏惧攀爬了。

（引自：尹丽君．0～3 岁婴幼儿早期教育百问百答[M]．北京：北京大学出版社，2013.）

（二）安全原则

无论是大肌肉的训练还是小肌肉的训练，无论何时何地都应注意婴儿安全，避免危险。

在训练其坐、爬、走、跑、跳这些大肌肉动作时，家长一方面应避免训练过度造成的肌肉、骨骼损伤，从而适当控制练习时间和次数；另一方面应避免环境或看护不当对其造成伤害，譬如，要让宝宝学爬，必须在家庭中创设相应的环境，在家里腾出空间，铺上塑胶垫或穿戴护膝让孩子自由活动，让孩子伏在床上或地板过硬都给孩子的活动增添阻力。在孩子运动时，家长要做好看护工作，避免孩子发生磕碰。

在小肌肉发展方面，他们喜欢用手摸甚至嘴咬的方式来认识世界。他们的小肌肉发展越来越好，逐渐能够捡起枣、纽扣、豆粒等小物体，并尝试用嘴来获得更多的认识。但是危险也越来越近。家长必须看护好自己的孩子，避免危险物品进入孩子嘴里引发窒息等危险，即使能入口的食品或玩具也要保证是安全卫生的。

（三）信任原则

婴儿与外界发生联系，最有效的途径莫过于动作。婴儿通过躯体、四肢的运动来感知世界，其活动的范围随身心发展不断扩大。如果阻碍其动作发展，就会在很大程度上影响心理发展。研究表明：我国大多数婴儿直到 8～9 个月时才会爬，而且持续的时间很短，相比之下，美国儿童在爬行方面的发展要比我国早近一个月，持续的时间也长些。究其原因，也许和我们传统的教育观念有关，父母主观上倾向于限制——即使是安全的地方，也设置许多束缚，不信任他们的能力，不放手让婴儿运动，从而导致了运动能力受阻。埃里克森的人格发展理论，第一阶段就是要发展婴儿的信任感。这种信任感的获得首先是要成人信任他们的能力，满足他们的需求，这样才能发挥婴幼儿的天性，充分开发儿童智力。因此，我们为幼儿提供更多自己动手、自己思考、自己决定事情的机会，真正做到解放他们的双手、头脑、眼睛、嘴、时间、空间等。

（四）鼓励原则

无论是否成功，我们对于孩子的运动强调重要的是个人付出的努力。也许宝宝做的动作非常的笨拙，同时也非常令你烦恼。但是，这正是他们尝试认识世界的开始。家长要做的无疑就是给予孩子充分的鼓励、帮助，参与到婴幼儿的游戏中来，并且不断变换游戏方式，培养婴幼儿运动的兴趣。

相关链接

这里给帮助儿童进行运动的父母和教练提供一些指导建议(妇女运动基金会，2001)。

1. 让运动充满乐趣。因为，儿童越是喜欢运动，就越想从事运动。

2. 要允许儿童犯错误，这表明他们在尝试。

3. 允许儿童针对运动提出问题，以平静的、支持性的态度与其进行讨论。

4. 对儿童参加运动表示尊重。

5. 相信孩子，相信他或她正在付出努力。

6. 为从事运动的儿童起到积极的榜样作用。

三、婴儿动作能力培养方法

动作发展具有连贯性和一致性，前一年龄段动作的掌握对后一阶段动作的发展起到一定的促进作用，大动作的掌握也促进精细动作的发展。动作能力在某种程度上对促进或延缓其心理发展水平具有重要意义。应该从早期开始注意婴儿主要动作的训练。

(一)大肌肉动作的培养

1. 0～8个月，从怀抱儿到爬行儿

抬头训练。新生儿是柔弱的，脖子软弱无力，良好的头部控制能力是其他大动作发展的基础。通过训练，可以让宝宝的上肢与背部肌肉、颈、胸等部位得到锻炼。因此，2个月时，家长可训练婴儿练习空腹俯卧，并逐渐延长俯卧时间，以培养婴儿抬头，扩大其视野。

家长可以在喂完奶后，把婴儿竖抱在肩上片刻，既可以防止婴儿呛奶，又可以进行抬头训练。也可以在婴儿空腹时，俯卧在床上，家长手拿带有响声的玩具，将玩具从婴儿头部的左边慢慢地移到宝宝右边，让孩子随着玩具移动的方向抬头。训练新生儿抬头时间不宜太长，每次训练持续时间自30秒钟开始，随着新生儿日龄增加逐渐延长，但是每次俯卧时间不宜超过2分钟。每天练习3～4次。坚持每日训练婴儿抬头2～3次。

翻身训练。一般而言，宝宝学习翻身的时机在出生4～5个月后，这个时候宝宝的颈部已经硬挺，肩膀、手腕的力量变大，具有一定的支撑能力。翻身训练可帮助婴儿学习控制关节，强化肌肉，逐渐掌握如何协调四肢、头部及躯干。

最初，家长可帮助婴儿翻身，将婴儿从仰卧状态推到侧卧状态，再回到仰卧状态，反复训练这个动作。当婴儿能够熟练地完成完整的翻身动作后，应当训练连续的翻身动作。让婴儿完成一个独立翻身动作后，家长用手推动婴儿臀部鼓励婴儿连续翻身。

坐的训练。从4个月起，可以每天和宝宝玩拉坐起游戏来训练宝宝的腰肌。宝宝能够坐起来是很重要的，不仅有利于宝宝的脊柱开始形成第二个生理弯曲，即胸椎前突，对保持身体平衡有重要作用，而且还可以接触到许多过去想够又够不到的东西，对感觉知觉的发育都有重要意义。

当孩子仰卧在床时，家长可以握住孩子的双手腕部，面对孩子，一边和他说话，一边慢慢将其从仰卧位拉到坐位，然后再慢慢让宝宝躺下去，每次可以连续做两个八拍。到5个月时可以让宝宝进行靠坐练习，逐渐减少他身后的东西；进入6个月后，慢慢延长独坐时间，直到以后能稳稳地独坐。在能稳定独坐后，家长可以提供一些玩具给婴儿，每天坚持独坐练习。

爬行训练。研究发现，婴儿5～6个月时候爬行习得主要是通过家庭教育方式进行，2～3岁幼儿的爬行发展可通过一系列互动形式，如家园互动、师生互动、生生互动、人与环境互动的方式来进行。通过爬行在手膝、手足爬行四肢轮流支撑体重中使四肢肌肉耐力和肌肉承受力得到锻炼，同时加强了前庭与感觉系统的统合，促进各种神经细胞间的联络，爬行也有助于日后学习语言和阅读能力的发展。

在婴儿刚开始爬行时，家长可在婴儿的面前放些会动的、有趣的玩具，以提高婴儿的兴趣，引逗他爬行。此时，家长可以用手在他的臀部轻轻捅一下，或用手掌抵住他的小脚掌，婴儿常常会向前扑，于是就慢慢地爬行了。如果婴儿俯卧位时只会把头仰起，上肢的力量不能把自己的身体撑起，胸、腰部位不能抬高，腹部不能离床时，家长可以用条毛巾放在婴儿的胸腹部，然后提起毛巾，使婴儿胸腹部离开床面，全身重量落在手和膝上，反复练习。待婴儿小腿的肌肉结实，能支撑身体重量时，也就渐渐地学会爬行了。

当婴儿在平地上爬得很好以后，可以训练爬上坡、下坡的游戏，或训练在凹凸不平的地方爬行。

想一想

如何在家庭中为宝宝创设爬行的环境？

家庭中有很多环境可以用作婴儿爬行的场地，比如床铺、地板、沙发、楼梯等，都可以充分利用。外出时，也可以充分利用户外环境作为爬行场地，比如草地、沙滩、塑胶场地等。

此外，还可以利用家庭中容易找到的资源进行简单设计，形成趣味性更强的爬行环境。比如，用桌椅、纸盒拼接成山洞，用沙发做成大大小小的山坡、用靠垫枕头做障碍物、用叠起的旧轮胎做小路和高低不同的小桥等，使婴儿能尝试有一定坡度的爬行。

在充分利用的同时，一定要注意场地的安全性。比如家长想在客厅里为孩子开辟一个爬行场地，一定要仔细检查环境，移开尖锐的、易落的家具与物品，避免危险物品伤害到孩子。

2. 6～18个月，从爬行儿到学步儿

站立训练。站立训练可增强婴儿上肢、颈、肩、胸、腹及下肢肌肉的力量。婴儿刚开始站立还不是太稳。在婴儿有能力较稳地扶物体站立后，可训练婴儿独自站立片刻。一开始可用一只手扶着站，或靠墙站，逐渐使婴儿独自地站立片刻。要注意成人在一旁做好保护，并逐渐延长时间。

走的训练。10～12月龄是练走路的重要时期，婴儿从扶走逐渐学会了独走。家长可以站在孩子后方扶住其腋下，或在前面搀着他的双手向前迈步；也可以让宝宝扶着手推车学习走步。当婴儿两手扶走比较稳当了，再引导一手扶走；然后再逐渐松开扶持物，家长在一米处左右引逗婴儿向前独走。约在1岁后他就会慢慢独自行走。

3. 15～36个月，从学步儿到行走儿

婴儿学会走路，视野越来越开阔，同时，他会发展更多的身体动作满足运动的需要。

扶栏上、下楼梯。训练孩子学习上、下楼梯。训练上、下楼梯时，开始选择的楼梯不要太多层，以便于孩子能够较顺利地上完楼梯，体验到成功的快乐。

跑步练习。一般婴儿在 1 岁半左右开始学习跑。跑的动作可以训练宝宝的下肢力量、身体平衡和身体的灵活性。家长可通过游戏来训练孩子跑步的灵活性和稳定性，如灵活的向前跑，转弯跑。

跳的练习。跳的动作可以锻炼宝宝的下肢力量、膝关节的灵活性。刚开始练习跳的时候由成人带着婴儿进行各类跳的运动，让婴儿逐渐适应跳的感觉；然后可以拉着宝宝的双手让他在原地跳；之后可以由大人扶着双膝弯曲跳；熟练后让宝宝自己往下跳。

协调能力练习。球类游戏就是练习宝宝综合能力的一个有效的游戏。球类游戏不但能锻炼宝宝手臂和身体的平衡功能，同时还提高他的手眼协调能力。游戏中，球是宝宝最感兴趣的玩具之一，不同年龄可以用不同的方法玩球，基本动作包括滚、接、扔、踢、拍、投等。

攀登。有效的攀登活动有助于提高幼儿的攀登能力，促进幼儿协调性的发展。2～3 岁的幼儿在攀登活动中能增强腿部的肌肉力量，发展平衡能力、协调能力、灵敏性以及耐力。教师可以创设富有童趣的攀登情境，在幼儿与环境的互动中发展攀登能力。如：用轮胎搭建栅栏，用沙发搭建小山坡，用纸箱搭建大树，让幼儿们扮演小松鼠，在有趣的环境中，翻过栅栏，登上小山，攀爬上大树，摘到了松果。丰富多样的情境游戏可以激发幼儿攀登的兴趣和情感体验。

相关链接

亲子游戏：小青蛙找家

活动目标：练习双脚向上蹦跳，锻炼宝宝的腿部力量。

活动准备：塑料圆圈若干，平衡木，青蛙家。

指导要点：

1. 教师示范玩法。

老师介绍活动场景："小青蛙在岸上玩迷路了，要回到池塘的家里，怎么回去呢？请宝宝们把它送回家，好吗？"

教师示范：手拿青蛙走过小桥(平衡木)，钻过山洞，跳进池塘(地上固定四个彩色圆圈，宝宝练习双脚向上蹦跳)，把青蛙放进指定的池塘。

2. 温馨提示

宝宝游戏时家长引导宝宝按指定线路游戏。练习双脚向上蹦跳时，家长可以在旁边带动宝宝一起完成，给宝宝正确的示范。

对于宝宝的参与家长应给予肯定。

如果宝宝还不能双脚向上蹦跳，建议家长用双手托着宝宝的手，给宝宝一个支撑，让他练习 协调后再放手。

(引自：郑琼．0～3 岁婴幼儿亲子活动指导与设计[M]．福州：福建人民出版社，2013.)

(二)手部精细动作的培养

手是我们感知外界物体的一个非常重要的感觉器官。孩子的心智发展与生活能力，也来源于手的探索与实践，因此手部精细动作的训练非常重要。通过训练手的精细动作和手眼协调能力，可促进中枢神经系统的发育。因此，我们要针对不同年龄阶段婴儿的特点，采用不同的训练策略。

1. 0～12 个月婴儿手部动作训练

抓握训练。2～4 个月，婴儿紧握的双拳开始舒展，手可以抓住拨浪鼓，在眼睛的引导下伸手去够东西，由于婴儿经常试图用手去接触物体，因此应该把玩具放在离他脸部有 25 cm 左右的距离，鼓励他们自己用手去触摸。虽然婴儿够取玩具经常失败，但是父母也不可代劳，鼓励他们自己努力。父母应该选择不同材质、色彩明亮、可以发声的玩具吸引婴儿的注意，引导其用手抓握，促进感知觉运动的发展。

协调训练。4～6 个月，婴儿能够东西，学会双手递物。我们可以在其视力范围内用刺激物让他去够，并从抓握大的物体到抓握小的物体，以训练手指运用物体的技能，促进手眼协调。

灵活性训练。6～12 个月，该阶段手眼协调能力得到进一步发展。宝宝的视觉变得敏锐，看到东西能够手疾眼快地抓在手里。我们提供适宜的环境，使婴儿体会到不同物体不同动作，发现物体之间的关系，解决众多问题：拿、放、敲、扔、移、转、撕……左手换到右手，反复触摸物体，锻炼手的灵活性。

2. 1 岁以后手部动作发展

精细动作训练。12～24 个月，是孩子重要的精细动作形成阶段。我们可以让孩子充分利用手指做各种控制运动，如穿洞、翻书、倒豆子、拉抽屉、推倒物体、搭积木、插花……让“手巧”促进“心灵”。

手部动作完善训练。24～36 个月，此阶段孩子对每项学习充满热情，开始学习自己系扣子、洗手、用筷子吃饭等更加复杂多样的事物，我们要给予宝宝这样的机会，让宝宝享受自己的手工劳动，并深刻体会到劳动创造的价值。

相关链接

亲子游戏：翻翻乐

游戏目标：锻炼宝宝独立翻书的能力。

游戏过程：家长将宝宝或家人的照片夹在书页中，对宝宝说：“翻翻看，能找到什么？”当宝宝翻开书页找到照片后会很开心，促使他继续玩翻书游戏。

游戏建议：可用宝宝喜欢的图片代替照片。当宝宝不翻时，家长可先做示范，激发宝宝的兴趣。开始时可先用纸张较厚的书，当宝宝能顺利完成翻书动作后，再换成纸张较薄的书。

任务回顾

序号	本节知识要点	教师认为应达到的程度	学生自评达到的程度
1	婴幼儿动作培养中存在的问题	☆☆☆☆	☆☆☆☆

续表

序号	本节知识要点	教师认为应达到的程度	学生自评达到的程度
2	婴幼儿动作能力培养原则：循序渐进、安全、信任、鼓励原则	☆☆☆☆	☆☆☆☆
3	婴幼儿大肌肉动作能力培养方法：抬头、翻身、坐、爬行、站立、走、上下楼梯、跑、跳、协调能力练习、攀登	☆☆☆☆	☆☆☆☆
4	婴儿精细动作的培养方法：抓握、协调、灵活性训练、精细动作训练、手部动作完善训练	☆☆☆☆	☆☆☆☆

思考与练习

乐乐1岁1个月了，刚开始能够扶着沙发走一小段，后来开始学习独立行走。但走不稳，步子显得很僵硬，头向前，前脚掌着地，走得特别快，且经常跌跤。请分析造成乐乐行走现状的原因。

拓展训练

训练一：分别设计适合0～6个月、6～12个月、12～18个月、18～24个月、24～36个月宝宝的动作训练游戏各两个。

训练二：结合0～3岁婴儿动作发展的特点，设计并制作一个发展婴儿动作能力的玩具，并说明玩具的名称、适合月龄、教育价值、玩法等基本信息。（说明：可设计发展婴儿翻身、爬行、行走、抓握等动作能力的玩具）

训练三：自拟一个以“在生活中促进宝宝动作发展”为主题的家长讲座，讲座内容要求生动活泼、通俗易懂。

训练四：结合已有的婴儿心理发展量表，设计一个婴儿动作发展观察记录表。（说明：可设计观察婴儿抬头、坐立、抓握、投放等动作能力的观察记录表）

阅读导航

1. 孟昭兰．婴儿心理学[M]．北京：北京大学出版社，2001.
2. 董奇，陶沙．动作与心理发展[M]．北京：北京师范大学出版社，2004.
3. Greg Payne，耿培新，梁国立．人类动作发展概论[M]．北京：人民教育出版社，2008.
4. 陈帼眉．学前心理学[M]．北京：人民教育出版社，2003.
5. 陈帼眉，冯晓霞，庞丽娟．学前心理学[M]．北京：北京师范大学出版社，1994.
6. 庞丽娟，李辉．婴儿心理学[M]．杭州：浙江教育出版社，1993.
7. 李洁，雷华，杨娅娅．婴幼儿运动训练[M]．北京：中国人口出版社，2004.

8. 伯顿·L. 怀特. 从出生到三岁[M]. 宋苗译. 北京：京华出版社，2007.

9. 杨轶冰，鲁峰. 论0～3岁儿童智力发展中的动作训练[J]. 淮北煤师院学报(哲学社会科学版)，2001(12).

10. 尹丽君. 0～3岁婴幼儿早期教育百问百答[M]. 北京：北京大学出版社，2013.

11. 尹坚勤，张元. 0～3岁婴幼儿教养手册[M]. 南京：南京师范大学出版社，2008.

12. 周念丽等. 0～3岁儿童多元智能评估与培养[M]. 上海：华东师范大学出版社，2009.

13. 郑琼. 0～3岁婴幼儿亲子活动指导与设计[M]. 福州：福建人民出版社，2013.

14. 周念丽. 0～3岁儿童观察与评估[M]. 上海：华东师范大学出版社，2013.

15. 丁玉. 0～3岁亲子活动方案[M]. 上海：华东师范大学出版社，2010.

16. Papalia，Olds，Feldman. 孩子的世界——从婴儿期到青春期[M]. 北京：人民邮电出版社，2013.

学习反思

第五章

婴儿语言发展与教育

学习目标

1. 了解言语与语言概念及关系、语言功能；掌握言语获得的理论。
2. 了解婴儿语言发展的意义，掌握婴儿语言发展阶段及规律。
3. 掌握婴儿语音、词汇、句子及语用技能的发展特点。
4. 了解婴儿语言能力培养的方法和途径。

本章导读

三宝22个月大，还不会说出个别字词，只能声音略带沙哑地嚷嚷。见到老师，老师鼓励他说“老师好”。他只用大眼睛看着我，张着小嘴似乎想要叫，但还是没有叫出声。在亲子班活动过程中，表现很乖，参与活动积极，但始终就是不说话。婴儿是如何在未经任何正式训练的情况下获得语言能力的？婴儿语言的发展有哪些特点和规律？老师或家长应如何有效地促进婴儿语言能力的发展？本章的学习内容，或许能帮助你解答以上几个问题。

第一节 语言发展研究概述

1920年在印度发现两个由狼养大的女孩，一个大约8岁（Kamala），另一个2岁（Amala），她们用四肢爬行，只会嗷叫，不会说话。Amala在第2年死亡，Kamala一直活到1929年，她学会了直立行走，能说大概50个单词，但没有获得正常的语言能力。狼孩的故事是否说明环境是儿童语言发展的决定性因素？遗传、环境、教育等因素到底在语言发展中起什么作用？本节将介绍语言发展的一些重要研究，从而为你揭开儿童语言发展之谜。

一、语言与言语

(一)语言与言语的含义

语言(language)是以语音为载体、以词为基本单位、以语法为构建规则的符号系统(孟昭兰，1994)。语言是一种社会现象，是人们最重要的交流沟通的工具，语言随着社会的产生而产生，随着社会的发展而发展。不同的民族和文化会形成不同的语言，如英语、汉语、法语、意大利语等。

言语(speech)是指人们运用语言进行交际的活动过程，包括听、读、说、写过程。如我们讲课、作报告、聊天、辩论、写信等都属于言语活动，是人们对语言的运用过程。言语是一种心理现象，是心理学研究的对象。因此，言语不同于语言，我们可以将言语理解为人们说话的过程中的“说”，而语言则是人们说话中的“话”。

(二)语言与言语的关系

语言与言语，在语言学中是两个彼此不同而又紧密联系的概念。一方面，语言依赖于言语活动。语言是在言语活动中形成和发展起来的，语言存在于言语活动中，并通过言语活动发挥其作为交际工具的作用。如果某种语言不再被人们使用，就会逐渐消失在历史的长河中。另一方面，言语活动必须借助语言来进行，离开了语言，人们就无法表达自己的想法和意见，也无法进行交流。

综上所述，语言和言语是相互依存，又存在着区别的。心理学主要研究言语活动的性质、结构、功能，以及人们怎样获得和正确地运用语言。

(三)言语的种类

心理学一般将言语分为外部言语和内部言语两大类。

1. 外部言语

外部言语是用来与别人进行交流的言语，分为口头言语和书面言语两种。①口头言语(包括说和听过程)可以分为对话和独白两种形式。对话是一种最古老、最简单，也是一种最基本的言语形式(包括聊天、辩论、座谈等形式)，其他形式的口头言语和书面言语都是在对话言语的基础上发展起来的。独白是个人独自进行的、与叙述思想、情感相联系的、较长而连贯的言语(如报告、演讲、讲课等)。独白言语是在对话言语基础上发展起来的，它比对话言语更复杂。②书面言语是用文字来表达思想、情感的言语(包括读、写过程)。书面言语的出现比口头言语要晚得多。如果说，口头言语是和人类同时产生的，那么书面言语就只有在文字出现以后才为人们所掌握和利用。

相关链接

自我中心言语

儿童从两三岁起就常常会边玩边嘀咕，一个人絮絮叨叨地不知在说些什么。首先发现这个现象的是瑞士心理学家皮亚杰，他把这种言语形态称为“自我中心言语”。这种出声的自言自语是由外部言语向内部言语转化中的一种过渡形态，幼儿的自言自语其实是出声的思维，其最初目的并不是用来与他人沟通的，而是为了自我规范和自我沟通，或是引导自己的思考过程及行动。

儿童在问题解决中或游戏中易出现自言自语现象。自言自语一般在3岁左右达到高峰，到了七八岁时，自我中心言语逐步消失，而让位于社会化的言语。

2. 内部言语

内部言语是一种无声的、对自己讲的语言，它与抽象思维和有计划的行为有密切联系。内部言语是在儿童外部言语发展到一定阶段的基础上逐步派生出来的，是外部言语的内化。内部言语是从学前期(4岁以后)开始产生的，3岁以前的儿童还没有内部言语。因为：第一，婴儿还不能控制自己的动作系统，包括发声系统。他们想做就行动起来，想说就说出声。第二，他们不会独自在头脑中进行思考，而要依靠外界条件的帮助，特别是需要在交谈中进行分析综合和调节自己的行动。

总的来讲，外部言语服从于交流目的，具有连贯、完整、严密性的特点；内部言语不具备交流功能，只针对自己，因而结构比较松散，不连贯、不完整、也不规范。婴儿时期掌握的主要是口头言语中的对话(指情境性、不连贯的言语)，不会独白(连贯性言语)。

二、语言的功能

(一)传递信息的功能

语言是人类保存与传授社会历史经验的手段。人和动物不同。动物只能通过生物遗传的途径掌握前代的经验，而人类是借助于词的符号系统即语言(口头和书面语言)将个体经验和社会历史经验积累、保存和传授下来，从而使人类社会和个体的发展得以实现。语言不仅是文化的记录者，也是文化的传播者。

(二)交际功能

交际功能是语言最重要的社会功能。没有交际就没有社会，社会能够成立和维持的基本条件之一，就是需要有各种交际工具来使社会成员相互沟通、彼此协调。语言是交际的方式和交流思想的手段。人类是由于交际的需要才发展了语言这种交际的手段。通过语言人们可以把自己的思想情感告诉别人，影响别人，同时又能了解别人的思想和情感，并接受别人的影响。

(三)思维功能

思维可以分为三种类型：技术思维(又称运动思维)、形象思维、逻辑思维(又称抽象思维)。逻辑思维是运用概念、判断、推理等方式进行的抽象思维。概念、判断、推理是由词语、句子乃至篇章构成的，因此，逻辑思维所凭借的思维工具是语言。在人们的思维实际中，往往是几种类型混合配用。在这三种思维类型中，逻辑思维是最重要的思维类型，语言是最重要的思维工具。人类的思维主要依靠语言材料来进行。人们利用概念进行思考，解决问题必须借助于语言。

(四)心理调节功能

语言既是思维的工具也是调节行为的手段。人不同于动物，他善于计划自己的行动，使行动服从于预定的目的。实现这种计划的基本工具就是语言。语言在人的心理调节方面的作用主要表现在对注意力、情绪心态和行为动作等方面的调节上。当孩子画画的时候，我们常听见他们喃喃自语："先画个太阳，再画两个小朋友，然后再画一只小猫……"他们是在用语言计划自己的行动顺序和过程。有时，他们也会用语言提醒自己画错了："不对不对，这一笔画弯了……先擦掉……对了，该这样画。"尤其是在游戏中或面对比较困难的任务时，他们经常自言自语，即进行"出声的思维"。即使是成人的不出声的思维，也是必须借助语言才能顺利进行的，这就是不出声的语言——内部语言。

三、语言获得理论

儿童语言发展又称语言获得，指的是儿童对母语的理解和表达能力的获得。语言发展是一个极为复杂的过程，儿童为什么能在出生后四五年内不经过任何正式的训练而基本上能顺利地获得听、说母语的能力？他们是怎样学会复杂而抽象的语言规则的？目前，关于儿童语言发生发展内在机制的解释主要有三大理论流派，即后天学习决定论、先天决定论和相互作用论。各种理论的分歧主要表现在对语法规则系统获得的解释上。

(一)后天学习决定论

后天学习决定论包括模仿说和强化说，主要强调环境和学习对个体语言获得的决定性影响。

1. 模仿说

这是心理学界关于言语获得机制最早的一种理论假设，由美国心理学家阿尔伯特提出。他认为，婴儿语言只是对成人语言的模仿，是成人语言的简单翻版。模仿说在20世纪20～50年代很流行，后来的社会学习理论继承了这一观点，如班杜拉认为，婴儿的语言能力主要是通过对各种社会言语模式的观察和模仿而获得的，其中大部分是在没有强化的条件下进行的。如果在幼儿早期剥夺其社会交往的环境下进行，幼儿就不可能学会说话，如狼孩。

研究发现，儿童在言语获得过程中，相继有四种类型的言语模仿行为：①即时的、完全的模仿。②即时的、不完全的模仿。③延迟模仿。④选择性模仿，也叫创造性模仿，这类模仿不是完全重复别人的语句，主要是对句式的模仿。

一般而言，即时性模仿发生得较早、较少，主要是在婴儿言语发展的最初期起作用(1岁左右)，但随后便被延迟模仿所替代，这两种形式的模仿在2岁前发挥着重要作用。2岁以后，选择性模仿逐渐占据主导地位，它使婴儿能够迅速地掌握和运用大量语言材料和基本的语法规则，促进了语言的飞速发展。

相关链接

模仿对儿童语言能力发展的影响

卡兹德(Cazden，1965)在日托中心选了12个3岁半以下的黑人儿童作为被试，并根据儿童的年龄和语言发展水平把他们分成三组，每组4人，然后把三组儿童分别置于3种不同的条件下。

(1)扩展条件：被试每天接受40分钟的强化扩展训练(例如，若儿童说"that cat"，成人应反应："yes，that is a cat.")

(2)模仿条件：被试每天有40分钟的时间，在与成人进行自然对话的过程中，接受形成完善的成人句子。

(3)控制条件：被试待在实验的房间里，但不给予任何训练。

结果发现，扩展条件与控制条件相比，本质上并没有改善儿童的语法能力，但是，模仿条件下的儿童在语法上有显著的提高。

(引自：边玉芳．儿童心理学[M]．杭州：浙江教育出版社，2009.)

2. 强化说

强化理论在20世纪四五十年代非常盛行，美国行为主义心理学家斯金纳认为，婴儿的语言学习是自发的操作行为，婴儿是通过不断地强化学会语言的。如儿童在牙牙学语时会自发地、无目的地发出各种声音，一旦有些声音近似于成人说话的声音，父母便对这种声音进行强化(如称赞、搂抱、抚摸等)，多次反复以后，儿童就会将这种声音与特定事物联系起来，儿童就这样学到了语言。可见，强化理论充分肯定了语言教育和训练的作用。

应当承认模仿和强化在儿童语言发展中有着重要作用，然而，后天学习论却难以解释儿童语言获得的全过程。如果儿童说出的每一个句子都是通过强化(奖励或惩罚)而获得，那么能把词组合起来成为有意义的句子的数量就太大了。例如，米勒对英语中20个词组合成的句子数目作了一个保守的估计，其数目为10^{20}。一个人仅仅去听所有这些句子就要花费估计比地球年龄大1000倍的时间。显然，强化论是无法解释儿童语言获得的。

(二)先天决定论

先天决定论包括转换生成说和自然成熟说，其共同点是否认环境和学习是语言获得的决定性因素，强调先天禀赋的作用。

相关链接

伯克的儿童语法习得实验

人类的语言具有复杂的语法结构，语法发展包括词序、曲折变化(词形变化)、语调三个方面的内容。在学龄期前，并没有人对儿童就语言结构进行教导，儿童仍然能非常迅速地习得各自语言的语法规则，他们是怎么做到的呢？有研究者认为，儿童可能已经形成了调节他们早期言语产生的一般规则，而不是对成人语言的简单模仿。为了验证这种观点，伯克设计了一个简单而又巧妙的实验。在试验中，伯克主要考察儿童是否理解曲折变化结尾的使用(如加上“s”形成复数，加上“ed”形成过去时态，所有格等)。为了排除强化和模仿的作用，伯克在试验中，向4～7岁儿童呈现一系列没有意义的客体和一个无意义的名字，最著名的是伯克称之为“wug”的像鸟一样的小动物，在实验中，主试告诉儿童：“This is a wug. Now there is another one. There are two .”儿童提供了正确的曲折变化结尾。这一经典研究表明，儿童已经习得了曲折变化的规则，并且能够系统地将它们运用于不熟悉的单词。

(引自：边玉芳. 儿童心理学[M]. 杭州：浙江教育出版社，2009.)

1. 转换生成说

20世纪60年代，美国语言学家乔姆斯基认为，语言基本上不是习得的，而是天赋的。儿童天生具有一种语言习得装置(Language Acquisition Device，LAD)。成人结构完整的语言材料输入儿童的这一装置，经加工建立起该种语言的语法规则，这样儿童就能在听到少量语言的情况下理解和说出大量合乎语法的新语言。就像生理上其他装置(器官)如眼、耳、口、鼻的功能一样，不需经过训练即能发挥其基本功能。由于有这种装置，儿童虽然只从周围环境中听到有限的句子，却能产生无限的句子，并在短短的几年中流利地运用语言。

LAD的功能如下：

原始语言材料 —(输入)→ (LAD)(加工) —(输出)→ 语法能力(理解和产生句子)

乔姆斯基的语言天赋论的贡献在于从根本上改变了语言获得中被动模仿的看法，认为人脑先天具有一种能够对语言进行加工的装置(LAD)，这种装置可以创造出儿童从来没有听到过的新句子。但它毕竟只是一个假设，至今LAD的存在还未被神经生物学所证实。乔姆斯基的语言天赋论很难获得直接的证据。从理论上说，要想确证儿童是否生来就有所谓LAD，就必须观察那些既没有生理缺陷，又没有接触过语言的儿童。实际上这两个条件是很难同时具备的。狼孩似乎能满足这两个条件，但有限个案观察的结果无论对后天学习论还是对先天遗传论都未见有利。因为这些儿童刚被发现时都不会说话，这似乎说明说话能力并非天生的；这些儿童在被发现后经过教育仍不能像正常人那样说话，这又似乎说明仅靠学习是不能习得语言的。

相关链接

语言发展关键期

勒纳伯格认为，2～12岁是语言发展关键期。有的学者还提出，各种语言能力(如语音、词汇、语法能力)各自有不同的关键期。例如，1岁以前是儿童语音发展的关键期；1.5～4岁是表达语言发展的关键期；20～30个月是婴儿基本掌握语法(词法和句法)的关键期；2～3岁是口头语言发展的关键期；4～5岁是书面语言发展的关键期。

2. 自然成熟说

美国心理学家勒纳伯格提出了“自然成熟说”。勒纳伯格以生物学和神经生理学为理论基础，他把儿童语言的发展看做是一个受发音器官和大脑等神经机制制约的自然成熟过程。他认为生物遗传素质是人类获得语言的决定性因素。语言是大脑功能成熟的产物，语言能力是先天性的；语言关键期发生在大脑的单侧化时期，即 2～12 岁。过了关键期，即使给予训练，也难以获得语言。

乔姆斯基的转换生成说和勒纳伯格的自然成熟说都强调语言是人类先天遗传因素决定的，从而否认环境和语言交往在语言发展中的重要作用。但这两种理论都无法解释本身听力正常，而父母聋哑的儿童为什么不能学会正常人的口语而只能使用聋哑人的手势语。

（三）相互作用论

1. 认知相互作用理论

瑞士心理学家皮亚杰认为：语言能力是认知能力的一个方面，认知结构是语言发展的基础，语言结构随着认知结构的发展而发展。认知能力的发展决定语言能力的发展。儿童的认知结构的形成和发展是主体与客体相互作用的结果，是一个动态建构的过程。个体的语言也是主客体相互作用的结果，儿童语言的获得既要依赖于生理成熟，又必须有一定的认知基础。

该理论在一定程度上反映了语言发展的客观规律，阐明了思维和语言之间是相互影响、相互制约的关系；但过于强调认知发展是语言发展的基础，忽略了社会交往与儿童语言发展的关系，仍然具有一定的片面性。

相关链接

语言与思维

俗话说“言为心声”，即是说，语言表达并反映了心理。在语言与思维的关系问题上，一方面，语言是表达思维的重要工具之一，语言受思维的支配；另一方面，语言会影响思维。有一个心理学实验，让两组人看一幅图，画的是一条直线连接着两个圆圈（○——○）。实验者告诉第一组说“这是眼镜”，告诉第二组说“这是哑铃”。然后让两组人凭记忆画出这个图形。结果两组都没能准确地画出原图的样子，第一组画得比较像眼镜，第二组画得更像哑铃。这个实验说明，语言有助于思维，甚至会影响知觉和记忆。

2. 社会相互作用理论

20 世纪 70 年代后，国外一些心理学家特别重视儿童和成人的交往在儿童语言获得中的作用，他们认为儿童和成人的语言交流是语言获得的决定性因素。如果从小剥夺儿童和成人的语言交流，儿童就不可能学会说话。目前发现的一些由野兽抚养的人类儿童都没有人类的语言，甚至后来精心教习他们也无济于事。这些儿童就是由于出生后就脱离了人类社会，而很难通过后天的教育来习得语言能力。即使是生活在人类社会的儿童，如果缺乏与成人之间的语言交流的互动实践，仍然难以获得语言交流能力（如前面提到的 Genie）。有研究发现，一名听力正常而父母聋哑的儿童，父母希望他学会正常人的语言，但由于身体不好，不能让他外出，就只能整天在家里通过看电视学习正常人的语言。由于只能单向地听，没有语言交流实践，缺乏应有的信息反馈，这个儿童最后终究没有学会口语，而只能使用从父母那里学来的手势语。社会相互作用理论强调语言环境和对儿童的语言输入的作用。不过，语言环境和语言输入在儿童语言获得中是如何起作用、究竟起多少作用，目前还没有结论。

想一想

多看电视能促进婴儿语言发展吗?

在现代家庭中,电视已经成了日常生活中不可缺少的伙伴,有的家庭甚至把电视当成了看管孩子的“保姆”。有人认为,婴幼儿时期是儿童语言获得期,电视发音标准,音乐动听,画面生动,能更好地吸引儿童去模仿和理解。因此看电视有利于促进儿童的语言发育。但也有人认为,婴幼儿是在同父母家长的情感交流中感受语言,学习语言的;电视提供的是单向的语言,缺乏交流,看电视会阻碍语言能力的发展。因此主张两岁以下的婴幼儿不宜看电视。

综上所述,语言获得的各派理论均有一定的合理性,但也存在不同的缺陷。后天学习决定论强调环境和学习对语言获得的影响,但不能解释语言的创造性;先天决定论强调先天能力和普遍的语法规则的作用,但又无法解释脱离人类语言环境与语言交流活动的儿童为什么不能自动学会人类的语言;相互作用论强调主客体相互作用和社会交往在儿童语言发展中的重要作用,但如果仅仅依赖社会交往和语言输入就可以获得语言能力的话,那么,动物也应该可以获得语言。但大量的实验证明,即使是经过精心设计和强化训练,与人类基因非常接近的大猩猩也只能学会极其有限的词汇和句子结构,最终不可能获得人类的语言,因为语言是人的大脑的机能。

事实表明,儿童言语发生的过程实质上是一个多种因素相互影响、相互作用的复杂的动态系统,生物、认知和社会经验在儿童语言的获得过程中发挥着不同的作用。不过,到目前为止,关于儿童语言在语音、语义、句法和实用性等方面发展的精确模式,研究者并没有得出一致的结论。

相关链接

动物能习得人类语言吗?

教黑猩猩学习语言,从20世纪50年代以来有过不少尝试。首先是口语的尝试。海斯夫妇饲养了一只名叫维吉的雌性黑猩猩,从出生后6个星期开始一直饲养了约6年,结果仅教会它说三个词(mama, papa, cup)。其次是手语沟通的尝试。加德纳夫妇教会一只雌性黑猩猩瓦舒学习美国聋哑人的手语,见图5.1.1。瓦舒最多时掌握了240种不同的手语,能够造出多达6个词的句子,还可以利用手势语进行交流。有一次,瓦舒爬上心理学家福茨的肩膀上撒了一泡尿,福茨恼怒地用手语问它为什么要这样做,它马上做了一个手势回答说:“好玩!”还有一些研究应用了符号语。普雷马克教会一只名叫莎拉的黑猩猩利用塑料标记作为单词,并操纵这些标记进行沟通,见图5.1.2。美国生物学家休·萨维奇以键盘作为教具,来教一只叫“坎齐”的黑

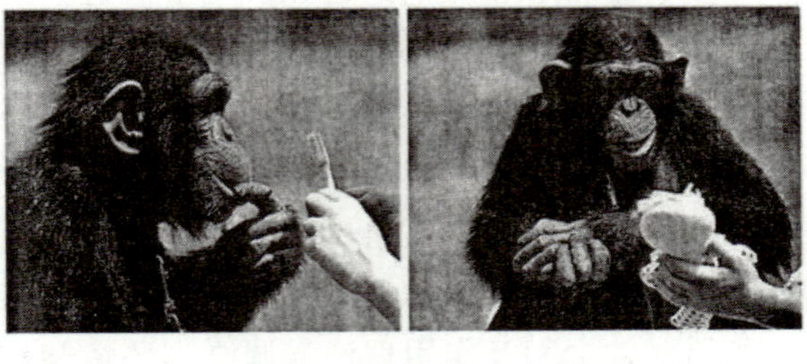

图5.1.1　以手势表示“牙刷”(左)和“婴儿”(右)

(引自:黄希庭,《心理学导论》)

猩猩“识”字，见图5.1.3。该键盘设有约400个键，每一个均附有一个几何图形符号供黑猩猩辨认。经过一段时间的训练之后，它能够理解每一个符号。它还能通过敲击键盘提出要求和组成真正的句子，如“我想要一杯冻咖啡”“请给我买个汉堡”等。但大量的实验证明，即使是经过精心设计和强化训练，与人类基因非常接近的大猩猩最终不可能获得人类的语言，因为语言是人的大脑的机能。因此，我们仍然支持这样的结论，即在心理学意义上，正是语言使人类区别于其他物种。

图5.1.2　莎拉操纵塑料标记进行沟通。墙上贴着的一句话，意为：“莎拉，(把)苹果(放入)水桶，(把)香蕉(放入)盘子。”莎拉看完后能按照指示去做。

(引自：Dennis Coon，John O. Mitterer，《心理学导论(第11版)》)

图5.1.3　坎齐在复习功课

(引自：理查德·格里格，菲利普·津巴多，《心理学与生活(第16版)》)

任务回顾

序号	本节知识要点	教师认为应达到的程度	学生自评达到的程度
1	语言与言语的含义	☆☆☆☆	☆☆☆☆
2	语言与言语的区别和联系	☆☆☆☆	☆☆☆☆
3	语言的功能	☆☆☆☆	☆☆☆☆
4	三种语言获得理论的基本观点	☆☆☆☆	☆☆☆☆

第二节　语言在婴儿心理发展中的作用与发展趋势

洋洋4个月了，最近总是吐着小奶泡泡，大声地嘟哝：“不、不……”在一旁的爸爸听到了，笑得眼睛眯成了一条小缝，“哈哈，我家洋洋要讲话啦……”于是马上开始引导：“洋洋叫爸爸，叫爸爸。”4个月的洋洋真的会说话了吗？其实，这只是婴儿的发音练习，属于无意识的发音。一般婴儿要在9个月左右才能有意识地模仿成人的发音，1岁左右才会开口说话。虽然每个婴儿开口说话的月龄不尽相同，但世界各国婴儿语言的产生与发展具有一些共同的规律。

一、语言发展在婴儿心理发展中的作用

婴儿语言的发展，主要指婴儿对母语的理解和表达能力的发展。个体言语的获得是在出生后2～3年内实现的。3岁前是人的一生中语言发展最迅速、最关键的时期。语言在婴儿认知、情感和社会性的发生、发展过程中起着重要作用，对其以后的心理发展有着深远而重大的影响。

(一)语言是婴幼儿智力发展的标志

爱因斯坦说过："一个人的智力发展和他形成概念的方法，在很大程度上是取决于语言的。"研究表明，智力发展的第一个因子是语言能力。语言是标志事物和现象的符号，借助语词(概念)，个体才能对事物进行概括，从而感知和了解事物的特征和本质属性。儿童通过语言了解周围的世界，表达感知的结果，通过语言使直觉形象思维发展到抽象概括思维，认识他不能直接感知的事物，并对事物进行概括、分类、综合、判断和推理。因此，婴幼儿语言能力的好坏与智力水平的高低有密切关系。

相关链接

早期语言环境影响孩子智力发展

在美国，有人做过一项调查研究：对满2周岁的儿童做智力测验，过了三年，即当孩子5岁的时候，做一次同样的测验。结果发现：有的孩子智力上升，有的没有多大差异，有的却下降了。于是研究者对智力上升及下降的孩子做进一步的调查，得出的结论之一是父母对子女谈话次数及准确的程度是影响孩子智力发展的重要因素。

［引自：薛艳丽. 用语言促进孩子的智力发展[J]. 早期教育，2005(5).］

(二)语言促进婴幼儿社会性和个性的发展

语言是人类在实践活动中形成的由语音、词汇、语法规则构成的符号系统，语言是社会交往的工具。个体在刚出生时只能运用表情和动作引起周围人的关注，用哭喊来满足生理上的需要和心理上的依恋需要。随着个体的发展，儿童学会了运用语言这一工具，能更加准确地表达自我，与周围人进行交际。儿童获得语言是儿童社会化进程中的一个里程碑，儿童接触社会、融入社会、与社会相互作用的主要方式就是语言交流。一定的语言理解和表达能力，能促进婴幼儿与成人及同伴的交往，掌握社会交往规则，增强社会适应能力。

语言能力强的孩子会经常受到成人的表扬鼓励，使他的自信心增强；善于表达的孩子会和成人"讨论"，陈述自己的观点和想法，从而得到较多机会脱离成人的约束，从而发展独立性、自主性；口齿伶俐的孩子往往成为游戏活动的领导者，反之，语言能力差的孩子更多地表现出自卑、退缩、依赖、孤立的性格。

(三)语言是情绪、情感发展的良好动力

情绪的良好发展是婴幼儿健康成长的重要标志之一。婴幼儿情绪多变，在孩子的语言能

力不够完善时，更多是依靠身体动作来表达积极或消极的情绪情感。但是，一旦他们拥有了语言这一武器，就会无时无刻不运用它。语言使婴儿与他人积极交流互动，表达对客观世界的感受，及时倾述内心想法，宣泄消极情绪，悦纳自我，理解他人。语言的发展能培养表达情绪和控制情绪的能力，从而培养健康而积极的情感。

二、儿童语言发展的阶段

儿童的语言发展是一个连续的、有次序的、有规律的过程，是不断由量变到质变的过程。世界各国儿童虽然语言不同，每个儿童开始学讲话的时间略有先后，但语言发展的阶段大体相同，1 岁前都是前语言的语音发展阶段，都在 1 岁左右说出了第一个词，1 岁半左右都处于简单句阶段，3～4 岁前都掌握了本民族最基本的语言，见表 5.2.1。

表 5.2.1　语言发展第一次出现的平均年龄

年龄/月	言语反应情况
0.25	婴儿对声音作一些反应
1.25	微笑着对刺激作出反应 咕咕声；发出长元音 转向说话的人 说“啊——咕” 发出咂舌声
5	转向叮当响的铃
6	咿呀学语
7	向上侧转看叮当响的铃
8	无区别地说“dada”和“mama”
9	玩躲躲猫这样的姿势游戏 直接看叮当响的铃 听懂“不”字
11	把“dada”和“mama”作名字用 对加手势指示的直接命令作出反应(如说“把它给我”同时向前伸出手) 说出第一个词
12	说出没有用真正的词的无意义的“句子” 说出第二个词
13	说出第三个词
14	对没有手势的直接命令作出反应(如不伸手说“把它给我”)
15	说出 4～6 个词

续表

年龄/月	言语反应情况
17	用一些真正的词说出无意义的句子 能够指出身体的 5 个部位 说出 7～20 个词
19	形成双词联结
21	形成双词句 掌握 50 个词
24	不加区别地使用代词(I，me，you)
30	有区别地使用代词(I，me，you)
36	有区别地使用所有的代词 掌握 250 个词 使用复数 说出三词句

(引自：黄希庭．心理学导论(第 2 版)[M]．北京：人民教育出版社，2007：433-434.)

3 岁前儿童语言发展可以划分为既有质的差异又相互关联且时有交叉的三个阶段：0～12 个月是婴儿语言发生的准备阶段，称为前语言阶段；9～14 个月是婴儿语言理解与表达能力产生的时期，称为语言发生阶段；13～36 个月是婴儿口头语言发生发展时期，称为语言发展阶段。

(一)前语言阶段(0～12 个月)语音敏感期

婴儿从出生到说出第一个词要经历一个较长的准备期，称为“前语言阶段”。这一阶段属于语音敏感期，是婴儿的言语知觉能力、发音能力和对语言的理解能力初步发展的时期。言语发生的准备主要表现在两个方面：一是理解词的准备，包括语音知觉和对词语的理解；二是说出词的准备，包括发出语音和说出最初的词。

(二)语言发生阶段(9～14 个月)学话萌芽期

经过近 1 年的语音准备，婴儿在 1 岁左右说出第一个具有一定意义的词，这标志着真正意义上的语言的发生。研究表明，婴儿的第一个词产生于 10～14 个月之间。① 实际上，婴儿语言发生的过程包括语言理解的产生和语言表达的产生(即开口说话)。

1. 语言理解的产生

婴儿对人类语言的理解经历了两个重要的阶段：语音知觉阶段和语词理解阶段。

(1)语音知觉阶段

从对人类语音的知觉来看，刚出生的婴儿就能对人类的语音进行分辨，如能区分出人的

① 庞丽娟，李辉．婴儿心理学[M]．杭州：浙江教育出版社，2003：236.

语音和其他声音，分辨母亲与其他妇女的声音，甚至能分辨男人和女人的声音、抚养者和不熟悉者的声音，四五个月的婴儿还能辨别语调和语气的变化。(具体内容见本章第三节)

相关链接

婴儿更偏爱自己母亲的声音

1980 年，德卡斯珀和菲弗在一个研究中让出生 3 天的婴儿听自己母亲和别的女性朗读同一个故事的录音带。实验中如果婴儿按一定频率吮吸奶头，他们就能听到自己母亲朗读故事的声音，如果偏离了这个吮吸频率，他们将听到另一位妇女朗读故事的声音。结果发现，96%的婴儿偏爱自己母亲的声音，为了能听到自己母亲的声音而按一定的频率吮吸奶头。

(引自：蔡蓓瑛. 恋上布母猴[M]. 上海：上海科学技术出版社. 2005：42-43.)

(2)语词理解阶段

6 个月的婴儿已能听懂一些成人的话语，如辨别家人的称呼、指认日常物体等。但婴儿此时的理解具有很强的情境性，他们并不懂得成人话语的真正含义，而只是根据成人说话时不同的语调和手势而判断出来的，可以看做是对成人话语的一种条件反射(即复合情境的理解)。如贝茨(1975)在试验中发现，当问一个 6 个月的婴儿“灯在哪儿”时，她能以抬头看天花板来作答，但不管天花板上有没有灯，她都会抬头注视，而且即使上面没有灯，她一点儿也不感到困惑。①

研究表明，婴儿大约从 9 个月开始才能真正听懂成人的话。这时他们开始把语词从复合情境中分离出来，他们可以按照成人的言语吩咐去做相应的事情。如成人说“跟妈妈再见”，婴儿就会挥动小手；如问“妈妈在哪里”，婴儿能把目光或头转向妈妈或用手指向妈妈，这表明婴儿真正听懂了成人的话语。这时儿童对词义能理解，但还不能说出词。

想一想

宝宝什么时候会明白“妈妈”指的是您？

一般来说，婴儿首先学会的词就是生活中经常听到的“爸爸”“妈妈”等词。为了弄清楚婴儿到底从多大开始把“爸爸”“妈妈”这样的单词和特定的人联系起来，心理学家们对 24 名 6 个月大的婴儿做了一项实验：研究人员用白色背景拍摄了每位家长的面容，然后让婴儿坐在母亲的膝上，在婴儿两边各放一台电视机，分别播放婴儿母亲或父亲的面容。此时，一个合成的声音在旁边叫“爸爸”或“妈妈”。研究人员观察到，婴儿会用更长的时间去看被叫到的亲人的面容。

为了排除婴儿可能会用“妈妈”来称呼所有妇女，用“爸爸”来称呼所有男人，研究者又对另一组 24 名 6 个月的婴儿做了一项实验：让他们观看参加第一项实验的婴儿父母的面容录像。结果发现，这一组婴儿在听到叫声后看电视机里“爸爸”和“妈妈”面容的时间没有什么差别。

这个实验说明，尽管 6 个月的宝宝还不会说话，但他们已经能够清楚地知道谁是自己的

---

① 庞丽娟，李辉. 婴儿心理学[M]. 杭州：浙江教育出版社，2003：247.

爸爸和妈妈。也许，这个阶段的宝宝对其他家庭成员的称呼也能辨别。

（引自：[法]塞尔日·西科迪.100个心理小实验[M].上海：上海社会科学院出版社，2009.）

2. 语言表达的产生

婴儿的语言表达也经历了两个重要阶段：前语言表达阶段和语言表达阶段。

(1)前语言表达阶段

1岁以前的婴儿还不会开口说话，他们主要通过一些特定的声音和姿态来进行交流。如出生1周至1个月期间的婴儿会用不同的哭声表达他们的需要，吸引成人的注意；大约2个月时，婴儿会在生理需要得到满足之后，对成人的逗弄和语言刺激报之以微笑或用喁喁做声或身体的同步反应予以应答；6个月以后，婴儿能用身体姿势表达意愿，如伸手要抱、以点头表示“要”，当他想得到某件玩具时，他会一边用手指着一边嘴里发出“eng—eng”的声音；1岁以后的婴儿会伸出食指表示“1岁”。

(2)语言表达阶段

大约从10个月开始，婴儿会说出第一个有意义的单词，这是婴儿语言发展过程中最为重要的一个里程碑，是语言发生的标志，这是真正的语言表达的开始。婴儿词的获得标准是：①自发性。②指向性。③概括性。婴儿一般较早掌握的是具体名词。这些词是他们直接摸到过或玩过的东西的名称。而对于那些立在那里不动的东西如家具、树木或商店，儿童是叫不出它们的名称的(Nelson，1973)。有人研究过18个儿童最初出现的10个词，结果表明，都是些动物、食物、玩具的名称。① 而且研究发现，无论说汉语还是说英语的儿童，他们掌握的第一批词非常相似，都是奶、蛋、鞋、娃娃、积木、狗、猫、汽车、球等之类的词。

(三)语言发展阶段(13～36个月)正式学说话

经过了近1年的言语准备阶段，婴儿进入了学习口语的全盛时期。1岁以后，婴儿口头语言的发展经历了不完整句(单词句、双词句)——完整句(简单句、复杂句)——复合句(并列复句、偏正复句)三个阶段，到3岁左右婴儿基本掌握了口头语言，可以用语言表达自己的需要和情感，用语言来调节自己的动作和行为，基本上能运用语言与人进行交往。

相关链接

婴儿学话的“滚雪球”效应

家长们有时会突然发现，自己蹒跚学步的孩子似乎一夜间词汇量有了迅猛增加。美国科学家的研究表明，这可能是一种“滚雪球”效应。

据新一期英国《新科学家》杂志报道，美国艾奥瓦大学心理学教授鲍勃·麦克默里认为，孩子学习说话的过程大多是父母注意不到的，正是这些学习过程日积月累，产生了令父母惊异的必然结果。

① 黄希庭.心理学导论[M].北京：人民教育出版社，2007：435.

麦克默里指出，孩子可能在不到一周岁时学会说第一个词“妈妈”，大概一个月以后学会“爸爸”。表面看来，孩子似乎学第一个词花了近一年，第二个词只花了一个月。事实并非如此，孩子其实一直在同时学习这两个词，这就是所谓的“并行学习”。

这位科学家说，一般孩子在14个月时嘴里会蹦出单个的词，此后逐步增加，等到学会大约50个词即约18个月大时，就会出现一个语言激增时期。关于出现语言激增时期的原因，科学家曾提出不少理论。麦克默里的新研究结果显示，这可能与绝大多数语言的结构方式有关。

麦克默里称，在任何一种语言中，占绝大多数的都是中等难度的词汇，简单易学或者极难学的词汇都属于少数。他建立了一个计算机模型，来模拟婴幼儿学习1万个词汇的速度。分析结果发现，只要孩子能同时“并行学习”多个词汇，且学习的中等难度词汇比简单词汇多，就必然会出现一个语言激增时期。

一些专家指出，如果麦克默里的结论正确，那就意味着父母无需为各种声称能提高孩子词汇量的“新发明”而花费时间。麦克默里认为，多跟孩子说话、多读书给孩子听，其实才是提升孩子语言能力的关键。

（引自：39健康网相关文章）

三、儿童语言发展一般趋势

儿童语言的发展是一个连续的、有秩序的、有规律的过程，是不断由量变到质变的过程。由于受遗传、成熟、环境和教育、营养和健康等多种因素的相互作用，每个儿童语言发展各有其特征，但世界各国儿童在语言发展顺序和发展阶段上有着共同的趋势。

(一)从语言能力发展来看，语言理解先于语言表达

语言是双向的活动过程，语言活动过程主要包括对语言的接受(语言感知、语言理解)和发出(语言表达)。但在儿童语言活动发生发展的过程中，两种过程并不完全是同步的，语言感知和语言理解先于语言表达的发生发展。从语言构成的三个基本要素的发展来看，都呈现出这个趋势，即语音知觉发生、发展在先，正确发出语音在后；语词理解在先，讲出语词在后；对语句意义理解在先，运用某种语句进行言语表达在后。

相关链接

婴儿对语句意义的理解早于语言的准确运用

一个冬天的早晨，我们正在吃早饭，汤米开始说“脚趾！脚趾！脚趾!”我们面露想要帮助他的表情，说“脚趾?”很显然，我们不知道他的意思。他又说“脚趾！脚趾！脚趾!”并且生气地看着我们。我们知道他曾用这个词指过脚趾、外套、冷和马桶。于是我们指着他的脚趾说“你的脚趾疼吗?”错了。“你想要你的外套？蓝色外套?”又错了。“你想去尿尿?”(从前的孩子传承下来的家族说法)还是不对。“你冷吗?”这一次我们终于猜对了。我们又问了一些问题，最终发现有人打开了外面的门，没有关，有风进来，汤米想要我们把门关上，于是我们关上了门。

（引自：[美]约翰·霍特．孩子是如何学习的[M]．北京：京华出版社，2010：60.）

(二)从语言表达形式发展来看，儿童语言的发展经历了“非言语交际—口语交际—书面语言”相互交叉的三个阶段

语言是人际交流的重要手段，在语言产生以前，0～1 岁儿童主要利用声音、表情、身体姿势及动作来进行交流，属于非言语交流阶段(如点头表示“要”，摇头表示“不”)；1～3 岁儿童主要以口语表达为主(听、说)，2～3 岁以后儿童逐渐掌握书面语言(读、写)。认字是书面语言产生的标志，一般 2～3 岁的儿童就会认字了，4 岁是掌握书面语言的关键期。

相关链接

教你认识婴儿的体态语言

婴儿在学会说话以前，有着丰富多彩的体态语言，它包括面部表情和身体姿势的变化。科学家们曾饶有兴致地研究过数千名婴儿，发现这些变化并非出于偶然，而是具有心理活动的意义。

美国加利福尼亚州研究婴儿心理学的斯克佛教授所著的《婴儿面部表情与心理活动》一书中，分析了婴儿的面部表情语言，大致归纳为以下几种。

6 个月时，婴儿会张开双臂，身体扑向亲人，要求搂抱，亲热，若陌生人想要抱他，则转头将脸避开，表示不愿与陌生人交往。

7～8 个月时，婴儿会以“拍手”和笑脸表示高兴，在父母教导下会以“点头”表示谢谢，对不爱吃的食物避开，并以“摇头”表示拒绝。

9～10 个月时，婴儿会用小手指向去哪里，或用小手拍拍头，表示要戴帽子并带他出去。

11～12 个月时，婴儿除了以面部表情和动作来表示体语外，还会伴有各种声音，比如嘟嘟声(表示汽车)，嘎嘎声(表示小鸭)，以及用简单的单词音来表示自己的意愿。

总之，在孩子 1 岁之内，有成千上万的信息是通过婴儿的体态语言向父母传递的，而每个婴儿的传递方法也各有不同，父母应细心观察婴儿的体态语言，了解其心理需要，才能促进彼此之间的交往。

(引自：人民网相关文章)

(三)从口语表达能力发展来看，经历了从情境性语言到连贯性语言的发展过程

情境性语言是指在对话中儿童常用不连贯的短句，并辅以手势、动作和表情进行表达，听者必须结合具体情境才能理解说话者的意思。连贯性语言主要是在独白中使用的语言，其主要特点是句子完整，前后连贯，听者仅仅从语言本身就能理解说话者的意思。情境性语言和连贯性语言的主要区别在于是否直接依靠具体事物作支柱。3 岁前儿童只能进行对话，不会独白，所以他们的语言主要是情境性言语，因为单词句和双词句都不能离开具体情境。六七岁以后儿童能完整、连贯地讲话，能进行独白。连贯语言的发展既依赖于儿童逻辑思维的发展，同时，又能促进儿童逻辑思维和语言表达能力的发展。

相关链接

婴儿的情境性语言

15个月的妞妞发音还不清楚，但会说一些单个的词。妞妞说“歪”，别人不知道她想要什么，只有妈妈知道她要“喝爽歪歪”。可是，有时妞妞说的词，妈妈也需要根据当时的情境猜测她想要表达什么意思。比如，妞妞说“水”，在不同的语境中可能表达不同的意思。午觉起来时，妞妞表达的是“想喝水”；如果几个人都在喝水，唯有一个人没有拿杯子，妞妞说“水”是“要别人喝水”；在水池边，妞妞说“水”是表达“看见水”“要玩水”等不同的意思。

（引自：袁萍，朱泽舟．0～3岁婴幼儿语言发展与教育[M]．上海：复旦大学出版社，2011：57.）

（四）言语形式发展过程经历了从“有声言语”到“自言自语”再到“内部言语”的发展过程

有声言语是指外部言语中的口头言语，即通过发音器官发出语音的言语，包括对话和独白两种形式。3岁前儿童的语言主要是有声言语中的对话。自言自语是由外部言语向内部言语转化中的一种过渡形态，自言自语出现在4岁左右。内部言语是一种无声的、对自己讲的语言，它与抽象思维和有计划的行为有密切联系。内部言语是4岁以后开始产生的，3岁以前的儿童还没有内部言语。

（五）从方言到普通话口语再到书面语言

在儿童语言发展过程中，由于语言环境的影响，儿童往往先学会使用方言词汇，然后学会使用普通话口语词汇，最后才使用书面语或接近于书面语的词汇。

任务回顾

序号	本节知识要点	教师认为应达到的程度	学生自评达到的程度
1	语言发展在婴儿心理发展中的作用	☆☆☆☆	☆☆☆☆
2	儿童语言发展的阶段	☆☆☆☆	☆☆☆☆
3	语言理解的产生	☆☆☆☆	☆☆☆☆
4	语言表达的产生(语言发生的标志)	☆☆☆☆	☆☆☆☆
5	婴儿情境性语言的特点	☆☆☆☆	☆☆☆☆
6	外部言语、自言自语、内部言语的关系	☆☆☆☆	☆☆☆☆

第三节 婴儿语言发展特点描述

有的家长发现，自己的孩子1岁之前能说一些词语，但1岁以后却突然沉默不语了，到1岁半左右又突然开口，似乎变得特别爱说话了，这是为什么呢？有一个2岁3个月的宝宝，词汇量很大，很会说，但是说话的时候总是口吃，喜欢把某个字拖音，而且后鼻音说不清楚，总是把“汤”说成“胎”，把“糖”说成“台”，家长非常着急，担心孩子语言发展出问题。其实，这些都是婴儿语言发展中的正常现象。婴儿的语言能力究竟是如何发展起来的？婴儿语言发展水平和特点是什么？本节我们将一起来探讨婴儿语言发展过程及特点。

语言的发展指的是儿童对母语的理解和表达能力的获得。3岁前儿童语言的发展主要表现在口语的发展。按照语言结构或基本成分来看，语言可以分为语音、词汇、语法(句子)三个基本部分。此外，语言作为一种交际工具，要使它有效地发挥作用，交谈双方必须掌握一系列技能和规则，即语用技能。婴儿必须掌握以下四个方面的基本规则才能获得产生和理解母语的能力。下面，我们将分别从语音、词汇、句子和语用技能四个方面来阐述婴儿语言的发展过程。

一、婴儿语音的发展

语音发展是语言发展的前提。严格地讲，语音应是语言的声音，和杂乱的声音不同之处在于它和意义紧密结合，而杂乱的声音毫无符号意义。这里我们取其广义，即婴儿发出的声音。婴儿的语音发展包括语音知觉能力和发音能力的发展两个方面。

相关链接

婴儿对母语的识别

在一次实验中，姆恩、科波和费勒(1993)比较了刚出生1天的婴儿对母语和另一种语言的偏爱程度。婴儿的母亲的母语都是西班牙语或英语。实验者让他们听几段由一位西班牙妇女和一位英国妇女朗读的课文录音。结果发现，婴儿会通过改变对奶嘴的吸吮方式使机器更长时间播放更多的母语录音内容。这表明刚出生几小时的婴儿就已经能够识别自己的母语了。

(引自：[法]塞尔日·西科迪. 100个心理小实验[M]. 上海：上海社会科学院出版社，2009.)

(一)语音知觉能力的发展

语音知觉是指对语言中语音的识别和辨别。感知语音的能力是儿童获得语言的基础。从对人类语音的知觉来看，正常儿童从出生起不仅能够听到声音，还能把语音和其他声音区分开来，并能对其作出不同反应。

近几年的一些研究，将出生后大约一年半时间内儿童的语音感知能力分成3种水平层次：辨音—辨调—辨义。

1. 辨音水平(0～4个月)

婴儿对语音的听觉非常敏感。在出生到4个月左右的时间内，婴儿基本上掌握了感知、辨别单一语音的能力。

相关链接

婴儿完美的辨音能力

美国威斯康星—麦迪逊大学的科学家最近公布了一项最新的研究结果，认为婴儿在降临人世的最初一段时间，拥有一种被称为“完美听力”的声音辨别力，这种能力对人的说话声具有完美的辨别力，它可以帮助婴儿学习说话。

科学家在实验中分别给成年人和8个月的婴儿播放大段的乐曲，结果发现：如果在实验中稍微改变音符的顺序，成年人通常不会觉察，而才8个月大的婴儿却能够发现个中的差异。研究者把一段乐曲重复播放几遍以后，再给婴儿播放音符稍有变化的乐曲，发现婴儿能识别出两者的不同，他们对新乐曲表现出全神贯注的神情。其他的科学实验也已经证明，如果让婴儿长时间听音符相同的乐曲，他们会感到厌倦，注意力不集中，或者无动于衷。科学家把婴儿的这种现象称为“婴儿的标准冲动”，即他们对新鲜的乐曲和其他新鲜的东西会产生浓厚的兴趣，而对熟悉的乐曲和东西，则不太感兴趣。

(1)婴儿首先学会了分辨言语声音和其他声音的区别

研究表明，在婴儿出生1周内就能区分出人的语音和其他声音(Decasper，Fifer，1980)。康登和桑德把出生不到1个月的婴儿听成人说话的情景拍成电影，然后对这些镜头进行逐一分析，发现婴儿身体某部位(如手、胳膊、嘴唇等)的身体运动与话语节奏具有同步性，即话语中的音节开始和停止时，婴儿的身体运动也同步地开始和停止。甚至美国的婴儿听到汉语时，也同样出现这种同步现象。另一些研究表明，婴儿对非言语的节奏不发生同步动作反应。如出生12天的新生儿就能以目光凝视或转移、停止吮吸或继续吮吸、停止蹬腿或继续蹬腿等身体行为，对说话声和敲击物体的声音刺激作出不同的反应。

(2)辨别不同话语声音的能力

研究发现，出生24天的婴儿能够对男人和女人的声音，抚养者(如父母)和不熟悉者的声音作出明显不同的反应，而且表现出对母亲声音的明显偏爱。不同人说话声音的差别主要表现在说话时的音高、音量和音色综合而成的语音轮廓。婴儿感知语言时较早地能够辨别这种轮廓性的差异。

相关链接

新生儿更喜欢听母亲的声音而不是父亲的声音

美国医生德卡斯珀曾经利用一种装有记录婴儿吮吸率的人工奶嘴对12个出生12天的新生儿进行试验，当他们高速度吸吮时能听到母亲的声音，低速度吸吮时听到父亲的声音，结果11个新生儿高速地吸吮。为了保证不是因为小婴儿喜欢高速度吸吮，实验者进行了调整，让婴儿在低速度吸吮时才能听到母亲的声音，结果他们很快学会了使吸吮速度减慢。这就证明他们为了能听到母亲的声音而加快或减慢吸吮的速度。这个试验说明新生儿更喜欢听母亲的声音而不是父亲的声音。

(引自：鲍秀兰．0～3岁儿童最佳的人生开端[M]．中国发展出版社．2006：27.)

(3)能分辨不同的语音

大约在2个月之后，婴儿开始比较清楚地感知因发声位置和方法而造成的语音差别。研究发现，两个多月的汉语儿童能够从各种混合组成的话语中分化出不同的语音，并且在刚刚开始的发音活动——喁喁作声时予以尝试，如/a/、/ei/、/n/、/ha/等。心理语言学家爱默斯用一种装有记录婴儿吮吸率的人工奶嘴对婴儿听辨语音能力所做的实验结果表明，3～4个月的婴儿就能区别辅音的清浊：[ba]和[pa]。这些现象表明婴儿开始注意并逐渐获得对语音内部要素的感知和分辨能力。

2. 辨调水平(4～10个月)

语调是表示情绪状态的一种基本手段。进入辨调阶段后，儿童的语音感知能力发展很快，他们开始注意一句或一段话的语调，从整块语音的不同音高、音长变化中体会所感知的话语声音的社会性意义，并且能够给予相应的具有社会性交往作用的反馈。研究发现，这个时期的汉语婴儿对区别语义的汉语字词声调并不敏感，而是对父母或其他成人说话时表现情感态度的语调十分注意，能从不同语调的话语中判断出交往对象的态度。父母用愉快的语气与婴儿说话时，语调出现升扬的变化，四个月的婴儿便能用微笑和喁喁发音作出反应。如果用3种不同的语调(愉悦的、冷淡的、恼怒的)对婴儿重复同一句话：“宝宝，你好！我喜欢你!”，四个月的婴儿对愉悦和冷淡的语调有反应，表明他们最先从不同语调中分化出自己具有较多经验的两种语调。大约六个月后，婴儿才能同时感知三种不同的语调，用微笑和平淡对前两种语调作出反应，而听到恼怒的语调时，无论实际语义内容如何，他们或者愣住，或者紧张、害怕，躲入母亲怀抱，或者大声用发脾气似的“嗯”声予以应答。婴儿在整体感知语音时能分辨出不同的语调，这表明其“理解”语言的水平又提高了一步。

3. 辨义水平(10～18个月)

10个月之后的婴儿在感知人们说话时开始越来越多地将语音表征和语义表征联系起来，从而分辨出一定语音的语义内容。这时的汉语儿童开始学习通过对汉语声、韵、调整合一体的感知来接受语言。10个月的婴儿大约可理解10个左右的表示人称、物体和动作的词。12个月之后的婴儿会对成人用恼怒的语调说“宝宝，你好。我们喜欢你!”表现出诧异、思索的行为反应，好像觉得“既然喜欢我，干吗还对我这样凶?”这种能够从人们说话中感知、分辨语义的能力，在之后的几个月中迅速发展，婴儿很快便积累起大量的理解性语言。这段时间内婴儿说得少，说得不清楚，说得不准确，但他们“懂得”很多，已经为正式使用语言与人交往做好了“理解在先”的准备。

(二)发音能力的发展

婴儿从出生开始就具有发音能力。婴儿发音能力的发展经历了三个阶段。

1. 单音节阶段(0～3个月)

这一阶段婴儿的声音主要有两种：哭叫和单音节。

哭叫是婴儿最初发出的声音。婴儿的哭声可以分为两种：未分化的和分化的。1个月内新生儿的哭声是未分化的，虽然引起哭的原因有好几种，但哭声是基本上无差别的。谢尔曼曾做过实验：将婴儿分为四组，用不同方式引起他们哭。在第一组婴儿身上刺针，把第二组婴儿手脚捆起来，让第三组婴儿处于饥饿状态，把第四组婴儿抱到一定的高度，然后迅速下降，分别录下他们的哭声，请教师、医生、学生等人辨别这些哭声有无差别。结果表明，这些哭声基本无差别，音调也差不多。出生1个月后，婴儿的哭声开始分化，母亲可以从不同线索来推断哭叫原因。

相关链接

婴儿不同哭声的含义

果果2个月时，细心的妈妈已总结出果果哭声的特点：

* 闭着眼睛哭闹，是果果饥饿的表现，以哭求奶；
* 当果果的哭声刺耳、急躁，那是受到惊吓或受到刺激，想要妈妈用拥抱来安慰；
* 光哭没有眼泪、手脚乱动是果果感到寂寞，需要别人的逗引；
* 果果的哭声哼哼唧唧，时而伴有哭闹，是她的尿片已湿的表现；
* 如果哭声较低，断断续续，双目时睁时闭，就是想睡觉了；
* 如果果果的衣服没有理顺，觉得不舒服时，会在哭闹的同时手脚乱动等。

总之，妈妈发现果果的大部分需求都是通过哭来表达的。

出生第2个月开始，在成人逗引时或心情愉快时，婴儿能发出一些非哭叫的声音，最初发出类似元音的"aoue"，随后出现辅音"hkpm"等。这是一些没有任何符号意义的反射性发音，主要是一些单音节。这些音大多是一张嘴，气流从口腔中一出来就能发出的，即使是聋儿也能发出这种声音。因此主要是婴儿玩弄自己的发音器官而发出的声音。

2. 多音节阶段(4～8个月)

大约从4个月起，婴儿发音出现明显变化，能发出更多的元音和辅音，并能把辅音和元音结合起来，发出第一批重复性连续音节。6个月后，开始发出和语音极为相似的咿咿呀呀的声音，如(ba－ba　ma－ma　da－da)等。其实这些声音对孩子毫无意义，他们只是以发音作为游戏，甚至聋儿也会像正常儿童一样发出牙牙语，只因他们缺乏听觉反馈，其牙牙语比正常儿童停止得早。

3. 说话萌芽阶段(9～12个月)

9个月以后的婴儿出现了不同音节的连续发音(如 dà－du－dà－du)，并有了音调变化，能模仿和重复成人的发音(如弹舌、咂嘴和一些单字音)，这是真正发出语音的阶段，标志着婴儿学说话开始萌芽。到12个月左右，婴儿开始说出第一批词汇，这时期婴儿正式发出标准化语音，言语真正发生。

(三)语音发展顺序

研究发现，各类语音发生发展的顺序是由发音器官各部位的生理成熟程度和发音的难度决定的。由于人类婴儿发音器官生理发展具有共同规律，因此世界各国婴儿最初的语音发展也呈现出普遍的规律性：

1. 从无意义发音到有意义音节

婴儿从出生开始就具有发音能力，但一直到9个月左右，婴儿发出的哭叫、单音节和多音节都是一些没有任何符号意义的反射性发音，大概 9 个月以后，婴儿逐渐学会使用语音和语调(伴随一定动作和表情)来表达某一种意思，如嘴里发出“wuwu”声，手指着玩具汽车，这是告诉别人“这是汽车”。这是真正发出语音的阶段。这时婴儿的发音是有所指的，这就是有意义的音节。其实，这是婴儿模仿发音的开始，标志着婴儿学说话的萌芽。到 1 岁左右婴儿说出第一个单词，这是婴儿开口说话的表现，标志着婴儿真正获得了语言。

2. 从元音到辅音

一般认为，儿童语音发展过程中元音的出现稍早于辅音。大约从出生的第 2 个月开始，婴儿能发出一些非哭叫的声音，在这些语音中，语言中最基本的韵母(元音)发音出现得较早，特别是[a][ai][ei][i][e][ou]，声母(辅音)[h][m][b][d][g][p][n]出现得稍晚一点。

3. 从单音节到多音节

如前所述，4 个月以前的婴儿发出的音节多为单音节，如[a][ai][e][ei][ou][h][m]等。4 个月以后，婴儿能发出双音节和多音节，如[h－ai][ai－i][ba－ba][ma－ma][da－da]等，有些音听起来和成人语言中的词极为相似，如[ma－ma]。

4. 从不准确到逐渐准确

1 岁前语音发展比较缓慢，1～1.5 岁发展较快，1 岁 9 个月时语音发展基本成熟，但发音不流利，也不够准确。2.5～4 岁是语音发展的飞跃期，4 岁以后发音的准确性明显提高。儿童发音的错误，大多数发生在辅音，而且集中在 zh，ch，sh，z，c，s，l，n。

5. 从扩展到收缩

儿童学习语音的过程，先后有两种不同的趋势。起初是扩展的趋势，婴儿从不会发出音节清晰的语音，到能够学会越来越多的语音，是处于语音的扩展阶段，此时，儿童相当容易学会世界各民族语言的发音。五六个月时，婴儿开始注意到语言中的语调和语气的变化，并开始根据其周围的言语环境改造、修正自己的语音体系，语音开始收缩。大约从 9 个月起，那些母语中没有的语音在逐渐被“丢失”，儿童的发音逐渐集中到即将出现的最初的词的音节上。① 在此以后，学习语音的趋势逐渐趋向收缩。儿童掌握母语(包括方言)的语音后，再学习新的语音时，出现了困难，年龄越大，学习第二语言的语音，受第一语言语音干扰越大。

二、婴儿词汇的发展

词汇是一种语言中词的集合。词是语言中的音义结合体，是语言中的表义系统。儿童最初的词都是来自具体的动作和形象。儿童词汇的发展趋势主要表现在词汇量的发展、词类的扩大、词义的理解三个方面。

(一)词汇量的发展

词是语言的基本单位，词汇量的多少直接影响到儿童语言表达能力的发展。因此，词汇量是儿童言语发展的标志之一。词和概念是不可分的，因此，词汇量也是儿童智力发展的标志之一。

---

① 张明红. 幼儿语言教育[M]. 上海：上海教育出版社，2000：98.

一般来说，儿童词汇量随着年龄的增长而增加，其中3～5岁是词汇增长的高峰期，如图5.3.1所示。

从儿童9～10个月说出第一个词开始，在10～15个月期间婴儿以平均每月掌握1～3个新词的速度发展。到15个月时婴儿一般能说出10个以上词语了。随后，婴儿掌握新词的速度显著加快，到19个月时已能说出约50个词。19个月后婴儿掌握新词的速度又突然加快，平均每个月竟能学会25个新词。这种掌握新词速度猛然加快的现象，称为“词汇激增”或“词语爆炸”现象。到24个月时已掌握300多个词，3岁儿童的词汇量可达1000个词，6岁时达到2500～3000个词。

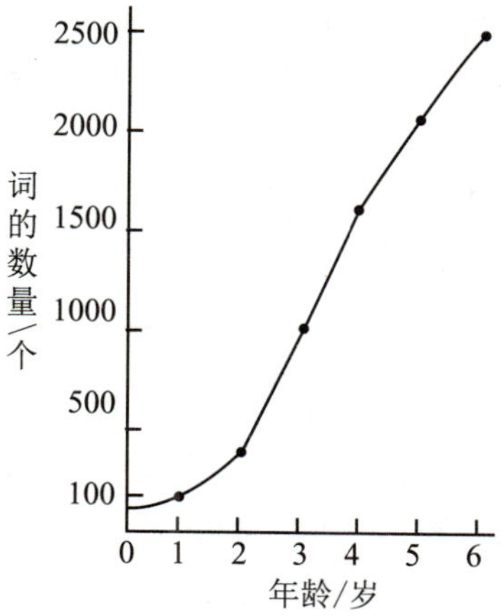

图5.3.1　词的数量随年龄而增长

（引自：黄希庭，《心理学导论(第2版)》）

相关链接

儿童词汇量扩大的顺序

1. 有具体动作或形象作为依据的词先掌握，抽象概括水平较高的词后掌握。研究者发现，虽然在儿童获得的总词汇量中以名词最多，但在交往中使用频率最高的却是动词，这说明儿童掌握的词汇具体形象性和动作性特点。

2. 重复机会多的词先掌握。

3. 儿童感兴趣的词先掌握。一方面是由于儿童对客体的兴趣所诱发的对标记这些客体的词产生兴趣，如儿童掌握动物、交通工具的词比例较大；另一方面是儿童对词的形式即音响、节奏和韵律的兴趣，如叠音词、象声词。

4. 能满足各种需要的词先掌握，尤其是跟日常生活需要有关的词，如不、走、抱、坐、拿等词1岁左右就能讲了。

总之，儿童词汇发展的顺序与儿童的认知水平、接触词的频率、兴趣和需要均有关系。在词汇教育中能注意到这些因素，显然是非常有益的。

（引自：赵寄石，楼必生. 学前儿童语言教育[M]. 北京：人民教育出版社，2001：107-109.）

（二）词类的扩大

词汇量只能笼统地从数量方面说明儿童词汇的水平，词类范围则可以说明儿童词汇的质量，因为词汇中不同的词类抽象概括程度是不同的，实词代表比较具体的事物（如名词、动词、形容词、量词、代词、副词），虚词的意义比较抽象（如介词、连词、助词、感叹词）。从儿童词汇的数量来看，实词远远多于虚词；从儿童词汇的质量来看，虚词的掌握说明儿童智力发展达到较高水平。

1. 儿童掌握各种词类的顺序

一般来说，2岁以前的儿童主要掌握的是名词和动词，2岁以后开始掌握形容词、代词和副词，2岁半以后逐渐掌握介词、量词、连词、叹词、助词等词类。3岁前儿童的词汇中各种词类都已出现，但主要是实词，尤其是以名词、动词、形容词为主，虚词较少，如表 5.3.1 所示。

表 5.3.1　1.5～3 岁儿童使用的词类比例

词类	名词	动词	形容词	代词	副词	叹词	连词	介词
比例	50%	13%	10%	10%	9%	7.6%	0.5%	(无)

2. 婴儿各类词的发展

一般认为，儿童各种词汇的获得顺序一般主要取决于两个因素：一是词义的复杂性；二是各种词在成人和儿童语言中出现的频率。

(1)名词

名词是实词的一种，是指代人、物、事、时、地、情感、概念等实体或抽象事物的词。名词是儿童最早掌握的实词。婴儿最初能理解的主要是婴儿周围生活中所熟悉的家用物品、人物称谓、动物名称和特征较明显的身体器官名称等名词。虽然每个婴儿开口说出的第一个词不尽相同，但大多数婴儿名词掌握顺序是：家人称呼－常见物名称－五官及身体部位名称－图片名称－名字(自己小名、自己全名、家人姓名)等。

(2)动词

动词是用来形容或表示各类动作的词汇，基本上每个完整的句子都有一个动词。动词的掌握仅次于名词，是儿童最早掌握的实词之一。婴儿掌握动词的顺序为：①表示各种身体动作的词是最直观形象的，是孩子最容易理解和掌握的动词(如拿、打、来、吃、睡、走、跑、跳、抓等)；②表示可能、意愿、必要的能愿动词(如应该、要、会、愿意、能)；能愿动词的使用既是孩子词汇发展的表现，同时也是孩子自我意识和自主能力发展的重要表现；③能使用表示判断的动词(是、不是)，表明孩子思维发展水平较高，有一定判断是非能力；④表示心理活动的动词是最难掌握的一类动词(如爱、恨、喜欢、希望)，所以掌握较晚。

(3)形容词

一般在 2 岁以后，儿童的词汇中开始出现形容词。儿童使用形容词的数量随着年龄增长而发展，从 4.5 岁开始增长较快。

儿童使用形容词发展过程的特点如下。

①从对物体特征的描述到对事件情境的描述。

儿童最早使用的是描述物体特征的形容词，其中颜色词出现较早。各种颜色词按出现的顺序依次为：红，黑、白、绿、黄，蓝，紫、灰，棕。其次使用的是描述味觉(出现顺序为：甜，咸、苦，酸，辣)、温度觉(出现顺序为：烫，热、冷，凉)和机体觉的形容词(出现顺序为：痛、饱、饿，痒、馋)。接着使用的是描述动作(快、慢、轻轻的)和人体外型的词(胖、瘦、老、年轻、高、矮)。最迟出现的是描述情感及个性品质(高兴、快乐、好、凶、坏、认真、勇敢)和描述事件情境的词(容易、危险、难)。

②从单一特征到复杂特征。

如“胖、瘦”是单一特征，3 岁半就能使用；“老、年轻”是人的外形的多种特征的综合，分别到 4 岁半和 5 岁半才能使用。

③从简单形式到复杂形式。

简单形容词包括单音节形容词(红、快、好)和双音节形容词(干净、整齐)；复杂形式的形容词，如红红的、红彤彤、雪白、乱七八糟。

④空间维度形容词出现顺序：大小，高矮、长短，粗细，高低，厚薄、宽窄。

⑤成对的形容词不一定同时获得，如在大/小、高/矮、长/短这几组成对的形容词中，儿童往往先掌握表示延伸度大的一端的词(积极形容词)，如大、高、长等。

⑥儿童在词汇发展过程中容易发生不同维度形容词的混淆，如以“大”代“高”，以“小”代“短”，以“短”代“矮”等。

(4)代词

代词是儿童使用频率较高的词汇之一，也是儿童较早掌握的一类实词。2 岁以后婴儿开始学习说代词，学习顺序为：物主代词、人称代词、指示代词、疑问代词。其中，物主代词(我的、你的、大家的)出现最早。儿童一般到 2 岁左右才能掌握人称代词。朱曼殊等研究发现，儿童对人称代词的理解顺序为：我—你—他。① 如朱曼殊等对一名 20 个月的儿童进行追踪研究时，每天向她提出“这个东西是谁买给你的?”之类的问题，一连十几天，她的回答总是“这个东西是妈妈买给你的”。虽然每次都给她纠正，但总不能把“买给你的”变成“买给我的”。

指示代词主要有这、那或这边、那边。指示代词的指称对象是不固定的，需随语言环境的变换而转换。我国学者研究发现，儿童对“这、这边、那、那边”的理解没有先后差异，而语言情境的不同及儿童的自我中心对指示代词的理解具有明显的影响：当儿童作为听话者和说话者坐在同旁时对指示代词的理解最好，作为旁听者坐在说话者和听话者中间时理解成绩居中，作为听话者坐在说话者对面时成绩最差。研究表明②，儿童真正掌握这两对指示代词在各种语言环境中的相对指称意义是有较大困难的，即使 7 岁儿童作为听话者坐在说话者对面时，对四种指示代词的理解正确率还是很低。疑问代词(谁、哪一个)的掌握比较晚。

(5)量词

量词是表示事物或动作单位的词。量词是实词中掌握较晚的。2 岁半以后婴儿开始学习使用量词，其发展顺序为：个体量词(个、只)、临时量词(一碗饭、一盆花)、集合量词(一串，一对)、不定量词(一点、一些、一层)。婴儿主要通过模仿成人的语言获得量词，最初用得并不准确，常把动词和形容词作为量词来使用，如将“一朵云”说成“一飘云”，将“一桶水”说成“一满水”；他们还常常错误使用量词，如将“一列火车”说成“一条火车”，要注意给予纠正。临时量词往往是不太固定的搭配关系，其使用非常灵活，需要孩子具有丰富的词汇基础，尤其是对物品名称的掌握。在儿童词汇中，数量最多、使用最广的是名词量词，如个、只、张、头、件、条、把、颗等。

(6)副词

副词是一种用来修饰动词、形容词、全句的词，说明时间、地点、程度、方式等概念。副词是实词中掌握较晚的。根据张谊生(2000)的观点，把副词分为三大类：限制性副词、描

---

① 朱曼殊. 儿童语言发展研究——幼儿对人称代词的理解[M]. 上海：华东师范大学出版社，1987.

② 刘金花. 儿童发展心理学(修订版)[M]. 上海：华东师范大学出版社，2009.

摹性副词(表示方式与状况)、评注性副词(表示传信与情态、语气与口气)。其中限制性副词又分为否定副词、重复副词、范围副词、协同副词、时间副词、频率副词、程度副词七个小类，详见表 5.3.2。

表 5.3.2　1～5 岁儿童话语中各类副词的始现时间

副词＼年龄		1：6	1：8	2：0	2：6	3：0	3：6	4：0	4：6	5：0
限制性副词	否定副词	不 没	没有	别						
	重复副词	还	再 又	也	重新		重			
	范围副词			都 全 就 到处		只	才 净		光	总共
	协同副词		一起	一块儿 一道		一边	一齐			
	时间副词		在	就 然后 先 马上	已经 后来 快要 要 才	正 刚 本来	早 永远 刚刚 原来 忽然	正在	一直 暂时 渐渐	
	频率副词				老			经常 常常		总是
	程度副词		好	老 多 蛮 有点	最 太 很 极 死 还	特别	非常 差点儿 快要 更 快	越	稍微 稍 不太	
描摹性副词				赶快 狠狠	大口	一口 一下	偷偷 悄悄			
评注性副词				真 非要	就 都 还 还是 可	才 真的 正好 肯定 好像	又 也 原来 恐怕 也许 其实	决 一定 反正	确实 当然 千万 只好 多亏 大概 简直 整整 倒	总

(注：表中"年龄"1：6 表示 1 岁 6 个月，2 岁记为 2：0，余可类推。)

从始现时间看，否定副词、重复副词出现得最早(1：6)，协同副词、时间副词、程度副词次之(2∶8)，范围副词、描摹性副词、评注性副词又次之(2∶0)，频率副词出现得较晚(2∶6)。一般来说，出现较早的副词使用的频率也较高。例如，否定副词“不”是最早出现的，使用频率也是最高的。否定副词“没、没有”，重复副词“还、再、又、也”，范围副词“都”，时间副词“在、就、然后”，程度副词“好”在2岁前出现，它们的使用次数在以后各年龄段都较多。

(7)连词

连词是用来连接词与词、词组与词组或句子与句子、表示某种逻辑关系的虚词。连词可以表示并列、承接、转折、因果、选择、假设、比较、让步等关系。连词在词汇中出现较晚，一般2岁半以后婴儿才开始学习使用连词，其发展顺序为：和、跟；还、也、又；与、或、或者；如果、但是。儿童最先掌握的连词是“和、跟”，主要用以连接两个主语。

(8)介词

介词是一种用来表示词与词、词与句之间的关系的虚词，主要是用来修饰动词或形容词。2岁半以后婴儿开始学习使用介词，其发展顺序为：①把、用；②在、从、到、和；③因为、由于、为了；④叫、让、被、给。

(三)词义的理解

词是语言中能独立应用的最小意义单位，对词义的理解是儿童正确使用语言和理解语言的基础，是语言发展中极为重要的方面。儿童获得词义的过程比获得语音、句法的过程缓慢。严格地说，词义的发展将贯穿于人的终生。儿童对语言的理解有三种水平①：对单词的理解是初级水平，对短语和句子的理解是中级水平，对说话人意图或动机的理解是高级水平。

1. 儿童对词义理解的发展过程

儿童对词义的理解经历了语音理解、情境性理解、具体理解、概括性理解四个阶段。

(1)0～6个月的婴儿处于语音理解阶段，他们依靠敏锐的听觉对人类的语音进行感知和辨别，如能区分语音和其他声音，能分辨母亲和其他妇女的声音，并能辨别成人语言中的语调、语气和音色的变化，但还不能对语词的意义进行理解。

(2)6～8个月的婴儿处于情境性理解阶段，虽然他们还不会说话，却能借助成人的手势听懂一些话语，并对之作出恰当的动作反应。如成人一边说“再见”，一边对婴儿挥手，婴儿就会作出挥手的动作。这种以动作来表示回答的反应最初并非是对语词本身的确切反应，而是对包括语词在内的整个情境的反应。此时婴儿还不能把词从复合情境中区分开来。

(3)9～18个月的婴儿处于具体理解阶段。9个月以后，婴儿能按成人的要求作出相应的动作，如对“摸摸小熊”“亲亲娃娃”等指令都能正确执行，能准确地把词与物体或动作联系起来，说明婴儿进入了真正理解词语的阶段。1岁以后，婴儿虽然只会说出几个词汇，但能听懂很多词，主要是名词和动词(名词主要是婴儿熟悉的家人称呼、家用物品、动物、身体器官等，动词主要是表示身体动作、意愿和判断的动词)。但此时婴儿的语词理解还不具有概括性，他们对词义的理解非常具体，具有专指性，必须与具体情境或具体事物联系起来，存在

---

① 黄希庭．心理学导论[M]．北京：人民教育出版社，2007：451.

着词义泛化、窄化和特化等现象，如“狗狗”仅指自己的玩具狗。

(4)19～24 个月期间，随着婴儿对词义理解的加深，词的概括性逐渐提高。如婴儿已经认识到“狗狗”不仅指自己的玩具狗，院子里见到的各种大狗、小狗都是狗狗。“狗狗”一词就由具体变为概括了。2～3 岁是婴儿词汇量迅速增长的时期，也是婴儿语言理解能力迅速提高的时期，这时婴儿能理解的词汇达 900 多个，词的泛化、窄化和特化现象明显减少，词的概括性程度进一步提高。但对某些词汇在理解上还具有直接性和表面性，只能理解一些词汇的常用义项，而不能理解其全部义项或派生义项。如“狡猾”只与狐狸联系，“老”只与年龄大联系。妈妈说：“你看，你爸爸睡得好香啊!”儿子趴在爸爸身上闻了闻说：“是好香!”

2. 儿童对词义理解的特点

儿童对词义的理解有赖于概念的形成发展，受认知水平所限，词义的具体性是儿童词义理解初始阶段的主要特征，同时，词义泛化、词义窄化、词义特化、生造词等也是儿童词义理解中的常见现象。

(1)“词义泛化”是指儿童对词义的理解是笼统的，其使用范围超出了目标语言(即成人语言)的范围，常用一个词代表多种事物(即外延扩大)。如“毛毛”指所有带毛的东西，把牛、羊、狗等所有具有四条腿、会行走的动物都叫作“猫”，“鸭子”不仅指图片上、真实的或玩具鸭子，还指代天鹅、鹌鹑等。

(2)“词义窄化”是指儿童对词义的理解非常具体，具有专指性，必须与具体情境或具体事物联系起来(即外延缩小)。如“车车”仅指自己的婴儿车，“狗狗”仅指自己的玩具狗。

(3)“词义特化”是指儿童的词语指称对象完全与目标语言不同(即匹配错误)。如用“抓住”一词指代扔东西的动作。

(4)生造词。在儿童词义习得过程中，始终存在着词汇量的有限性与交际需求日益增长之间的矛盾，为了弥补词汇的不足，除了对词义进行扩展(如把“棉”扩展为表示“温暖”或“热”)，3～5 岁儿童还会用生造词来进行语义补偿。如有一个 31 个月的儿童看到一只狗在冬天不知道在阳光下“晒暖儿”，却躺在屋后的背阴处，便说：“瞧那大狼狗在‘晒冷儿’!”一个 3 岁半的孩子说：“电话这里有条子”(指电线)。一个 4 岁的孩子早上睡懒觉，别人说他是“懒虫”，他就说先起床的人是“起虫”。这是儿童词汇贫乏、词义掌握不确切时出现的一种现象，也是儿童语言创造性的体现。

总的来说，儿童词义理解是一个从具体到概括、从不断变异(词义泛化或窄化)到稳定、从部分义项到全部义项、从常用义项到派生义项的过程，从而逐渐靠近目标语(即成人语言)。

三、婴儿句子的发展

句子是由词或词组按一定规则构成的、能表达一个完整意思的最基本的语言单位。儿童句子的发展主要体现在句型、句子结构、句子长度和句子理解四个方面。

(一)句型的发展

从 1 岁婴儿开口说话开始，婴儿口头语言的发展经历了不完整句(单词句、双词句)——完整句(简单句、复杂句)——复合句(并列复句、偏正复句)三个阶段。

1. 不完整句(1～2 岁)

不完整句是指表面结构不完整，但能表示一个句子意思的语句，包括单词句和双词句。

(1)单词句(1～1.5 岁)。单词句是指儿童用一个词表达比这个词意义更为丰富的意思，一般出现在 1～1.5 岁。单词句具有以下特点：①和动作紧密结合。当儿童用单词句表达某个意思时常伴随着动作和表情。如要妈妈抱时，在说出“抱抱”的同时，会向妈妈的方向伸出两臂，身体前倾。因此有人称单词句为“言语动作”。②意义不明确，语音不清晰。孩子最初的单词句并非指某一特定物体，而是与特定情境相联系，成人必须根据非语言情境和语调的线索才能推断出意思。当儿童说“球球”时，随着不同的情境可能表示不同的意思。如“这是球球”“我要球球”或“球球滚开了”等。③词性不确定。虽然儿童最先学到名词，但使用时不一定当名词用。如“嘟嘟”既可做名词来称呼汽车，又可做动词表示开车。④多用叠音词。如“妈妈”“饼饼”“娃娃”“抱抱”等。

(2)双词句(1.5～2 岁)。双词句是由两个单词句组成的不完整句子，一般出现在 1.5～2 岁左右，如“妈妈抱”“爸爸班班”“饼饼没”等。双词句表达的意思比单词句明确些，已具备句子的主要基本成分(如谓语、主语或宾语)，但其表现形式是断续的、简略的、结构不完整的，好像成人打电报时所用的语言，故又称为“电报句”。这时婴儿主要使用名词、动词、形容词等实词，而具有语法功能的虚词(如连词、介词等)很少使用。

2. 完整句(2～2.5 岁)

完整句是指句法结构完整的句子，包括简单句和复杂句。

(1)简单句。简单句是指句法结构完整的单句，包括无修饰语句和有修饰语句两种。1.5～2 岁儿童在说出电报句的同时开始能说出结构完整而无修饰语的简单句，如主谓句(她觉觉了)、三谓宾句(宝宝看书)、主谓双宾句(阿姨给妹妹糖糖)。2 岁半儿童开始出现有简单修饰语的句子，如“两个娃娃玩积木”“我玩的积木”“我家住在很远很远的地方”。其中，3 岁半儿童使用复杂修饰语句的数量增长最快。

(2)复杂句。复杂句是指由几个结构相互连接或相互包含所组成的单句。中国儿童语言中出现的复杂句主要有三类：一是连动句(由几个动词性结构连用的句子，这几个动词表示的动作由同一主语所发出，如“我吃完饭就看电视”)，2 岁儿童开始能说出连动句。二是递系句(由一个动宾结构和一个主谓结构套在一起，动宾结构中的宾语充当主谓结构中的宾语，如“老师教我们做游戏”)，2 岁半儿童开始能说出递系句。三是句子中的主语或宾语中又包含主谓结构的句子，如“两个小朋友在一起玩就好了”。

3. 复合句(2～3 岁)

复合句是指由两个或两个以上意思关联密切的单句组成的句子。复合句一般在 2 岁以后开始出现，但数量少，所占比例不大，4～5 岁时发展较快。儿童使用复合句的显著特点是结构松散，缺乏连词，多由几个单句并列组成，如“阿姨不要唱歌，宝宝睡觉了”。三四岁儿童掌握的复合句以联合复句为主，尤其是并列复句较多(常用“还、也、又”等连词)；五六岁时出现了偏正复句，主要是条件复句(如果……就……)、因果复句(因为……所以……)、转折复句(但是、可是)等。

儿童句子的发展具有以下几个特点。

(1)从不完整句到完整句

从儿童在1岁左右开口说话开始，儿童最初的句子是单词句和双词句，其结构是不完整的。2岁儿童的话语大部分是完整句，到6岁左右，儿童98%以上使用完整句。

(2)从简单句到复合句

如前所述，儿童在1.5～2岁左右开始能说出结构完整的简单句，2岁以后简单句所占比例最大。复合句一般在2岁以后开始出现，但数量少，所占比例不大，4～5岁时发展较快。

(3)从无修饰句到修饰句

儿童最初的句子(单词句、双词句)是没有修饰语的，如“宝宝画画”“汽车走了”。2岁半儿童开始出现有简单修饰语的句子，如“大灰狼”“小白兔”，但实际上他们是把修饰语作为一个词组来使用的，即“大灰狼”就是“狼”。3岁以后开始出现复杂修饰语，如名词性结构的“的”字句(“我玩的积木”)、介词结构的“把”字句(“小朋友把帽子给妈妈”)。4岁以后，修饰的语句开始占优势。儿童的复杂修饰语中主要使用定语、状语和补语作修饰语，如“猴子有两只明亮的眼睛”(定语)，“它们蹦蹦跳跳地玩”(状语)，“它们吃得饱饱的”(补语)。

(4)从陈述句到非陈述句(疑问句、祈使句、感叹句)

从句子功能来看，儿童常用的句型有陈述句、疑问句、祈使句、感叹句等。儿童最初掌握的是陈述句。此外，疑问句的产生也较早，2岁左右是婴儿疑问句的主要产生期。2～3岁儿童开始进入“好问期”(如“干吗?”“这是什么呀?”)，随着年龄的增长，儿童的疑问句逐渐增加，他们不断向成人提问，总是要求告知各种事物的有关信息，如名称、特征、用途、构造等。提问是儿童与社会进行信息交换的主要途径，疑问句在儿童社会化发展过程中具有重要意义。从某种意义而言，儿童能够提出什么样的问题和用什么样的方式提出问题，能够理解什么样的问题和理解用什么样的方式提出的问题，标志着儿童认知和语言发展的水平。

相关链接

婴儿疑问句的发展

小宇2岁时开始使用“什么”问句，她对什么都感到好奇。在一周内家长收集到7个“什么”问句：

(1)(问氢气球)爸爸，什么啊?

(2)(指着妈妈的五官问)这是什么呀?

(3)(指着自己裤子上的绣花问)爸爸，这腿上是什么呀?

(4)(着急地问她不认识的柜子上的拉手)那是什么呀?

(5)妈妈，(你)吃什么呀?

(6)妈妈，(你)要干什么呀?

(7)(别人在她身边玩小汽车)在我地下搞什么呀?

在小宇2岁半以后，她的好奇心更强，常常会有很多问题，直问得家长哑口无言。比如，妈妈和她一起观察蚂蚁搬家时，她和妈妈有如下的对话：

小宇：“蚂蚁为什么搬家呀?”

妈妈：“因为要下雨了。”

小宇："为什么下雨了要搬家？"

妈妈："蚂蚁怕它的家被雨淋。"

小宇："为什么怕雨淋？"

妈妈："蚂蚁太小了会被水淹死。"

小宇："为什么怕淹死？"

妈妈："死了就看不见妈妈了。"

小宇："为什么呢？"

妈妈："……"

（引自：袁萍，朱泽舟．0～3岁婴幼儿语言发展与教育[M]．上海：复旦大学出版社，2011：62-64.）

（二）句子结构的发展

1. 句子从混沌一体到逐步分化

儿童在掌握语言的过程中，语句是逐步分化的，其分化过程表现在三个方面：

（1）表达内容的分化。最初，表达情感、意愿和指物（叫出物体名称）三个方面紧密结合，而后逐渐分化。2岁和2岁半儿童多半是边做动作边说话，用动作补充语言所没有完全表达的意思（如一边说"走，外面"，一边拉着妈妈往外走）。到3岁左右儿童能用完整语句表示愿望（"我们出去玩吧！"）。

（2）词性的分化。儿童早期的语词不分词性，如"呜呜呜"既可当名词（汽车），也可当动词（开车）。以后才逐步分化出修饰语和中心语、名词、动词等词性。

（3）结构层次的分化。儿童最初的句子主谓语不分（如单词句、双词句），以后逐渐发展到出现层次结构分明的句子。

2. 句子结构从松散到逐步严谨

儿童最初的句子（单词句、双词句）只是一个简单的词链，并不体现语法规则的结构。出现了包括主谓、主谓宾的简单完整句以后，才初具基本结构。

3. 句子结构由压缩、呆板到逐步扩展和灵活

儿童句子发展经历了单词句、双词句——无修饰的简单句——复杂修饰语的完整句几个阶段。儿童最初的语句结构不能区分核心部分和附加部分，只能说出由几个词组成的压缩句，稍后能加上简单修饰语，再后加上复杂修饰语，最后达到语句中各种成分的灵活运用和组合。研究发现，4岁以后儿童句法结构的发展较为明显，5岁儿童语句结构逐渐完善。

（三）句子长度（含词量）的发展

儿童最初的句子只有1个词（单词句），稍后，儿童会说出2个词的句子（双词句）。3岁前的儿童较多使用4个词以下的句子。整体来说，学前儿童的句子主要在10个词以内，而4～6个词的句子所占比例大，如表5.3.3所示。

表 5.3.3　各年龄儿童句子含词平均量(个)

年龄(岁)	1	2	2.5	3.5	4	5	6
句子长度（词数）	1.2	2.905	4.613	5.219	5.768	7.868	8.385

(四)句子理解的发展

在语言发展过程中，句子的理解先于句子的产生。儿童在能说出某种结构的句子之前，已能理解这种句子的意义。未满 1 岁的儿童还不能说出有意义的单词，却已能听懂成人说出的某些词语，能够按照成人的语言吩咐去做相应的动作，如听见成人说“欢迎叔叔”，婴儿就会拍拍手；如果成人说“跟奶奶再见”，婴儿就会摇摇手表示再见。1 岁以后，在尚不能将单词组合成句子时，已能按照成人的要求做出相应动作。如对“摸摸小兔子”“敲敲小鼓”“亲亲娃娃”等指令都能正确执行。2～3 岁的孩子喜欢与成人交谈，喜欢听故事和儿歌，并能记住它们的内容。可见，这个时期的孩子已能理解对不能直接感知的事物的描述，他不仅懂得一句话的字面意义，而且懂得说话者的意图。例如，有人敲门问：“你妈妈在家吗？”一个 3 岁儿童就会去叫妈妈来开门，而不只是回答“妈妈在家”。埃森和夏皮罗研究发现，① 4～4.5 岁的儿童在说话者字面意义提供线索很少的情况下，也能推测出说话者的意图。如在一张纸上呈现一个空心圆圈，另有红蓝两张纸，告诉儿童不要将圆圈涂成红色，四岁半的儿童已能领会到是要求他们将圆圈涂成蓝色的。

4～5 岁的孩子已能够和成人自由交谈，但对一些结构复杂的句子，如被动句和双重否定句还不能很好地理解。一般认为，孩子要到 6 岁时才能较好地理解被动句，到 7 岁时才能理解双重否定句。

相关链接

学前儿童句子理解的策略

学前儿童是如何理解一个自己尚未掌握的新句子的？一些心理语言学家研究发现，儿童常常采取一定的策略，即找出一定的“诀窍”去理解一些新句子，这些策略是个体从已有的语言和非语言经验中总结概括出一些“规则”去理解和解释听到的新句子。学前儿童理解句子常用的策略有语义策略、词序策略和非语言策略。

语义策略：这是学前儿童最初使用的一种句子理解策略。儿童只注意句子中的几个实词，将句子中的几个实词根据事件发生的可能性加以组合来理解句子，全然不顾句法结构。例如：相当多的儿童把“小明把王医生送到了医院”理解为“王医生送小明去医院”，把“用皮球打小狗”理解为“小狗打皮球”，因为“王医生送小明去看病”和“小狗拍皮球”更符合常理。

词序策略：就是根据句子中词的先后顺序去理解它们之间的关系和句子的意思。由于在儿童的经验中，句子的结构是名词—动词—名词词序，表示动作者—动作—承受者，因此，

① 陈帼眉. 学前心理学[M]. 北京：人民教育出版社，1995：291.

他们也会习惯于用这种策略去理解被动句，如把“小明被小华碰了一下”理解为“小明碰了小华”。研究发现，词序策略产生于3岁左右，4岁表现最为强烈，5岁以后逐渐减弱。

非语言策略：指儿童在理解一句话或其中的某些词时，常运用已有的生活经验而非这句话本身的语言信息进行预测。例如：认为“张老师被小华背着去教室，他的腿跌伤了”中的“他”指的是小华，因为“张老师跌伤了腿”与他们已有的经验不相符。

（引自：周兢．学前儿童语言教育[M]．南京：南京师范大学出版社，2008：16-17.）

四、婴儿语用技能的发展

语用是指在一定语言环境中对语言的运用。语言是交流的工具，语言的生命和价值在于运用。在儿童语言发展过程中，会讲语音准确、语法形式正确、语义明了的句子只是语言能力的一个方面，更重要的是儿童能根据所处的情境运用适当的语言形式表达自己的想法，以实现预期的交流目的。儿童的语用技能是儿童在交际环境中按照语用规则得体、有效地使用语言的知识和能力。如说话者应根据交际目的、对象、场合及听者的反馈及时调整自己的语言，听话者应根据情境推断说话者意图并作出及时反馈。

语用技能是儿童语言能力不可或缺的重要组成部分，是言语发展的高级层面。婴儿的语用技能的发展主要表现在以下三个方面：言语交流行为的习得、会话技能的发展和话语策略的掌握。

（一）婴儿言语交流行为的习得

儿童言语交流行为是最早出现的语用行为，也是最基本的语用现象。0～3岁婴儿言语交流行为是如何发展起来的呢？研究发现，婴儿是非常具有社会互动倾向的群体，他们从一出生就具有交际的倾向和表现，能够对社会性或者非社会性刺激做出不同的反应。研究发现，在语言产生之前，婴儿最初是借助手势与表情以及声音来表达自己的愿望；随着语言的出现，婴儿逐渐学习使用语言来表达。因此，婴儿言语交际能力的发展过程实际上是从前言语交流（0～1岁）向言语交流（1～3岁）转换的过程。

1. 早期互动阶段（0～3个月）

这一时期的婴儿除了能够用不同哭声表达他们的需要和吸引成人的注意以外，还会在吃饱睡足之后对成人的逗弄报以微笑或喁喁做声或用手舞足蹈的身体动作予以应答，好似在和成人“交谈”。这一阶段婴儿的哭叫、喁喁做声或身体同步动作反应作为最初的交际手段，往往是对基本生存需要获得满足的一种自然反应，并不是婴儿主动进行的有目的的交流。

相关链接

非言语手段与信息传递

如果把言语交际过程看作是一个信息传递过程的话，那么，其中信息传递的媒介物就是语言及其辅助系统。语言系统由语音、词汇、语法等要素构成，它是言语交际的主要手段，但不是唯一手段，一些非言语手段也能协助或独立地完成信息传递的任务。这些非言语手段主要指伴随言语同时出现的有声符号(如声调、语调、音质、音速等)和无声符号(如表情、手势、身体姿态、眼神和举动等)。研究表明，人们在谈话时所传达的信息只有7%是通过言语，38%是通过语调，55%是通过面部表情和身体动作实现的。这些非言语手段就是言语的辅助系统。

(引自：周兢. 学前儿童语言教育[M]. 南京：南京师范大学出版社，2008：18.)

2. 初步社会交往阶段(4～8个月)

4个月之后，婴儿的前语言交际已有明显社会性成分。从婴儿前言语表达能力来看，这一阶段的婴儿随着发音能力的提高，不仅出现各种连续音节，而且逐渐开始出现近似词的发音(如 ma－ma、da－da)，而且婴儿在与成人的交往中开始用语音、语调进行交流，并出现学习语言交际规则的雏形。如能用语音与成人进行“轮流对话”，即成人说一句，婴儿发几个音，待成人再说一句后，婴儿再发几个音，出现了语言交往对话中的轮流规则的雏形(话轮转换)；而且在婴儿和成人的一轮“对话”结束后，婴儿能用发一个或几个音来主动引起成人的注意，使这种交流延续下去(话题维持)。4～10个月的婴儿还会用不同语调(伴随一定动作和表情)来表达自己的态度，如用尖叫并伴以蹬腿、伸手的动作表明不愿躺着，当目的达到或要求得到满足以后，用平静温和的语调及表情表示自己的愉悦。这一阶段的婴儿还会用一种成人难以听懂的“小儿语”咿咿呀呀地与同龄婴儿进行交流。这时婴儿的发音已经不纯粹是无意识的练习，而在某种程度上开始带有社会交往的性质。

3. 前语言交流向语言交流的过渡阶段(9～12个月)

9个月左右是婴儿模仿能力发展的关键期，此时随着婴儿对语言、动作、姿态的模仿能力的提高，婴儿逐渐说出最初的一批词汇。如前所述，Ninio 和 Goren 的研究发现，八九个月的儿童已经能够产生言语行为。随着婴儿语言理解和表达的产生，婴儿开始进入真正通过语言进行交流的时期。不过，由于婴儿掌握的词汇量太少，语言表达能力非常有限，他们还不会用说话的方式清楚地表达自己的意见，只能通过一定语音和动作表情的组合，来达到交流的目的。如嘴里发出“wuwu”声，手指着玩具汽车，这是告诉别人“这是汽车”。此时，他们的语音和动作表情实际上已经产生了陈述、否定、疑问、感叹、祈使等各种句式意义。所以，这个阶段是从前语言交流向语言交流的过渡时期。

相关链接

每个婴幼儿都拥有其独特的“身体语言”

在和婴幼儿谈话或做游戏时经常轻微偏动脑袋往往会赢得他们的好感。对他们来说，偏动脑袋是“我们是朋友”的友好信息。据此，有专家曾做过一个试验：先后对10名2～3岁的幼儿不时偏动脑袋地说话或游戏，结果其中9个竟然乖乖地奉送上了自己手中紧握的苹果或糖果。

研究者们还发现，婴幼儿中运用“身体语言”的能力显然也有强弱之分。通常，那些熟练使用“身体语言”的宝宝智力发展较快，容易受家长或老师的宠爱，有较强的组织能力和动手能力，感情较丰富，学说话较早且快。家长或保育员如能有意识地引导婴幼儿在牙牙学语之前多多使用“身体语言”，对宝宝身心会起积极作用。需说明的是，婴幼儿的“身体语言”还可能因人而异。美国研究者还认为，既然婴幼儿拥有其“身体语言”，那么大人们理应可以利用一种特殊的“手语”，在婴儿还不会说话之前主动和他们作交流。美国研究人员撰写了一本《和婴儿用手语》的书，介绍了北美所使用的标准手语。但父母们即便未能熟练掌握“婴儿手语”，也可在婴儿8个月大时，借助一般的手势与孩子进行交流。这些简单的手势，可以告诉父母，婴儿是否受到了伤害。

此外，专家们还发现，会使用手语来表达自己需要的孩子不容易有挫折感，学会说话的年龄也更早，而且以后的智商也比其他孩子要高一些。更令人惊喜的是，这些孩子一旦提前学会了说话，他们往往有更多的话要说，因为在应用手语的过程中，他们不知不觉地学会了语言的结构，更容易与人沟通。

（引自：江长青. 解密婴儿“语言”[J]. 医药与保健，2006(3).）

手势语对于这个阶段的婴儿具有特别重要的意义。其实，4～6个月的婴儿就会伸手要抱，9个月左右能以点头表示“要”，以摇头或推开表示“不要”，10个月的婴儿会用手指感兴趣的东西，用手势对成人提出自己的要求。贝茨等人认为，9个月时的“呈示”和“给予”这两种原始陈述行为的出现与随后语言能力的发展有密切关系。① 因此，在婴儿语言发展过程中，成人应注意婴儿非言语表达能力的培养。

4. 语言交流阶段(13～36个月)

到1岁左右，随着婴儿言语的正式产生，他们逐步学会使用越来越多的含有一定意义的语言形式来传递他们不同的交往倾向。最初，婴儿往往用一个单词表示一个句子，单词句阶段的词不仅语音不清晰，其所表达的意思也是不精确的，一个词往往可以用来表达多种功能意义，如命名、指明、请求、描述、所属、肯定、否定等。如当孩子叫“妈妈”时，可能是要妈妈抱、要吃东西、要玩具等，成人必须根据孩子说话时的手势、表情等具体情境才能推断出意思。2岁前后，婴儿进入双词句阶段，双词句表达的意思比单词句更明确些。到3岁左右，婴儿的语音逐渐清晰，言语功能越来越丰富、准确。当然，即使在言语产生以后的漫长时间里，手势、动作、表情等作为语言的辅助系统仍然在人际交流过程中发挥着举足轻重的作用

在婴儿言语交流行为发展过程中，婴儿一方面逐渐学会以能被他人理解的方式表达他们的愿望和要求，另一方面也学会去理解父母和他人在说什么，以实现交流的目的。

相关链接

言语交际的社会规则

1. 使用得体的语言。所谓得体的语言就是在使用语言形式时人的态度与情境、动机与角色地位保持一致。具体包括：(1)根据交际目的讲话。例如交际的目的是要请求别人的帮助，就不能讲成命令别人的话；(2)根据交际对象讲话。例如在失意者面前不要讲得意的话，对不

① 庞丽娟. 婴儿心理学[M]. 杭州：浙江教育出版社，2003：244.

同身份和职业的人讲话，在措辞、语调、语速、姿态、表情等方面都应有所区别；(3)根据交际场合讲话。例如正式场合讲话不能太随意，而非正式场合讲话又不必过于严肃、规范和拘谨。

2. 用较少语词传递尽可能多的信息量，并传递主要信息。在口语交际中，应该尽量语言简洁明了，清楚地传递信息。对于主要信息，可以采用提高音量，加强语气，放慢速度，重复有关词语等方法将主要信息加以突出。

3. 借助适当的态势语帮助表达。利用手势、体态、表情等态势语帮助表达，可以暗示语义、感染情绪，起到"此时无声胜有声"的作用。但态势语不恰当或过多，则"画蛇添足"，降低听者的兴趣。

4. 根据听者的反馈信息随时调整编码。言语交际时注视对方，不仅是出于尊重和礼貌的需要，而且有助于集中注意力和正确理解，也是从对方的神态、表情等表现中吸收反馈信息的重要方法。

5. 把握说话的时机，不要随便插话和打断别人的讲话。

6. 听话者专注倾听，作出得体的反应。听话者必须专注倾听别人的讲话，记住并及时理解别人的话语，作出得体的反应，如用点头等动作表示赞同。

（引自：张明红. 幼儿语言教育[M]. 上海：上海教育出版社，2001：121-123.）

(二)婴儿会话技能的发展

会话是人们传达信息，交流思想的主要方式。婴儿会话技能是其话语能力的核心。儿童会话能力主要包括话轮能力、话题选择与维持能力、话语修正能力、对会话含义的理解能力等。

1. 话轮

话轮(即谈话双方轮换充当说话者和倾听者)是最重要的对话规则之一，也是儿童最先习得的对话规则之一。Snow(1977)认为，母亲在孩子出生 3 个月时就开始在跟孩子玩耍或哺乳时将其作为会话伙伴；有研究发现(Charney，1980)，8～9 个月的婴儿就已经比较熟悉话轮系统，尤其是与另一成人相处的双人状况下更是如此；等到婴儿能开口说话的时候，婴儿能较长时间地与母亲轮流说话。但在儿童与同龄伙伴的交际中，其话轮掌握水平则要推迟到 3 岁左右(ErvinTripp，1979)。① 到 4 岁时，儿童开始懂得使用一些基本的话轮保持技巧，如在句首用 and 或 and then 等。儿童接管话轮失败的原因有很多，可能是由于没听懂对方的话，或没有想出与话题相关的话语，或缺乏足够的认知能力来控制会话含义等。

2. 话题选择与维持

话题选择是儿童会话能力的一个重要方面。婴儿从 11 个月开始就可能在与成人交往中控制成人刚触摸过的物体，重复成人的行动；或在发声时保持与成人的目光接触。这可能是婴儿最早的主题提出，它们是前语言的、以物体为中介的，但这反映了婴儿已具备利用共同注

① 丁建新. 发展语用学关于儿童话语能力的研究[J]. 集美航海学院学报，1998(16).

意和共同行动来发起会话。

话题维持是儿童必须发展的又一重要语用能力。为了维持谈话的进行，会话双方必须使自己的话语与当前的话题相关。研究发现，直到5岁，重复和模仿都是儿童维持会话相关的主要手段。① 总之，儿童话题维持能力发展的一般趋势是：从不相关到形式相关(重复或模仿)，再到事实相关，最后是观点相关。

3. 言语修正

防止会话失败的最常用的修正机制是澄清性提问，如“呃？你说什么？他送给你什么？”等。据Ninio和Snow的研究，儿童直到2岁左右才能掌握这种提问。修正不仅对话语的维持、话题的扩展起着十分重要的作用，而且最终使儿童学会在说话时考虑听者的心理状态和价值观念。

4. 对会话含义的理解

会话含义是指话语字面意义深处的用意(即言外之意)。言语交际的核心和基础就是话语意义的传递、认知和理解。目前，关于儿童会话含义理解的研究主要考察儿童对隐喻、反话和讽刺等间接用语形式的理解。儿童对会话含义的理解方面发展比较缓慢。有关研究发现，6岁可能是儿童理解会话含义的重要转折时期。因此，学龄前儿童还不能理解隐喻、反话和讽刺话。如一幼儿把爸爸的书乱扔，爸爸说：“好啊，你把我的书搞得乱七八糟”，孩子就搞得更起劲了。廖小春(1995)在《小学儿童对虚假话语间接意义的理解》这篇文章中提到，对一个跑得很慢的小学生说“你跑得真快!”，三年级的小学生才基本理解这句话中的讽刺意义。

(三)儿童话语策略的掌握

儿童话语策略是指在言语交际过程中，儿童根据具体的语言环境(即语境)来组织自己的话语的能力。夏兹和格尔曼研究发现，② 4岁儿童就能适应听者的能力而调整其谈话内容。当4岁儿童分别向2岁儿童和成人介绍一种新玩具时，其语句的长度、结构和语态都不相同。对于2岁儿童，其话语简短，多用引起和维持对方注意的语词，如“注意”“看着”，谈话时表现自信、大胆、直率，其内容是关于怎样玩玩具方面的。对于成人则话语较长，结构较复杂，显得较有礼貌和谨慎，在内容方面讲的往往是自己的想法，其目的是想从成人那里得到信息或帮助。

儿童在交往过程中发展起来的语用能力不仅是语言应用问题，更是儿童社会化行为发展的问题。如儿童的语言运用情况可以反映其个性特点。一个儿童过多地使用命令、威胁、告状、批评等形式，说明这个孩子要强好胜；一个儿童能恰当地使用礼貌用语，表明这个孩子热情、友好、有教养；一个儿童过多地使用请求，可能他比较胆小，独立性、自信心欠佳。由此可见，儿童的语言、社会和认知这三个方面的成长与发展是相互促进、密不可分的。随着认知和语言发展，儿童在社会交往中获得了大量的语用技能：儿童既学会如何说话，也学

---

① 盖笑天. 儿童语用技能发展研究的新进展[J]. 心理科学，2003(2).

② 刘金花. 儿童发展心理学(修订版)[M]. 上海：华东师范大学出版社，2006：127.

会了如何交谈；儿童认识到一句话的实际含义常常超出甚至有别于其字面的意思；儿童也学会他们言语的产生和理解都应考虑到说话者、倾听者和社会情境等各种因素。

相关链接

0～3 岁婴儿语言发展警示

月龄	警示信号
1	听到突然发出的巨大声响不会感到吃惊 对妈妈的声音没有反应
4	找不到声源 不会咿呀学语
6	不会哭笑叫嚷、自言自语或回应跟他说话的人 当有人在背后叫他名字时无反应
9	不会发出声音吸引大人注意 不会无意识地发“ba”“ma”等音
10	听到叫自己名字时无反应 咿呀学语时发音单调
12	不能发出不同的连续音节 不会通过动作向大人表达自己的需求
13～15	不明白“再见”、“不”等常用词的含义 不会说 1～3 个词
16～18	不会指认自己的五官 不会叫“爸爸、妈妈” 说不出 5 个以上的词
19～21	不会用手指自己感兴趣的东西 听不懂一些简单的指令
22～24	不会说两个字组成的词 不会模仿动作与语言 听不懂简单的日常用语
25～30	说出来的话没人能听懂，也听不懂别人的简单指令 不会使用 2～3 个字组成的短句，如“我要”、“出去玩”
31～36	不会说简短的句子，不会提问 听不懂两个步骤的指令，如“拿苹果给爸爸吃”

（引自：林怡，张晓敏. 宝宝生长发育监测卡(0～3 岁)[M]. 北京：中国少年儿童出版社，2006.）

任务回顾

序号	本节知识要点	教师认为应达到的程度	学生自评达到的程度
1	婴儿语音发展特点	☆☆☆☆	☆☆☆☆
2	婴儿词汇发展特点	☆☆☆☆	☆☆☆☆
3	婴儿句子发展特点	☆☆☆☆	☆☆☆☆
4	婴儿语用技能发展特点	☆☆☆☆	☆☆☆☆
5	婴儿言语交际能力的发展过程	☆☆☆☆	☆☆☆☆

第四节　婴儿语言能力的培养

什么时候教婴儿说话？怎样教婴儿说话？目前，关于儿童语言教育问题有两种代表性观点。一些家长认为：只要孩子不聋不哑，开口说话是理所当然、水到渠成的事，没有专门训练的必要。而另一些家长则认为，3岁前是语言发展最迅速、最关键的时期，为了“不让孩子输在起跑线上”，语言教育越早越好。有的家长甚至从孩子一出生就英语、日语、汉语“三管齐下”地对孩子进行语言教育。两三岁的孩子，正处在语言发育的关键期，我们应如何有效地促进孩子的语言发展？本节将为婴儿家长和老师提供一些相关建议。

一、良好语言环境的营造

（一）成人要有良好的语言素养，才能为婴儿语言学习提供良好的示范

婴儿最初所掌握的语言主要是通过模仿获得的。作为婴儿的语言老师，成人在与婴儿的交流中要注意发音正确，语句表达规范，注意丰富口语中的词汇和礼貌用语的使用。

此外，要注意避免多种方言给孩子学说话带来干扰。有些家庭中父母、爷爷奶奶、保姆各有各的方言，语言环境复杂，多种方言并存，这会使正处于模仿成人学习语言的小宝宝产生困惑，其结果导致说话晚。因此在0.5～2岁这个学习语言的关键期，家人最好固定一种口音、方言跟孩子交流。

相关链接

家长，请注意您的日常语言

豆豆奶奶非常注意教育孩子，从小教孩子使用礼貌用语。一天，奶奶和豆豆打闹游戏时，豆豆突然说“你滚开！”豆豆奶奶很奇怪，从来没教过这样的话，豆豆怎么会说的呢？原来是豆豆奶奶和豆豆爷爷吵架时曾说过的脏话，不知不觉中已经被这个刚过2岁的孩子学会了。

(二)提供丰富的语言交流机会，注意与婴儿沟通交流的技巧

1. 重视与不会说话的婴儿的交流机会

语言能力包括语言理解能力和语言表达能力。在婴儿开口说话前，成人的语言可以帮助婴儿输入并储存大量的词汇、信息，培养孩子的理解能力。有了理解能力和词汇量的积累，无论孩子是否会发音，他的认知、思维都会出现质的飞跃。语言爆发期一旦到来，孩子便可以创造性地使用语言。

另外，非言语交流对婴儿也有重要意义。对婴儿与人交往能力与技巧的研究表明：婴儿在出生后几分钟之内就能模仿成人的一些行为。如，张嘴、伸舌头、眨眼、皱眉。当婴儿想与人交流时，就会有意识地寻求与成人的视线接触，眨眨眼睛、发出尖叫声或蠕动一下身体，以此吸引成人的注意。而父母或照料者通常会朝着婴儿笑，对他点点头，跟他说话，抚摸他的脸，这种早期交流就是一种非言语的交流。婴儿与其照料者之间的非言语交流对儿童今后的语言发展，以及对他人的理解力、同情心、社交与协作能力的形成至关重要。通过与成人的早期交流，婴儿能了解别人、了解别人如何看待他。如果婴儿与成人的早期交流非常愉快，并且感受到成人对他的爱，这些经历就会成为婴儿形成自我概念、爱的基础。非言语交流也为婴儿开口说话作准备，并将为今后生活中运用语言打下基础。①

2. 增加交谈的时间，提高交谈的质量

20 世纪 60 年代，堪萨斯大学的贝蒂·哈特和托德·里斯利对一些 1～2 岁的孩子进行跟踪观察直到他们上五年级，了解早期环境对孩子以后学业成就的影响。研究发现：学业成就最佳的是那些父母经常与之直接交谈的孩子。与婴儿大量的直接交谈可以使他有更高的智力。因此，和孩子交谈得越多，谈话的质量越高，孩子就越有可能取得比别的孩子更大的学业成就和更高的智商。②

3. 与孩子建立积极的语言互动关系

当孩子发出口头、面部和姿态方面的信号时，积极回应会促使孩子更积极的表达，从而形成良性循环。

斯坦福大学的心理学家安·佛兰发现这样说话孩子更为专注、反应更积极：父母将脸庞与婴儿凑近；使用较短的语言；说话声调优美。埃利奥特(1981)对成人专门说给儿童听的语言的研究也证实了这些特点，同时还描述了成人的话语特征：疑问句和祈使句较多，言语更加流利和清晰，重复多。③

成人的言语在音高、音长和停顿方面富于变化，有助于孩子梳理他听到的话语，并能帮助他集中情感和注意力，有利于婴儿获得语言能力，也更利于父母与孩子间形成更良好的亲子关系。

---

① [英]玛丽安·怀特黑德. 早期语言与读写能力的培养[M]. 上海：上海远东出版社，2002：11.

② [美]杰姆·戈德法布. 天才之路 1[M]. 西安：西北工业大学出版社，2002.

③ 赵寄石. 学期儿童语言教育[M]. 北京：人民教育出版社，2003：83-84.

相关链接

医院老专家致父母的公开信：收起手机，别让娃娃变狼孩

曾任四川大学华西第二医院副院长、儿科教研室主任的钱幼琼，郑重地托《成都商报》给全城新生儿家长递交一封500多字的《公开信》。这位老专家发现“不会说话的孩子”越来越多，他们都有一个“共性”——家里人很少与孩子讲话交流，一有空老人看电视，父母专心玩智能手机或平板电脑。

近年来因为不会说话来我门诊的孩子逐渐增多。起初是农村孩子，大多是留守儿童，逐渐地，城市儿童增多，这些孩子3～4岁才只能叫爸妈，家里很着急，检查听力和智力都正常，但不能与人交流，仔细询问历史，共同的特点是家里人很少与孩子讲话交流。一有空老人看电视，父母专心玩智能手机或平板电脑，家里清风雅静。不但没人与孩子逗乐说话，大人之间也很少交流，只有电视的声音。家里没有语言的环境不能给孩子带来语言的刺激。

大家都知道狼孩的故事，出生后被叼到狼窝的孩子，即使七八岁返回社会，仍然不会说话，就是没有语言环境的刺激。语言的能力是在出生后早期，在充分的语言环境刺激作用下发育的……

语言是人类特有的高级神经活动，语言的发育是儿童全面发育的标志，是儿童学习和社会交往的重要能力。语言的发育应该引起家庭成员的高度重视，赶快收起你的手机，抓紧你和孩子接触的每一点时间，从婴儿期就坚持多和孩子说话交流，不管他是否能理解你的意思。失去了早期语言刺激的机会，将会是无法弥补的，家长们要高度注意哦。

（引自：钱幼琼. 成都商报[N]，2013-11-18.）

4. 边做事边告诉孩子正在做什么

换衣服、洗澡、煮饭等都是很好的谈话内容。如：穿衣服时，“妈妈现在给宝宝穿衣服，好，现在我们穿裤子，哦，还有袜子，过会儿爸爸妈妈带宝宝出去逛公园，那里有好多漂亮的花……”

图 5. 4. 1　“看，好漂亮的花”

（三）丰富生活内容，促进认知发展，积累词汇

社会生活是语言发展的源泉，丰富的社会活动与生活内容才是语言发展的良好环境。儿童通过各种感官认识世界，结合实践活动学习语言，更容易理解掌握，其认知能力的发展也会更好。婴儿学习语言主要是从日常生活中常见事物的名称开始的，如家人的称呼，爸爸、妈妈、爷爷、奶奶等。其次，是表示身体动作的动词，以及形容词，这些词汇在日常生活中较为直观具体，婴儿容易理解掌握。

（四）丰富的语音及文字环境

提供丰富的声音（包括语音）环境是非常必要的。罗斯等人（1959）和威斯伯格的研究表明，成人对3个月以内的婴儿给予频繁的语音刺激，可以增加婴儿的发音率。婴儿的许多发音，

特别是长时间的连续发音，往往都是在成人的逗弄下发生的。①

在儿童的语言能力中，书面语言的习得也非常重要。虽然文字教育主要是在学龄期(6岁后)开始的，实际上在入学前，孩子就已经从生活中的各个方面开始接触文字，并且读写能力已经有了一定的发展。Kuby等人(1999)研究发现：3岁前儿童虽因年龄原因还无法对文字的确切信息进行解码，但他们已经意识到书面语言是有意义的，可以传达一些重要信息；环境文字有利于培养儿童对书面语言的兴趣，儿童能以各种方式获得和运用环境文字的经验，有利于他们的读写能力的培养。② 以上研究表明：创设丰富的文字环境，有利于孩子对书面语言的兴趣和读写能力的培养。

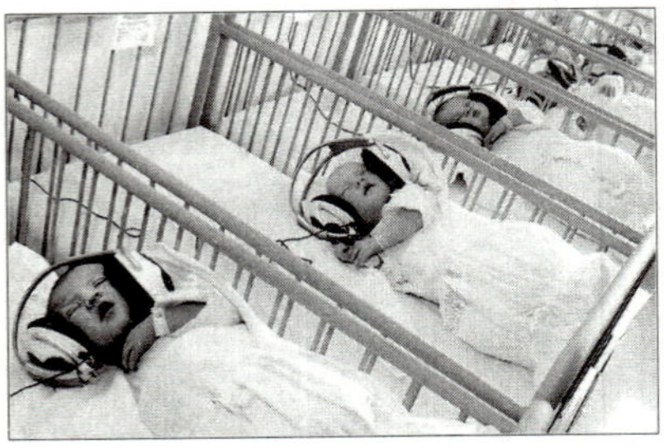

图5.4.2 婴儿床上的音符：斯洛伐克东部城市科西策的一家私人医院里，刚出世的婴儿正在听着莫扎特和韦瓦尔第的音乐

如何创设呢？布置家庭图书角；丰富阅读材料的数量、种类、题材；创设有实际意义的文字环境，给冰箱贴上字帖“冰箱”；每天和孩子一起阅读。日常生活环境中的文字也很多，包括商标、标签、交通标识、户外广告栏中的文字等，这些环境文字是儿童获取文字经验的重要途径之一，成人可以有意识地引导孩子认读这些文字。

相关链接

抚育环境对2～3岁儿童语言发育的影响

儿童语言是在生物(先天)和社会(后天)因素相互作用下发展起来的，后天环境和教育影响起着决定性的作用。1.5～3岁是语言发育最迅速的时期，而0～3岁的儿童绝大多数时间是在家庭中度过的。据2007年6月至2008年3月对在北京医学院儿童保健门诊进行体检的312例2～3岁健康儿童进行的语言发育测查及家庭相关背景调查，发现语言环境是影响儿童语言获得的重要因素之一，主要研究结论如下。

接受外界信息刺激数量多的孩子，其语言发展就快于其他儿童。有丰富早期阅读经验的孩子在语言表达的词汇量、流畅性、积极性和理解能力方面都优于缺乏阅读经验的孩子。本研究多因素分析显示，经常与孩子一起看图画书/讲故事/听录音、1岁以内尽可能多地与孩子说话，都会增加语言信息刺激量，从而对儿童语言发展起到促进作用；母亲受教育程度高低对儿童语言发育水平的促进作用可表现在与孩子接触中会使用较丰富的词汇和较复杂的句子。

抚养人的语言行为有利于儿童的语言发育，而性格内向的抚养人在生活中可能为儿童创造的语言信息刺激以及互动交流机会都较少，因而对儿童语言发展产生不利影响。同时，抚育人陪伴儿童一起看图画书、讲故事、听录音会带给孩子很大的心理满足，促进抚养人与儿

① 张明红. 学前儿童语言教育[M]. 上海：华东师范大学出版社，2006：87.

② 彭聃龄. 汉语儿童语言发展与促进[M]. 北京：人民教育出版社，2008：198-202.

童间的依恋。

单因素分析显示，父母为主要抚养人的儿童语言发育商高于老人、保姆及其他为主要抚养人的儿童。相比非父母抚养者，父母文化水平更高，语言更为丰富、流畅；他们更年轻，精力旺盛，在给孩子讲故事时更容易使用丰富的表情和语气，从而对儿童语言发展有积极的促进作用。

经常得到家长表扬与鼓励的儿童语言发育商明显高于那些得到表扬与鼓励少的儿童。经常给予肯定、赞扬是影响儿童语言发育的良性刺激。经常得到表扬和赞许的儿童，其心理发育较稳定，性格开朗、活泼、反应敏捷。相反，经常批评甚至使用打骂等体罚，会使儿童产生不愉快的内心体验，对儿童的语言以及心理发展产生不利的影响。文献报道，家人讲多种方言，也会扰乱儿童对物体的概念，导致言语发育迟缓。本研究结果虽然也显示随着家庭环境中语言种类的增加，语言发育商平均值有逐渐下降的趋势，但无显著性差异。考虑可能与被试年龄段及多种语言持续的时间较长且种类比较固定有关。

[引自：孔亚楠，孙淑英，刘微，等. 抚育环境对2～3岁儿童语言发育的影响[J]. 北京医学，2009(8).]

二、遵循婴儿语言的年龄特点实施语言教育

(一)0～8个月婴儿的语言教育

此阶段属于语音敏感期，语言教育的目标主要在于：一是语音的感知。在0～4个月时主要训练声音辨别，可进行丰富的声音刺激、多与宝宝交流；4～8个月时训练语音辨别，可用不同语调和语气同宝宝交流，玩唤名游戏；二是语音的表达。0～4个月时进行“反射性发音”训练，如单音节模仿练习、逗笑；4～8个月时以语音模仿能力训练为主，同时进行动作表达能力训练，可进行连续音节的模仿练习、模仿动物叫声。

0～8个月语言教育要点与方法如下：

1. 声音与语音辨别

0～2个月的婴儿由于发音器官功能不完善，发不出完整语音，但对声音会有反应，此时对婴儿进行声音和语音辨别，可以及早发现婴儿的听音能力是否正常，这是影响婴儿语言发展的重要因素之一。可以将拨浪鼓或其他发声玩具放在宝宝耳朵10 cm处，迅速摇拨浪鼓，先测一耳，再测另一耳。宝宝对声音有任何一种明确的反应，如眨眼、皱眉、身体抖动、停止活动或哭泣等反应，可以确定孩子听音能力正常。其次，还可以采用给孩子念儿歌、放录音带，带有节奏感和韵律感的声音更能吸引孩子的注意力；生活中常见事物的词汇反复说给他听，如奶瓶、玩具；多带孩子出去感知自然界的声音等。

2. 发音练习

在婴儿情绪良好时，成人可以在抱着孩子的同时做发音游戏，如，前3个月成人发出一些简单的韵母音，如“a”，注意发音要慢且清晰，可先用一声，后采用一到四声结合，发音后停顿，注视并抚摸孩子，多重复几次，观察孩子反应，如果孩子发出声音，成人应立即重复婴儿的发音，反复进行这样的游戏，孩子会逐渐学会模仿成人的发音。

3. 动作、实物配合语言练习

在与婴儿的日常交谈中，一定要配合动作，做动作时配合相应的语言。如说“开门”时把门打开。实物配合即说到某个物体时，成人指或拿给孩子看字看具体的事物，如说“苹果”时，给孩子看苹果，并可以说“妈妈给宝宝榨苹果汁喝。”这样孩子会逐渐建立语音与实体之间的联系。

(二)9～12个月婴儿的语言教育

此时为学话萌芽阶段，婴儿开始真正理解成人的语言。本阶段语言教育的主要目标：一是语义理解训练，主要是名词、动词的理解，包括辨别家人的称呼，指认日常物品，学习五官的名称，执行简单的动作指令，听懂禁令等；二是单字模仿发音训练，同时进行动作表达能力训练(如伸手要抱、模仿拍手、再见等手势，以点头表示“要”，以摇头或推开表示“不要”，指向某物或做手势表明愿望和需要等)。

9～12个月语言教育要点与方法如下。

1. 口唇训练

经常跟婴儿做一些发音器官运动和口型练习，有助于婴儿发音能力提高，如张嘴、伸舌、咂嘴、弹舌、咳嗽等嘴唇游戏，以及玩吹碎纸片、吹气球、吹羽毛、吹泡泡、学老虎叫、猫叫、鸭子叫、火车叫等。

2. 模仿发音

婴儿的口语刚萌芽，处于模仿发音期。成人可教婴儿称呼家人或常见物，如“爸爸”“妈妈”“灯灯”，这类音易发且有节奏，也可以引导孩子注意一些常见动物的叫声，成人带着孩子模仿，如“汪汪”“喵喵”。注意多重复，每个阶段重点教一个词汇的发音，孩子学会以后再教新的词汇。

想一想

要不要用“儿语”和婴儿说话？

许多成年人喜欢用“儿语”与年幼儿童说话，这种形式的语言由短句组成，包括声调高且夸张的表达、清楚的发音、语言片段之间明显的停顿、词汇的重复等。研究发现，从出生开始，儿童喜欢听儿语超过其他类型的成人谈话。

在婴儿出生2个月后，成人使用“儿语”，更能引起儿童的注意，有利于婴儿模仿发音，也利于婴儿把语言与实物联系起来，理解语义，对婴儿尽早掌握语言有极大帮助；但在1岁半后要尽量少用或不用“儿语”，否则会影响婴儿语言和个性的发展。

3. 名词、动词的理解

8个月的婴儿已经能够听懂一些词义，应注意将语言与实物、图片、动作结合，建立语音与实体之间的联系，培养婴儿理解语言的能力。婴儿能理解的名词主要是婴儿周围生活中所熟悉的家用物品、人物称谓、动物名称和特征较明显的身体器官名称等。在教孩子指五官，指认玩具和日常物品等物体时，同时指点婴儿看实物或图片，教育效果最佳(如母亲可以握住婴儿的小手，让他的小手在母亲的脸上轻轻地抚摸，并告诉他摸到的是什么。如摸到鼻子，母亲就说"鼻子鼻子，宝宝摸到的是妈妈的鼻子"，使婴儿的感知与相应的语言之间建立联系）。

婴儿对动词的理解在词汇理解中仅次于名词，婴儿最先掌握的是表示身体动作的行为动词，其次是能愿动词和判断动词。可用语音与动作配合法帮助孩子在词汇与动作之间建立条件反射。如在与婴儿进行日常交谈时，要配合一定的动作，并且同样的话要配合同样的动作（如碰碰头、握握手），这样有利于婴儿将动作与相应的语音联系起来。

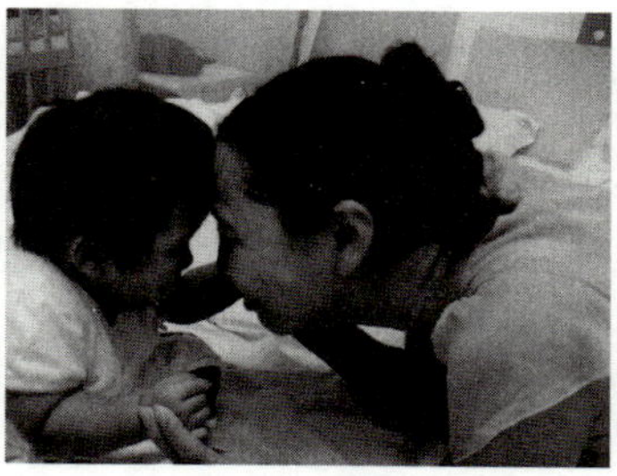

图 5.4.3　和妈妈碰碰头

4. 动作执行

只要稍作练习婴儿很快就会懂一些动作指令，如"拜拜""跟阿姨再见"，如果你想确定孩子是否懂这个词，你可以单独使用这个词，不要边说边挥手。可以跟孩子玩这样的游戏，"宝宝，亲妈妈一下"，如果婴儿不会，你可以边说"妈妈亲你一下"边亲一下婴儿的脸，再向孩子提出要求，"亲妈妈一下"，并把脸靠近孩子的嘴。"坐下""拿来"等也可以用这样的方式学习，坚持一段时间，孩子就会听懂简单的动作指令了。

5. 简单句理解

此阶段婴儿能逐渐学会理解禁令，听懂祈使句和简单问句，并能完成一个简单的动作指令。此时婴儿对成人的一些语言进行正确的反应，婴儿能正确认识的物品很少，我们可以用"话语反应判定法"进行练习。成人可以先选择婴儿认识的物品，把该物放置在孩子可以拿到的地方，如问，"勺子在哪里？"观察孩子的反应，当孩子指出后，告诉孩子"把勺子给妈妈"。

（三）13～18 个月婴儿的语言教育

此阶段为单词句阶段，婴儿常以词代句，语言的情境性强，语言理解能力胜于语言表达能力，会给常见物体命名，但常出现用词不准现象，重叠音较多。此阶段语言教育目标：一是名词、动词理解，指出身体部位（眼、耳、鼻），懂得常见食物、玩具、动物的名称和用途，执行 1～2 步动作的指令，听懂表示身体动作的动词：走、跑、飞、爬等。二是单词句训练，会叫爸爸、妈妈，会称呼家人；说出常见物如食物、玩具、动物名称；说出五官名称；会使用表示各种动作的词（拿、吃、打、走等）。

13～18 个月语言教育要点与方法如下。

1. 名词、动词的理解与表达

婴儿开口说话后，经过 2 周左右的强化，对该词的使用已较成熟，此时成人可以及时扩展婴儿的词汇。以积累词汇的游戏为主，可以是理解词汇，也可以是说出词汇。名词主要集中在婴儿常见的物品名、身体器官名称、图片名称等。如可以和孩子玩"认识五官"的游戏。成人准备广告纸一张，在中间剪个洞，家长拿出中间有洞的广告纸告诉孩子"妈妈请你看电影了。"家长将广告纸遮在自己脸上露出嘴巴并说"嘴巴"，然后一一露出眼、耳朵等，边演示边说。家长将广告纸遮在自己脸上露出眼睛，问"这是什么呀？"让孩子一一回答。也可以家长问"耳朵呢？"孩子用广告纸将自己遮住，只露出耳朵。动词练习的方法是：家长先做动作，然后指导婴儿做，并告诉其名称。或婴儿做某动作时，家长告诉其动作的名称。

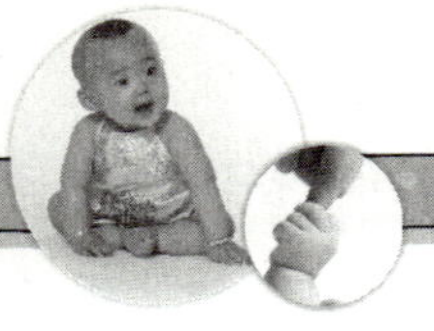

2. 单词句表达

主要练习用一个单词表达，如饭后出门散步，成人可以对婴儿说，“走，出去散步，出去玩，我们去做什么呀?”引导孩子说“走”或“玩”。当婴儿明显表现想要某个东西时，可以问“你要什么?”，引导孩子说出东西的名称，可以是叠音词，也可以在适当的时候引导婴儿使用礼貌用语，如“谢谢”。

(四)19～24个月婴儿的语言教育

1岁半后，以双词句为主，喜欢说话，词汇量大增，主要是名词、动词、代词，开始学会使用疑问句和否定句。此阶段语言教育目标：一是以简单问句理解训练为主，同时进行形容词、代词理解训练；能理解“是什么、是谁、干什么、在哪里”，能理解“怎么办”的问题。二是学说简单句(双词句，3～5个字句子)，说出儿歌的开头或结尾的几个字，或说两句以上儿歌。

19～24个月语言教育要点与方法如下。

1. 简单问句理解

成人提问让婴儿回答，主要有“是什么”“在干什么”“在哪里”“怎么办”等问题。具体方法：家长指某物问“这是什么”，或问“爸爸在做什么”让婴儿回答。选择一些只有几句话的简短故事图书跟孩子一起阅读，注意故事的每句话都简短(简单句型)。可以问孩子，“这是谁?”等，了解婴儿是否理解。

2. 儿歌练习

念儿歌是锻炼听力和丰富、规范婴儿语言的好方法。重复的节拍、生动的语言再配合一些夸张的动作非常容易吸引婴儿。如儿歌：背萝卜，背钉耙，翻萝卜，(将孩子背在身上，身体左右夸张地摇晃)翻到一个红萝卜；(背着宝宝向前弯腰成鞠躬状)背钉耙，翻萝卜，(同第一句)；翻到一个白萝卜。(将孩子放下来)来，咬一口。(对着孩子作咬一口状)婴儿会乐得哈哈大笑，无形中提高孩子的听说能力。

3. 简单句表达

1岁半后可教婴儿学习说主谓句或谓宾句，也称为两个词组成的句子。如“妈妈吃”“走街街”。如饭后出门散步，成人可以对婴儿说，“走，出去散步，出去玩，我们去做什么呀?”引导孩子说“走街街”或“玩车车”。也可以在适当的时候引导婴儿使用稍长的礼貌用语，如“阿姨早上好”。

(五)25～36个月婴儿的语言教育

2岁以后一直到入学前，是婴幼儿基本掌握口语阶段，婴儿在语音、词汇、语法和口语表达方面都有明显的进步，基本上能理解与运用语言，但不流畅；语音逐渐规范，但发舌尖音(zh、ch、sh、r)和g、k、h、e等音有一定困难；学说复合句，疑问句逐渐增多。此阶段语言教育目标：一是形容词、代词、副词、介词、量词、连词理解。二是学说完整句(6～10个字句子)，说三字儿歌，说名字性别，学会使用礼貌用语。三是学说复合句，复述故事简单情节。

25～36个月语言教育要点与方法如下。

1. 礼貌用语练习

日常生活中，家长应树立良好榜样，并在平时教孩子使用礼貌用语“谢谢”“您好”“不用谢”等。

2. 故事理解

给婴儿讲故事(家长讲或放录音均可)，听完后成人问“故事里有谁呀？他们在干什么呀？”或“发生什么事了？”婴儿能说出有关人物和相关情节。经常给婴儿讲故事，有利于婴儿的语言理解和表达能力的发展。

3. 词汇积累

2～3岁儿童的名词、动词迅速增长的同时，也是积累代词、形容词、副词、量词、连词、介词的时候了。这些词汇的理解通常要结合具体情境和句子更易理解和掌握。以代词为例，具体做法：家长结合具体情境用代词提问，让婴儿用代词回答，或指导婴儿用代词提问。如，成人问“这是什么？”，指导婴儿回答“这是××”。

4. 复合句表达

主要是并列复合句与偏正复合句练习。家长根据情境讲一句复合句，让婴儿模仿说一个复合句。如说“妈妈喜欢吃鱼，爸爸喜欢吃牛肉”，让婴儿模仿说出“爷爷喜欢××，奶奶喜欢××”。

三、适时开展早期阅读

(一)早期阅读的目的和意义

早期阅读不等于识字教育，而是一种积极主动的视觉刺激，能有效地促进婴儿大脑神经系统的发育。0～3岁早期阅读的主要目的就是培养幼儿的阅读兴趣和良好的阅读习惯。

图 5.4.4　亲子阅读

早期阅读增强了儿童对事物和生活的认识，促进了认知发展；早期阅读多为与父母一起阅读，能加强亲子之间的情感沟通和交流；早期阅读能发展儿童的语言技能，丰富词汇、增强理解能力、发展听、讲、读能力。赫顿洛克(1998)在《语言输入与语言发展》一文中指出：阅读量与12～26个月前儿童的词汇量呈显著正相关。

相关链接

早期阅读能提高婴儿听说读能力

艾琳出生后的4个月内，都是看一些软软厚厚的幼儿书，或是用又厚又硬的纸板制成的童书，这些书除了看之外，还可以当玩具玩。艾琳4个月之后开始喜欢各类的立体书，她总是每天看2至3次这样的书，而且每次长达45分钟。她也听我们唱歌或念诗，总是高兴地手舞足蹈。

到艾琳8个月时，她渐渐对立体书失去兴趣，开始到处爬来爬去，寻找吸引她的新玩意儿。这期间，她很喜欢撕纸，所以我们给她一大堆杂志去玩，而这时给她看的书必须是很结实的。到她10个月大时，我决定将她放在儿童用餐的高脚椅上听我读故事书(这样才能防止她撕书)，这么做效果很好，我读故事时，艾琳通常自己拿着小零食吃，我也会喂她一些婴儿食品，她的用餐时间通常都是趣味盎然而且有意义的。往往最后她还会用手指着书架，要求我读另一本书。到 17 个月大时，她会在听熟悉的故事时，主动说出其中的一些字，这使得原本已经很愉快的读故事时间变得更有趣了。当她 21 个月时，她就可以说出完整的句子；到了 24 个月时，她已经知道 1000 个词。这样的成就并没有借助任何识字卡片来完成。艾琳的父亲事实上也参与了读故事，他们有一些藏书被艾琳贴上了“爸爸的书”的标签，表示那些是爸爸读的书。

（引自：[美]吉姆·崔利斯．朗读手册[M]．沙永玲，等译．海口：南海出版公司，2009.）

(二)婴儿阅读内容与材料选择

早期阅读的材料不局限于图书，只要是视觉所触及的材料都是早期阅读的材料。生活中的实物、图文并茂的图书材料、自然环境中的一切都能作为早期阅读的材料，如图书、图片、标志、符号、电视、录像、碟片、计算机多媒体课件等都可以。

相关链接

车厢里的阅读

越越 11 个月时已开始和妈妈一起乘车上下班了。妈妈平时工作很忙，回到家就忙家务，因此，妈妈非常注重车厢里一个小时的学前教育。

开始时，妈妈指着车窗外的各种车辆和越越一起阅读：轿车、卡车、电车、公共汽车、出租车等。以后越越一看见什么车开过来，她马上会说出车的种类。接着，妈妈又和越越一起阅读各种树木：梧桐树、柳树、松树、芭蕉树、白玉兰……越越通过一个星期的阅读，看到什么树就能马上说出树名，车上的乘客都赞不绝口地说：“这孩子真聪明！”

大家的夸奖激励着越越不断地阅读更多内容：车站名、店名、广告牌……妈妈还做了相应的字卡，让越越将字卡与实物对应起来进行认读。日积月累，越越 2 岁时已认识 1000 多个字……

车厢里的阅读使妈妈和越越都觉得乘车是件快乐的事，车厢里的阅读开启了越越的智慧之门。

（引自：黄娟娟．0～3 岁幼儿阅读发展与培养[M]．上海：上海科学技术出版社，2005：85-86.）

0～1 岁时，可选择黑白图书、布书、玩具、卡片书、认物图册、照片、音质优美的 CD、画面、音质良好，内容温馨的 VCD/DVD 等。其中，0～6 个月的宝宝视觉能力在发展过程中，对颜色鲜艳、对比强烈的图画感兴趣，此时，黑白图书、玩具、图片是很好的选择；5～6 个月的宝宝对待书就像对待玩具，会咬、抓、拍，因此，布书更安全、牢固，也便于洗晒和消毒；9～12 个月的宝宝会主动翻书，但受到手指肌肉发育的限制，只会翻较大的、较厚的书，此时可选布书。内容以宝宝熟悉的、常见的生活用品及各种物品为主，如奶瓶、碗、衣服、水果、蔬菜、玩具等。1 岁以前主要是培养对书的情感，让孩子产生阅读兴趣。

1～2 岁时，除以上材料外，可选择塑料书、可以发声的图书、有隐藏物的图书、可以玩的图书。这个年龄的宝宝手腕力度小、小肌肉发育差，塑料图书既轻便又不易损坏。内容主要是宝宝熟悉的人物及周围环境中的东西，如花草树木、动物、家具、电器及各种生活用品。也可以是短小的故事，简单的童谣、儿歌等，这一时期主要是培养宝宝的阅读习惯。

2～3 岁时，孩子更多地关注书本的内容，可更多地选择纸版图书，如《婴儿画报》、撕不烂的书。纸张较厚、方便宝宝翻阅的图书，也不易损坏，但页数不宜过多，一般在 8～10 页之间，一本书一个故事。短小、情节简单，内容可以以小动物的生活活动为主，不要选情节复杂的故事，即使是经典童话，孩子也会不理解，并且表现出不耐烦。这个阶段主要是培养宝宝主动阅读的习惯。

相关链接

自制图书的妙处

要找一本可读可看的好书，只要走进新华书店，五花八门，应有尽有。可是要找一本适合幼儿自己阅读的书，特别是适合自己孩子的第一本书还真不是一件简单的事。年轻的父母常常会因为找不到一本适合 0～3 岁孩子自己阅读的书籍而苦恼。自己也曾有过这样的经历，然而在我细心的观察下苦恼自然地化解了。

儿子 2 岁了，我特意从书店里选来了一大堆花花绿绿的书，特意把书放在他经常能触摸到的茶几、沙发、小床、小桌上。但我观察到，2 岁的他拿起图书并不会阅读，只是把书从这里搬到那里，从沙发上搬到地上、床上，再搬到盆里，结果是图书大劫难，一片狼藉。后来我又试着拿起一本书，大声朗读，想以此来吸引他，结果导致儿子常常依赖大人，拿起书就往大人手里塞，要大人讲故事。

儿子什么时候能自己翻书阅读，能让我看到他的聪慧？于是我一边和儿子玩一边观察，发现儿子对玩具奥特曼的包装图像很有兴趣，拿在手里不肯放，嘴里不停地念叨奥特曼、奥特曼……于是我就将包装纸上的各个奥特曼剪下来贴在一本过期的刊物上，并且注上几个不同卡通机器人的名字。一本简单的幼儿图书诞生了，儿子对此书爱不释手，能正确无误地从第一个讲到最后一个。这本自制的图书成了他第一本读物，也成了他与同龄孩子交流的工具，他能自告奋勇地向玩伴讲解每个卡通机器人的名字、本领、排位等。

这本书虽然没有书店买来的漂亮，但它很对儿子的阅读胃口，对儿子学习阅读、爱护图书有很大的帮助。

（引自：黄娟娟．0～3 岁幼儿阅读发展与培养[M]．上海：上海科学技术出版社，2005：62-63.）

（三）亲子阅读基本方法

亲子阅读活动就是家长和孩子一起阅读。孩子喜欢夸张的表情、语气语调变化。1 岁半到 3 岁的孩子很喜欢听熟悉的重复的故事，重复讲述得越多，孩子学习其中词汇的机会就越多。

荷兰莱顿大学的阿德里安娜·巴斯和她的同事研究发现，家长念书给孩子听与孩子的语言、阅读能力之间有着密切的联系，积极参与阅读能促使孩子在读写能力方面有更好的表现。①

开展亲子阅读常见方法有以下几种。

1. 猜猜、认认法，在阅读中观察封面，猜猜书名、情节、角色的语言，认读书名或关键词等。适合长期阅读，有一定阅读经验的孩子或 3 岁左右的孩子。

2. 点读法，家长一边讲述故事一边手指对应的文字，让孩子理解讲述内容与文字的关系。此方法在 3 岁前使用时，建议选择每页文字较少的图书，培养孩子的前识字经验。

3. 讲读法，家长可以连贯讲述故事，同时手指画面，提示孩子，将故事和画面结合，培养孩子理解画面与故事情节的关系。

4. 跟读法，家长讲述故事，请孩子逐句跟读，多用于句子较短的故事。

5. 提问讨论法，此方法适用于反复讲述的故事，当多次讲述故事后，孩子熟悉了故事情节，此时提一些回顾故事情节、人物的简单问题，如看完《好饿的小蛇》，可以问“小蛇吃了什么？”等问题让孩子回答，以培养孩子记忆能力和语言表述能力。

6. 角色扮演法，家长一边讲述故事，一边和孩子扮演故事中人物的动作、表情、对话。如给 1 岁孩子讲述《小宝系列：多吃点》时，讲到“多吃点，多吃点”，可引导孩子一起做吃东西的动作，“吃了长得像小猪一样高”，则可以引导孩子一起根据画面上的小猪，学做小猪叉腰的动作和小猪嘟嘴的表情 。也可以家长孩子分别表演，家长扮演时应投入，这样更容易调动孩子的阅读兴趣。

想一想

父母是爱书人，有多重要呢？

研究者挑选了 30 位出身于工人阶层的男子，最后有 15 人成为大学教授，15 人仍在工人阶层。在挑选这 30 人的时候，研究人员确认他们出身于相似的社会环境，而且家庭创痛也相似（父母酗酒、身亡、离婚等）。

如果这 30 人童年背景相似，那么他们长大后命运如此不同，这又做何解释呢？在对这 30 人做了广泛的访谈后，研究人员发现差异在于他们童年时在书与阅读方面的经历。

15 名教授中，有 12 人有父母给他们读书或讲故事；15 名工人中，只有 4 人有这种经历。

15 名教授中，有 14 人小时候家中有很多书籍和印刷品；15 名工人中，只有 4 人家中有书。

15 名教授中，13 人的母亲与 12 人的父亲经常阅读书报杂志；15 名工人中，只有 6 人的母亲与 4 人的父亲经常阅读。

15 名教授小时候都受到大人在阅读上的鼓励；15 名工人中只有 3 人受到鼓励。

（引自：[美]吉姆·崔利斯．朗读手册[M]．海口：南海出版社，2009.）

7. 游戏法，家长在早期阅读指导中，以各种形式的游戏为手段，引发孩子对阅读活动的兴趣。普通图书，可玩“找找谁在哪里”，如以《猜猜我有多爱你》让孩子找找“小兔在哪里”的

① [美]杰姆·戈德法布．天才之路 2[M]．西安：西北工业大学出版社，2002：56.

扩句游戏，如《我爸爸》中“爸爸”“爸爸吃得多”“爸爸吃得像马一样多”。此外，3 岁前可购买游戏书、立体书、拼图类图书，如《形状》《谁藏起来了》，让孩子找谁躲起来了，谁在哪里等游戏。

任务回顾

序号	本节知识要点	教师认为应达到的程度	学生自评达到的程度
1	良好语言环境的营造	☆☆☆☆	☆☆☆☆
2	不同月龄段婴儿的语言教育方法	☆☆☆☆	☆☆☆☆
3	早期阅读的目的和意义	☆☆☆☆	☆☆☆☆
4	早期阅读内容与材料选择	☆☆☆☆	☆☆☆☆
5	亲子阅读常见的 7 种基本方法	☆☆☆☆	☆☆☆☆

思考与练习

在现代社会，一口流利的英语是一项能增加不少竞争筹码的技能，许多家长担心孩子输在起跑线上，因此在孩子刚刚开始咿呀学语的时候，就开始谋划着怎样对孩子进行外语培训。于是，社会上各种幼儿英语培训班、少儿外国语学校、双语幼儿园（亲子园）等应运而生，而且出现了愈演愈烈的趋势。孩子学英语真的是越早越好吗？有必要给孩子报英语早教班吗？为此，许多家长感到十分困惑。

3 岁前婴儿学外语到底好不好？请同学们查阅相关资料，为家长们提出参考建议。

拓展训练

训练一：到托儿所或早教中心用录音记录 2～3 个 1～3 岁儿童的日常谈话，分析其语言发展特点，并提出语言教育建议。

训练二：请以“3 岁前婴儿学外语好不好”为题组织一次辩论赛。

训练三：社区早教知识讲座：请利用本章所学知识制作课件（PPT），为社区 0～3 岁婴儿家长开展一次关于“婴儿语言发展与教育”的讲座。

训练四：收集适用于 0～3 岁婴儿语言发展的教育素材，如图书、图片、儿歌、故事、游戏及各种玩具材料，并利用其开展相应语言教育活动，在班上与同学进行分享交流。

阅读导航

1. 张明红．学前儿童语言教育[M]．上海：华东师范大学出版社，2006.
2. 刘金花．儿童发展心理学[M]．上海：华东师范大学出版社，2009.
3. 赵寄石，楼必生．学前儿童语言教育[M]．北京：人民教育出版社，1993.
4. 庞丽娟．婴儿心理学[M]．杭州：浙江教育出版社，1993.
5. 孟昭兰．婴儿心理学[M]．北京：北京大学出版社，2003.

6. 殷红博. 0岁开始的语言开发[M]. 北京：中国戏剧出版社，2002.
7. 朱曼殊. 儿童语言发展研究[M]. 上海：华东师范大学出版社，1990.
8. 李宇明. 儿童语言的发展[M]. 武汉：华中师范大学出版社，1995.
9. 袁萍. 朱泽舟. 0～3岁婴幼儿语言发展与教育[M]. 上海：复旦大学出版社，2011.
10. 张明红. 0～3岁儿童语言发展与教育[M]. 上海：华东师范大学出版社，2013.
11. 彭聃龄. 汉语儿童语言发展与促进[M]. 北京：人民教育出版社，2008.
12. [英]玛利安·怀特黑德. 早期语言与读写能力的培养[M]. 上海：上海远东出版社，2002.
13. [美]崔利斯. 朗读手册[M]. 海口：南海出版社，2009.
14. 黄娟娟. 0～3岁幼儿阅读发展与培养[M]. 上海：上海科学技术出版社，2005.
15. 黄琼. 我对幼儿外语热的一点看法[EB/OL]. http://www.okfumu.com/viewnews-21744.
16. 婴幼儿语言发展 [EB/OL]. http://www.yaolan.com.
17. [美]Jeanne M. Machado. 幼儿语言教育[M]. 王懿颖，等译. 北京：北京师范大学出版社，2012.
18. 阿甲，徐凡，唐洪. 中国父母最该知道的儿童阅读100个关键问题[M]. 北京：北京出版社，2005.
19. [美]帕帕拉. 孩子的世界：0～3岁[M]. 陈福美，等译. 北京：人民邮电出版社，2011.
20. [美]杰姆·戈德法布. 天才之路，出生到一岁[M]. 陈姝，等译. 西安：西北工业大学出版社，2002.

学习反思

第六章

婴儿思维发展与教育

学习目标

1. 了解思维的含义、特点、过程及其基本形式。
2. 理解思维在婴儿心理发展中的重要作用及其发展趋势。
3. 掌握婴儿思维的特点和发展规律。
4. 能够结合婴儿思维内容运用合适的方式设计婴儿思维培养方案。

本章导读

佳佳已经1岁了，爸爸妈妈觉得该是开发孩子智力的时候了。佳佳的爷爷和奶奶很反对，奶奶说："太早学习，会损害孩子的脑子，就像树上的果子，早熟早烂。"但邻居红红的妈妈却说："现在竞争很激烈，千万不要让孩子输在起跑线上，智力开发越早越好。"佳佳妈妈相信了红红妈妈的话，于是给孩子买来很多双语字卡和数字卡，自己每天花两个钟头教孩子认字、背唐诗和数数。一段时间过去了，未见学习效果，于是佳佳妈妈对孩子的爸爸说："有个培训学校能让孩子'一目十行，过目不忘，过耳成诵''五分钟记忆100位无规律数字'，我们把孩子送去吧。"佳佳的爸爸很犹豫，虽说智力开发很重要，但这么早就教孩子认这认那，会不会真的损伤孩子的大脑，佳佳妈妈这种智力开发方法到底对不对？也许学了本章知识，你会对此问题有初步的了解。

第一节 思维研究的概述

在古代印度和阿拉伯等国家的民间，视毛驴为具有超自然力的动物。据说有一次，法官抓了很多嫌疑犯，在审讯之前对这些嫌疑犯说："毛驴有神力，能识别盗贼，非常灵验。"为了表示对“毛驴法官”的尊重，首先将毛驴在房子里供起来，官员们庄重地向毛驴行礼，嫌疑犯在面见毛驴之前也要洗澡“净身”。官员们对嫌疑犯当众宣布：“你们都要到那间房子里去摸毛驴的尾巴，没有做贼的摸时，毛驴不叫；如果谁确实犯有偷窃之罪，那么毛驴便会马上大声叫起来。”然后，官员们秘密地在毛驴的尾巴上涂上浓浓的烟灰，把毛驴牵到一间专用的光线很暗的房子里，让嫌疑犯逐个进去摸毛驴的尾巴，出来后验他们的手，发现只有一个人手上没有黑。一经审问，这人果然是贼。这个故事体现的也正是人的智慧，人的思维能力。那么，什么是思维呢？作为人类之初的婴儿，其思维又呈现什么特点呢？本节将向大家介绍这朵地球上最美丽的花朵生长和绽放的过程。

一、思维的概念与特点

人类的体力超不过牛，奔跑速度赶不上马，视力不及雄鹰，嗅觉远不如狗。但在某种程度上，人类却成为了地球的主宰者，可以说这主要归功于人类高度发达的思维能力。人通过自己的思维活动，创造出各种各样的工具，使自己的体力、运动速度、视力、听力、智力等得到了极大的扩展。所以恩格斯把思维喻为“地球上最美丽的花朵”。感觉和知觉是人脑对客观事物的直接反映，思维是在感觉、知觉和记忆的基础上产生的，但比它们更复杂。

（一）思维的概念

思维是人脑对客观现实间接的、概括的反映，它反映的是客观事物的本质及其规律性联系。思维是人类认识的高级阶段，它是在感知基础上实现的理性认识形式①。例如，根据对水的研究得出水和温度之间的关系，水的温度降低到零摄氏度就会结冰，升高到一百摄氏度就会沸腾等。这些都是人脑对客观事物的本质及其规律的认识。人们常说的“考虑”“设想”“预计”“沉思”“审度”“深思熟虑”等都是思维活动的表现形式。

（二）思维的特点

思维具有间接性和概括性两个基本特点。

1. 思维的间接性

思维的间接性是指思维能对感官所不能直接感知的事物，借助于某些媒介物与头脑加工来进行反映。由于人类感觉器官结构和机能的限制、时间和空间的限制、事物本身带有蕴含或内隐的特点等，人们对世界上的许许多多的事物，如果单凭感官或仅仅停留在感知觉上，则是认识不到或无法认识的，那么就要借助于某些媒介物与头脑加工来进行反应。例如，内科医生不能直接看到病人内脏的病变，却能以听诊、化验等手段为中介，经过思维加工间接判断出病人的病情。这些都是人们凭借已有的知识经验间接认识的结果。人们要认识原始社会人类的生活、宇宙太空状况、原子结构、生命运动、预测天气等，都需要借助某些媒介物与思维加工进行间接的认识。

2. 思维的概括性

思维的概括性是指思维所反映的是一类事物所具有的共性，反映的是事物之间普遍的必

① 朱滢．实验心理学[M]．北京：北京大学出版社，2000.

然的联系。由于这一特性，人能通过事物的表面现象和外部特征而认识事物的本质和规律。例如，人们通过思维能认识到气体的共性——没有一定形状、没有一定体积且可以流动的物体，这一共性是空气、氧气、沼气等的普遍特性。又如，温度升降与金属膨胀的关系，植物与动物、动物与人类的生态平衡关系等，都是通过概括活动过程对自然界事物之间规律认识的结果。

思维的间接性和概括性是相互联系的。人之所以能够间接地反映事物，是因为人有概括性的知识经验，而人的知识经验越概括，就越能间接地反映客观事物。如人们注意到每次月亮四周出现光圈(即"月晕")，就会刮风，柱子的石座(即"础")每次潮湿就要下雨，从而概括出"月晕而风、础润而雨"的结论，根据这个概括，如果哪天看到出现了月晕，就可以间接地推断要刮风了。气象工作者根据概括性的气象规律，才能从大量天气资料中，经过思考发布天气预报。

二、思维的过程

思维的过程包括分析、综合、比较、分类、抽象、概括等。

(一)分析与综合

分析是在头脑中把事物的整体分解成各个部分、方面或个别特征的思维过程。综合是在头脑里把事物的各个部分、方面、各种特征结合起来进行考虑的思维过程。例如，我们把植物分解为根、茎、叶、花、果实、种子来认识思考，是分析的过程；相反把根、茎、叶、花、果实、种子组成整株植物来加以思考，就是综合。

思维过程的基本操作是分析和综合。分析，反映事物的要素；综合，反映事物的主体。只有分析没有综合，就是"只见树木，不见森林"；而只有综合没有分析，就是"只见森林，不见树木"。

(二)比较与分类

比较是在头脑中把各种事物或现象加以对比，确定它们之间异同点的思维过程。例如，老师通过引导学生比较菱形和矩形的异同点，从而使学生掌握菱形和矩形的概念。分类是在头脑中根据事物或现象的共同点和差异，把它们区分为不同种类的思维过程。分类是在比较的基础上进行的，如通过比较图形之间的异同，我们把四边相等的四边形归为一类，把四角相等的四边形归为一类。

(三)抽象与概括

抽象是在头脑中把同类事物或现象的共同的、本质的特征抽取出来，并舍弃个别的、非本质的特征的思维过程。概括是在头脑中把抽象出来的事物的共同的、本质的特征综合起来并推广到同类事物中去的思维过程。例如我们舍弃图形大小、宽窄比例等非本质特征，只抽取出四角相等或四边相等的本质特征，把四角相等的四边形概括为矩形，把四边相等的四边形概括为菱形。

（四）具体化与系统化

具体化是指把概括出来的一般认识同具体事物联系起来的思维过程。如学生用某些定理、公式解决某一具体问题，比如用菱形的一般概念来判断某一具体四边形是否属于菱形，或者把有关菱形的定理、特点应用于某一具体菱形的思维过程。系统化是指把学到的知识分门别类地按一定结构组成层次分明的整体系统的过程。如三角形可以分成直角三角形、锐角三角形、钝角三角形。系统化的知识便于在大脑皮层上形成广泛的神经联系，使知识易于记忆，也只有掌握了系统的知识结构，才能真正理解知识、在不同条件下灵活运用知识。

三、思维的基本形式

（一）概念

概念是反映事物本质属性的思维形式。例如，“玩具”这个概念，它反映了皮球、娃娃等供人们玩的物品所共同具有的本质属性，而不涉及它们彼此不同的具体特性。每个概念都有一定的内涵和外延。内涵即含义，是指概念所反映的事物的本质特征。外延是指属于这一概念的一切事物。例如，“平面三角形”这个概念的内涵是：平面上三条直线围绕而成的封闭图形；外延是：有直角三角形、锐角三角形、钝角三角形。概念不是一成不变的，随着历史的发展，人们认识的深入，概念的内涵和外延也在不断地变化。例如武器、交通工具等概念，都随着时代的改变、科学技术的发展而发生了很大的变化，因此，概念是人类历史的产物。

（二）判断和推理

判断是肯定或否定某种东西的存在或指明某种事物是否具有某种性质的思维形式。如“老虎是一种动物”“蝴蝶不是鸟”“鱼会游水”等。思维过程要借助于判断去进行，思维的结果也以判断的形式表现出来。

推理是从已知的判断（前提）推出新的判断（结论）的思维形式。推理分为归纳推理、演绎推理和类比推理。归纳推理是从个别到一般的推理。比如由“喜鹊长着两只脚、燕子长着两只脚、乌鸦长着两只脚”推出“鸟长着两只脚”。演绎推理是从一般到个别的推理。如由“3 岁后的小朋友要上幼儿园，佳佳 3 岁半了”推出“佳佳也要上幼儿园”。类比推理是对事物之间关系的反映。比如“苹果：水果相当于____：文具”“高：矮相当于粗：____”。

概念、判断和推理是互相联系的。概念的形成往往要通过一定的判断、推理过程。获得判断也需要经过推理，所以实际上，推理是思维的最基本形式。

四、思维水平的评定与智力测验

（一）传统智力理论

“智力”这一概念从提出到现在，已有 100 多年的历史。回顾智力研究的发展历史，我们对于智力的本质、内涵、结构和功能等有关智力理论基本问题的争论一直都未结束。智力测量家们首先用因素分析的方法开始了对智力认知成分(严格地说，应是构成要素)的探讨。认为：①智力是认知能力的总和。②智力是一个人的抽象思维能力。③智力是推理和解决问题的能力。传统智力理论对社会的最大影响就是建立在因素分析基础之上的智力测验或者说 IQ 测验。目前较成熟的智力测验是比奈—西蒙智力量表、韦氏智力量表和瑞文智力量表。这些智力量表所测定的 IQ 分数若在 140 分以上就称为天才，若在 120～140 分之间称为高智，90～120 分称为中智，70～90 分称为低智，70 分以下称为弱智。

相关链接

传统的婴儿智力发展测量量表

1. 格塞尔发展顺序量表(1940 年格塞尔编制，适用于 4 周到 3 岁儿童)
2. 贝利婴儿发展量表(1969 年贝利编制，适用于 2 个月到 2.5 岁儿童)
3. 丹佛发展筛选测验(简称 DDST，1967 年弗兰肯堡与多兹编制，适用于 0～6 岁儿童)
4. 皮亚杰量表(1975 年乌格里斯和罕特编制，适用于 2 周～2 岁儿童)
5. 新生儿行为评定量表(布雷泽尔顿编制，适用于 0～30 天儿童)
6. CDCC 婴幼儿智能发育测验手册(或称范存仁中国婴儿发育量表，1988 年编制，适用于 2 个月到 3 岁儿童)
7. 西南小儿智能体格测定表(1980 年重庆第三军医大编制，适用于新生儿到 8 岁儿童)

想一想

传统的婴儿智力测验分数对未来发展真的有预示作用吗？

贝利 1949 年曾经进行了一项从婴儿追踪到 18 岁的纵向研究，测量婴儿时期智商分数和历年长大的智力分数相关性，结果发现，传统测验量表中婴儿的智力分数与以后的智力分数无相关。于是部分学者们认为可能婴儿期的智能对以后的发展不存在预示作用。然而，这样的结论让人困惑。这种结论似乎与心理发展进化理论相违背。看来问题出在我们应该用什么去衡量婴儿的智力上。

信息加工观点为婴儿智力评定提供了新的图景，他们把“注意”作为智力关键因素。婴儿的“习惯化反应”与“新异反应”行为是“注意”的两个明显标志。研究显示，①习惯化反应：对熟悉刺激的兴趣下降。②新异反应：对新刺激的兴趣增加。这两项指标的测量能很好预示 2～12 岁的智力分数。由此可见，智力仍然存在一定程度的稳定性，而注意的两个标志仅是智力的一项核心内容。其他的、对未来发展有影响的核心经验项目仍然在探索中。

(引自：孟昭兰. 婴儿心理学[M]. 北京：北京大学出版社，2003：257-258.)

(二)发展中的智力理论

PASS 智力模型、三元智力、成功智力和多元智力的提出，在智力研究领域里引发了一场新的“革命”，它们的出现无疑对传统的智力理论产生了巨大的冲击和震荡。如今，智力理论家们对智力的本质和研究思路发生了重要的转变。智力理论的研究正在经历着从单一整体观到多元结构观、从智力结构观到智力过程观、从强调智力的先天成熟到主张智力的后天可习得性的发展变化。

1. 从单一整体观到多元结构观的发展变化

瑟斯顿首先对智力的单一整体结构进行了质疑，并提出了智力是由多种不同的智慧能力组成的思想。加德纳认为，智力的基本结构是多元的，不是一种能力而是一组能力，除在传统的智力理论中常见的语言智力和数理逻辑智力外，还有视觉空间智力、身体运动智力、音乐智力、人际关系智力和自我认识智力等8种智力。这组能力中的各个能力不是以整合的形式而是以相对独立的形式存在，并与特定的认知领域或知识范畴相联系。后者更可以看作是加德纳赋予智力的“多元性”的新意所在，加德纳的多元智力理论对学前儿童教育领域的影响巨大。斯腾伯格也把成功智力看作是一组综合能力，是分析性智力、创造性智力和实践性智力三者间的均衡。可以说，主张智力是一个多元而不是单一整体的结构已经获得普遍认同。

相关链接

加德纳的八大智力及相适宜的职业

1. 数理逻辑智力。计算、量化、思考命题和假设，并进行复杂数学演算的能力。（科学家、数学家、会计、电脑程序设计师）

2. 视觉空间智力。利用三维空间的方式进行思维的能力。（雕塑家、画家、建筑师、航海家、飞行员）

3. 身体运动智力。巧妙操纵物体和调整身体的技能。（运动员、舞蹈家、外科医生、手艺人）

4. 自然观察者智力。善于观察自然界中各种形态，对物体进行辨认和分类，能够洞察自然和人造系统的能力。（农夫、植物学家、生态学家、庭院设计师）

5. 音乐智力。敏锐地感知音调、旋律、节奏和音色的能力。（作曲家、指挥、音乐评论家、调音师、善于领悟音乐的听众）

6. 语言智力。用语言思维，用语言表达和欣赏语言深层内涵的能力。（作家、记者、播音员、演说家）

7. 人际关系智力。有效地理解别人和与人交往的能力。（教师、社会工作者、演员、政治家）

8. 自我认识智力。关于建构正确自我知觉的能力，并善于用这种知识计划和引导自己的人生。（哲学家、心理学家）

2. 从智力结构观到智力过程观的发展变化

过去人们曾普遍认为智力是与生俱来并永不改变的，它是以固定和预定的模式发展的，经验对智力发展中的智商不发生任何可测量的效应。皮亚杰率先对这种先天的、静态的智力观提出了质疑。他认为智力不是一个可以进行定量评估的静态实体，相反，它是一个不断发展、变化的过程，即智力的本质是一个包含同化与顺应、平衡—不平衡—平衡的动态过程。后者更是强调了文化特别是教育对于智力发展的可能性，坚持智力发展的动态观。加德纳也是一样，他不但强调智力的多元性，而且还重视智力的信息加工方式，即智力对于特定文化创造出来的符号系统的敏感性，这些符号系统是捕捉、表达、传播信息的重要形式。

正因为如此，不同智力因素成熟的时间不同。如有的研究指出，儿童的感知能力最早达到成熟水平，12 岁已达成人的 80％，空间推理次之，数学和语言能力 16～18 岁才达到成人的 80％，其中语言流畅性发展最晚。各种智力因素下降或衰退的年龄也不相同。有研究指出，在非语言测验中，如人的反应时，到 30 岁以后已有所衰退。但在语言测验中，智力水平还可以提高。职业也会影响智力衰退年龄的差异。有的研究指出，非技术人员 18 岁以后智力下降，而技术人员则还可能上升。一般认为，16～18 岁以后智力发展趋向缓慢。

3. 从强调智力的先天成熟到主张智力的后天可习得性的发展变化

卡特尔智力发展理论提出智力与后天经验和文化的关系。为了精确描述各种智力成分发展的特点，卡特尔与霍恩利用传统智力理论中的多因素分析方法，从瑟斯顿的七个基本智力因素中又分析出两种性质的智力，根据其与生理、文化教育的关系，卡特尔将其称为晶体智力与流体智力。所谓晶体智力是指需要经过教育培养，通过掌握社会文化经验而获得的智力，如词汇、言语理解、数学知识等；流体智力则是以神经生理为基础，随着神经系统的成熟而提高，随着神经系统的衰退而减弱，相对地不受教育与文化的影响的智力，如知觉速度、机械记忆、图形识别等。晶体智力的测验是依据关于词汇、一般知识以及社会情景适应等问题来进行的，可以用一般智力测验和成就测验来测量。流体智力的测量则极力控制教育训练和文化因素的影响，卡特尔用文化公平测验来测量。卡特尔和霍恩通过研究发现：在个体生命全程中，晶体智力与流体智力经历着不同的发展过程：青少年期以前，两种智力都随年龄增长而不断提高；青少年期以后，特别是在成年阶段，流体智力缓慢下降，而晶体智力却逐步上升①。

想一想

我们变得越来越聪明了吗？

随着历史的前进，人类的智力会不会发生变化呢？弗林收集了历史上大量的智力测验数据资料，经过系统研究发现，自智力测验发端以来，智力测验平均成绩在不断上升。这种趋势称为弗林效应。从 1940 年开始，智力测验的平均成绩以每年 3 个百分点的速度递增。而且群体智力测验平均成绩上升的速度有加快的趋势。有研究表明，1972～1982 年间，荷兰 19 岁青少年的平均智力测验成绩提高了 8 个百分点。

任务回顾

序号	本节知识要点	教师认为应达到的程度	学生自评达到的程度
1	思维的概念与特点	☆☆☆☆	☆☆☆☆

① 石雷山．论智力理论研究的若干发展趋势[J]．江苏教育学院学报：社会科学版，2006(22).

续表

序号	本节知识要点	教师认为应达到的程度	学生自评达到的程度
2	思维的过程：分析、综合、比较、分类、抽象、概括等	☆☆☆☆	☆☆☆☆
3	思维的基本形式：概念、判断和推理	☆☆☆☆	☆☆☆☆
4	思维水平的评定与智力测验：传统智力理论与发展中的智力理论	☆☆☆☆	☆☆☆☆

第二节　思维在婴儿心理发展中的作用与发展趋势

许多成人在聊天的时候会说："真想做个小孩儿！整天除了吃喝拉撒，什么也不想，什么也不操心，无忧无虑，真好啊！"很多人都会觉得婴儿没有思维能力，处于一片空白状态。真的是这样吗？生活中我们经常发现婴儿有这样的行为：不管手里拿着什么东西，能吃的还是不能吃的，都会塞进嘴巴，咬一咬，舔一舔，啃一啃。其实这是婴儿通过嘴巴的动作和感觉在认识这个复杂的大世界呢。婴儿还有一些"坏习惯"：喜欢用小手、小脚去搞"破坏"——把小狗熊的耳朵扯掉，把玩具汽车踩在脚下……其实这些也是婴儿思维的表现，婴儿通过自己的动作在认识世界、思考世界。在婴儿的活动过程中，在言语、第二信号系统发展的基础上，由于经验的不断积累，婴儿开始出现了具有一定概括性的思维活动。貌似"无知无能"的婴儿，思维发展呈现什么样的趋势？思维的发展对婴儿心理的发展又有什么样的作用？这一节，我们来了解思维在婴儿心理发展中的作用与发展趋势。

一、思维在婴儿心理发展中的作用

婴儿从弱小、依赖、无力到能解决生活中的基本问题，逐渐独立的生活，都在发展着对世界的认识。大约10个月，婴儿就开始用动作(抓、握、爬等)来解决问题。比如：他们把大人的手拉过来，把它指向他够不着的地方；或要大人的手打开放玩具的箱子；或爬过去找到藏在远处枕头下的玩具。说明婴儿心理反应具有初步的思维活动。思维能力是婴儿能在这个世界生活活动的基础，其在婴儿心理发展中具有非常关键的地位和作用。

(一)思维的发展标志着儿童各种认识过程已经齐全

婴儿的思维并不是在出生时就具备，是在以后的生活中逐渐发生的。婴儿思维的发展使婴儿对事物的认识不仅仅是在认识事物的表面特征，而能开始涉及事物的本质，尝试理解和解决问题。所以思维是复杂的心理活动，是在感知觉、记忆等心理活动的基础上形成的。当思维产生后，说明婴儿已具备了人类的各种认识过程。

(二)思维的发展使认知过程产生了质变

思维是人类认识活动的核心。思维一旦发生，就不是孤立地进行活动。它参与感知和记忆等较低级的认识过程，而且使这些认识过程发生质的变化。由于思维的参与突破了以前认知只反映当前事物的局面，开始对客观事物进行间接的反映，如某 2 岁 9 个月婴儿进入幼儿园托班，看见班内一女孩因为小便湿了裤子而被家长接走，于是马上跑到厕所把自己的裤子尿湿，然后达到回家的目的。思维的参与也突破了以前认知只反映客观事物的外部特征和外在联系的局面，开始反映客观事物本质特征和内在规律性。例如：见到刮风下雨，是人们对直接作用于感官的客观事物的外部特征的感性认识；而为什么会刮风，为什么会下雨，则是对客观事物本质特征和内在规律间联系的间接的和概括的反映，这就是思维，是理性认识的结果。

思维的参加对其他认识过程(如记忆、想象)的影响也是一样①。婴儿逐渐能够认识因果关系和认识对象总体，思维的发生使认知过程产生了质变。

(三)思维的发展使情感、意志和社会性行为得到发展

思维对婴儿的影响并不仅仅局限于婴儿的认识方面，它还渗透到婴儿的情感、社会交往等方面。思维水平的提高可以使婴儿的情感深刻化，并出现高级情感，如道德感、美感。上述情感产生都基于对有关事物的理解。随着思维的发展，婴儿懂得了关心别人，有了同情心，也会根据别人对他的态度作出适当的情绪反应。由于思维参与，使婴儿知道自我和客体的区别，自我意识得到发展：如 18 个月的婴儿已经能表达自我感受。

思维的发生和发展使婴儿出现了意志行动的萌芽，婴儿开始明确自己的行动目的，理解行动的意义，并能认识到自己行为的后果，从而能够按照一定目的去实现行动。思维的发生发展，也使婴儿开始理解人与人之间的关系，理解自己的行为所产生的社会性行为后果，比如出现了责任感，出现了说谎和诚实的行为等。

(四)思维的发展促进儿童个性形成

思维的参与使婴儿的认识过程、情感过程和意志过程都发生了质的变化，这些方面的变化影响到婴儿的兴趣、爱好、动机、能力等方面，不同的思维水平使婴儿对世界的认识产生了差异，使婴儿在解决问题的方式和风格上有了独特性，所以思维促使婴儿最初个性的形成。

相关链接

独特的豆豆

豆豆在两岁三个月的时候，非常明确地知道：妈妈要去上班是不可改变的事实，纵然大哭大闹，不到下班时间，妈妈是不会出现的；妈妈在书房工作的时候，自己最好也是去“工作”(玩游戏)；妈妈头疼休息的时候，自己自觉去找爸爸玩。在与邻居弟弟玩的时候，会主动说：“弟弟玩，我在边上看。”有时候着急也非常想玩了，会说：“该豆豆玩一会了！”她知道自己会说故事，会跳舞，做这些事情的时候，就会很兴奋地又蹦又跳。但是她在亲子课上，老

① 罗家英. 学前儿童发展心理学[M]. 北京：科学出版社，2007：148.

师让跟着开口唱歌的时候，总是会比较腼腆地跑得很远，只是口型张开并不大声唱出来。听到爸爸语气严厉地大声说话时，她会撒娇委屈地说："爸爸不要生气！"豆妈慢慢发现，豆豆与别的小朋友很不一样，她会思考与推断事情的结果，然后选择她的处理方式。在认识、情感与解决问题上，她已经表现出了她的独特个性。

总之，思维是高级的认识活动，是智力活动的核心。思维的发生和发展使婴儿的整个心理水平不断得以提高。

二、婴儿思维发展趋势

(一)婴儿思维发展一般趋势

从思维的萌芽到成熟，其间经历了一系列的演变。儿童思维发展的总趋势是按直觉行动思维—具体形象思维—抽象逻辑的顺序发展起来的。儿童对事物的概括是从动作概括向表象概括再向概念概括发展，相应，儿童对事物的反映也从反映事物的外部联系、现象到反映事物的内在联系和本质。

1. 思维方式的变化

从思维方式的变化来看，婴儿思维以直观行动思维为主，婴儿后期具体形象思维逐渐萌芽。

直观行动思维是指以直观的、行动的方式进行的思维。直观行动思维依赖于一定的情境，同时也离不开儿童自身的行动。直观行动思维使儿童能对事物作出一定程度的概括，在刺激物的复杂关系和反应动作之间形成联系。这种思维的发展，使儿童的动作协调起来，为今后思维的发展打下基础。由于缺乏词的中介，直观行动思维具有狭隘性(思维的范围)、表面性(思维的内容)和情景性(思维持续的时间)的特点。但直观行动思维对于儿童动作的协调，以及从时间和空间上组织客体具有很大价值。

具体形象思维是指人们利用头脑中的具体形象(表象)来解决问题的思维过程。从19个月开始，婴儿在只考虑自己感觉到的和眼前所看到的事物的同时，也在学习如何思考自己所知道的、所记住的事物。这时候，婴儿开始能够把实物象征符号和实物本身联系在一起，逐渐地向具体形象思维过渡。具体形象思维是依靠表象，也就是依靠事物具体形象的联想进行。思维的具体形象性是在感觉运动性的基础上形成和发展起来的。婴儿后期的动作思维仍然占主要部分，婴儿的思维活动已经可以依托一个具体形象来展开了，具体形象思维开始逐渐萌芽。

2. 思维工具的变化

婴儿思维方式的变化，与其所用工具的变化相联系。婴儿的直观行动思维离不开其自身的行动。这时期婴儿的思维活动常常与他们的动作相伴随。动作是思维的起点，也是解决问题的手段。此时思维的工具是动作，把动作作为思维的主要工具使得婴儿的思维活动仅限于同感知和动作联系的范围，思维内容具有狭隘性。具体形象思维所用的工具主要是表象(头脑中物的形象)，婴儿后期，他们的思维就可以依靠头脑中的表象和具体事物的联想展开，他们已经能摆脱行动的束缚，能运用已经知道的、见过的、听过的知识来思考问题。婴儿时期直观行动思维中的词的概括调节作用是逐步产生的。思维与语言开始联系，第二信号系统开始发展。一般说来，2 岁到 2 岁半的儿童的思维，更多地依赖于直观和动作；而 2 岁半到 3 岁的儿童的思维，词、语言的概括调节作用开始变得比较明显。

相关链接

是谁呢？

两岁三个月的豆豆早上未起床听到外面洗脸、刷牙的声音就会问："谁啊？"然后自己回答："是奶奶！"和妈妈一起在家玩，听到开门的声音就会讲："爸爸回来了！"正常情况下豆豆妈妈会比较早回家，一次爸爸先回家，豆豆看到打开门进来的是爸爸不是妈妈，本来欣喜的脸立刻变了，几乎快哭着说："我要给妈妈打电话！"有一次给她洗完澡，她习惯性地大叫起来，"爸爸，给我拿浴巾！"妈妈问："爸爸在家吗？"她愣了一下，因为她知道爸爸出差，好几天都不在家了。因为舅舅在家，豆豆妈妈并不直接说，你让舅舅给拿吧，而是继续问："爸爸不在家，那你想想让谁给你拿浴巾呢？"顿了大约 3 秒钟，豆豆大叫："舅舅，给我拿浴巾！"在这些日常生活中，豆豆已经可以摆脱行动的束缚，运用已经知道的、见过的知识来思考问题，词、语言和思维的概括调节作用开始展现出来。

3. 思维内容的变化

最初的思维活动，只是反映知觉所不能揭露的，而利用实际行动改变客体形态后能够揭露的东西。由于依靠直接感知和实际行动进行，思维的内容仅限于感官所能及的具体事物，因此内容是表面的、片面的，依据儿童生活自身，范围比较狭隘，所反映材料的组织程度较低，不够灵活。这种思维所反映的往往是事物的表面化、非本质特性。随着思维的具体形象性，思维开始在头脑内部进行，其内容逐渐间接化、深刻化，逐渐能够客观地反映事物的关系和联系，范围日益扩大且深入反映事物。

4. 思维活动的变化

婴儿思维最初是外部的、展开的，以后逐渐向内部的、压缩的方向发展。婴儿直观行动思维活动的典型方式是尝试错误，其活动过程依靠具体动作，是展开的，而且有许多无效动作。这种外部的、展开的智力活动方式虽然能够初步揭露事物的一些隐藏属性以及事物间的一些关系，但只是儿童行动的客观结果，并没有预期的计划性与目的性。随着婴儿思维的发展，依靠内化的智力活动，其行为逐渐变得有目的性。这种在头脑中依靠表象为中介进行的内部思维过程，提高了婴儿思维的质量和水平。

相关链接

玩形状配对玩具历程

豆豆玩"数字玩具屋"和"形状嵌板"这类数字、形状配对玩具经历了几个阶段：拿着数字或形状直接硬往玩具屋或嵌板上放，到知道找一找"一样不一样"，再到知道是"正方形"要放在形状嵌板上的另一个"正方形"上的过程。豆妈并不是一开始就直接教给她要去匹配，而是先让他去感知和体验试误的过程，在她遇到认知困难的时候，引导豆豆去感受形状的一致性，然后再予以命名寻找。这一过程是符合婴儿思维活动变化的过程，并进行逐渐内化成有目的依靠表象为中介的思维过程。

(二)皮亚杰关于婴儿认知发展的阶段理论

研究婴儿思维的许多理论中，皮亚杰的儿童认知发展理论是20世纪最具广泛而持久影响的心理学理论之一，目前仍然是最广泛地被用来以分析、研究婴儿思维(认知)发展的有效理论武器，能够使我们对婴儿思维的发展过程有一个比较清晰的认识。因此以下特别介绍他所揭示的婴儿认知发展的内容。

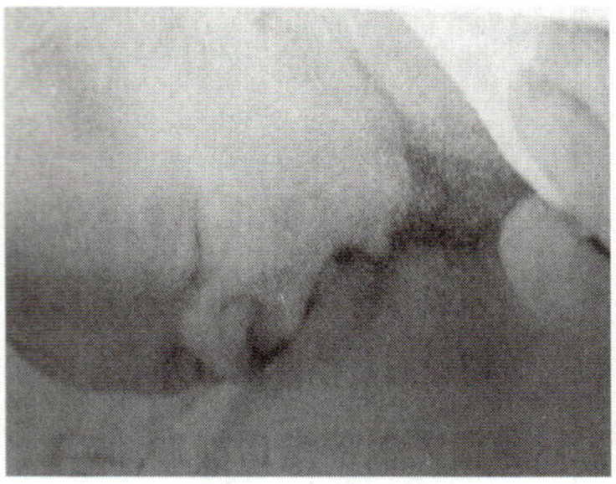

图 6.2.1　反射练习阶段的婴儿主要以吸吮等无条件反射适应外界环境

（引自：李燕，《学前儿童发展心理学》）

1. 感知运动阶段(0～2岁)

感知运动阶段是儿童智力发展的萌芽阶段。在这个阶段，儿童只能依靠感知和动作来适应外界环境。这一阶段又分为六个子阶段。

(1)反射练习期(0～1个月)

新生儿天生的无条件反射是婴儿身体发展和认知活动的中心。为了适应外界环境，无条件反射不断重复出现，但并非机械地重复，而是有练习的因素。天生的反射通过练习得到巩固，自身也得到发展，如由吸吮奶头发展到吸吮拇指或其他物体，并且逐渐有所分化，如能够区别奶头和其他物体。根据皮亚杰的观点，这种吮吸行为为提供给新生儿有关物体的信息，这些信息为进入感觉运动期的下一个亚阶段奠定了基础。

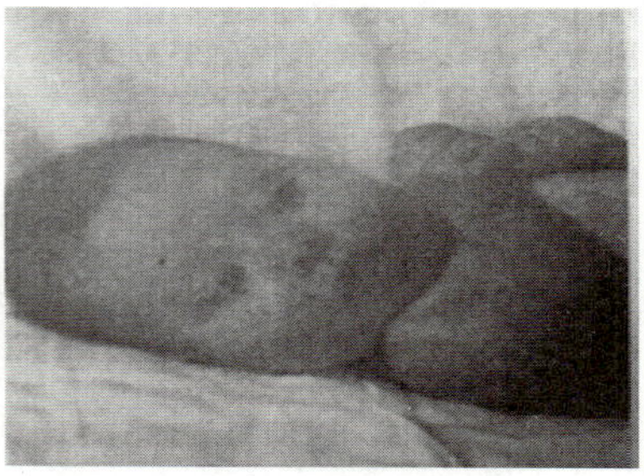

图 6.2.2　皮亚杰的子阶段2，婴儿的适应指向自己的身体，这个小婴儿仔细地观察手的运动，最初的循环反应帮助她有意地控制她的行为。

（引自：劳拉·E. 贝克，《儿童发展》）

(2)习惯动作期(1～4个月)

这个阶段又称初级循环反应阶段。在这个时期，婴儿开始将个别的行为协调成单一的、整合的活动。例如，婴儿可能将抓握一个物体和吸吮这个物体结合起来，或者一边触摸，一边盯着它看。在这个阶段，婴儿也形成了条件反射，即习得性动作，如视和听的结合，用眼睛寻找声源。初级的习得性动作变成自动性的动作，称为习惯性动作或初级循环反应。初级循环反应反映了婴儿不断重复感兴趣或喜爱的活动的图式，他们不停地重复只是因为喜欢做这些活动。皮亚杰把这些图式看作初级，是因为婴儿参与的这些活动主要集中在他们自己的身体上。因此，当婴儿第一次把大拇指放在自己的嘴里吸吮时，这只是一个随机事件。后来当她反复地吸吮自己的大拇指时，这就代表了一种初级循环反应。由于吸吮的感觉令人很愉快，因此她就一直重复这一行为。

(3)有目的的动作逐步形成期(4～8 个月)

这个阶段又称二级循环反应阶段。二级循环反应更具目的性。在这期间，儿童开始作用于外面的世界。例如，如果婴儿在自己所处的环境中通过随机活动引发了愉快的时间，那么他们就会试图进行重复。一个婴儿反复地拨弄拨浪鼓，并且以不同的方式摇晃拨浪鼓，以观察声音如何变化，他就表现出了调整自己有关摇拨浪鼓的认知图式的能力。

二级循环反应是关于重复行为的图式，这种行为能够引发想要的结果。初级循环反应与二级循环反应的主要差别在于，婴儿的活动是集中于婴儿自身(初级循环反应)，还是包含了与外界有关的行为活动(二级循环反应)，见图 6.2.3。

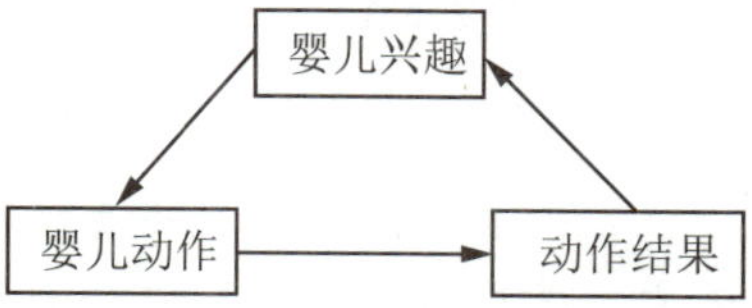

图 6.2.3　二级循环反应示意图

(4)手段与目的分化并协调期(8～12 个月)

这个阶段又称为二级循环反应的协调阶段。在此之前，行为仅包含了对物体的直接动作。而在此阶段，动作目的和方法开始发生分化，动作开始明显地表现出它是用做达到目的的方法。例如：婴儿抓住成人的手，向自己不能取得的物体的方向拉动，或是要成人的手揭开被遮盖的物体。同时，动作目的与方法之间开始协调，婴儿开始用新的方法而不是原有方法去取得一定效果。不过，此阶段所用方法都是婴儿熟悉的动作，用来去对付未曾遇见过的新情况。

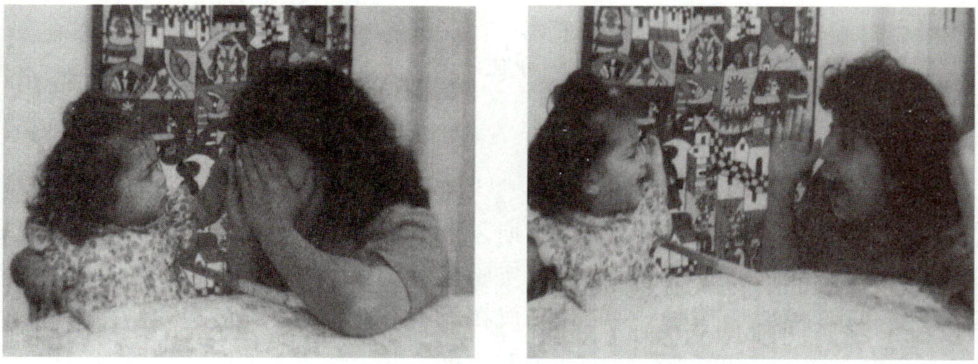

图 6.2.4　当这位 15 个月的小孩掌握物体表象的细微差异时，她喜欢隐藏——寻找游戏，如躲猫猫。她灵活的模仿能力使她比年幼时更积极地参加游戏。

(引自：劳拉・E. 贝克，《儿童发展》)

婴儿新产生的目的性、为了获得特定结果而采用方法的能力，以及他们预期未来环境的能力，与婴儿客体永久性的初步发展有关。当母亲把拨浪鼓放到地毯下面，该阶段的婴儿会尝试把地毯翻开，急切地寻找拨浪鼓。也就是说，婴儿已经知道即使看不到某个客体，它依然存在。婴儿获得客体永久性观念是感知运动阶段的最大成就，皮亚杰把这一成就称为“哥白尼式的革命”。在此之前，婴儿仅把自己看作是由众多客体组成的世界中的一个客体而已。这一重大成就主要表现为三个方面。第一，形成了稳定性客体的认知格式，当某一个客体在视野某处消失，他们仍能在该处寻找。第二，空间—时间的组织也达到了一定水平，形成空间“位移群”的基本结构。这时，对客体的定位可以按“位移”的线路追踪出来。皮亚杰指出“这个群的心理学的等价语义就是包含着回到原初位置或者围绕一种障碍进行迂回等行为的可能性”。

第三，表现出因果性认识的萌芽。皮亚杰认为稳定性客体及其位移的体系又是同因果性结构不能分离的。当儿童能运用一系列协调的动作实现其一个目的——如用手拉动面前的毯子，拿到放在毯子上的玩具的时候，就意味着因果性认识已产生了。所以，儿童获得客体永久性观念对儿童后来的认知发展具有极其重要的意义，是后来儿童认知活动发展的基础。

相关链接

客体永久性

客体永久性，是指儿童脱离了对物体的感知而仍然相信该物体持续存在的意识。皮亚杰认为，婴儿客体永久性概念的获得包含下列阶段：

1. 反射与初级反应阶段(0～4 个月)。眼不见心不想，物体只要从视野里消失，婴儿不会再去追视物体。

2. 二级循环反应阶段(4～7 个月)。可以顺着物体消失的地方目送物体消失但不寻找；如果物体只有部分被隐藏，婴儿会去找。

3. 二级协调反应阶段(8～10 个月)。婴儿视线追随着在视线内消失的物体，但寻找时仍在原来的地方搜索。

4. 三级循环反应阶段(12～18 个月)。物体无论换几个地方隐藏，婴儿会在最后藏物体的地方寻找。

5. 心理表象操作阶段(18～24 个月)。即使没有看见成人藏物体的行为，也会持续寻找看不见的物体，即客体永久性形成。

(5)感知运动智慧阶段(12～18 个月)

这个阶段又称三级循环阶段。在这一时期，婴儿发展了一些关于有意的行为变化产生希望结果的图式。此时婴儿似乎通过实施小型实验来观察行为的后果，而不是通过二级循环反应仅仅去重复喜爱的活动。例如，一个玩具放在毯子上婴儿拿不到的地方，婴儿试图直接取得这个玩具，失败以后，偶然地抓住了毯子的一角，由此发现毯子的运动同物体运动之间的关系，于是开始拖动毯子，希望取到玩具。婴儿从此开始探索达到目的的新手段，对情境进行反复试验，方法的变换似乎开始带有系统性。

在这一阶段，婴儿最感兴趣的是不可预测事件。他们觉得无法预期的事件不仅是有趣的，而且是可以解释和理解的。婴儿的发现能够导致新技能的产生。如，一名 14 个月的婴儿非常喜欢从高椅子上往下扔食物，也会扔玩具、勺子以及任何东西，她似乎只是想看看这些东西是如何碰撞到地面的。她很像是在做实验，看看她扔的不同的东西会制造出什么样的噪声，或飞溅成什么样子。

(6)智慧的综合阶段(18～24 个月)

这个阶段是感知运动阶段的终结和向前运算阶段的过渡。这一阶段的主要成就在于心理表征或者象征性思维能力的获得。心理表征是指对过去事件或客体的内部意象。皮亚杰认为，到了这个阶段，婴儿能够想象出看不到的物体可能在哪里。他们甚至能够在自己的脑海中描绘出看不见的物体运动轨迹。因此，如果一个球滚到某个家具下面，他们能判断出球可能出现在另一边的什么地方。儿童不仅用外部动作来寻找新方法，而且也用头脑内部的动作达到突然的理解或顿悟。例如，儿童面临着一只稍开口的火柴盒，内有一只顶针，他首先使用外部动作，试图打开这个火柴盒(这是第五阶段的动作)。失败以后，他停止了动作，细心地观察情况，同时把自己的小嘴缓慢地反复地一张一合，或是用手模仿一张一合的样子。这就是在头脑中进行了使火柴盒的口张开的动作，最后，他突然把手指插进盒口，成功地打开了盒子，取得了顶针。这种头脑中完成的内部动作的出现，说明产生了智力的最初形态，标志着感知运动协调的完成，同时向新的阶段——前运算阶段的过渡。

2. 前运算阶段中的象征思维(前概念)阶段(2～4岁)

这一阶段的主要特点是思维开始运用象征性符号进行，出现表征功能，或称象征性功能。儿童可以用一物代替另一物，而后者是与之有意义联系之物。在表征系统中，符号本身(意义所借)与符号所表示或象征的东西(意义所指)这二者之间的联系不存在于客观事物本身，而存在于认知主体的主观意识中。例如儿童游戏时，用竹竿当马，用板凳当车；这里，竹竿、板凳就是“意义所借”，而马和车就是“意义所指”(被象征的事物)。在此情况下，是通过儿童的想象把这二者联系在一起。象征思维是“中心化”的思维，或称为“自我中心思维”。这一阶段儿童在一个时间只能考虑到事物的一种特征，不能同时照顾两种特征。

象征思维(前概念)阶段的特点，还表现在认为个别成分并不是在整体中。儿童不能理解从一堆小钱中拿出来的小钱，是这一堆小钱中的一部分。由于不能掌握部分与整体的关系，只有部分与部分的直接等同，因而这个阶段的儿童常常运用的是“转导推理”。皮亚杰认为，在这一阶段的儿童还不善于用语言来表达他们所注意到和感兴趣的事物。他们虽然也能使用词语，但还没有形成概念(未能概括出事物的共同本质)，只是用符号来表示某些形象，而不代表一类事物。如某婴儿在几个星期内的时间内用“可乐”这个词来指所有饮料。婴儿还未获得关于各种类的概念，而成人的思维却总有类概念来组织；同样，儿童也不能从给定种类中辨认出单个物体。

想一想

皮亚杰的发生认识论过时了吗？

皮亚杰把他的理论称为“发生认识论”，表明他的研究重点和理论本质是一种认识论，不同于通常意义上的儿童心理学理论，因其理论的丰富性和启迪性，引发了更多的儿童心理学家对认知研究的热情。如新皮亚杰主义将皮亚杰理论与信息加工理论相结合，强调了认知变化的新内容。也有学者认为儿童认知的发展并不呈现明显的阶段性，而以连续性为主。更多的学者认为皮亚杰方法论的影响，其理论低估了婴儿的智慧水平。不少人还认为皮亚杰过分强调认知结构的一般性。

近10年来，欧美心理学界对婴儿认知尤其是思维发展进行了广泛而深入的研究，取得了丰富而翔实的实验材料。这些材料有的与皮亚杰经典的婴儿认知发展理论相一致，有的则不大一致，甚至完全相反。可以说，当前婴儿思维研究及其最新进展对20世纪60年代以来建立起来的经典的(或者说权威的)皮亚杰认知发展理论提出了怀疑和挑战。目前关于婴儿思维研究的最新成果有许多与皮亚杰的经典理论有所出入。这些最新成果表明，采用启发式搜索策略的问题解决行为在新生儿期就已产生并贯穿于整个婴儿期的发展之中。6个月以前婴儿已能进行模仿，12个月以前已能利用工具解决问题，并获得了手段—目的分析策略。这表明婴儿的表征能力在很早的时候(至少在12个月以前)就已经产生，推翻了皮亚杰的“表象是感知运动阶段的最终成就”的结论。

这些新观点使发展心理学的研究精彩纷呈，大大拓展了我们对儿童，尤其是婴幼儿的认识。但所有这些新观点到目前为止，尚不足以动摇皮亚杰的理论体系。在某些具体的观点上，皮亚杰也许是不对的，但正如西格勒指出的，“皮亚杰在总体趋势上……唤起我们的直觉和我们对童年的记忆”。

(三)朱智贤、林崇德关于婴儿思维发生发展亚阶段的认识

我国著名心理学家朱智贤、林崇德在研究总结各种分析材料的基础上，提出3岁前儿童思维发生发展亚阶段可分为四个时期。①

1. 条件发射建立时期(0～1个月)

婴儿在出生后的第1个月，即新生儿时期。这个时期主要是形成最初的条件反射，它标志着婴儿心理的发生，标志着作为个体的人的心理的、思维的最原始的形态。条件反射是由脑来实现的一种信号机能，它反映和揭示刺激物的意义，从而使人能按照事物的信号和意义来调节自己的行为。因此，从一开始，条件反射就具有一定的能动性。

2. 知觉常性产生、发展时期(1个月～1岁)

在这一阶段，婴儿形成了各种感觉，知觉和知觉常性得到较大发展。例如，婴儿五六个月大时，手眼协调运动开始出现。在认识物体时，对物体形状的认识起到重要作用，这就需要眼睛看到物体并且用两手摆弄、抚摸物体的手眼协调运动实现。八九个月至1岁，婴儿开始认识客体的永久性，从此，知觉常性和客体永久性迅速发展起来。依靠作为感性认识的感知觉、知觉常性、客体永久性，有利于个体加深认识，进行记忆加工，为在头脑中形成形象、表象，为形成初级的思维，创造了积极的条件。

3. 直观行动性思维时期(1～2岁)

儿童从1岁至2岁，是婴儿动作和语言开始迅速发展阶段。在动作的发展过程中，由于语言功能的出现，婴儿的直观行动概括能力逐步发展起来，这是人的思维的低级形式。儿童在单词句时期(1.5岁左右)，开始发现每一事物都有一个名称。名称也是最初的概念和判断。因此，一般对3岁前婴儿的“智能测查量表”的主要内容是动作的发展、语言的发展和概括能力的发展。当然，2岁前后婴儿的概括一般只限于事物的外表属性，还不能认识事物的本质属性。

4. 语言调节型直观行动思维时期(2～3岁)

此阶段是词的概括、概念，以及语言思维产生的阶段。但这个阶段仍然带有极大的情境性和直观行动性。一般说来，2～2.5岁和2.5～3岁的婴儿思维水平是有区别的，前者更依赖于直观和动作，后者却有较明显的词的调节。2.5～3岁，是儿童从直观行动思维向具体形

① 朱智贤，林崇德. 思维发展心理学[M]. 北京：北京师范大学出版社，1986：432-433.

象思维转化的关键年龄段。

任务回顾

序号	本节知识要点	教师认为应达到的程度	学生自评达到的程度
1	思维在婴儿心理发展中的作用	☆☆☆☆	☆☆☆☆
2	婴儿思维发展的一般趋势	☆☆☆☆	☆☆☆☆
3	皮亚杰关于婴儿认知发展的阶段理论：感知运动阶段、前运算阶段	☆☆☆☆	☆☆☆☆
4	朱智贤、林崇德关于婴儿思维发生发展亚阶段的认识	☆☆☆☆	☆☆☆☆

第三节　婴儿思维特点描述

23个月的丽莎想跟爸爸开个玩笑，不想让爸爸把勺子放进水槽里，当她试图把勺子从爸爸拿得到的地方移开时，打翻了一杯牛奶。随后，她低下头对自己造成的后果感到内疚。她爸爸假装严肃地问："这是谁干的？是不是你？"丽莎听了以后一动不动。过了大约10秒钟，她回答说："不，不是我干的，是姐姐干的。"这个回答表面上显得很愚蠢，因为爸爸明明看到了事情的全过程，而且清楚这个事情与姐姐一点关系也没有。但事实是，作为丽莎这个年龄的孩子，她非常聪明。她的回答体现了思考的迹象，而且开始摆脱动作与思维同行的局面，使"先思而后行"成为可能。婴儿到底从什么时间、以什么方式开始了他们的思维之旅？这正是本节想要探讨的内容。

思维与其他认识(感知觉、记忆)活动相比，最根本的不同在于：它对客观现实的反映具有概括性和间接性。高级的思维称为抽象逻辑思维，它以语言为工具来反映事物的本质和规律。婴儿缺乏以"词"来进行概括的能力，所以，从严格意义上说，婴儿还不具备抽象逻辑思维能力。但在婴儿的直接行动和感知中，已有了对外物的初步概括与间接反映。据此标准，婴儿已经具有思维，只不过还处于人类思维发展的低级阶段。由于婴儿思维具有独特性，所以，我们把婴儿阶段的思维叫作"行动的思维"或"手眼的思维"。

一、婴儿思维产生的标志和时间

心理研究常常把概括性、间接性和初步解决问题的能力作为思维发生的指标。新生儿只有一些先天的本能反应，认知中不具备概括性和间接性的特征，所以他们没有思维。在机体成长与环境条件的相互作用下，婴儿在认知中逐渐出现对客观事物概括、间接的反应，此时意味着婴儿的认知产生了质的飞跃——思维开始萌芽与发展。

(一)表意性动作的出现——标志着认知出现间接性(11～12个月产生)

表意性动作，是指借动作表达意愿的行为。11～12个月的婴儿，会用手指向想要的东西或想要去的地方，其实是通过动作向成人表达自己的意愿和目的。这时，手已不仅仅是操作物体或触摸物体的工具，其动作表现出类似于语言的功能。婴儿借用“手势语”反映自己的内心想法，意味着他已经能预见成人会按自己的“手势语”提供帮助。婴儿此时的认知已超越了被动感知的水平，开始出现对未来情况的预见，而预见性正是认知间接性的明显标志。

(二)工具性动作的出现——标志着认知出现概括性(1岁左右产生)

工具性动作，指的是按照物体的结构特征和功用使用物体的行为。1岁以后，婴儿对手中的物体不再只是盲目地敲敲打打，而开始按照物体的性质进行操作。比如，只拖拉带轮子的各种玩具，不会拖拉没有轮子的玩具；用餐具喂洋娃娃，不会去喂汽车或积木；用各种样式的笔画画，不会拿笔去吃饭等。对一类物品用同类动作，说明婴儿对物品已有了初步的分类，而分类的基础就是“概括”。

(三)试误出现——标志初步解决问题的能力出现(1～2岁产生)

当认知出现了初步的概括性和间接性后，婴儿开始用“试误”方法解决问题。我们常看到这样的现象：当婴儿在几次伸手拿不到放在毯子远端的玩具时，会有意识地试拉毯子。他似乎想发现毯子移动和玩具移动的关系。在确认了拉毯子与玩具移动的关系后，婴儿通过拉毯子解决了拿玩具的问题。以后，每当遇到新的问题时，婴儿都会通过类似的“试误”动作来寻求解决问题的方法。在积累了一定经验后，“试误”动作越来越少，头脑中的思考越来越多。试误动作的出现说明婴儿有了初步的分析综合与判断推理能力。

相关链接

“试误”与“顿悟”

“试误”是美国心理学家桑代克提出的问题解决理论。桑代克认为，问题解决是一定情境和一定行为在多次联结中最终取得达到一定目的效果的学习行为。比如，猫在笼子里乱撞乱跑的活动中偶然触动开关，获得食物；在以后的重复活动中，猫的纷乱行为逐渐减少；最后猫一进笼子就去触动开关以得到食物。

“顿悟”是格式塔心理学家柯勒提出的问题解决理论。他认为，问题的解决不完全需要一系列尝试，有时对事物关系的理解是突然发生的。比如，把一只黑猩猩关在小屋里，天花板上挂了一串香蕉，屋子角落放了一个空箱子。黑猩猩开始会在屋里走来走去，后来突然把箱子移到挂香蕉的地方，站在箱子上拿到香蕉。

顿悟与试误在婴儿解决问题的过程中都会出现，它们是解决问题的不同阶段。当婴儿经验积累到一定程度时顿悟的方式就会更多出现。

当婴儿的认知出现了概括性、间接性反映，当婴儿的行为出现了初步解决问题的智慧型动作后，就标志着婴儿思维的产生。一般来讲，婴儿从 11 个月起开始显现出上述思维特征，所以思维的产生时期在 11 个月～2 岁之间。

二、婴儿思维的总体特点

（一）直观性和行动性

婴儿的思维是在感知和行动中进行的，离开了直接的刺激或具体的行动便不能思维。这时，孩子的主动性很差，只能边动作边思考。例如，孩子身旁有个布娃娃，他就拿起来做"给布娃娃喂食"的游戏；布娃娃被拿走了，布娃娃游戏也就停止了。当孩子骑在竹竿上的时候，他就在想骑马的事；竹竿丢了，骑马的事就忘掉了。这表明婴儿还不能离开眼前的物体和自身的操作行为去思考和计划，思维只能伴随着动作和感知展开。在接近 3 岁时，由于积累了一些经验，思维才开始逐渐摆脱动作和感知的限制，凭借头脑中的表象解决问题，到此时婴儿才具备了"先三思而后行"的能力。

（二）初步的概括性和间接性

手眼协调动作使婴儿看到了动作带来的结果，于是开始推导自己动作对客体的影响。比如，通过有意识地敲打玩具柜门以证实"听到声音爸妈会来帮助我"的猜想；反复地按动电灯开关以求证"开关与灯亮确有关系"的想法。上述行为标志着婴儿已经知道可以通过间接的手段达到目的。

随着婴儿与外界事物相互作用经验的丰富以及与成人语言交流的日益增多，"词"开始进入婴儿的认识领域。最初，婴儿说的"词"只标志某个特定物体，如说"狗"就是特指他家里那只宠物犬，不是指其他的各种狗。以后，"词"开始标志一组类似物体，产生了最初的概括，但此时的"词"仅是对物体外部特征的概括，还没有形成反映物体本质特征的"概念"。如有的婴儿把所有有毛的动物都叫作"狗"，实际上并未理解"狗"的本质特征。这些都说明婴儿的概括还算不上真正意义上的抽象概括。

（三）行动缺乏计划性和预见性

心理学家做过这样的一个实验：要求 3 岁以下、3～5 岁、5 岁以上的三组婴幼儿把零散的图板拼成完整的图像，并要求他们拼图前和拼图后分别说"你想拼成什么?"和"拼成了什么?"实验显示，各年龄组的表现很不相同：3 岁以下的孩子：在拼图前说不出要拼什么，拼图动作随时被周围环境打断，如本想拼虫子，但拼到一半就忘记了自己在拼虫子，开始玩起纸来，后来又去玩凳子……偶尔拼出一个图形，图形像什么，就随意说拼成什么。3～5 岁的孩子：在开始行动前，会笼统地说出自己想拼的东西，在拼的过程中似乎随时在调整自己的计划，边说边拼，比如先说要拼个虫子，一会儿又说要拼香肠。虽然目标不断调整，但能基本按目标拼出图形。5 岁以上的孩子：在拼图前会用语言描述自己的拼图计划，甚至会把整个拼图的程序描述出来，最后可以完全按照最初的目标拼出图形。从上述的实验看出，儿童 3 岁前的思维缺乏明确目标，相关动作不能组成一个有机整体，其思维离不开动作，对行为后果的预见性低，呈现出“先行后思”局面；3～5 岁的孩子思维开始摆脱动作，呈现出“思、行并行”的局面；5 岁以上孩子的思维具有抽象性，呈现出“先思后行”的局面。

(四)自我中心化

9 个月左右，孩子学会去寻找被隐藏起来的物体，产生了“客体永久性”的概念，意味着他认识到客体独立于自我而存在的事实即“不被自己看到的东西仍然存在”。婴儿 18 个月时，虽然已经摆脱自我与客体不分的局面，但此时仍不能意识到他人观点的存在，不能从他人或客体的角度去思考或估量事物。其表现是：绝对性(因为只相信自己的观点，出现泛灵论①、人工论现象②)、不可逆性(无法推导姐姐比妹妹大、妹妹比姐姐小的问题；也无法听懂反话)、主观性(想象与现实混淆)。这些都是思维“自我中心”的典型表现。

想一想

自我中心化与自我中心主义有不同吗?

这两个概念在字典上都有“自我主义”“自我中心”“利己主义”等解释，但皮亚杰所使用的自我中心化不具有“利己主义、自我吹嘘”等含义。他用这个概念来描述婴儿在发展过程中还处于不能把自我与外界分开，意识不到自身存在的现象，2 岁左右还不能从客体或他人的角度思考问题。自我中心化无论如何要与自私自利的自我中心主义分开。

三、婴儿思维形式(概念、判断、推理)的发展水平

思维包括分析、综合、比较、概括等一系列过程，此过程又通过概念、判断、推理等思维形式进行。下面就从婴儿思维形式的实际发展水平入手来描述婴儿思维的特点。

(一)婴儿概念掌握的情况

概念是思维的基本形式，是对事物本质特征的反映。概念掌握是指个体掌握社会业已形成的“概念”的过程。婴儿在与成人的交往中、在与客体的互动中，是如何理解业已形成的“概念”的？他们掌握“概念”的水平又如何呢？下面我们从几个重要的概念入手来了解婴儿这方面的发展情况。

1. 类概念的掌握水平

属性相同的许多事物共同组成的一个群集称为“类”，如桌子、椅子、床等可以称为家具，家具就代表一类事物。同一类的事物按照它们的隶属关系形成了金字塔式的层级关系。比如，家具是一类事物，包含桌子、椅子、床等，其中的桌子又包含书桌、餐桌、电脑桌等。如果桌子为基本类别(基本概念)，家具是桌子的上级类别或上位概念，书桌是桌子的下级类别或

---

① 泛灵论：就是将所有的客观事物都视为是和自己一样有生命、有意识的。比如，婴儿认为风知道自己在吹、桌子知道痛。

② 人工论：儿童认为世界上万事万物都是人造的。比如，一个孩子认为湖是被人挖的并灌了水，天上星星是被人抛上去的。

下位概念，见图 6.3.1。

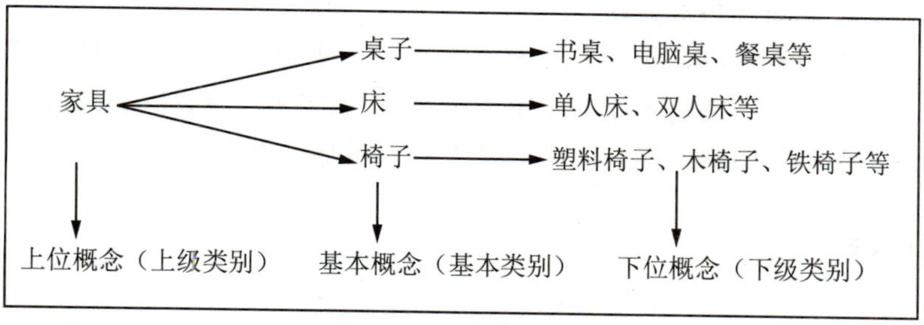

图 6.3.1　类概念举例

桌子、椅子、床之所以被称为基本类别或基本概念，是因为它们外形相似、有大致相同的功能、人们经常使用、儿童口语中最先掌握。

对类概念的研究发现，学前期儿童的类概念呈现三种等级水平。①

水平 1：乱分，完全看不出分类的依据和标准，也说不出任何分类理由。比如，问为什么这样分，孩子要么不回答，要么把物体名称重复一下。

水平 2：按照事物外观特征、情境、功用等非本质特征进行分类，此时能说出分类的理由。比如把红球与红衣服分到一起，是因为颜色一样(外观特征分)；把桌子、书包归到一起，是因为书包是放在桌子上的(情境分)；把床、椅子、车放在一起，是因为都可以坐(功用分)。

水平 3：按照正确概念分，能抽象概括出事物的本质特征，不再受事物外观的影响。比如，把马、麻雀、狗都称为动物；把汽车、火车、飞机都称为交通工具。

相关链接

归类发展的等级类别

研究发现，婴儿中已确定有 3 种类别概念水平。

1　参照等值表象：把同一物体的不同外部表现知觉为同一类。①同一物体不同情境下的不同外部表现被忽略：同一物体远近距离不同时形状大小上的差异被婴儿忽略。②同一物体不同纬度差别被忽略：把立体的正方体和平面正方形归为一个物体。③不同感官通道输入的同一物体信息归为同一类：婴儿在触摸一个真实物体后对同一物体的平面图片更关注。

2. 知觉等值表象：把物理性质或外观相似的不同物体知觉为一类。如，把深浅不同的绿色物品归到一类，把大大小小的积木归到一类。

3. 概念等值表象：通过非形象的标准或语言描述将东西归类。比如，按功能将各种形式的食品归类。

心理学家通过“习惯化—去习惯化”研究婴儿的早期分类表明，婴儿最早的分类能力表现在对家庭成员不同情绪的反应上。12 个月大的婴儿就能够将物体按类似成人的分类标准进行

① 方富熹，方格，林佩芬. 幼儿认知发展与教育[M]. 北京：北京师范大学出版社，2003：106-107.

归类——如将物体分成食品、动物、车辆等，能将人分为女人和男人，能够分辨喜、怒不同的表情，能区别日常活动和其他活动。

事实上，在日常的生活中，我们常常看到2岁的孩子把汽车、洋娃娃装进玩具柜而不会把衣服、餐具装进玩具柜；接近3岁的孩子特别喜欢玩“装扮”游戏，装扮游戏需要将角色涉及的用具、行为甚至场景归到一起，此类游戏没有初步分类能力是无法进行的。

相关链接

一项分类能力研究

我国心理学家方富熹与方格1986年进行过一项分类能力研究，让3岁儿童将画有方桌、折叠桌、小猴、长臂猴的图片分组。几乎所有的孩子都懂得把方桌、折叠桌归为一组，把小猴、长臂猴归为一组。这个实验说明，3岁孩子能按桌子和猴子这两个基本概念进行准确分类。在上述实验中，继续要求孩子说明分类理由的时候，3岁孩子能分类，但有85.7%的人说不出理由，14.3%的人能按物品外观和功能说出分类理由，没有一个孩子能正确说出以事物本质特征分类的理由。此实验说明，分类水平与说出分类理由水平是两种水平。

由于3岁以下孩子词汇贫乏，用语言表述理由时常遇到障碍，所以类概念的掌握是内隐的。主要表现为以下几方面。

第一，大多以物品外部的知觉特征(颜色、形状、声音等)进行分类。例如，婴儿是按动物的腿和车辆的轮子这样的外部特征来区别动物和车辆的。2岁后婴儿对事物的分类开始变成概念性的，即根据物体共同的功能和行为进行分类。

第二，能进行初步分类但无法说出分类理由。14个月的婴儿看见实验者做给摩托车喝水的示范后，在实验者出示的小兔和摩托车两者之间，婴儿坚持选择给小兔喝水。3岁的儿童面对一个2岁儿童而不是成人时，他会用一些短和简单的表达方式。2～4岁的儿童能够在自己熟悉的物体中，将有生命的物体与无生命的物体区别开来，他们不认为魔幻能够改变日常生活。种种迹象表明，婴儿虽然不能用语言表达他们对不同事物概念间区别的理解，但他们对待事物的不同操作方式说明了他们能进行分类。

第三，当物品具有两个以上外观特征并且多个混杂在一起摆放时，容易出现分类混乱。比如，当把数个红色、绿色的圆盘子和方盘子混杂时，让孩子把红色的圆盘子分在一起，就很困难。

第四，对基本概念的(如桌子、狗)掌握先于上位概念(如家具、动物)和下位概念(如各类桌子、各种动物)。因为基本概念跟人们日常使用的基本词汇相对应，儿童经常看到基本概念的实际例子(比如狗，桌子等)，而上位概念(如家具)的实际例子太多，超过婴儿掌握的水平，下位概念的内涵(特征的描述)太复杂，婴儿也难掌握，所以，婴儿最初掌握的大部分概念是基本概念。有时婴儿会用基本概念指代上位概念，发生概念错误。比如，用狗指所有的动物：看到猫也说狗，看到马也说狗，看到兔子也说狗。

第五，词与类概念之间经常脱节。比如，当婴儿说出“动物”这个词时，可能只是指他在动物园看到的动物，他无法理解蚂蚁、蜜蜂也是动物。说明婴儿虽然说出了“动物”这个词，但并没有真正理解“动物”这个类概念的本质。

2. 数概念掌握水平

自然数包括两个方面，一是基数，它是指一个集合所含的元素数即一组物体的个数。二是序数，它是指一个数相对于其他数来说所居的顺序位置。数概念是指个体对自然数这两方面的认识。

相关链接

法国科学家研究发现婴儿3个月时开始形成对数字的认知

一个由法国原子能委员会和法国卫生和健康研究院的科研人员组成的研究小组发现，人类对于数字概念的认知自出生后3个月起就开始初步形成，该项研究成果刊登在2008年的《科学公共图书馆·生物卷》上。

20多年来，科学界一般都认为，一个人对于数字的最初意识开始于婴儿期的5～6个月，这个时期婴儿的举动和反映显示出他们已经对数字有了最初的意识。

此次法国研究人员在法国原子能委员会下属的NEUROSPIN实验室，利用该实验室电磁场影像技术来解析大脑感觉和认知过程中神经元图像这一领域的技术优势和丰富经验，通过电子脑造影技术来观察和测量婴儿大脑对外界事物及数字变化的反应。根据以往的研究显示，在人类的大脑中有着对数字和算术特别敏感的神经元。

研究显示，对于3个月的婴儿而言，他们虽然没有像成人或儿童那样的对数字的认知能力和意识，但是婴儿的脑电造影成像显示，当他们面前的物体出现数字性变化，如1个变成2个时，婴儿大脑中的神经元会有异常反应，这也就表明，这个时期的婴儿已经对数字有了最初的认知。

（引自：《科学公共图书馆·生物卷》）

一般认为，儿童掌握数概念的水平可以通过以下三个指标来衡量。

第一，认识数的实际意义的情况(即理解数与量的一一对应关系)。“数”指基数与序数，“量”表示的是事物存在的规模和发展的程度。数量关系就是数值与物体数量的一一对应关系，比如，知道“1”可以对应一个人、也可对应一个苹果、一只狗等；“2”可以对应两张桌子、也可对应两个碗、两本书等。

第二，认识序数的情况。即认识一个物体在自然序列中的位置以及与左邻右舍的关系。比如，在“红花、盘子、书包、洋娃娃”排列的序列中，书包排在从左到右数的第“3”个位置，排在从右到左数的第“2”个位置。

第三，认识数的组成情况。即认识自然数都是由“1”或若干个“1”组成。比如，5个“1”可以组成“5”，2个“1”和3个“1”可以组成“5”，4个“1”和1个“1”也可以组成“5”。“5”可以被分成2个“1”和3个“1”等。

数概念这三个方面是相互联系的，其中第一个方面是最核心的成分。下面就从三个方面分别说明婴儿数概念的发展水平。

(一)婴儿对数的实际意义(数量一一对应关系)的认识

①对多少的感知

在婴儿没有掌握口头数数以前，婴儿已具有关于数量关系的模糊概念。在一项早期研究中，心理学家 Strauss 和 Curtis 通过操作性条件反射教孩子触摸嵌有两排圆点的平板。其中一排圆点的数量少；另一排圆点的数量多。连续几次，只要婴儿触摸点数少的那排都会得到奖励，触摸点数多的那排无奖励。比如，当嵌有一排 3 个圆点和一排 4 个圆点的平板呈现时，只要婴儿触摸有 3 个圆点的那排就会得到奖励，触摸有 4 个圆点的那排将不会得到奖励。接下来给婴儿呈现一个一排 2 个圆点和一排 3 个圆点的平板，如果婴儿只是简单地对受奖励数字进行反应，他应该触摸有 3 个圆点的那排。事实上，16 个月大的婴儿触摸的是有 2 个圆点的那排，说明 16 个月的婴儿对数量的多少有了概念。

相关链接

有一个实验，研究者向两个不透明的盒子中，一次一片放入不同数量的饼干，发现10～12 个月的婴儿在选择投了 2 个或 3 个饼干的两个盒子时，会去拿装有 3 个饼干的盒子。而当两个盒子装的饼干数增加到 4 以上后(比如 4 个和 5 个比较，7 个和 9 个比较)，10～12 个月婴儿的选择变得盲目。说明 12 个月以下的孩子只能进行 3 以下数目的多少比较。

Spellke(2000)和 Brannon(2002)研究发现，当两个集合之间的数目比为 2∶1 时，婴儿数目差异比较能力会增强。比如，当两个盘子中苹果的数目比是 8 和 4、10 和 5 时，婴儿对两个盘子中数量多少的判断准确率优于 7 和 5，9 和 6 的比较。此时婴儿还不能比较 3 个集合之间的数目多少，比如，婴儿还不能回答：A 盘子、B 盘子和 C 盘子三个盘子中的苹果哪个多的问题。

②了解数数、点数与量的初步关系

由于语言的发展和教育影响，18 个月后的婴儿开始口头数数，他们比较喜欢唱“一、二、三、四、五，上山打老虎……”等儿歌。但是婴儿会唱数并不等于理解了数字和量的关系。林崇德(1980)的研究表明，学前儿童对数字与量关系的理解经历了口头数数—按物点数—按数取物—说出总数四个阶段。3 岁以下婴儿对数量关系的理解水平大多处于前两个阶段，仅有部分儿童可以根据成人指示按数取物，但也只能拿出 3 个数目以内的物体(吕静，1984)。

在“口头数数——按物点数”两个阶段婴儿的表现特点如下。

无数量概念阶段——口头数数。3 岁的儿童已能口数 20 以内的数，其最初的口头数数只具有一种顺口溜式的唱数性质，对数字与量的关系并不懂。该阶段的口头数数有以下特点：①一般从 1 开始数，不会从任意数开始数，更不会倒数。②往往是一口气往下数，稍受干扰就数不下去。③经常漏数数字或多数数字，口数到进位部分时，常出现错误。

初步数量概念阶段——按物点数。所谓按物点数就是要求儿童在口头数数的基础上，把数字和物体一一对应。从口头数数到按物点数，要经历一个从手口不一致到一致的过程。这一阶段儿童常犯的错误是：①手指一个物体，但口说两个或更多数字。②在口数两个物体时，数字顺序出现错误，将之点数成 3、5 或 5、7 等，缺乏中间的数 4、6。③正确点数每个物体，但在两个被点的物体间多说一个额外的数字。研究表明，当儿童数量关系模糊时，按物点数容易受下列因素的影响：客体大小(如，对体积超过 10 立方厘米的玩具点数比对围棋子点数成绩好)、客体空间排列(如，排成一行的围棋子比排列不规则的围棋子点数成绩好)、手的动作(如手拨动物体点数成绩比手指着物体点数成绩好)、客体呈现次序与呈现的稳定性(如点数桌上的玩具比点数敲击声成绩好)。研究发现，3 岁以下婴儿能够正确按物点数 5 个到 6 个物体，一般不会超过 10 个物体，点数后更无法说出总数。

(2)婴儿对数序的认识

儿童模仿成人按照自然数的顺序进行口头数数，从口头数数的活动中第一次接触到数序。当孩子接近 3 岁时，在点数物体的过程中反映出数值与物体的一一对应关系(如点数时既不遗漏任何物体也不重复点数其中一个物体)，并且点数时能按物体位置(由左到右或由上到下)由小数到大数报数，说明此时的婴儿对数序有了内隐的理解。研究发现，2.5 岁的孩子知道数字与其他的描述性词汇有差异，比如，当让孩子数三个不同颜色的玩具时，孩子不是按照红色、黄色、绿色来点数，而是按照 1、2、3 数字点数，说明孩子理解了数字不是物体的特征，是表达物体在群中的位置或数量的符号。

“数序”的认识与教育训练关系密切，接受过训练的孩子对数序的理解高于没有训练的孩子。在日常生活中到处存在“序”，比如孩子跑步，谁跑得最快？其次又是谁？这是第一、第二的问题；班上谁的个子最高？其次又是谁？也是第一、第二的问题。教师可以结合生活中的实例，从认识第一、第二入手，让“序”成为孩子可以感受的东西，序的认识也就不难了。

(3)婴儿对数的组成与分解的认识

对数的组成的认识包括数的组合与分解。婴儿有这种认识吗？如果有，又达到了什么水平？

大部分 1.5 岁的儿童和全部 2 岁儿童都出现了理解加减法的反应。1.5 岁儿童对加数或被减数小于等于 2 的加减运算能理解；2 岁儿童对加数或被减数小于等于 3 的加减运算能理解。没有实验表明婴儿能用口头计数方法运算 2＋1＝？或 2－1＝？的题目。直到 3 岁以后，部分儿童才能口头解答 4 个物体再增加 1 个物体等于多少或 4 个物体减去 1 个物体等于多少的问题。

相关链接

斯塔克(Starkey)等提供了婴儿内隐算术知识的早期证据。他设计了一个搜索箱任务，考察 1.5 岁到 3 岁儿童是否理解加减法影响数量的变化。搜索箱是一个有盖子的箱子，顶上有一个开口，下面有个夹层。开口处覆盖着布片，以保证人可以把手伸进去但看不见箱里的东西。在第一个实验中，要求婴儿把 3 个乒乓球一次一个放进搜索箱里，在放完最后一个球时，立即告诉他把球取出来。如果婴儿一旦取出 3 个球就立即停止搜索，就可以认为婴儿记住了所放的球数。实验结果表明，2 岁的儿童能记住 1～3 个球；3～3.5 岁儿童能记住 3～4 个球。第二个实验的程序与第一个实验基本相同，只是在婴儿把球全部放入搜索箱后，研究者再往箱里放进或拿出 1～3 个球。如果婴儿理解了加法，他们应该在搜索箱中继续寻找比他们放入数量更多的球；如果婴儿理解了减法，他们应提前停止搜索。第二个实验证明，婴儿具备加与减的内隐知识。

3. 空间概念掌握水平

空间概念包含两层含义，一是物体空间属性概念。二是物体空间关系概念。空间属性指物体在空间上的三个维度：长度、面积(大小、形状)和体积。空间关系反映自身和物体在环境中所处的空间位置(含方位知觉、距离知觉)。儿童对空间属性概念掌握较早，对空间关系概念掌握较晚。下面分别从两个方面描述婴儿的空间概念掌握情况。

(1)婴儿对物体空间属性掌握情况

空间属性是对占有一定空间位置的物体的形状、大小的反映。婴儿直接生活的环境和他们直接接触的物体多以二维和三维空间属性呈现，所以儿童的二维和三维空间属性(形状、大小)比一维空间属性(长度)掌握得好一些。比如，儿童容易理解“这个手帕比那个大，这个桌子是圆的”；儿童不容易理解“妈妈给你买1米的布做裙子，裙子有多长”的概念。婴儿对物体空间属性的了解主要体现在对形状与大小的知觉上。下面介绍婴儿期这两种知觉的发展水平。

①形状知觉

形状知觉是指对物体的轮廓及内部组合关系的知觉。儿童早期就具备了对物体形状与几何图形的分辨能力。

相关链接

美国心理学家范茨为了研究婴儿的形状知觉，特地设计了“注视箱”，见图6.3.2①。

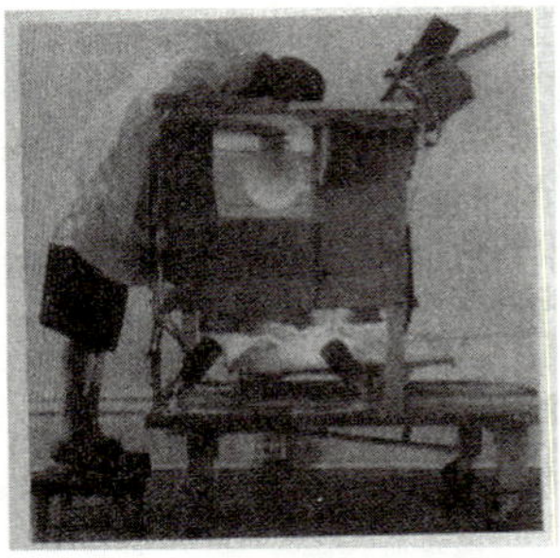

图6.3.2 范茨的注视箱

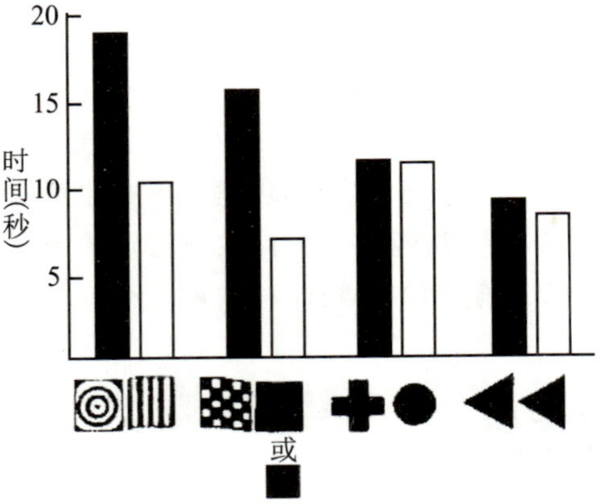

图6.3.3 1分钟测验中平均注视时间(秒)

婴儿躺在注视箱的小床上，眼睛可以看到挂在头顶上方的物体。研究者可以通过注视箱顶部的窥探孔观察婴儿双眼，并记录婴儿双眼注视物体的时间。结果发现，婴儿很小就能辨认图形的差别，并表现出图形偏爱。1～15周时婴儿注视人脸图案的时间比其他图案更长。按婴儿注视时间长短排序，由长到短注视的图形分别是：靶心图、棋盘图、十字图和内无图案的圆形图。格林堡进一步实验研究发现，年龄小的孩子偏爱中等复杂度的图形，年龄大些的孩子偏爱更复杂的图形。

2～3岁的婴儿能认识简单的几何图形。研究发现，此阶段的婴儿可以用配对的方法正确地匹配圆形、正方形、长方形、半圆形、三角形图板。婴儿对几何图形名称的掌握要滞后一些，刚开始孩子把几何形状称为皮球形、手帕形、窗子形等，在成人的指导下，可以逐渐学

① 罗家英. 学前儿童发展心理学[M]. 北京：科学出版社，2007：89.

会用正确的名称指认几何图形。

2～3岁的孩子还没有面积和体积守恒的概念。比如，成人把积木横铺在地和竖立直放，问孩子积木形状变化没有，孩子会说“变了”；把正方形纸片一角倾斜45度后再摆放在桌上，问孩子与刚才没有倾斜时正方形的形状是否一样时，儿童会回答“不一样”。

②大小知觉

婴儿能认识物体大小。比如，在2岁左右的孩子面前放两个苹果，一个大一个小，让他把大苹果给妈妈，他知道把大的苹果递给妈妈。到3岁，儿童喜欢把小盒子放进大盒子里，玩大套小的游戏。据研究，2～3岁是儿童辨别平面图形大小能力急剧发展的阶段。在辨别平面图形大小时，儿童先能辨别同样形状的两个圆形、正方形、等边三角形的大小，然后才能辨别两个同样形状的椭圆、长方形、菱形、五角形的大小。在对体积大小判断的研究中，杨期正等人(1981)报告：20%的1.5岁儿童能够完成按语言指示拿出大皮球或小皮球的任务，60%的2岁儿童和88%的2岁4个月儿童能完成此任务。

对成人来说，“大小判断”涉及很多维度。当进行面积比较时，会说这张纸比那张纸大；当进行体积比较时，会说这个沙发比那个沙发大；当涉及长度比较时，会说这只鞋的尺码比那只鞋大。由于“大小”这个词在中国文化中广泛使用，致使儿童常常乱用“大小”这个词。比如，比较高矮、粗细、宽窄时也说大小。因此，成人在运用“大小”词汇时要准确。

(2)婴儿对物体空间关系掌握情况

对物体空间位置的认知包括距离知觉和方位知觉。婴儿在这两种知觉上发展水平如何呢？

①距离知觉

距离知觉是个体对物体凸凹程度和远近程度的知觉。为了了解儿童距离知觉的发展情况，杰布森和沃克于1961年设计了“视觉悬崖”实验。“视崖”装置是这样设计的，见图6.3.4。一个透明的玻璃平台，平台离地高度可以调整，平台表面用横木分割成两个区域：浅区和深区。在浅区的玻璃下直接贴上棋盘格子图案，而在深区，格子图案贴在与玻璃平台有一定距离的地面上，从浅区边缘向深区望去，会产生靠近悬崖的感觉。实验的时候，将儿童放在玻璃平台中间的横木处，母亲分别在浅区或深区呼唤儿童。实验假设：如果儿童没有产生临近“悬崖”的深度知觉，母亲无论在浅区还是深区呼唤，孩子都会爬过去。杰布森和沃克等人利用此装置对6.5～14个月的婴儿作了多次实验，结果发现：第一，很小的婴儿就有临近“悬崖”的深度知觉。第二，婴儿的深度知觉受平台离地高度影响。当平台离地(即悬崖深度)26厘米时，7～9个月婴儿中有68%的人爬向深区，而10～13个月婴儿中只有23%的人爬向深区；当平台离地1米时，所有年龄段(6.5～14个月)的婴儿中只有10%的人爬向深区。第三，唤起深度知觉的距离与年龄有关，年龄越大，越能唤起深度知觉。第四，早期运动经验(如爬行)是影响深度知觉的重要因素。实验发现，爬行越早的婴儿其深度知觉的产生也越早。

图6.3.4　“视觉悬崖”实验

除用“视崖”研究婴儿的距离知觉以外，心理学家还采用“视觉逼近”来研究婴儿的距离知觉。其方法是：向婴儿呈现以一定速度逐渐逼近的物体，观察婴儿对此如何反应。研究发现，当一个真实物体逼近到离婴儿 20 厘米时，0～1 个月婴儿有初步反应，2～3 个月婴儿产生保护性闭眼，4～6 个月的有明显躲避动作。说明婴儿有远近的距离概念。

随着生活经验的积累，在教育的作用下，婴儿可以按照“线索”判断物体离他们的距离。比如，知道被遮住的物体离自己远一些，没被遮住的物体离自己近一些；模糊的物体离自己远一些，清晰的物体离自己近一些；看起来大一点的东西离自己近一些，看起来小的东西离自己远一些。

②方位知觉

方位知觉是个体对自身或物体所处位置和方向的反映。方位知觉包含里外、前后、上下、左右等空间位置。婴幼儿对方位知觉的理解较为困难，这是因为：第一，空间方位具有相对性，如桌子在我的前面，当我转身后桌子会变到我的后面；既可以说书本在桌子的上面，又可以说在铅笔的下面。第二，空间方位有两个不同的参照系统，一是自己，二是客观事物，要确定方位必须先决定以什么作参照物。第三，方位词与具体物结合在一起才容易理解。如只说上或下，别人并不理解物体位置，必须结合某个物体描述才能让人理解。

儿童对方位知觉的发展趋势是：第一，先理解里外方位，再理解上下方位，再到前后方位，最后理解左右方位。第二，先理解以自身为参照物的方位，再理解以他物为参照物的方位。第三，从以具体物为标志进行方位判断到通过语言指导进行方位判断。

3 岁以下的婴儿能理解里外方位和以自身为参照物的上下方位。在教育的影响下，婴儿可以理解以他物为参照物的上下方位和以自身为参照物的前后方位。儿童要到 5 岁才能理解左右方位。由于方位具有相对性，教师应结合具体事物让儿童理解方位，比如，告诉孩子离头顶距离越短的五官越在上，离脚距离越短的身体部位越在下。

4. 时间概念掌握水平

时间概念反映物体存在的延续性和出现的顺序性。比起空间概念，儿童对时间概念的掌握要困难得多，这是因为时间的本质特征更难把握。首先，时间是十分抽象的，它没有直观的形象，不能被人们直接感知，它必须通过各种媒介物(如，人体生理节律、各种生活事件与自然现象、日历、钟表等计时工具)才能被人们间接觉察。其次，时间具有流动性，它是单向的不可逆的。当你感知的时候已经逝去了。再次，时间是相对的。比如“今天”只相对于“明天”与“昨天”而言，过了“今天”，“今天”就变成了“昨天”，“明天”就变成了“今天”。最后，时间认知受主观因素影响。比如，如果游戏有趣儿童会觉得时间很短，反之则会觉得时间很长。

时间概念掌握包含以下内容：对时序的认知、对时距的认知、对年龄的认知、对时间媒介的认知。婴儿在这几方面呈现出何种水平呢？下面摘其时间研究的部分成果进行介绍。

(1)婴儿对时序的认知

时序认知是人对客观现象的顺序性反映。对时序的认知包括对时序的相对固定性认知与相对可变性认知。时序的相对固定性，包括一日内的早晨、中午、晚上；一周内的星期一到星期日；一年的春夏秋冬；以及同一个时间段内事件发生的先后顺序。如果以同一天、同一周、同一年或同一个短时间段计，早、中、晚等时间点是有固定顺序的。比如，早晨在中午前面，中午在晚上前面；春天在夏天前面、夏天在秋天前面、秋天在冬天前面；洗手的程序是先打开水龙头、后洗手、再关水龙头、再用毛巾擦手。时序的相对可变性表现在，跨越了同一天、同一周、同一年后时间顺序的灵活变化，比如“今天早晨”就应排在“昨天晚上”之后。“本周星期一”就应排在“上周星期日”之后；“今年春天”应排在“去年冬天”之后。

婴儿对“固定性时序”有朦胧概念。比如，2～3 岁婴儿在午觉后会老问老师：“妈妈怎么还不来？我已经睡了午觉了。”说明孩子已经知道早饭后就要到幼儿园，中饭后就要午觉，午觉后妈妈要来接自己回家的时序。再比如，当成人要求孩子连续做三件事“去书架那里、拿书、递给我”时，2～3 岁孩子能依序做完三件事，也说明孩子已经有了固定时序的概念。3 岁以下婴儿虽然能根据一些参照物判断时间，但进一步要求其对时间排序时遇到困难。

相关链接

方格等人的实验(1984)

实验要求是“让儿童完成早、中、晚填空的任务”。实验中，先让儿童认识有早、中、晚标志的图片，如早(做早操图片)、中(吃午饭图片)、晚(看电视图片)，等孩子能完全根据图片指认早中晚后，实验者将早晨、中午图片依照一天时序摆好，让孩子在其余的图片中选一个图片摆在中午图片之后的位置上，其余图片包括：早、中、晚图片三张、大红花和小鸟图片两张。实验显示，大部分 3 岁以下儿童随意选择图片摆放在中午的图片后，一会儿是大红花，一会儿是中午图片，一会儿是晚上图片，说明其并不理解早、中、晚的时序关系。此实验用于测试 4 岁儿童时，发现 4 岁儿童中也只有 50%的人理解早、中、晚时序。时序的可变性认知对婴幼儿来讲是非常困难的任务。

(2)婴儿对时距的认知

时距认知是人对客观现象持续性的反映。婴儿能够初步感知动作的停顿与开始计时的关系，比如老师叫孩子“停”(计时停止)，孩子会停止正在进行的动作；老师说“开始”(计时开始)，孩子会开始自己的动作。此阶段儿童还表现出以动作的快慢来判断时距长短的现象。皮亚杰曾经设计了一个实验，在实验中使用节拍器在桌子上快速或缓慢地拍击，同时要求儿童估量时间，自己觉得 15 秒钟到了就停止作画。结果发现，儿童在听到快速拍击的声音时会迅速地画画，听到缓慢拍击时会慢慢作画。当节拍器快速拍击时，儿童对时距估计变短，儿童认为拍击次数多就等于花费的时间多，说明孩子对时距的判断受自己动作速度的影响。

(3)婴儿对年龄的认知

3 岁婴儿能够依据面部、身高等外部特征来辨别年龄。在一项婴儿年龄命名的实验中，95%的 3 岁婴儿都能对 5 张年龄不同的半身人像正确命名。但此阶段的婴儿不能理解年龄大小与时间持续性和时间顺序性的内在关系。换句话说，婴儿无法解答 A 在 B 前出生，A 与 B 年龄谁大的问题。即便到孩子 5 岁都还不能理解年龄大小和出生次序的关系，他们会认为，AB 之间的年龄差距会随着身体长大而慢慢缩小，当 A 和 B 变成一样高的时候，A 和 B 就成了同龄人。

(4)婴儿对时间媒介的认知

3 岁以下婴儿主要依靠生理的变化体验时间。新生儿已经建立了对吃奶时间的条件反射，到了每天吃奶时间孩子会定时表现出吸吮的行为。以后逐渐学习借助生活事件和环境信息反映时间，3 岁左右儿童对时间的认知常常以生活事件的作息时间作标准，比如有儿童说：上午是被送去上幼儿园的时间，中午是睡午觉的时间，下午是爸爸妈妈接自己的时间。在教育的影响下，3～4 岁的儿童可以根据天气变化或周围环境变化作为时间参照标准，比如天黑了就是晚上，月亮出来就是晚上。对日历和钟表的认识，要到儿童 5 岁才有初步概念。随着年龄增长，学前期儿童依次按“生理变化—生活事件—自然环境信息—时间工具”的顺序来运用时间媒介。时间媒介越客观、信息反映越具象则越利于儿童判断时间，因此，儿童对时间的判断有一个从模糊到精确的过程。在对时间的研究中，发现儿童对时间的认知遵循以下规律：

第一，时间认知的精确性同儿童生活经验呈正相关。

第二，儿童先理解“天”“小时”这些较大的时间单元，然后才理解较小的时间单元(分、秒)和更大的时间单元(周、月、年)。

第三，儿童先理解现在，然后才是过去、未来。如先知道今天，然后才是昨天与明天；先理解“正在”，然后才是“已经”“就要”。

第四，事物或事件的知觉特征直接影响儿童对时序、时距、年龄的判断。

(二)婴儿判断与推理的情况

对 3 岁以下的婴儿来讲，较低层次的判断与推理开始出现，但抽象逻辑思维水平的判断与推理还未出现。下面简要介绍一下婴儿判断与推理的发展情况。

1. 婴儿的思维受感知觉线索的左右，往往将事物的表面现象或偶然的外部联系当成判断与推理的依据

比如，2 岁半的孩子看见一个 6 岁的小女孩说“她是王老师的小姐姐”，这是凭借感知特征的判断，说明婴儿已把两个概念“王老师”和“小姐姐”联系在了一起，但却无法揭示出两者之间不能由直接感知发现的联系(如，说出“她是王老师的女儿”)。再比如，有孩子坐在行驶的汽车中看到天上的飞机，会说“汽车比飞机开得快”，即使成人纠正他，他仍然坚持自己的观点，因为孩子从直观上看到的就是飞机逐渐落后于汽车的现象。大量的研究证实，婴儿的判断与推理离不开感知觉，这部分内容在与感知觉相关的章节中有所描述，这里就不再赘述。

2. 大部分情况下，婴儿判断与推理受“自我中心思维”影响，但在有足够经验的支撑时，能够表现出逻辑推理能力

在思维过程中，婴儿对大部分现象的判断与推理体现出皮亚杰揭示的“泛灵论”“人工论”“实在论”倾向。比如，问孩子：为什么皮球在斜坡上要滚下去？孩子会回答：因为它不愿意待在坡上或是因为下面有人叫他。但现代发展心理学研究对皮亚杰的这个论断提出了严峻的挑战。研究者发现，在皮亚杰实验的任务中包含许多儿童经验中不熟悉的因素，因此儿童的反应通常不能显示他们实际的能力。当儿童面对一些以熟悉的经验为基础的简单任务时。他们也能够表现出逻辑运算的能力。

相关链接

国外一位心理学家曾做过这样的实验，让 2 岁的孩子观察一个因果关系的事例。先让孩子看到：风能吹灭蜡烛；然后向孩子呈现两个吹风机，一个白色、一个绿色。每个吹风机都有一个由树脂玻璃制成的三面护罩，使风只能沿没有护罩的一面吹出。主试将蜡烛放在两个吹风机中间，其中一个吹风机没有护罩的一面正对蜡烛，另一个有护罩的一面正对蜡烛，开动吹风机，让婴儿判断是哪个吹风机吹灭了蜡烛。如果婴儿是随意判断的，则两个吹风机被选的概率一样。事实证明，婴儿都会选择没有护罩遮挡的吹风机吹灭了蜡烛。类似的很多实验说明，知识经验在婴儿的判断与推理中起着重要的制约作用，在没有足够知识和经验支撑的情况下，婴儿的判断与推理表现出“自我中心性”，反之，则表现出“去自我中心化”的倾向。

3.“转导推理”是婴儿常用的推理形式

从心理学定义的推理概念上去界定，婴儿还无法进行严格意义的归纳、演绎和类比推理，这是由于：第一，缺乏知识经验。第二，对类概念、数概念等理解水平太低。基于此，婴儿主要的推理形式是“转导推理”，“转导推理”是个别到个别的推理(或一个特殊事例到另一个特殊事例的推理)。由于这种推理只能对事物外部的非本质特征或事物之间非本质联系进行归纳，所以皮亚杰将之称为“前概念推理”。例如，儿童听奶奶说“给树浇水，树会长高”后，就拿着水瓢往自己头上浇水，认为自己浇了水也会长高。看见成人不吃绿色的西红柿，就以为所有绿色的东西都不能吃。冬天给鱼缸加开水，是认为鱼会像自己一样喝点热水就会变暖和。在装扮游戏中，2～3岁婴儿特别爱抢玩具，并常常为没有拿到玩具而痛苦，是因为婴儿把使用角色工具当做扮演角色本身，无法理解不用工具可以照样扮演角色的道理。

相关链接

顺应转导推理特点，促进婴儿思维发展

一则笑话

一天，妈妈买了几条金鱼回来，妈妈教宝宝认识鱼，并告诉宝宝：“鱼生活在水里，它会游泳。”第二天在菜市场的时候，宝宝看见市场里卖的鱼，问奶奶“这是什么?”奶奶告诉宝宝是“鱼”。宝宝问：“怎么这个鱼和妈妈买的鱼不一样?”奶奶解释道：“在水里游泳的都是鱼!”某日，爸爸带宝宝去游泳，宝宝看着游泳池里的爸爸大声“告诫”道：“爸爸不游泳，游泳就变成鱼了!”

这是曾经刊登在某晚报上的一则笑话，说是笑话，却是真实地反映了3岁以下婴幼儿的思维方式特点——转导推理思维。

何为转导推理

转导推理是以从一个具体的观察中形成一个具体的结论为基础的。它和成人的演绎推理与归纳推理形成了对比。转导推理经常会导致不准确的结论。

可以给孩子做的游戏

(1)欣赏时装图片

平时在家您可以和孩子一起看时装杂志，杂志里有男人、妈妈(女人)和孩子的各种服饰。在看的过程中您用生动的语言告诉孩子：“这是爸爸穿的衣服，爸爸是男的，他喜欢穿西服、夹克；妈妈是女的，妈妈喜欢……；小朋友是孩子，孩子喜欢……”以后再看其他同类杂志的时候，您就可以问问孩子：“爸爸会喜欢哪件衣服？妈妈喜欢哪双鞋？宝宝能穿的衣服是哪件?”

解析：通过引导孩子看时装杂志，让孩子推理出爸爸(男人)喜欢的、妈妈(女人)喜欢的、孩子喜欢的衣服的风格。培养孩子对性别、年龄差异的初步感知和区别。同时让孩子在有效引导下欣赏时尚的变化也是一种积极地利用环境变化来刺激孩子的好方式。

(2)钻山洞

当着孩子的面，在一根绳子上栓上至少 2 件玩具，在绳子的一端栓一块红毛巾，另一端栓一块蓝毛巾。用一个上下都有孔的盒子或是卫生纸纸筒盒盖(把底座抽去)，您拉一头(比如红毛巾)，然后把绳子从孔上方放下去，当进去的东西未出来之前，问一下孩子，“下面会出来什么玩具?”

解析：这个游戏是一个非常经典的顺序性思维游戏，在游戏中孩子不但要思考“事物先进先出的顺序性”，还能结合露在外面的已有事物用排除法来推理出可能会出现的事物。游戏训练了孩子的记忆力、顺序性思维能力和推理能力。

(3)躲猫猫

家长在家的时候，可以利用家中的许多东西和孩子玩，比如家长可以藏到门背后，让孩子来找。反过来，让孩子藏起来，家长去找。这个时候家长会发现，孩子会藏到您藏的地方。当您再藏起来让孩子找的时候，孩子仍然会到上次的地方去找。所以家长要有至少 3 个藏点，让孩子通过反复的游戏知道什么是“藏”，并逐渐掌握推理的思维能力。

解析：本游戏的目的就是让孩子逐渐明白藏点的变化，并在反复找的过程中记住这些地方，以便一一寻找下去，使孩子的思维能力不只是单纯的记忆，还有简单的推理。当一个地方找不到的时候，他会去另一个地方找。

(4)妈妈要买什么东西

您提前准备红色的一些东西，比如：红色的杯子、衣服、篮子、积木、螺丝、纽扣、糖果等。再准备其他一些东西，比如：绿色的树叶、黄色的香蕉、蓝色的积木、紫色的葡萄等。准备的东西不要超过 6 样，但要有 2 样以上是红色的，2 样以上能吃的东西其中一样是红色的。您可以这样依次提出要求：妈妈要买一样东西，条件：A. 妈妈喜欢红色的东西；B. 这个东西要能吃。(答案：红色的糖果或是红色的苹果。)

有的孩子可能不认识色彩，家长可以根据孩子的实际认知情况来模仿，自己设计游戏。

解析：顺向推理突出的是孩子的综合分类能力。孩子首先可以按家长的要求把红色的东西分出来，再来套第二个条件，把能吃的东西找出来。如果只要求孩子完成一层分类，孩子会做得很好，但综合起来，孩子就会忽略其中某个条件，只参考一个条件来完成。所以游戏可以提高孩子思维的严密性和逻辑性。

(引自：百度文库)

任务回顾

序号	本节知识要点	教师认为应达到的程度	学生自评达到的程度
1	婴儿思维产生的标志和时间	☆☆☆☆	☆☆☆☆
2	婴儿思维的总体特点	☆☆☆☆	☆☆☆☆
3	婴儿概念掌握的情况	☆☆☆☆	☆☆☆☆
4	婴儿判断与推理的情况	☆☆☆☆	☆☆☆☆

第四节　婴儿思维能力的培养

龙龙有1岁了，家里的墙上挂满了各种动物、日常生活用品的图片，床头也挂满了各种颜色的能发响的玩具，只要是说明书上标明有益智作用的玩具，龙龙的妈妈都会给龙龙买回来玩。龙龙妈妈说“我不能让孩子输在起跑线上。”从上几节的学习中我们知道了婴儿11个月左右就有了思维的萌芽，龙龙妈妈对孩子早期思维培养有效吗？科学的思维训练应该怎么做呢？

脑科学的研究证明，早期的智力培养不仅不会对孩子的大脑造成损伤，相反对大脑发育和潜能的挖掘还有积极作用。因此，早期的智力培养尤其是科学的思维训练非常必要。对婴儿早期思维培养要注意四个问题：①早期的思维培养应着眼于婴儿终身的能力发展。②应遵循婴儿思维发展的规律和独特性。③不能用训练动物或培养成人思维的方法去培养婴儿的思维。④婴儿思维的培养应贯穿于整个保教活动，以养融教是最基本的方式，短期的思维训练课程意义不大。只有注意了这四个方面，才能真正促进婴儿思维能力的发展。

一、婴儿思维培养的方式

（一）“问题情境”是激发婴儿进行思维的动力

古人说：不愤不启，不悱不发。只有在解决各种问题的过程中思维才能得到发展。成人应有意识地利用各种环境和机会营造问题情境，鼓励孩子发现问题、思考问题和解决问题。具体的措施有：

1. 鼓励孩子的好奇心

孩子满了2岁后，会经常向成人提出各种各样的问题。无论孩子的问题多么古怪与荒谬，成人对孩子提问的行为都应鼓励。按照强化的原则，凡是因好奇心而受到表扬的儿童，一定愿意继续进行实验和探奇。而因好奇心而受到斥责与惩罚的儿童，往往倾向于限制自己的活动而妨碍他获得新的经验，儿童的好奇心与思维能力的发展存在着正相关。

2. 让环境成为激发儿童积极思维的动因

感知和动作是婴儿的主要思维工具，婴儿在感知刺激的作用下和在与环境的互动中很容易诱发出思维活动。由于婴儿本身很羸弱，无法自己创设问题环境，因此需要成人预设问题环境以激发思维（设置哪些活动区，活动区要投放哪些玩具，怎么分阶段投放等）。一个设计精良的问题环境对婴儿思维能力的促进非常大。家庭和托幼机构应随时利用环境培养思维。比如，可在楼梯、床边、厕所的地面画上各种大小和左右的鞋印，鼓励孩子用自己的脚与鞋印对齐，以此培养孩子的大小、方位和数概念；可在墙上画上没有尾巴的动物，墙脚的篮子里放各种动物尾巴，鼓励孩子将尾巴贴在墙上的动物身体上，以便孩子领会物体整体与部分的关系。可在门上贴上表达情绪的脸谱，让孩子将自己的心情与脸谱对应，以此提高孩子的自我认知。楼梯扶手边可绑上两个不同管子，一个粗糙一个平滑，让孩子观察同时放入管子的球哪个先着地，以此展示重力、阻力与速度的关系，等等。另外，还可以故意提供不完善的环境，通过让孩子自己补足条件或材料来训练思维，比如在娃娃家的小厨房里，故意少放一个炒菜的勺子，让孩子自己想象拿什么东西可以代替勺子。

3. 经常性地提问

在日常生活中，孩子虽然可以获得一定的经验，但这些经验往往是零碎的、散乱的，没有重点没有系统，而且这样的知识不易储存，也不便于检索。成人可以通过提问让孩子明确观察重点和思考方向。事实上，好的提问可以极大地促进孩子思维的发展。成人提出的问题最好是开放性的，开放性的问题更容易打破孩子的惯性思维，使其思维更具变通性和独创性。比如，问“砖头有什么用?”除了告诉孩子“砖头可以用来盖房、造桥、铺路、砌围墙”以外还可以鼓励孩子说出更多的用途，如“研成粉末做颜料、顶门、镇纸”等，进一步的提问可以使孩子思维更具变通性。再比如，问“如果人类没有眼睛会怎样?”类似“走路跌跌撞撞”“看不到爸爸妈妈”的答案，反映出思维的新颖性不够，而“鼓励孩子说出更多答案。如“狗就成了主人，领我们走路”“灯就卖不出去了”等就具备新颖性。在反复的一问一答中，孩子的思维能力得到了提高。

(二)“探索与操作”是培养婴儿思维的主要形式

应重视“探索操作”在思维训练中的作用，让幼儿在动手时动脑，在动手中发现，在动手中询问，在动手中提高。

在婴儿思维的培养中，成人需要提供大量让孩子亲自操作的机会和丰富的操作材料。比如，在“了解空气”的思维训练课中，给每个孩子一个或几个塑料口袋，让孩子把塑料袋打开兜一圈，然后扎上口。在操作中孩子们发现塑料口袋鼓起来了，他们会惊讶地问老师：“咦，塑料口袋怎么变成圆鼓鼓的了?”“它里面装着什么？怎么看不见?”“放开口，塑料袋变扁了，什么东西跑掉了，怎么用手抓不住?”孩子在亲手实验的过程中感觉到了空气的存在，再通过对感性经验进行分析、综合，就可以概括抽象出空气的性质。再比如，在玩绳的活动中，孩子们通过玩把绳变成三角形或长方形；以几厘米为一等份，把绳分成几等份；还可以比较两根绳的长短。这种游戏可以帮助孩子了解几何图形、计数、数量关系等知识。逻辑思维能力在婴儿操作学具和材料的过程中得到了充分的发展。

相关链接

赫尔德与海因做过一项实验：将A、B双胞胎猫在暗室中养育到能够行走后，在A猫脖子上套上枷锁(但四脚可走动)，B猫固定在篮子里(身体无法运动)。它们被放在同一屋子里的旋转轮椅上，A猫动的时候会带动旋转轮椅那头的B猫动，见图6.4.1。A、B两猫感知到的刺激都一样，唯一的不同是A猫的感知经验是靠自身运动去获得的，而B猫的感知觉经验是被引起的。实验结束后，发现A猫的空间感和解决问题能力远远大于B猫。类似的很多研究也验证了这点，可见个体主动的感知和操作经验与智力发展密切相关。

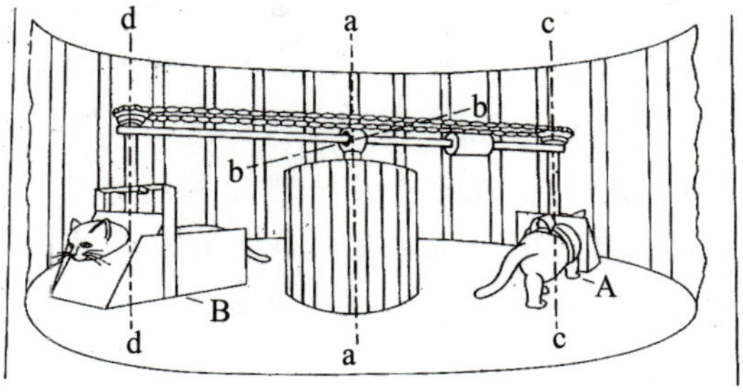

图 6.4.1　测试小猫自身运动对经验获得的装置

（引自：孟昭兰，《婴儿心理学》）

成人应鼓励孩子在探索中独立解决问题。如，当孩子伸手拿不到柜子高处的玩具时，成人不要急于帮孩子把玩具拿下来，而是鼓励、启发他：要拿到柜子上的玩具，就需要“长”高，要“长”高，需要干什么？孩子就会想出踩在凳子上面、让成人把他抱到高处或用小木棍去掏等办法。在这样的过程中，孩子解决问题的主动性就被激发出来了，独立思考能力得到了培养。

（三）“语词”是提高婴儿思维水平的重要工具

语词是思维的工具，是思维的发动者，又是思维过程的凭借物与物质外壳，语词与思维密不可分。借助词的概括，使人脑对事物的概括、间接的反应上升到更高的水平。例如，有了各种代表同一类事物的词：“苹果”“橘子”“梨”“水果”，孩子才能把各种颜色、形状、大小不同的苹果概括为“苹果”，各地出产的各种各样的橘子、梨，概括为“橘子”和“梨”，然后再把苹果、橘子、梨，概括为“水果”。借助词的描述，婴儿才能更准确地捕捉与了解事物间的差异与特征。比如，当孩子观察鸡和鸭时，成人如果辅以语词指导：鸡和鸭的嘴有什么不同？脚有什么不同？叫声有什么不同？活动的地方有什么不同？……可使孩子的思维更加全面与准确。

在婴儿阶段，孩子的词汇还不丰富，特别是对抽象性、概括性较高的词掌握得较少，内部言语也还正在形成发展之中，使思维能力受到了一定的限制。所以，我们要发展婴儿的逻辑思维能力，必须发展言语。帮助他们在广泛接触不同事物时，丰富相应的词汇和学习准确地运用词汇。例如，在比较两组物体数量时，有孩子常常说：“这个多，这个也多。”或者说：“两个都多。”而不说“一样多”或“同样多”。这说明，儿童在掌握基本概念时，往往缺乏表达概念的相应词汇，这些词汇需要在教师启发、引导下，才能逐步掌握。因此，成人语言表述的正确性，所提问题的有序性，影响着儿童思维能力的发展。

相关链接

命名与贴标签

儿童保育专家还需要在保育中促进儿童认知的发展。促进认知领域发展的特别方法可以在日常活动中运用。命名和标签是第一种运用于婴儿和学步儿身上的认知方法。我们通过语言与自己说话(听觉的)，在我们脑子里建构图片和电影(视觉的)，由此逐渐学会思考。

因为思维以图像和话语的形式发生，所以保育者应系统教给婴儿和学步儿生活中事物的名称、分类和意义。我们用“命名”(naming)指话语的使用，用“贴标签”(labeling)指视觉形象和图片。在婴儿出生后的最初九个月，保育者应一边指着环境中的物体，帮助儿童将视力集中于物体，一边叫出该物体的名称。将单词标签放在婴儿环境中的物体上也是一个不错的主意(例如，在椅子上贴上“椅子”的标签)，以字母和单词联合的形式帮助儿童。一边指着物体一边说物体的名称，这就是“听觉—视觉的统一”(auditory-visual association)，所以保育者还应讲述儿童环境中事物的功能、用途和意义，以帮助儿童建立高级认知概念。

(引自：[美]琳达·杜威尔-沃森. 婴儿和学步儿的课程与教学[M]. 苏贵民，陈小霞，译. 北京：人民教育出版社，2009：184.)

(四)丰富的感性经验是思维发展的前提

婴儿思维绝不可能依靠说教而得到发展，丰富的感性经验是思维向高一级阶段发展的前提。丰富孩子的感性经验需要注意以下几个方面。

1. 多看多听多体验

俗话说“巧妇难为无米之炊”，大脑只有积累了丰富的感知觉经验，才能给思维提供丰富的运行材料。很多家长常常把孩子置于这样的情境中：不管孩子有多大，出门总是抱着孩子，怕孩子走路不稳而摔伤；只给孩子提供一种味道的食物，怕孩子被“辣”着，被“麻”着；不管天气有多热，总是给孩子穿很厚的衣服，怕孩子被凉着；不准孩子在草地上爬或田坎上走，因为地面很脏或很危险，等等。在上述情境中，小孩的许多行为被限制、许多环境无法感知，更谈不上有验证和调整自己判断与推理的机会，其思维的发展必然受到严重的影响。

相关链接

婴儿的学习形式

习惯化与去习惯化。习惯化是个体不断地或重复地受到某种刺激而对刺激的反应减少的现象。去习惯化是新异刺激出现时婴儿的注意立刻转向它。之所以我们把婴儿的习惯化与对新异刺激的反应看作是婴儿特有的学习行为，是因为它们内部包含了两个过程：在大脑中形成了刺激物的表象、对新刺激的知觉与已有的表象进行了比较。这两者的适当应用是促进婴儿学习的有效手段。经常更换玩具和刺激物可以保持婴儿活跃、充满兴趣状态。

条件反射建立。通过被动或主动建立起来的条件反射，形成良好的习惯或改变不良行为。外在的鼓励和处罚是孩子学习新行为和调整自己行为的主要强化物。比如，通过食物、亲吻、口头鼓励等方式让孩子养成玩具归类的习惯。通过不理孩子、打手心等处罚方式让孩子减少攻击行为。

模仿。模仿是婴儿学习的特殊方式。婴儿通过看和听来了解成人行为可能获得的结果，从而学习或调整自己的行为以达到或规避某种结果。婴儿的很多行为是通过模仿而得来的。

(引自：孟昭兰. 婴儿心理学[M]. 北京：北京大学出版社，2005：202-214.)

2. 运用多种变式

如果成人只提供一种经验范式，缺乏“变式”，将使孩子思维被固化从而缺乏灵活性。比如，认识数字“3”，只提供给幼儿3只小鸭子，反复强化都是3只小鸭子，孩子可能认为“3”仅指3只小鸭。孩子只有看到，“3”不仅指3只小鸭子，还指3只皮球，3把椅子，小狗叫了3声……才能理解数的实际意义，达到对数本身抽象的认识。再如，让孩子认识三角形时，只提供等边三角形或一边总是被放在水平位置，当三角形变成不等边时或被斜放时，孩子就无法认识这个也是三角形。所以，要提高孩子思维的抽象水平，必须提供多种变式以积累经验。

3. 提供真实的经验

对婴儿而言，应提供真实而自然的环境经验。我们曾经看到孩子正在用被设计成“汽车”的瓶子玩游戏。老师告诉孩子们他们正在玩开汽车的游戏，到底这个东西叫“汽车”还是叫“瓶子”，孩子们被搞得很混乱。有个孩子始终把绳子叫作小蛇，是因为当家长与孩子玩“绳子在地上甩来甩去”的游戏时，总把绳子称为小蛇。我们发现，由于指导不当孩子形成了很多错误的概念。其实，越是真实的环境经验，对婴儿越有价值，那些假想的、模拟的、幻化的情景应尽量减少，应当随着婴儿表征思维的出现而逐步出现。

4. 鼓励适宜的交往

适宜的交往是婴儿“去自我中心”所必需的。只有在相互交往中，孩子才有机会了解别人的观点，学会协商冲突，逐渐减少“自我中心倾向”。交往也可以使孩子的思维变得更为灵活和流畅，因为它给孩子提供了观察别人解决问题的机会，在观察中孩子学会了用不同方式来解决同一问题，也学会了一个方法可以解决多种问题。

相关链接

婴儿学习所受的限制

1. 婴儿学习受其大脑警觉状态影响。婴儿处于安静警觉状态或苦恼的时候，学习最容易吸收，困倦时不可能获得学习的任何结果。但婴儿的警觉状态不长。

2. 婴儿学习受强化物影响。对婴儿而言，强化物具有生物学价值时，学习才可能实现。比如，6～8月的孩子只有用糖水或母亲亲吻去强化，才能建立有效联系。

3. 婴儿学习受到能量的限制。在模仿和条件作用中，如果婴儿在反应中消耗的能量超过得到奖励的价值时，婴儿就不会去实现反应。例如，要求婴儿维持注意的时间过长，超过脑的承受力，强化将不起任何作用。

二、婴儿思维培养的核心内容

思维培养内容的选取、思维游戏课程的设计和实施，都需要尊重婴儿思维发展的规律和独特性。婴儿思维处于萌芽阶段，个体之间的差异很大，按每个年龄段来确定婴儿思维的核心内容非常困难。因此，婴儿思维培养需结合婴儿的具体情况，选取适合这个婴儿的培养内容，遵循由低到高、由简单到复杂的原则。下面将婴儿0～3岁期间思维培养应该注入的核心内容加以介绍，供教育者参考。

(一)分类

分类——根据物体的属性来整理或加以区分的能力，是学前期发展的一项基本逻辑技巧。当婴儿将所有的玩具卡车统统放在同一个箱子里，将纽扣整理成几类，或是说自己再也不是3岁小孩时，他们就是在分类。教育者通过安排下列分类的核心经验活动①②，可以协助孩子发展这项重要的思考技巧：

第一，能说出物体的一种或几种外观属性(如：形状、颜色、结构、大小、软硬等)；

第二，能区分一个物体的部分与整体；

第三，能描述两个物体的相似处与相异处；

第四，能按物体一个外观属性(颜色、形状等)将物体分类；

第五，能按常见的“基本概念”类别③进行分类。

在分类能力的培养中要注意几个问题：①不能以成人的分类标准要求孩子。比如，一个孩子把飞机和火车放到一起，因为“它们都是人坐的，去旅行时坐的”；另一个孩子却把飞机和天鹅放在一起，因为“它们都有翅膀，会飞”。显然，这两个孩子都发现了共同点，但分类的标准不同，这里只有分类水平的高低，没有分类对错。不能认为符合成人概念的分类标准才对，不符合的就错。②要考虑刺激物的数量和性质。因为婴儿的信息加工能力较低，只能同时加工有限的几个刺激，所以对2～3岁孩子进行分类训练仅需提供两个类别，每个类别包含2～3个例子的物品就够了。③分类的方式要多样化。要注意改变分类的方式，使操作活动多样化，以引起儿童兴趣。常见的分类方式有几种：找相同与不同(向儿童展示一组物品，让其把相同的或不同的挑出来)，自由分组(让儿童把一些物品按某一标准分组)，示例分类(老师将一组物品分成两类，分别举出每类的一个实例，要儿童将余下的物品按示例类别归类)。

(二)数目

儿童了解数目的过程就是形成数概念的过程。一两岁的学步儿已经具备关于数的模糊概念，如两个苹果知道哪个大哪个小；一粒糖果和一堆糖果，知道一堆糖较多等。婴儿的数概念训练中应融入下列核心内容。

第一，能进行两组物体的一一配对(如，一个苹果配一个橘子，两个苹果配两个橘子)。

第二，能分清“1”和“许多”。

第三，学会用重叠或并放的方法比较两堆物体数量的多少。

第四，能按顺序唱数1～10，能手口一致点数实物5个以内。

第五，能按要求取出1个或2个物体。

第六，认识日常生活中经常使用的测量工具。

---

① [美]米歇尔·格雷夫斯．理想的教学点子1——以核心经验为中心设计日常计划[M]．南京：南京师范大学出版社，2006.

② 方富熹，方格，林佩芬．幼儿认知发展与教育[M]．北京：北京师范大学出版社，2003.

③ 参见本章第三节“基本概念”解释.

研究人员认为，环境和教育条件是影响婴儿数概念认知水平的主要原因。在婴儿数概念的发展中教育者要注意的是：①应在实际的操作中让儿童理解数概念。②将数概念的学习和日常的生活结合起来。

相关链接

数学认知活动案例

活动名称：沙箱游戏

活动年龄：12 个月以上

活动场所：户外场地

活动材料：沙子，各种小玩具

促进智能：视觉空间智能、数理逻辑智能

活动方案：

当着小年龄幼儿的面，将各种小玩具埋入沙子中，请孩子将玩具挖出来。

对于大年龄的幼儿，教师可以事先将玩具埋好，只告诉孩子有 4 个玩具埋在沙子里，请他们找出来。

随着孩子挖玩具出来的过程，教师要不断重复“一个玩具，两个玩具……”

(三)序列

排序——对两个以上的物体或集合按某种特征或一定的规律进行顺序排列。排序是学前期发展的一项重要推理技巧。婴儿将一组积木从最小到最大依序排列，谨慎地将他们的声音慢慢提高，或将他们的玩具依最喜欢至最不喜欢顺序排列，此时婴儿就是在排序。婴儿阶段的排序活动可以参照下面几点内容：

第一，按物体单一特性进行比较：较大/较小、较粗糙/较光滑、较大声/较轻柔、较硬/较软、较高/较矮等。

第二，能按单一外观属性对 3～5 个实物进行排序。

第三，初步了解时间和空间序列(比如，依序做事、从上到下排列物品等)。

在婴儿排序训练过程中，要注意几点：①要教会儿童比较的方法。如要比较竹签的长短时，要协调底部，弄直底线。②比较数量不宜过多。婴儿可以先学习 2～3 个物体或图片排序。③变化排序的维度。物品有不同的属性或维度，如属于物理属性的有长短、厚薄、粗细等，这些都可以设计成相应的作业，让儿童排序。此外，时间、空间、数量、因果等也有序的问题，根据婴儿思维发展水平，在掌握了物理属性排序后，可以适当增加排序标准的难度。④运用多个感官发现事物序的关系。如用听觉发现乐曲的节奏、用触觉发现物体表面的光滑程度、用动作点数物体数量等①。

---

① 方富熹，方格，林佩芬．幼儿认知发展与教育[M]．北京：北京师范大学出版社，2003.

(四)空间

婴儿开始发展许多成人视为理所当然的空间概念。例如，辨识物体的形状、说出物体与物体之间的距离、指出一物相对于另一物的位置、描述物体移动的方向。要注意的是，对婴儿而言，许多简单的活动也会出现重要的空间问题。如穿毛衣、估计要用多大的碗装下一堆绿豆、将球投入篮筐等。通过鼓励孩子做下列涉及空间概念核心经验的活动，可以协助婴儿变得更善于解决空间问题。

第一，辨识各种图案(人脸五官、各种交通工具、日常生活用品等)。

第二，重组及改变物体形状(折叠、压扁、拉长、堆放、捆扎等)。

第三，识别封闭与开放图形。

第四，配对圆形、正方形、三角形、长方形、半圆形、椭圆形等几何图形。

第五，理解里外和以自身为参照物的上下方位。

第六，利用明显的线索辨别物体远近。

空间认知能力的培养需要注意以下几点。

第一，了解儿童掌握空间概念的规律。儿童空间概念的发展体现出如下特点：①对各种几何形状的认识遵循一定的先后顺序，即先认识平面图形，再认识几何体。②在平面图形中，先区别封闭与开放图形、再认识圆形，然后是正方形、三角形、长方形、半圆形、椭圆形等；认识几何体的顺序一般是球体、正方体、圆柱体、长方体。③对几何形体的感知与它的名称联系起来需要经过配对—指认—命名的过程。④先认识自己身体部分的方位，然后以身体为中心辨别空间关系，最后学会以客体为中心辨别空间关系。⑤里外、上下、前后、左右依次发展。⑥从绝对的空间概念过渡到相对的空间概念。

第二，鼓励儿童多进行位移运动。在位移活动中，儿童可以增加高低、前后、上下、远近等体验，这有利于发展儿童距离和方位的知觉。为扩展对空间的了解和动作的协调，可以给孩子一个小滚筒，让他们在桌上作画；也可以给孩子大滚筒，在墙上或户外围墙挂上牛皮纸。

第三，帮助儿童准确理解和使用空间关系词语。如，标示空间方位的上下、前后、里外；标示距离的远近；标示形状的圆形、正方形；标示一维空间的长短、高矮等。成人要善于在日常生活中，有意识地强调空间词汇，以促进儿童空间概念的发展。

(五)时间

时间是物质存在的基本形式，能否了解时间已成为儿童认识世界的重要基础，同时，时间与儿童思维发展密切相关。比如，当我们要求儿童叙述一个事件时，如果儿童脑中时间关系混乱，就很难将个别情节连接起来，把它们变成统一的有逻辑的锁链，让人们听懂。时间概念的掌握对于婴儿而言比较困难，但仍然需要在日常生活中培养儿童的时间意识。此阶段，我们可以鼓励婴儿做下列活动。

第一，学会按“信号”停止或开始一项动作。

第二，通过动作、音乐等体验速度变化。

第三，说出自己将要做的事并能做出适当准备。

第四，按顺序完成成人口头指示的2～3件事。

第五，能运用早上/晚上等时间词汇描述事件。

第六，学会从外表判断人的年龄。

第七，比较两个简单事件的时间长短。

在时间概念的培养中要注意：①遵循时间概念的发展规律(参见本章第三节内容)。②丰富儿童的时间经验。比如，有计划地引导儿童观察动物和植物的生长变化；利用图片、幻灯片等向儿童展示大自然的时间变化(白天晚上，春夏秋冬等)。③帮助儿童正确地运用时间词汇。如，今天、明天、等一会、很久、后来等。

(六)表征

表征——用物的部分、动作、符号表示真实物体。儿童以各种方式，如绘画、积木造型、假装游戏、舞蹈、语言模仿等来表征这个世界。在表征发展的第一阶段，婴儿通过重现物体的部分"感知属性"来表征世界，如，可以依靠物体的声音、味道、气味和运动痕迹(雪地的脚印、雨后湿润的地面)等部分感知属性来匹配或指认出真实物体。2岁下的婴儿还分不清诸如绘画、积木造型当中表现的客体形象与真实物体的关系。比如，18个月的婴儿会摇动图片中的拨浪鼓，以为它也能发声；会去拿图画中的冰激凌，以为那个也能吃。虽然很小的婴儿都喜欢听故事，但他们通常不知道书中的图画并非实物。2.5岁后，当婴儿了解书本中的图画是这个世界真实物的象征时，其表征能力就往前迈进了一步，进入表征的第二个阶段。当婴儿接近3岁时候开始喜欢玩假装游戏，比如拿积木当蛋糕、把竹竿当马骑。涂鸦中也开始出现代表事物的符号(如圆代表物体脑袋、眼睛等)，说明其达到了表征第二个阶段。儿童表征的第三阶段是译解文字、数字等，一般三四岁以后的儿童才开始逐渐达到这个阶段。为了进一步提高婴儿的逻辑思维能力，我们可以在婴儿的活动中强化表征的内容。

第一，强化客体永久性的概念。

第二，通过声音、味道、气味、触感等物体部分感知属性辨识整个物体(即通过部分认识整体)。

第三，模仿人物或动物的动作和声音。

第四，对照图片指出实物。

第五，解释自己的涂画。

第六，鼓励用黏土、积木反映真实物。

第七，指着字讲故事或让儿童理解口头语言可以被写出来。

第八，了解简单的因果关系。

相关链接

躲猫猫游戏

不同的文化背景下的人都喜欢玩躲猫猫的游戏，并且游戏程序都一样。认知心理学家将其看作是婴儿了解客体永存性概念的有效方式。随着婴儿预测未来事件的认知能力发展，这个游戏便有了新的意义。3～5个月的婴儿会随着成人的脸进入和离开视线而微笑或大笑，说明婴儿发展出了对即将发生的事件进行预测的能力。5～8个月时，当成人的声音出现时，婴儿会通过视线和微笑表现出对成人即将出现的期望。到1岁时，婴儿已经不仅仅是这个游戏的观察者了，而经常会发起游戏，积极鼓励成人陪他们一起玩。为了让婴儿能够更好地学习躲猫猫，父母常常会使用一些道具。在蒙特利尔大学进行的一项长达18个月的纵向研究中，用录像记录了12位妈妈利用玩具娃娃做道具与孩子玩躲猫猫的过程。研究发现，在孩子6个月大时，妈妈常常需要先设法吸引他们的注意以开始游戏，但随着时间的推移，这种行为变得越来越少，到孩子12个月大时就不怎么需要频繁的示范了，因为那时他们已经能够理解简单的口头语言了，有了更多的直接语言指导(“把娃娃藏起来”)。24个月时，道具使用的总数量出现了明显地下降。

（引自：《孩子的世界》，人民邮电出版社）

在培养表征能力时，教育者需要让儿童学会观察周围环境，并随时随地鼓励儿童将自己的活动与现实世界联系起来。

相关链接

在婴儿和学步儿的保育者的能力标准中关于促进认知发展的建议

保育者要提供鼓励好奇心、探究和问题解决的活动和机会，这些活动和机会适宜于儿童的发展水平和学习风格。

称职的保育者是这样进行婴儿和学步儿的保育工作的。

①经常观察儿童游戏，评估他们的认知发展，以及是否为新的学习机会做好准备。

②使用刺激儿童的好奇心、创造性、问题解决和交流技能的技巧和活动。

③给予儿童时间和空间进行需要较长时间集中注意力的游戏，为此目的调整日常活动和时间表。

④为儿童提供实验，开始理解因果关系，以及方法和结果之间关系的机会。

⑤懂得游戏的重要性，经常作为伙伴和促进者参与儿童的游戏。

⑥利用中心的环境、每日的活动和自制的材料鼓励儿童心智的发展。

⑦帮助儿童发现解决由每日活动产生的问题的方法。

⑧支持儿童重复熟悉的事物，在儿童感兴趣并准备好时，引入新经验、新活动和新材料。

⑨承认个人学习风格的不同，找到对每个儿童有效的方法。

⑩鼓励积极地学习，而不是强调成人说话、儿童消极地听着。

⑪为那些因残疾而影响了学习能力的儿童获取(或制作)和使用特别的学习材料和设施。

⑫提供儿童可以自己探究和掌握的设施与材料。

⑬留意儿童正在努力完成的任务，提供适当的帮助。

⑭意识到学习问题，根据中心的政策提出建议。

称职的保育者这样保育小婴儿(出生到8个月)。

①对婴儿说话，描述他们感觉到、听到、触摸到和看到的东西。

②鼓励操控、检查多种物体。

③为婴儿提供与成人和儿童互动的机会，观察成人和儿童的互动。

④鼓励婴儿模仿他人。

⑤经常与婴儿一起玩耍。

称职的保育者这样保育移动的婴儿(9～17个月)。

①对移动的婴儿说话、唱歌、与他们一起玩耍、读书给他们听。

②在儿童更多地移动时，给予儿童更多的探究空间。

③给予儿童许多机会想出原因和结果，以及事物如何工作。

④提供与移动、藏起和更换物体相联系的许多经验。

称职的保育者这样保育学步儿(18～36个月)。

①鼓励儿童问问题和寻求帮助，以扩展其思维的方式回应他们。如，“那是一个好问题。让我们看看我们能否解决它”。

②问那些有不止一个答案的问题，鼓励儿童想象、猜测，并说出自己的观点，如，“你认为会发生什么事情”或“你感到在什么时候怎么样”。

③鼓励儿童叫出物体的名字，说说他们的经历和观察。

④提供组织、聚合、比较和对比思想、语言、物体和感觉的机会。

⑤可能时将学步儿引入烹饪、园艺和修理等活动。

⑥减少分心和打断，这样学步儿能有机会扩展自己的注意的广度，能在较长时间内集中于一项活动(如搭积木或玩水游戏)。

(引自：[美]琳达·杜威尔-沃森．婴儿和学步儿的课程与教学[M]．北京：人民教育出版社，2009：534—535.)

任务回顾

序号	本节知识要点	教师认为应达到的程度	学生自评达到的程度
1	创设“问题情境”的方式	☆☆☆☆	☆☆☆☆
2	语词在思维培养中的重要性	☆☆☆☆	☆☆☆☆
3	丰富的经验内涵	☆☆☆☆	☆☆☆☆
4	分类、数目、序列、空间、时间、表征概念与内容	☆☆☆☆	☆☆☆☆

思考与练习

在早期教育中，许多家长斥巨资购买思维训练玩具，花时间参加思维训练课程，非常重视婴儿的数学认知、概念掌握等，但多数是盲目跟风，自己并不知道什么是科学的思维培养方法。请结合婴儿思维发展特点及培养方式描述的相关知识，设计适宜的教育指导方案。

拓展训练

训练一：通过观察，实例比较说明婴儿与幼儿思维的差异。

训练二：推荐几款玩具，并附上推荐理由，说明怎样利用它们来促进儿童思维的发展。

阅读导航

1. 庞丽娟，李辉. 婴儿心理学[M]. 杭州：浙江教育出版社，1998.

2. 孟昭兰. 婴儿心理学[M]. 北京：北京大学出版社，1997.

3. 罗家英. 学前儿童发展心理学[M]. 北京：科学出版社，2007.

4. 朱智贤，林崇德. 思维发展心理学[M]. 北京：北京师范大学出版社，1986.

5. [美]劳拉·E. 贝克. 儿童发展[M]. 南京：江苏教育出版社，2002.

6. 李燕，赵燕. 学前儿童发展心理学[M]. 上海：华东师范大学出版社，2008.

7. [美]戴蒙，勒纳. 儿童心理学手册(第六版)第二卷·认知、知觉和语言[M]. 上海：华东师范大学出版社，2009.

8. 王振宇. 儿童心理学[M]. 南京：江苏教育出版社，2006.

9. 黄希庭. 心理学导论[M]. 北京：人民教育出版社，1991.

10. 朱智贤. 心理学大词典[M]. 北京：北京师范大学出版社，1989.

11. [美]多里斯·伯尔根，吕蓓卡·雷德，路易斯·托雷利. 教保小小孩[M]. 南京：南京师范大学出版社，2006.

12. [美]琳达·杜威尔-沃森. 婴儿和学步儿的课程与教学[M]. 北京：人民教育出版社，2009.

13. 周念丽. 0～3 岁儿童多元智能评估与培养[M]. 上海：华东师范大学出版社，2010.

14. [美]兰西斯·伊尔克，卡罗尔·哈柏. 你的 1/2/3 岁孩子[M]. 南昌：江西科学技术出版社，2012.

学习反思

第七章

婴儿情绪、情感的发展

学习目标

1. 了解情绪的含义、种类及其在婴儿心理发展中的重要作用。
2. 领会婴儿情绪相关理论及其发展趋势。
3. 了解婴儿情绪的特点和发展规律。
4. 掌握婴儿积极情绪的培养方法。

本章导读

一天周末，小雨全家决定到动物园去游玩。看到那么多动物，小雨兴奋极了，一会跟动物说话，一会喂动物食物，一天没个消停，没有一点儿睡意。回到家里，吃饭时，小雨犯困闹觉，找各种理由不吃饭。平时，爸爸陪伴小雨的时间不多，看到小雨有些无理取闹，极其生气，大吼小雨不听话。小雨的妈妈觉得小雨还小，闹觉情绪化是很正常的现象，需要慢慢引导。由于父母观点不一致，最后大吵起来。一旁的小雨惊恐地看着争论不休的父母，不知所措。小雨的父母到底谁的观点对呢？在学习了本章的情绪情感知识后，也许你能够找出答案。

第一节 情绪、情感概述

美国心理学家曾做过一个实验，研究者让参加实验的大学生戴上“分视眼镜”。戴上这种眼镜后，参与实验的大学生面对一张图片，两只眼睛能看到不同的物体，左眼能够看到美味食品，右眼能够看到美丽景色。结果发现，饥饿状态下的大学生对美食的描述更加细致和充满感情，几乎忽略了美景图案；而当大学生吃饱之后再看图片时，他们大多能够对图片产生美感。面对同样的图片，为什么在饭前和饭后会有不同情感反应呢？情绪、情感和人的生理需要有关吗？情绪真的会导致认知的变化吗？情绪与情感的差别又是什么呢？

一、什么是情绪、情感

（一）情绪、情感的含义

情绪、情感是人对客观事物是否符合个人需要而产生的态度体验。人对客观事物采取怎样的态度，要以它是否满足人的需要为中介。同人的需要毫无关系的事物，人对它是无所谓情绪的。只有那种与人的需要有关的事物，才能引起人的情绪。凡能满足个人需要的客观事物会引起积极的情绪，表现为欢乐、喜悦、舒适等；不能满足个人需要的客观事物会引起消极的情绪，如愤怒、恐惧等。

（二）情绪、情感的区别与联系

情绪和情感既有区别又有联系。二者的区别表现在：第一，情绪通常指与生理需要相联系的体验，如饥饿时得到食物就会体验到满意、愉快，得不到食物就会难受、不安。而情感是指与人的社会性需要相联系的体验，如学习的成功会带来愉快，学习中的失败会带来沮丧。第二，情绪具有情境性、冲动性和短暂性。它往往由某种情境引起，也随着情境的改变和需要的满足而减弱或消失。而情感具有稳定性、深刻性和持久性，是对人对事稳定的态度体验。第三，在个体发展和人类进化中，情绪发生早，是人和动物尤其是高等动物所共有的。而情感发生晚，是人在社会化过程中产生的，具有社会性。

情绪和情感的区别是相对的。从本质上说，它们都是人脑对客观事物与人的需要之间关系的反映，是人的主观心理体验，在具体人身上它们又互相依存，密切联系。一方面，情绪是情感的外在表现。稳定的情感是在情绪的基础上形成起来的，而且是通过情绪的形式表现出来的。情感离不开情绪，离开了情绪，情感既无从形成，也无法表现。另一方面，情感是情绪的本质内容。在情绪发生过程中常常包含着情感，情感的深度决定着情绪表现的强度，情感的性质决定着情绪表现的形式。因此，情绪和情感是不可分割的，所以，有些心理学家对情绪和情感不加区分，统称为感情。

二、情绪、情感与认识

情绪、情感不同于认识过程。认识过程反映的是客观事物本身，而情绪、情感反映的是客观事物与个人需要之间的关系。认识过程通过形象或概念来反映客观事物，而情绪情感则是通过主观体验来反映客观事物与人的需要之间的关系。如：孩子在医院看见穿白大褂的人，知道那是医生，这属于认知。但有的孩子看见穿白大褂的人就害怕，是与医生给他打针吃药的痛苦体验相联系的。

情绪情感和认识又是有联系的。一方面，认识是情绪情感产生的基础。人对客观事物的认识、评估是产生情绪、情感的直接原因。如在野外看到一只老虎，我们会感到害怕，而在动物园里见到笼中的老虎就无怕的体验，其原因就在于认识起着关键的作用。多道生理记录仪(俗称"测谎器")实质上是一种"情绪检验器"：测量与情绪状态相联系的某些生理指标。它用于测谎是因为人在说谎时往往感到内疚和焦虑，从而导致心率、血压、呼吸和皮电反应等的变化。另一方面，情绪和情感也影响认识过程。人的情绪情感不仅以认识为基础，反过来又会影响人的认识过程。一般来说，积极的情绪情感对认识活动具有促进作用；消极的情绪情感对认识活动具有阻碍作用。心理学研究表明：积极的情绪情感可使人产生超强的记忆力、活跃的创造性思维和丰富的想象；而焦虑不安、忧郁苦闷、愤怒等不良情绪，则会降低智力活动，影响认识活动的效率。如考试焦虑会让考生发挥失常。

三、情绪、情感的种类

人的情绪情感是较为复杂的，自古以来许多学者试图对情绪情感进行分类。根据《礼记》记载，情绪可分为喜、怒、哀、惧、爱、恶、欲，即"七情"；到了近代，西方学者常把情绪分为：快乐、愤怒、悲哀、恐惧，它们通常被认为是最基本的情绪形式或原始的情绪。

(一)原始情绪

1. 快乐

快乐是指人们盼望的目的达到后，或者某种需要得到满足时产生的情绪体验。如圣诞节时，孩子一早醒来，收到盼望已久的圣诞老人送来的礼物，孩子产生的又惊又喜的感觉。快乐可以有满意、愉快、欢乐、狂喜等不同的程度，快乐的程度取决于达到目的的容易程度和意外程度。目的突然出乎意料地实现会引起极大的快乐。

2. 愤怒

愤怒是人们在实现某种目的的过程中受到了挫折，或者愿望不能够得到满足时产生的情绪体验。试想一下，如果一个小朋友不小心头撞到一根大柱子上，或者脚踢到一块大石头上，正当他疼痛难忍之际，另一个孩子在旁边哈哈大笑起来，这个小朋友可能就会产生愤怒的情绪。愤怒的程度可以有不满、生气、愤怒、暴怒几种。愤怒是一种不良情绪，它会破坏人的心理、生理平衡，从而诱发各种疾病。

3. 悲哀

悲哀一般是人们失去某种所重视和追求的事物时产生的情绪体验。如与亲人分离。悲哀也有遗憾、失望、难过、悲伤、哀痛等程度的不同。悲哀的强度取决于失去的事物对主体心理价值的大小，心理价值越大，引起的悲哀越强烈。

4. 恐惧

恐惧是人们面临危险的情景，或预感到某种潜在的威胁时产生的情绪体验。它往往是人们无力摆脱困境时的表现。如大难临头又无路可走时，人们的恐惧心理就会油然而生。一个人夜间单独行走，本无危险，但想象到某种可能的危险也会产生恐惧。恐惧可分为程度不同的怕、惧怕、惊恐和恐怖几种。

在上述四种基本情绪形式的基础上，又能派生出许多情绪，组成各种复合的形式。与对他人评价有关的如爱慕、厌恶、怨恨；与对自我评价有关的如谦虚、自卑、悔恨等，都包含着快乐、愤怒、悲哀、恐惧等因素。

(二)情绪状态

依据情绪发生的强度、速度、紧张度、持续性等指标，可将情绪分为心境、激情和应激。

1. 心境

心境是一种微弱、持久、具有感染性的情绪状态，也叫心情。如心情舒畅或抑郁寡欢，兴高采烈或无精打采等。心境不是关于某一特定事物的体验，而是由一定的情境唤起后在一段时间内对各种事物态度的体验。当人处于某种心境时，会以同样的情绪状态看待周围的一切事物，使自己的一切活动都染上某种情绪色彩。例如在舒畅的心境下，会觉得事事顺心，处处快乐。在悲伤的心境中，一切都令人烦恼。平稳的心境可持续几个小时、几周或几个月，甚至更长时间。心境往往由对人有重要意义的事件引起，对人的生活、工作和健康会发生重要的影响。积极乐观的心境会提高人的活动效率，增强克服困难的信心，有益于健康；消极悲观的心境会降低人活动的效率，使人消沉。

相关链接

车手阿姆斯特朗的神奇故事

1996 年奥运会之后，25 岁的美国车手阿姆斯特朗被查出患有睾丸癌，在不到两个星期内，癌细胞已经扩散到了他的肺部和大脑，医生向他宣判了“死刑”。可他接受手术和化疗后，仅一年就重新回到赛场。此后，他于 1999 年到 2005 年连续 7 年夺得环法赛冠军。阿姆斯特朗以自己的名字成立了一个抗癌基金会。他说：“我就是要向世界证明，只要人的精神不垮，任何疾病都不能征服我们。我就是要证明人可以躺在病床上，可以服用世上最有毒的药物，可以被手术刀切碎再缝合，但人还是可以再站起来，重新获得生命活力。”

阿姆斯特朗没有被病魔吓到，在病魔面前保持一种积极乐观的心境，使他在赛场上赢得了惊人的比赛成绩。以上故事告诉我们，心境对人的生活、工作和健康有着重要的影响。积极乐观的心境可以提高人的活动效率，增强克服困难的信心，有益于健康。

2. 激情

激情是一种强烈、短暂、爆发式的情绪体验。激情往往由与人关系重大的事件所引起，如重大成功后的狂喜、惨遭失败后的沮丧和绝望等。此外，对立的意向或愿望的冲突或过分抑制，也容易引起激情。如对某种痛苦忍耐过久，抑制过度，一旦爆发出来，就会成为十分强烈的、难以控制的激情。

激情对人的活动有很大的影响。积极的激情能成为激励人行为的强大动力。而消极的激情则会使人出现“意识狭窄”现象，即认识范围缩小，不能正确评价自己行为的意义和后果，作出一些鲁莽的行为，甚至铸成千古之恨。当然，消极的激情也并非不可控制。事实证明，人能意识到自己的激情状态，并可以有意识地调节和控制。

3. 应激

应激是在出乎意料的紧张与危急情况下产生的情绪状态，是人对意外的环境刺激作出的适应性反应。例如，人们遇到突然发生的水灾、火灾、地震等自然灾害时，所产生的紧张的情绪体验，就是应激状态。在应激状态下，人可能有两种表现：一种是急中生智。此时，应激引起的身心紧张，可使个体集中自己的智慧和经验，调动全身力量迅速而及时地作出决定，解决当前的紧急问题。在这种应激状态下，人的思路清晰，反应迅速，判断准确，动作有力，能够化险为夷，做平时做不到的事情。另一种是惊慌失措。应激所造成的高度紧张情绪，使个体行为失调，思维混乱，分析判断能力减弱，注意的分配和转移发生困难，甚至会使身体各部分的机能失调，出现暂时休克现象。实践证明，人的应激能力可以通过训练而提高。通过训练，培养思维的敏捷性，提高意志的果断性，增强动作的灵活性，加强技能的熟练性，提高在意外情境下迅速决断的能力，这样遇到突发事件，就能镇定自若，当机立断，摆脱困境，转危为安。由于人在应激状态中会出现一系列激烈的生理反应，若长时间处于应激状态，人的生物化学保护机制则会被破坏，使人抵抗力降低，易受疾病侵袭。

（三）情感的种类

情感是与人的社会性需要相联系的体验，是人类所特有的。社会情感按其内容可分为道德感、理智感和美感。

1. 道德感

道德感是根据一定的道德标准对别人或自己的行为进行评价时所产生的情感体验。当自己或他人的言行符合道德规范时，对己会产生自豪感，对他人会产生敬佩、羡慕、尊重等情感；当自己或他人的言行不符合道德规范时，对己会产生自责、内疚等情感，对他人会产生厌恶、憎恨等情感。

不同的时代、民族和阶级，有着不同的道德标准和行为规范，不同的人们对这些标准和规范又有着不同的理解，因而也就有着不同的道德感。

2. 理智感

理智感是人对认知活动成就进行评价时产生的情绪体验。如发现问题时的惊奇感，分析问题时的怀疑感，解决问题后的愉快感，等等。

理智感对人类的认识和实践活动起着重要的积极作用。只有在强烈理智感的激励下，一个人才能不断提高自己的求知欲，从而去追求真理、探索世界的奥秘。

3. 美感

美感是根据一定的审美标准评价事物时所产生的情感体验。它是人对自然和社会生活的一种美的体验。如对优美的自然风景的欣赏，对良好社会品行的赞美。同道德感一样，美感也受社会历史条件的制约，不同的社会、时代、民族、阶级，人们的审美标准各不相同，因而也就有不同的美感。

四、情绪、情感的研究成果

相关链接

关于情绪的产生

心理学家华生以一名9个月大的婴儿阿尔伯特为被试做了一个恐惧唤起实验。实验开始时，小阿尔伯特对巨大声响表现出本能的恐惧反应，而对于兔子、白鼠、狗和积木等并不害怕。实验过程中，研究者反复向阿尔伯特同时呈现白鼠和巨大声响。在白鼠与声音多次配对呈现后，即使不出现声音时，阿尔伯特也对白鼠表现出极度的恐惧。此实验似乎说明了情绪是后天习得的。但生活中我们常会发现，即使在后来的教育中我们不去教孩子爱母亲，不同年代、民族的孩子仍然会在差不多大的年龄对母亲产生依恋，这又似乎说明情绪是先天的、本能的。伊扎德(Izard，2007)把人类生而具备的那种情绪能力定义为基本情绪，把后天的情绪——认知之间的动态交互作用定义为情绪模式。

由于情绪这种心理现象的复杂性，心理学家对它的理论解释是多种多样的。下面讨论几个较有影响的情绪理论和当前的某些研究趋向。

(一)詹姆士—兰格的机体知觉情绪理论

美国心理学家詹姆士和丹麦生理学家兰格(Lange，1885)认为，情绪就是对机体变化的知觉。兰格认为，“血管运动的混乱，血管宽度的改变，以及与此同时各个器官中血液量的改变，乃是激情的真正的最初的原因。”他认为，随意神经支配加强和血管扩张的结果，就产生愉快；而随意神经支配减弱，血管收缩和气管肌肉痉挛的结果，就产生恐惧。兰格说：“假如把恐惧的人的身体的症状除掉，让他的脉搏平稳，眼光坚定，脸色正常，动作迅速而稳定，语气强有力，思想清晰，那么，他的恐惧还剩下什么呢?”在兰格看来，情绪就是对机体状态变化的意识。

(二)坎农—博德的丘脑情绪理论

坎农和博德提出了与詹姆士情绪观不同的情绪理论。其理由是：①机体的生理变化相对缓慢，不符合情绪迅速产生和变化的事实。②机体的生理变化非常复杂和微妙，根据生理变化很难分辨不同情绪。③切断内脏器官与中枢的神经联系后，机体难以体验到情绪。④用药物人为地引起与某种情绪有联系的身体变化，却并不产生真正的情绪体验。因此他们认为，植物性神经系统的生理反应无助于情绪的发生，情绪的产生是大脑皮质解除丘脑抑制的功能，即激发情绪的刺激由丘脑进行加工，同时把信息输送到大脑及机体的其他部分，大脑是情绪的中枢。

大脑在情绪情感中的作用已被很多研究证实。如，用埋藏电极刺激动物大脑边缘系统的某些部位(如中隔区和下丘脑)可使动物产生“奖赏感觉”；而刺激其他邻近部位时可产生“惩罚感觉”。因此，边缘系统和下丘脑的这些部位被称为“快乐中枢”和“痛苦中枢”。对人的一个研究发现，和左半球言语中枢相对称的右半球相应区域受损伤的病人能够理智地说话，却缺乏言语的情绪色彩，说话时就像受计算机支配似的。这似乎说明，言语的内容和结构是由左半球加工，而言语的情绪色彩是由右半球控制的。另有一项个案研究发现，右脑皮质前部受损伤的病人不能用面部姿势和语声变化来表达情绪，但能理解他人的表情。相反，右脑皮质后部受损伤的病人能表达情绪却不能识别他人的表情。这两部分都受损伤的病人则既不能表达也不能识别情绪。说明情绪识别和情绪表达在大脑皮质上可能有定位，坎农和博德的论点值得重视。

(三)阿诺德—拉扎鲁斯的认知评价情绪理论

阿诺德强调认知评价在情绪中的作用。她认为，对刺激的评价左右着人们对情绪的解释和反应，评价补充着知觉并产生去做某种事情的倾向；任何评价都带有感情体验的成分，当这种体验非常强烈时，称为情绪反应。其中，记忆是评价的基础，任何新的事物都是按照过去的体验来进行评价的。想象是评价的重要环节，在开始行动之前，当前的情境和有关的感情记忆使我们推测未来。拉扎鲁斯把阿诺德的评价进一步扩展为评价、再评价过程，并强调了文化因素对情绪的作用。他认为，文化对情绪的影响有四种方式：①文化影响着对情绪刺激的理解。②文化直接影响情绪的表达，如表情。③文化影响人们的社会关系和判断。④文化影响高度礼仪化的行为，如在丧礼上的悲哀。

阿诺德—拉扎鲁斯的理论与詹姆士—兰格的理论的差异体现在，前者的情绪反应系列是“情境—评价—情绪”，后者的情绪反应系列是“情境—机体生理反应—情绪”。

相关链接

情绪 ABC 理论

如果有人问你，你对自己的情绪负责吗？你可能说：情绪怎么能随便控制呢？有高兴事就乐，有伤心事就悲。这是人之常情嘛。

情绪 ABC 理论的创始者爱利丝认为：正是由于我们常有的一些不合理的信念才使我们产生情绪困扰。如果这些不合理的信念久而久之，还会引起情绪障碍。

情绪 ABC 理论中：A 表示诱发性事件；B 表示个体针对此诱发性事件产生的一些信念，即对这件事的一些看法、解释；C 表示自己产生的情绪和行为的结果。

通常人们会认为，诱发事件 A 直接导致了人的情绪和行为结果 C，发生了什么事就引起了什么情绪体验。然而，你有没有发现，同样一件事对不同的人，会引起不同的情绪体验。同样是报考英语六级，结果两个人都没过。一个人无所谓，而另一个人却伤心欲绝。

为什么？就是诱发事件 A 与情绪、行为结果 C 之间还有个对诱发事件 A 的看法、解释的 B 在作怪。

(四)汤姆金斯—伊扎德的动机—分化情绪理论

汤姆金斯和伊扎德认为，情绪具有重要的动机性和适应性功能。他们认为，情绪就是一种基本的动机系统；各种情绪体验是驱动有机体采取行动的动机力量。

情绪系统由基本情绪和复杂情绪构成。该理论强调十种基本情绪(兴趣、高兴、害怕、愤怒、厌恶、痛苦、轻蔑、羞耻、内疚、惊讶)，认为不同的基本情绪有独特的、不同的动机作用，并提出了五个关于基本情绪的核心假设：①十种基本情绪组成了人类基本的动机系统。②每一种基本情绪都有独特的主观的、现象学的性质。③每一种基本情绪都有独特的面部表情模式。④每一种基本情绪都有将情绪激活进入意识的独特的中枢放电率。⑤每一种基本情绪导致不同的行为结果。在十种基本情绪里，两种在现象学上是积极的(兴趣和高兴)，七种在现象学上是消极的(害怕、愤怒、厌恶、痛苦、轻蔑、羞耻和内疚)，一种在现象学上是中性的(惊讶)。

根据伊扎德的观点，如果两种或多种基本情绪快速连续地被体验，个体会体验到一种“情绪模式”。情绪模式是连续的基本情绪的联合。例如，爱是一种情绪模式，它是在兴趣之后重复地跟随高兴的联合。如果这种兴趣——高兴的联合并存着性驱力，那么，罗曼蒂克的爱就会体验到。恨(或敌意)也是一种情绪模式，它是愤怒、厌恶和轻蔑的联合。伊扎德提出，在恨模式里，这些情绪中每一种的突出都赋予了恨特定的特性。愤怒占优势时，恨的特性是攻击；在厌恶占优势时，恨的特性是积极避免恨的对象；在轻蔑占优势时，恨的特性是偏见性地行动。同样，焦虑也是一种情绪模式，它联合了害怕与两种或更多种以下情绪：痛苦、愤怒、羞耻、内疚和兴趣。抑郁则是一种包含了所有消极情绪的复杂联合。

伊扎德(1993)认为，情绪能够以多种方式被激活。他提出情绪激活的四种模型。

(1)神经内分泌过程。①通过神经递质水平的变化诱发情绪(如血清素减少→抑郁)。②通过在脑部的电刺激诱发情绪(如下丘脑的人工刺激→大怒)。

(2)感觉反馈过程。①通过面部表情诱发情绪(如紧缩鼻子→厌恶)。②通过身体姿势诱发情绪(如垂头弯腰的姿态→悲伤)。

(3)情感激活过程。①通过品尝、闻味道产生情绪(如甜味→兴趣)。②通过疼痛产生情绪(如厌恶的刺激→愤怒)。

(4)认知激活过程。①通过评价、评定和归因产生情绪(如将有害的判断为不公平的→愤怒)。②通过记忆产生情绪(如回忆童年的经历→感伤)。伊扎德指出，神经内分泌系统不仅可以直接激活情感体验，而且可以影响其他三个情绪激活过程。认知是情绪产生的一个重要因素，但认知不等于情绪，也不是产生情绪的唯一原因。

任务回顾

序号	本节知识要点	教师认为应达到的程度	学生自评达到的程度
1	情绪、情感的含义	☆☆☆☆	☆☆☆☆
2	情绪、情感的区别与联系	☆☆☆☆	☆☆☆☆
3	情绪、情感与认识的联系	☆☆☆☆	☆☆☆☆
4	情绪、情感的种类	☆☆☆☆	☆☆☆☆
5	机体知觉、丘脑、认知评价和动机—分化情绪理论	☆☆☆☆	☆☆☆☆

第二节　情绪在婴儿心理发展中的作用与发展趋势

第二次世界大战后，德国出现了许多孤儿。德国政府把这些孤儿收容在一起，为他们提供了很好的生活和教育条件，包括一流的设施、优秀的医生和老师，希望给这些失去亲人的孩子以最好的成长环境。然而，与这一良好愿望相反，这些孩子胆小，焦虑，多病，而且发育迟缓，死亡率高，其身心发展水平远不如那些物质条件不足但父母双全的孩子。为什么会出现这种情况呢？政府对此百思不解，经过反复比较，终于发现：因为这些孩子缺少父母之爱！他们给这种情况起名为“设施病”，意为孩子们缺少比设施更重要的东西——母爱。后来采取了一些办法，如增加护士，多与孩子接触，并经常爱抚他们，发现患病率和死亡率有所降低。还有研究发现，如果婴儿时期剥夺了儿童的情绪，得不到父母和成人的关爱，还会抑制生长素的分泌而导致“感情剥夺性身材矮小”。可见，情绪情感作为婴儿适应生存的重要心理工具，不仅是成人和儿童人际交往的重要手段，对婴儿的生长发育和个性形成也起着十分重要的作用。

一、情绪在婴儿心理发展中的作用

情绪在婴儿心理活动中起着非常重要的动力作用，儿童年龄越小，这种影响就越直接。婴儿的行为充满着情绪色彩。婴儿情绪的发展对其今后的心理生活和个性形成起着重要的作用。

（一）情绪对婴儿行为的动机作用

情绪对婴儿心理活动和行为具有非常明显的动机和激发作用。婴儿的心理活动和行为的情绪色彩非常浓厚。情绪直接驱动、促使着儿童去做出某种行为，或抑制某种行为。比如，在愉快情绪下，儿童做什么事都积极；情绪不好时，则活动不积极。正像人们常说的：“孩子是凭兴趣做事”，“儿童是情绪的俘虏”。“高不高兴”、“愿不愿干”，对儿童的心理和行为影响极大。情绪直接支配、左右着儿童的行为。

（二）情绪对婴儿认知发展的作用

情绪与认知之间关系密切，一方面，情绪是随着认知的发展而分化和发展；另一方面，情绪对儿童的认知活动及其发展起着激发、促进作用，或抑制、延缓作用。如，喜欢小动物的孩子，就会经常去接近小动物，在接触过程中逐渐了解小动物的生活习性，掌握一些关于小动物的常识。

心理学家曾以婴幼儿为被试，研究快乐、痛苦、兴趣、惧怕、愤怒等不同情绪状态对其智力操作活动的影响。结果表明，不同性质的情绪对婴儿智力操作影响不同，愉快情绪有利于婴幼儿的智力操作，而痛苦、惧怕等对婴幼儿智力操作不利，适中的愉快情绪能使智力操作效果最好。

相关链接

情绪智力

情商(EQ)又称情绪智力，是近年来心理学家们提出的与智力和智商相对应的概念。它主要是指人在情绪、情感、意志、耐受挫折等方面的品质。

心理学家认为，情商包括以下几个方面的内容：一是认识自身的情绪。懂得掌握自己的情绪反应，了解各种感受的前因后果。二是管理自己的情绪。即能够以恰当的方式舒解负面情绪，而不会随意发泄或压抑内心不快。三是自我激励。能把逆境转化成积极奋进的机会，不轻易放弃或气馁，表现出个人的自制力、专注力及应变能力。四是认知他人的情绪。善于观察别人的情绪，明白别人的感受，并设身处地为他人着想。五是人际关系的管理。掌握社交及沟通的技巧，懂得与人融洽相处。

（三）情绪是婴儿人际交往的重要手段

每一种情绪都有其外部表现，即表情，它是人与人之间进行信息交流的重要工具之一。在婴儿与人的交往中，表情占有特殊的、重要的地位。

人类的表情主要有面部表情、体态表情和言语表情。

1. 面部表情

这是情绪在面部肌肉上的表现。人的眼睛是最善于传情的，不同的眼神可以表达不同的情绪。例如，高兴时“眉开眼笑”，忧愁时“双眉紧锁”，气愤时“怒目而视”，惊恐时“目瞪口呆”等。口部肌肉的变化也是表现情绪的重要线索。例如，憎恨时“咬牙切齿”，紧张时“张口结舌”。整个面部肌肉的协调活动能显示出人类丰富多彩的情绪状态。

2. 体态表情

这是情绪在身体动作和姿态上的表现。人在不同的情绪状态下，身体姿势会发生不同的变化。例如，得意时“摇头晃脑”，紧张时“坐立不安”，悔恨时“捶胸顿足”，讨好时“卑躬屈膝”，骄傲时“趾高气扬”。在身段表情中，手势最为重要。手势和语言一起使用，更富于表现力。手势也可以单独使用表达某种情绪，例如，着急时“摩拳擦掌”，惊慌时“手足无措”。

3. 言语表情

这是情绪在语音、语调、语速和节奏等方面的表现。言语不仅是交流思想的工具，也是表达情绪信息的手段。例如，喜悦时，语音高昂，语速较快，语音高低差别较大；悲哀时，语音低沉，语速缓慢，语音差别较小。

新生儿几乎完全借助于其面部表情及动作，引起、维持、调整其与成人的交往，与成人进行着信息交流。儿童在掌握语言之前，主要是以表情作为交际工具；在婴幼儿初步掌握语言之后，表情仍是婴幼儿重要的交流工具，它和语言一起共同实现着儿童与成人、儿童与同伴间的社会性交往。

相关链接

孩子的情绪与同伴关系的发展

霍夫曼根据孩子情绪的发展特点将儿童早期的同伴关系发展过程分为四个阶段。1. 整体移情阶段：儿童通过情绪感染，获得他人情绪苦闷的信号，使自己也感到不愉快。2. 自我中心移情：儿童知道别人是苦闷的，但他们只在自己也感到苦闷时才作出同病相怜的反应。3. 儿童开始认识到他人与自己的情绪是不同的。4. 儿童对他人体验的真正移情开始发展。这时的移情能力使儿童体会到他人的内心情绪状态，能与同伴建立更密切、和谐的合作关系，以完成共同活动和达到共同目标。

（四）情绪对儿童个性形成的作用

婴幼儿时期是个性形成的奠基时期，儿童情绪情感对其具有重要影响。儿童在与不同的人和事物的接触中，逐渐形成了对不同人、事物的不同情绪态度。儿童经常、反复地受到特定环境刺激的影响，反复体验同一情绪状态，这种状态就会逐渐稳固下来，形成稳定的情绪特征，而情绪特征正是个性性格结构的重要组成部分。如成人经常关心、尊重婴儿，使婴儿经常体验到安全感和信任感，这有助于他们形成活泼开朗、自信的性格。若长期缺乏亲人的关爱，则会使他们形成孤僻、胆怯等性格。有心理学流派认为，儿童早期的情绪发展，对个性的最终形成至关重要。儿童早期的情感创伤，可能会对其个性的形成造成严重影响。所以，重视和保护婴儿的情绪健康，对儿童发展和心理健康的意义十分巨大。

相关链接

情绪与健康

现代科学不断证实情绪和健康之间存在着紧密的联系。美国生理学家艾尔玛的实验研究：将人在不同情绪状态下呼出的气体收集在玻璃试管中，冷却后变成水。之后发现：在心平气和的状态下呼出的气体冷却成水后，水是澄清透明的。在悲伤状态下呼出的气体冷却成水后，水中有白色沉淀。在愤怒、生气状态下呼出的气体冷却成水后，将其注射到大白鼠身上，几分钟后大白鼠死亡。

人在生气时的生理反应非常强烈，同时会分泌出许多有毒性的物质。消极情绪长期存在，生理变化不能复原时，情绪压力就会损害健康。不良情绪长期存在与发展会转化成为心理障碍和心理疾病。

二、婴儿情绪的发展趋势

婴儿情绪发展的趋势主要体现在三个方面：一是情绪的社会化；二是情绪的丰富和深刻化；三是情绪的自我调节化。

(一)情绪的社会化

儿童最初出现的情绪是与生理需要相联系的，随着年龄的增长，情绪逐渐与社会性需要相联系。社会化成为儿童情绪发展的一个主要趋势。

1. 引起情绪反应的社会性动因不断增加

引起儿童情绪反应的原因，称为情绪动因。婴儿的情绪反应，主要是和他的生理需要是否得到满足相联系的。例如，温暖的环境、吃饱、喝足、尿布干净等，常常是引起愉快情绪的动因。1～3 岁的儿童情绪反应的动因，除了与满足生理需要有关的事物外，还有大量与社会性需要有关的事物。但总的来说，在 3 岁前儿童的情绪反应动因中，生理需要是否得到满足是主要的。

幼儿的情绪活动中，涉及社会性交往的内容，随着年龄的增长而增加。例如，研究发现，幼儿交往中的微笑可以分为三类：第一类，儿童自己玩得高兴时的微笑；第二类，儿童对教师微笑；第三类，儿童对小朋友笑。这三类中，第一类不是社会性情感的表现，后两类则是社会性的。该研究所得 1 岁半和 3 岁儿童三类微笑的次数比较见表 7.2.1：

表 7.2.1　1 岁半和 3 岁儿童三类微笑的比较

年龄	自己笑		对教师笑		对小朋友笑		总数	
	次数	%	次数	%	次数	%	次数	%
1 岁半	67	55.3	47	38.84	7	5.79	121	100
3 岁	117	15.62	334	44.59	298	39.79	749	100

从表 7.2.1，可以看到，从 1 岁半到 3 岁，儿童非社会性交往微笑的比例下降，社会性微笑的比例则不断增长。

2. 表情的社会化

表情是情绪的外部表现。儿童在成长过程中，逐渐掌握周围人们的表情手段，表情日益社会化。婴儿表情社会化的发展主要包括两个方面：一是理解（辨别）面部表情的能力。二是运用表情的能力。

（1）理解（辨别）面部表情的能力

表情所提供的信息，对婴儿社会性行为的发展起着特别重要的作用。

婴儿表情的社会化，集中表现在对成人，尤其是养育者表情的呼应上。有一项研究表明，如果让妈妈看着自己的孩子，用平淡的语气说话，孩子会变得很谨慎机警，不太有积极表情，有时甚至会变得焦虑不安。但当母亲用亲切、愉快的语气和丰富的脸部表情对孩子说话时，孩子马上变得轻松和舒缓起来，并增加了发音。

心理学家用习惯化—非习惯化的方法，给婴儿看人的各种表情的照片，发现 4～7 个月的婴儿就能识别大人的高兴、悲伤、生气和恐惧等面部表情。但这时候的辨认还只是出于认知角度，他们还不能把照片上的表情同真实生活中成人的相应情绪联系起来。近 1 岁的婴儿已经能够笼统地辨别成人的表情。例如对他微笑，他会笑，如果接着立即对他作出严厉的表情，婴儿会马上哭起来。婴儿能够“看懂”成人的表情和情绪，是非常重要的进步。这种能力将推动他们社会关系的发展，帮助他们调节自己对环境的探索。2 岁的婴儿能正确辨别面部表情，并能谈论与情绪有关的话题。

表 7.2.2　情绪发展总结

年龄	情绪表达/调节	情绪理解
出生～6 个月	所有基本情绪出现 积极情绪的表达受到鼓励并更为经常地出现 通过吸吮和回避方式调节消极情绪	婴儿可以对快乐/愤怒/伤心等面部表情加以区分
7～12 个月	愤怒、恐惧和悲伤等消极的基本情绪更经常地出现 婴儿通过滚动、撕咬或远离令人不安的刺激物等方式对情绪进行自我调节	能更好地辨认他人的基本情绪 社会参照的出现
1～3 岁	出现次级（自我意识的）情绪 婴儿通过转移注意力或者控制刺激物的方式调节情绪	幼儿开始谈论情绪和掩饰情绪 同情反应出现

续表

年龄	情绪表达/调节	情绪理解
3～6 岁	出现调节情绪的认知策略并不断细化 对情感的掩饰以及一些简单表达规则的遵守开始出现	儿童开始从躯体动作中识别情绪 对情绪产生的外在原因和后果的理解能力增强 移情反应更为常见
6～12 岁	对表达规则进一步遵守 自我意识的情绪与行为“对错”“好坏”标准的内化联系更加紧密 自我调节策略(包括适当时候对情感的激发)更加多样和复杂	儿童整合内外部线索来理解他人的情绪 移情反应增强 儿童意识到不同的人对于同一事件会有不同的情绪反应 知道他人会有矛盾的情感体验

(2)运用表情的能力

心理学家对 5～20 岁先天盲人和正常人面部表情后天习得性的研究发现，最年幼的盲童和正常儿童相比，无论是面部表情动作的数量，还是表达表情的适当程度，都没有明显的差别，但是，正常儿童的表情动作数量和表达表情的逼真性，都随着年龄增长有进步，而盲童则相反。这说明，先天的表情能力只能保持一定水平，如果缺乏后天的学习，先天的表情能力会下降。盲童由于缺乏对表情的人际知觉条件，其表情的社会化受到了阻碍。

婴儿会用面部和全身动作表情毫不保留地表露自己的情绪，以后则根据社会的要求调节其情绪表现方式。儿童从 2 岁开始，已经能够用表情手段去影响别人，并学会在不同场合下用不同方式表达同一种情绪。如，婴儿摔痛了，在父母面前可能大哭，在小朋友面前则忍住不哭。2 岁以后的婴儿开始学会采用一定的方法控制自己的情绪。如限制输入(捂上眼睛或耳朵，回避不愿接受的感觉刺激)、自言自语(妈妈马上就回来了)等。

研究表明，随着年龄的增长，儿童理解面部表情和运用表情的能力都有所增长。一般而言，理解表情的能力一般高于运用表情的能力。

(二)情绪的丰富和深刻化

1. 情绪的丰富化

所谓情绪的丰富化表现为婴儿的情绪与各种心理过程都发生紧密联系。

婴儿情绪的丰富化，首先与其认知发展水平有关。根据与认知过程的联系，情绪的发展可以分为以下几种水平。

(1)与感知觉相联系的情绪。与生理性刺激联系的情绪多属此类。例如，婴儿听到刺耳的声音或身体突然失衡，都会引起痛苦和恐惧。

(2)与记忆相联系的情绪。陌生人表示友好的面孔，可以引起 3～4 个月婴儿的微笑，但对于 7～8 个月的婴儿，则可能引起惊奇或恐惧。这是因为前者的情绪尚未和记忆相联系，而后者则已有记忆的作用。没有被火烧灼过的婴儿，对火不产生害怕情绪，而被火烧灼过的儿童，则会产生害怕情绪。儿童的许多情绪都是条件反射性质的，也就是和记忆相关联的情绪。

(3)与想象相联系的情绪。两三岁以后的儿童，常常由于被告知蛇会咬人、黑夜有鬼等，而产生怕蛇、怕黑等情绪，这些都是和想象相联系的情绪体验。

(4)与思维相联系的情绪。3 岁儿童看到鼻子很长的人、眼睛在头后面的娃娃都报之以微笑。这是儿童理解到“滑稽”状态，即不正常状态而产生的情绪表现。

(5)与自我意识相联系的情绪。对活动的成败感到自豪、焦虑，对别人的怀疑和妒忌等，都属于与自我意识相联系的情感体验。这种情感的发生，更多地不决定于事物的客观性质，而决定于主观认知因素。

2. 情绪的深刻化

情绪的深刻化集中体现在道德感、理智感和美感的发生。

(1)道德感是根据一定的道德标准去评价自己或他人的思想、言行时产生的情感体验。当孩子 1 岁的时候，就表现出一种对人简单的同情感。婴儿看到别的孩子哭或笑，也会跟着哭或笑，这就是所谓“情感共鸣”，心理学称为移情。移情有助于婴儿形成亲社会行为，如同情、分享等。而亲社会行为的获得，能促进儿童社会性的发展。因此，移情是婴儿心理健康成长的基石。移情也是高级情感活动产生和发展的基础。2～3 岁的幼儿已产生了简单的道德感。尽管此时婴儿不明白他所做的事情该不该做，但由于他们的活动常常伴有成人的评价和表情反应，他们可以从成人的表扬或批评中获得相应的情感。成人责备他就不高兴，表扬他就高兴。

(2)理智感是人对认知活动产生的情感体验，是人类所特有的高级情感之一。它与人的求知欲、认识兴趣、解决问题的需要是否满足相联系。婴儿理智感的发展，突出表现在他们对周围事物的好奇和探索。婴儿的好奇心和探索精神主要表现在以下几个方面：①到处触摸。婴儿学会独立行走和用手自如地拿东西之后，一下子变得非常好动，对任何事物都感到新鲜，都要去看一看、摸一摸。房间里的犄角旮旯儿，厨房、厕所、阳台等。他都要去走一走、看一看；书籍、锅碗瓢盆也要摸一摸；哪里有个小窟窿，要伸进小手去捅一捅。②爱摆弄小东西。比如，从地上捡起一个小石头敲打几下，然后扔出去，还要再看看，有时甚至要用嘴咬一咬等；再如把积木、小石头装进塑料瓶里，摇一摇，听一听之后倒出来，再放进去。③喜欢做事情。大人做什么，他都要抢着做。比如，大人扫地，他也要抢扫帚自己扫；大人择菜，他也要抢着干；吃饭前大人摆碗筷，他也要争着干，等等。

(3)美感是人对事物审美的体验，它是根据一定的美的评价而产生的。儿童的美的体验，也有一个逐步发展的过程。婴儿从小喜好颜色鲜艳的东西，以及整齐清洁的环境。有的研究表明，新生儿已经倾向于注视端正的人脸，而不喜欢五官凌乱颠倒的人脸，他们喜欢有图案的纸板多于纯灰色的纸板。

(三)情绪的自我调节化

随着语言的发展，2 岁的儿童开始有能力调节控制自己的情绪。通常，个体调控情绪的方式有三类。

第一类：适应性调控，即以一种社会可以容忍或接受的方式，来表达或延缓表达某种情绪。情绪的调控过程就是社会适应的过程，要求人的情绪反应具有灵活性、应变能力和表达适度。

第二类：功能性调控，即突出情绪调节旨在服务个人目的，以有利于自身的生存和发展。每个人对自身情绪强度和持续时间的调控，往往与实现或达到个人目的有关。可见，情绪调控不仅与适应环境有关，也与人的切身利益和应付环境的能力有关。

第三类：特征性调控，即情绪调节是激发一种活动以调节(减弱、增强或改变)另一种活动的过程。情绪调控涉及生理、认知、体验和行为的诸方面。特征性调控主要反映个体对情绪的调控手段。

随着年龄的增长，婴儿对情绪的自我调控能力不断提高，主要表现在以下三个方面。

一是儿童情绪调节的方式随自身运动能力的发展而发展。婴儿生活中最早的情绪调节方式是吸吮手指之类的身体自慰行为；2～3个月的婴儿能够采用控制视觉注意的方法来调节情绪；当婴儿能够爬行或走路时，则多采用接近或回避的方式调节情绪。

二是儿童的情绪调节能力随其社会认知能力的提高而发展。有许多研究表明，儿童的情绪调节能力与他们对刺激源的社会认知，以及对自己和他人情绪反映的理解或推测能力有关。对于疼痛，年幼婴儿的主要表现是痛苦，而许多19个月的婴儿则表现为愤怒；这种差异的基础是对疼痛源社会认知水平的不同。

三是随着年龄的增长儿童能更多地利用认知策略、以建设性的方式来调节自己的情绪。例如，在导致愤怒的情境中，2～3岁的儿童倾向于以避开该情境来调节自己的愤怒体验，而4～5岁的儿童则趋向于通过担负更多的社交责任和表现出更积极的情绪来应付该情境。也就是说，年龄较大的儿童致力于通过一种指向他人的建设性方式来调节情绪，并有一个解决社交问题的目标。

任务回顾

序号	本节知识要点	教师认为应达到的程度	学生自评达到的程度
1	婴儿情绪的产生与分化	☆☆☆☆	☆☆☆☆
2	婴儿基本情绪的发展	☆☆☆☆	☆☆☆☆
3	婴儿情绪的易冲动、易变化和易外露的发展特点	☆☆☆☆	☆☆☆☆

第三节　婴儿几种基本情绪的发展特点描述

成人总是羡慕婴儿的天真无邪，每当遇到烦心事人们时常感叹：要是能像小婴儿一样无忧无虑，除了吃饭睡觉什么都不用想该多好！事实果真如此吗？加拿大一项研究发现，当母亲跟其他人聊天而对婴儿不予理睬时，3个月大的婴儿就会表现出生气的样子(蹬腿和发出叫声)。英国朴次茅斯大学心理学家洛伦茨通过对24名母亲和她们4～6个月大的婴儿进行研究发现：当母亲抱起其他婴儿爱抚时，4个月大的婴儿也会因“吃醋”而哭个不停！美国得克萨斯科技大学的助理教授赛比尔·哈特研究发现，6 个月大的小女孩维多利亚看到自己的母亲逗引一个布娃娃而对自己不予理睬时，忽然放声大哭起来，甚至哭得快要吐了。这些研究表明，几个月大的婴儿会因嫉妒心理产生不良的情绪反应。婴儿都有哪些基本情绪？这些情绪是如何发展起来的？让我们一起走进婴儿多彩的情绪世界吧！

一、婴儿情绪的产生与分化

儿童出生后就有情绪，这种情绪反应与生理需要是否得到满足有直接关系。饥渴或尿布潮湿会引起婴儿哭闹等不愉快的情绪；喂饱或换上干爽尿布后，会使婴儿变得愉快或安静。

婴儿在出生一段时间后，在自身发育和后天环境的作用下，情绪不断分化。美国心理学家华生根据他对医院婴儿室内 500 多名初生婴儿的观察认为，婴儿天生的情绪反应有三种：害怕、愤怒与爱①。新生婴儿的怕主要由大声和失控引起。当婴儿静静地躺着时，在其头部附近敲击钢条，会立即引起他的惊跳，肌肉猛缩，继之以哭；当身体突然失去支持，或身体下面的毯子被人猛抖，婴儿会发抖、大哭、呼吸急促、双手乱抓。怒是由于限制婴儿活动引起的。如，用毯子紧紧地裹住孩子，或按住他们的头部不准其活动，婴儿会发怒，把身体挺直或手脚乱蹬。爱由抚摸、轻拍或触及身体的敏感区域产生。如抚摸婴儿的皮肤或柔和地轻拍，会使婴儿安静，产生一种广泛的松弛反应或是展开手指、脚趾。华生认为，儿童在这三种先天情绪的基础上，通过后天学习而形成更为复杂的情绪。加拿大心理学家布里奇斯通过对一百多个婴儿的观察认为，初生婴儿只有皱眉和哭的反应。这种反应是未分化的一般性激动，是强烈刺激引起的内脏和肌肉反应。3 个月以后，婴儿的情绪分化为快乐和痛苦。6 个月以后，又分化为愤怒、厌恶和恐惧。比如，眼睛睁大、肌肉紧张是恐惧的表现。12 个月以后，快乐的情绪又分化为高兴和喜爱。18 个月以后，分化出喜悦和妒忌。24 个月进一步分化出惧怕、厌恶、愤怒、妒忌、痛苦、激动、快乐、欢乐、兴高采烈、对成人的爱和对儿童的爱。我国心理学家孟昭兰认为，人类婴儿从种族进化中获得 8～10 种基本情绪，如愉快、兴趣、惊奇、厌恶、痛苦、愤怒、惧怕、悲伤等，这些情绪的发生有一定的时间次序和诱因，②见表 7.3.1。

表 7.3.1　婴儿基本情绪发生时间表

情绪类别	最早出现时间	诱　因	经常显露时间	诱　因
痛苦	出生后 1～2 天	体内生理刺激或痛刺激	出生后 1 周内	体内生理刺激或痛刺激
厌恶	出生后 1～2 天	不良(苦、酸)味刺激	出生后 1 周内	不良味刺激
微笑	出生后 1 天	睡眠中，体内节律反应	出生后 1～2 周	吃饱、柔和的音响和人的声音
兴趣	出生后 1～2 天	新异性光、声或运动物体	2～3 个月	人面孔、清晰图像
社会性微笑	3～6 周	高频人语声，人的面孔出现	3 个月	熟人面孔出现，面对面玩耍
愤怒	出生后 1～2 周	药物注射痛刺激	4～5 个月	身体活动受限制

---

① 斯托曼．情绪心理学[M]．张燕云，译．沈阳：辽宁人民出版社，1986.

② 孟昭兰．人类情绪[M]．上海：上海人民出版社，1989：254.

续表

情绪类别	最早出现时间	诱　因	经常显露时间	诱　因
悲伤	3～4 个月	疼痛刺激	7 个月	与熟人分离
惧怕	7 个月	陌生人出现	9 个月	陌生人或新异性较大的物体出现，带声音的运动玩具出现
惊奇	1 岁	新异物突然出现	2 岁	同前
害羞	1～1 岁半	熟悉环境中陌生人出现	2 岁	熟悉环境中陌生人出现
轻蔑	1～1 岁半	欢快情况下显示自己的成功	3 岁	欢快情况下显示自己的成功
内疚感	1～1 岁半	抢夺别人的玩具	3 岁	做错事，如打破杯子

二、婴儿几种基本情绪的发展

人的情绪多种多样，其中笑是最基本的积极情绪，而哭和恐惧则是最基本的消极情绪。了解婴儿的基本情绪，有助于成人及时获取孩子的心理信息，进而积极反馈，促进孩子情绪的健康发展。

想一想

多抱会惯坏孩子吗？

有的父母认为："几个月大的婴儿，什么都不懂，让他自己待在摇篮里，只要保障婴儿不冷、不热、不饿，婴儿哭闹也不要紧，父母可以去做其他的家务事。经常抱孩子，容易惯坏孩子，养成总需要成人抱着、陪着的坏习惯！"以上养育孩子的观念对吗？

新生儿由于身心发展限制，只能通过眼睛、耳朵、鼻子、皮肤等感官来看、听、嗅周围的环境。在没有成人的帮助下，躺在摇篮里的婴儿只能通过眼睛感觉天花板上单一的环境刺激。父母多抱孩子能使孩子接触到更多的外界事物，丰富的环境刺激不仅能使孩子认识更多事物，发展孩子的认知能力，还能使孩子产生诸如高兴、快乐、幸福等良好的情绪体验。同时，父母还要根据孩子的情绪反应状况，满足孩子某方面的身心需求，以便建立良好的亲子关系，培养孩子对家庭的信任感和安全感，促进孩子产生稳定的情绪个性特征，形成健康的心理素质。

（一）哭

啼哭是新生儿与外界沟通的第一种方式。新生儿啼哭的原因主要是饿、冷、痛、睡眠被打扰和活动被限制等。随着年龄增长，啼哭的诱因由生理性为主变为以社会性为主。

婴儿的啼哭有以下模式。

1. 饥饿的啼哭

这是婴儿的基本哭声，它有节奏，其频率通常是 250～450Hz。啼哭时伴有闭眼、双脚乱蹬。出生第一个月时，有一半啼哭是由于饥饿或干渴引起的。到第 6 个月，这一类啼哭就下降为30%。

2. 发怒的啼哭

这类啼哭的声音往往有点失真。这是因为婴儿发怒时用力吸气，迫使大量空气从声带通过，使声带震动而引起哭声。刚生下来的婴儿，因为被包裹得太紧使活动受到限制，也会发出这样的啼哭。

3. 疼痛性啼哭

事先没有呜咽，也没有缓慢的哭泣，而是突然高声大哭。先是拉直了嗓门连哭数秒，接着是平静地呼气、吸气、再呼气，由此引起一连串的叫声。疼痛性啼哭的哭声突然激烈、声音很响、极度不安，脸上有痛苦的表情。

4. 恐惧和惊吓的啼哭

这种啼哭，婴儿出生时就有了。其特点是突然发作，强烈而刺耳，伴有间隔时间较短的嚎叫。让人一听就知道是婴儿被吓着了，需要赶紧采取措施加以解决。

5. 不称心的啼哭

这种啼哭是在无声中开始的，起初两三声是缓慢而拖长的，持续不断，悲悲切切。这时成人需要在行动上给予婴儿关心。

6. 招引别人的啼哭

婴儿从第3周开始出现这种啼哭。这种哭先是长时间的吭吭叽叽，哭声低沉单调，断断续续；如果没有人理他，就会大哭起来。在听到这种声音时，成人应该注意到自己已经忽略婴儿了，他在要人呢。

随着年龄的增长，儿童的啼哭会减少。一方面，由于婴儿对外界环境和成人的适应能力逐渐增强，周围成人对婴儿的适应性也逐渐改善，从而减少了婴儿的不愉快情绪；另一方面，儿童逐渐学会了用动作和语言来表示自己不愉快的情绪和需求，取代了哭的表情。对待婴儿的啼哭，成人应该正确应对。要善于观察、分辨啼哭的原因，根据不同情况给予适当处理；尽量满足婴儿的需要，以减少婴儿哭的次数和缩短啼哭的时间。

(二)笑

笑是婴儿与成人交往、沟通的基本手段。婴儿的笑会给父母带来无比的欢乐，它促进了婴儿与父母的交往，增进了婴儿与父母的情感，也推动了婴儿身心健康的发展。

笑是情绪愉快的表现。儿童的笑比哭发生得晚，可分为以下两种。

1. 自发性的笑(0～5周)

婴儿最初的笑是自发性的，是一种生理表现，而不是交往的表情手段。这种微笑没有针对性，不是对刺激的反应。婴儿在睡着时微笑最为普遍，女婴微笑的次数多于男婴。这种微笑通常是低强度的，表现为卷起口角，即嘴边周围的肌肉活动，眼睛周围的肌肉并没有收缩，脸的其余部分仍保持松弛状态。出生后一个星期左右，新生儿在清醒时间内吃饱了或听到柔和的声音时，也会本能地嫣然一笑，这种微笑最初也是生理性的，是反射性微笑。

2. 诱发性的笑(5周后)

诱发性的笑和自发性的笑不同，它是由外界刺激引起的。它可以分为反射性的和社会性的两大类。

(1)反射性的诱发笑

婴儿最初的诱发笑也发生于睡眠时间里。比如，在婴儿睡着时，温柔地碰碰婴儿的脸颊，或者是抚摸婴儿的肚子，都可能使其出现微笑。新生儿在第三周时，开始出现清醒时间的诱发笑。例如，轻轻触摸或吹其皮肤敏感区4～5秒，儿童即可出现微笑。这些诱发性的微笑是反射性的，而不是社会性微笑。

(2)社会性的诱发笑

研究发现，从第五周开始，婴儿对社会性物体和非社会性物体的反应不同，人的出现，包括人脸、人声最容易引起婴儿的笑，即婴儿开始出现"社会性微笑"。婴儿三四个月前的诱发性社会性微笑是无差别的。这种微笑往往不分对象，对所有人的笑都是一样。研究发现，3个月婴儿甚至对正面人的脸，无论其是生气还是笑，都报以微笑。但如果把正面人的脸变成侧面人脸，或者把脸的大小变了，婴儿就停止微笑。4个月左右，婴儿出现有差别的微笑，只对亲近的人笑，对熟悉的人脸比对不熟悉的人脸笑得更多。有差别微笑的出现，是婴儿最初有选择社会性微笑发生的标志。

(三)恐惧

恐惧是一种消极的情绪体验，它会使感知狭窄、思维受压抑、动作笨拙，也会引起儿童极度的紧张感，造成其逃避和退缩。婴儿最初的恐惧可以由巨大的响声或身体失重状态引起。从4个月左右开始，婴儿出现与知觉发展相联系的恐惧。引起过不愉快经验的刺激会激起恐惧情绪。六七个月的婴儿开始怕生，也就是对陌生刺激物的恐惧反应。怕生与依恋同时产生，一般在6个月左右出现。婴儿对母亲的依恋越强烈，怯生情绪也越强烈。婴儿在陌生人走近时的怯生情绪表现，见表7.3.2。

表7.3.2 婴儿怯生和依恋的表现反应

年龄	反　应	在母亲膝上和离开母亲之别
4.5月	微笑	反应无差别
6.5月	反应消极	同上
8.5月	同上	离开母亲时反应更消极
10.5月	同上	同上
12.5月	消极反应强烈，啼哭	同上

上述研究表明，婴儿在母亲膝上时，怯生情绪较弱；离开母亲，则怯生情绪较强烈。另一些研究报告认为，8个月左右的婴儿会把母亲当做安全基地，对新事物进行探索。他可能离开母亲身边，又不时地返回"基地"。如果由母亲或其他亲人陪同，婴儿接触新事物或新环境的恐惧情绪可以减弱，以后渐渐地可以和亲人分离。2岁左右的婴儿，随着想象的发展出现了预测性恐惧，如怕黑、怕坏人等。这些都是和想象相联系的恐惧情绪，往往是由于他们分不清想象和现实的界限，把自己的想象当做现实来对待。

(四)焦虑

焦虑经常与恐惧联系在一起，但焦虑不同于恐惧。恐惧有具体的对象和内容，而焦虑只是一种朦胧的、游移的、不确定的心神不定。一个人的焦虑往往与他的整个心理生活相关。但儿童的焦虑往往与环境中的无助状态相联系，集中表现为陌生人焦虑和分离焦虑。

1. 陌生人焦虑

陌生人焦虑是指婴儿对陌生人的警觉反应。大多数婴儿在形成对亲人的依恋之前(即出生六七个月以前)，对陌生人的反应通常是积极的。但从六七个月以后，他们开始害怕陌生人；8～10个月时最为严重，一周岁以后强度逐渐减弱。但这种陌生人焦虑到两岁、三岁、四岁时还没有完全消失，尤其是在陌生环境里接近陌生人时，他们还会表现出警觉。婴儿的这种陌生人焦虑具有重要的社会适应价值。从积极方面来看，陌生人焦虑首先能限制婴儿的交往范围和交往对象，使其避免受到可能的伤害，属于一种有效的自我保护机制；其次，陌生人焦虑反映了婴儿认知能力的发展，表明他们已能把熟人和生人区分开来，把熟悉的地方和陌生的地方区分开来，这是他们的智慧发展和不断社会化的结果。但是，陌生人焦虑也有消极作用，它会限制孩子的正常活动，限制他们与别的孩子交往，削弱他们探究新人物和新环境的兴趣，减少许多有利于身体发育和心理发展的活动机会。随着儿童身心不断发展，交往技能和解决问题能力的不断提高，陌生人焦虑会逐步减弱。

2. 分离焦虑

相关链接

“抱大腿”的孩子

圣诞节的早上，小区的4位小朋友约好到公园草地上玩耍。家长为小朋友们做了充足的准备，并安排了几项活动，有玩具分享、自行车比赛、看谁跑得快、看谁的涂鸦涂得好和看谁认识的植物最多等。在玩耍过程中，小滔滔始终没有进入角色，每次活动开始，他就抱着妈妈的大腿，扭扭捏捏，有时候好不容易转移了他的注意力，活动刚要开始，他就想起妈妈！没办法，最终只能三个小朋友一起玩耍！小滔滔只是在一旁欣赏小朋友的快乐。在妈妈们交流过程中，大家了解到，滔滔的妈妈是家私营公司老板，工作很忙，每次只要有事就得马上离开家，离开滔滔去处理工作上的问题！为了不让滔滔黏着她，每次就跟滔滔说“妈妈一会儿就回”，但经常一去就是半天、一天、甚至几天。而且，“妈妈一会儿就回”，已经成为脱离滔滔纠缠的习惯谎言。妈妈没意识到，这种谎言已经使滔滔产生了不安全感和不信任感，给滔滔人格发展带来了不良后果。

分离焦虑是孩子与其依恋对象分离时产生的一种消极的情绪体验。大部分孩子从七八个月起，就会明显表现出这种分离焦虑，随着年龄的增长分离焦虑的强度逐渐减弱。

在不同文化背景下被养育的儿童，最早出现分离焦虑的时间也不尽相同，北美和欧洲的婴儿一般在六七个月出现这种行为，而有些国家的儿童，如非洲乌干达和一些亚洲国家的婴儿在五六个月时就出现与母亲分离时的焦虑。

分离焦虑的出现，与孩子的不安全感有关。最初，这种焦虑的出现是具有特殊适应意义的。因为，它促使孩子去寻找他所亲近的人，或者发出信号呼唤亲人的出现。这是孩子寻求安全的一种有效方法。但是，长时间的分离焦虑容易导致孩子抵抗力下降，如刚入园的孩子常常很容易感冒、发烧、肚子疼，等等。

父母是儿童成长的守护者，但在实际生活中，父母与儿童片刻不分离是不可能的。在必要的分离时，父母应该安排好稳定的替代看护，安排好孩子分离期间的生活和活动，向孩子说明分离原因，承诺并实践团圆的时间。让儿童适应适度的分离，是儿童社会化的重要内容。

三、婴儿情绪的发展特点

人类生而具有情绪能力，情绪先于认知发生。随着认知能力的发展，情绪表现随之发生变化，婴儿因其认知能力有限，有其不同的情绪表现特点。

相关链接

懂事的晶晶

小晶晶一家人正在餐桌上吃午饭，奶奶为了鼓动 2 岁半的晶晶好好吃饭，说："晶晶今天估计只能吃半碗饭，吃不完一碗。"晶晶立刻不服气地大吼起来："奶奶说错了，我今天可以吃一满碗。"边说边大口大口地吃起饭菜来，没多久，就把一满碗饭菜吃完了。爸爸夸道："晶晶真乖、真能干。"立刻，晶晶脸上露出了笑容！妈妈说："晶晶今天要是礼貌对待奶奶，不大吼奶奶，又会吃饭，那就更乖哈！"晶晶说："恩，我错了，我以后不那么大声音吼奶奶了，而且还好好吃饭，长得壮壮的！"全家人齐声夸起来："晶晶真是个懂事的好孩子！"晶晶脸上笑得更灿烂了！

（一）易冲动

因为婴儿大脑皮质的兴奋点容易扩散，皮层对中枢的控制能力很差，所以常常容易冲动。婴儿冲动时完全不能控制自己，短时间内无法平静下来。例如，想要一个玩具而得不到就会大哭大闹，短时间内不可能平静。如果这时成人要求"不要哭"也无济于事。

（二）易变化

婴儿期的情绪是非常不稳定的，容易变化，表现为两种对立的情绪在短时间内互相转换。如当婴儿由于得不到喜爱的玩具而哭泣时，成人递给他一块糖，他就立刻会笑起来。婴儿情绪的不稳定性与他们易受情境的影响有关。婴儿的情绪常常受外界情境所支配，某种情绪随着某种情境的出现而产生，又随着情境的变化而消失。

（三）易外露

婴儿期的孩子不能意识到自己情绪的外部表现。他们的情绪完全表露在外，丝毫不加控制和掩饰。例如，想哭就哭，想笑就笑。他们也不认为这有什么不合理。到了 2 岁左右，孩子从日常生活中逐渐了解到一些初步的行为规范，知道了有些行为是要加以克制的。如一个孩子摔倒会引起本能的哭泣，但刚一哭马上就自己对自己说："我不哭！我不哭！"这时孩子脸上还挂着泪珠，甚至还在继续哭。这种矛盾的情况说明婴儿从不会调节自己情绪表现，到开始产生调节自己情绪表现的意识，但由于自我控制能力差，还不能完全控制自己的情绪表现。这种情况一直持续到幼儿初期。如常常有一些初上幼儿园的孩子由于离开熟悉的家庭环境而哭起来，然后一边抽泣一边自言自语地说："我不哭了，我不哭了。"这说明幼儿初期的孩子情绪和情感仍然有明显的外露。

任务回顾

序号	本节知识要点	教师认为应达到的程度	学生自评达到的程度
1	情绪对婴儿行为、认知、人际交往和个性心理发展的作用	☆☆☆☆	☆☆☆☆
2	婴儿情绪的社会化、丰富化、深刻化和自我调节化的发展趋势	☆☆☆☆	☆☆☆☆

第四节 婴儿情绪、情感的培养

你的孩子快乐吗？中国"零点调查公司"曾对3～15岁的孩子作过一次是否快乐的调查。当问到孩子：你幸福、快乐吗？10%的孩子回答快乐，80%～90%的孩子觉得不快乐；而问家长：你的孩子快乐吗？却有80%～90%认为是快乐的，10%认为不快乐。为什么家长与孩子的回答比例正相反？因为快乐是个体的自我体验，不是他人的判断。如果家长只关注孩子的吃、穿、学，忽视对孩子情绪、情感的关注，必然导致孩子负性情绪的产生。3岁以前的孩子已有情绪、情感反应。生命中前3年的情绪、情感体验不仅影响到整个儿童期的身心发展，还会持续影响到人一生的人格发展。因此，如何满足孩子情感需要以及如何让孩子学会调整自己的情绪，是养育者值得思考的问题。

婴儿良好情绪、情感的发展，对其日后身心健康成长及其生活质量的提高具有重要意义，作为家长要高度重视。对于婴儿良好情绪、情感的培养，我们要从不同方面着手，采取不同的方式方法。

一、营造良好的家庭情绪环境

婴儿的情绪易受周围环境气氛的感染，对0～3岁的婴儿来说，他们主要生活在家庭环境中，父母是家庭情绪氛围的重要主体和创造者，在营造良好情绪氛围的过程中，首先，要处理好父母之间的关系。如果父母能互敬互爱，和睦相处，心情愉快、性格乐观，这样会潜移默化地影响婴儿良好情绪的发展，并为婴儿处理自己不良情绪提供榜样。如果父母之间经常争吵，家庭关系紧张，孩子极易产生焦虑不安、恐惧和自卑等不良情绪。另外，要让孩子学会很好地控制自己的情绪，父母要做好情绪自控的表率作用。在家庭生活中，如果父母遇到了不顺心的事，就忍不住发脾气、摔东西、歇斯底里，甚至拿孩子撒气，孩子一不高兴也会“上行下效”，久而久之，他就会性情暴躁，失去对挫折的忍耐与化解的能力。

二、创建良好的亲子关系

（一）给婴儿建立安全感及信赖感

相关链接

受委屈的菁菁

星期日的上午，2岁7个月的小菁菁被小区的好朋友小谈谈邀请去他们家玩耍。为了培养孩子独立性，妈妈承诺小菁菁，两个小时后到谈谈家去接她。

两个小时后，妈妈准时去了谈谈家。回家的路上，妈妈见孩子一直闷闷不乐，就抱起菁菁并在她脸上亲了几下，问到：“菁菁，怎么啦！妈妈发现你好像不高兴，是不是刚才跟谈谈一起玩时，受什么委屈了！”菁菁抱着妈妈委屈地说：“妈妈，我跟谈谈玩玩具时，我教她玩，谈谈不听我的，她玩错了，而且，还要我陪着她玩，我好难受啊！”妈妈抱紧菁菁，并挨着菁菁脸温柔地说：“哦，原来是菁菁心里有委屈啊！妈妈理解菁菁难受的心情，是妈妈忘了告诉菁菁了，那个玩具，不是只有妈妈教给你的那一种玩法，小朋友可以根据自己的喜好来玩，而且，玩法越多，就越能干，玩得越开心！”“哦，这样的啊，下次我讲给谈谈听，我们互相交换玩法，商量多种玩法，这样，谈谈一定也很开心的！”说着，菁菁释然了，抱着妈妈的脖子，脸上露出了轻松可爱的笑容！

亲子关系是孩子在人生中接触到的第一个人际关系。婴儿幼小时很依赖父母的抚养，不但要父母喂养、照顾、保护，在心理上也很依赖父母，婴儿从父母那里获得安全感及信赖感。婴幼儿阶段没有建立起对父母安全型依恋的人，长大后有可能成为只顾自己而对别人毫无感情的人，也可能成为缺乏安全感或对人过分猜疑而难以信任他人的人，还可能成为具有破坏性和攻击性的人。正确对待婴儿的依恋，对孩子的情绪发展有重要意义。

母亲在给孩子喂奶时，要同时注意与孩子的感情联系，如，抚摸孩子的头、与孩子对话等。有的母亲认为孩子小不懂事，把喂奶过程只当作事务性动作，这不利于孩子的情绪发展。经常处于分离焦虑的状态或不能从亲人那里得到爱的满足，也会导致婴儿情绪发展的障碍，其不良影响甚至会延伸到其日后的发展，如，有的父母出门前喜欢撒谎，答应孩子一会儿就回来，但一整天或半天才回家；有的家长，在孩子遇到困难求助时，闲孩子麻烦不予理睬，甚至抱怨孩子多事等。孩子初次入托的时候，是分离焦虑容易加剧的时期。这时，孩子不但较长时间离开亲人，而且离开了熟悉的环境，哭泣和不安是经常发生的。父母要理解孩子的心情，实现诺言，在答应孩子的时间点接孩子放学，并给孩子解释，刚上托儿所时为什么心情不好的原因，鼓励孩子自己学会克服；在孩子表现好时，要使用正强化方法，即夸奖或奖励孩子的乖行为。另外父母要以平等的身份与孩子交流，不能凡事独断专行，但同时也不能对孩子百依百顺、毫无原则。孩子虽然年龄比较小，但他也有自己的思想，我们要尊重孩子的意见，纠正指导他们的言行，让孩子从小养成讲道理解决问题的良好习惯。

想一想

儿童需要与母亲生活在一起吗？

心理学家研究认为，家庭环境具有两方面的教育机能：一是家庭能够防止孩子免受社会压力的作用，使孩子有安全感，这就是保护机能；二是家庭具有向孩子传达社会要求的社会化作用，使孩子从生物人转化为社会的人，这就是社会化机能。心理学家休茨鲁姆的研究表明，在收容所或孤儿院环境中生活的孩子缺少人的亲情，其心理发展显出异常。近年来，随着改革开放的大潮，许多父母外出打工、经商而将孩子留在家里，使广大农村出现大批“留守儿童”。据统计，全国农村留守儿童高达2000万人，其中6岁以下的留守儿童有952万人(第5次全国人口普查数据)。这些孩子从小得不到父母应有的关爱，使得情感发展欠缺亲情，进而造成性格发展的异常。这种现象已引起全社会的关注，“应尽一切努力防止儿童与其家庭分离”，希望父母真正承担起抚育孩子的责任，让所有孩子在童年时期都享有家庭情感生活。因为再完善的儿童收容机构也无法代替家庭的作用，所以近年来，心理学者主张建立“儿童村”，收养那些失去家庭的孩子，让他们在近似家的环境中成长。

(二)留意孩子的情绪表达

由于孩子未必懂得用语言表达自己的情绪，而多用较间接的方式来表达情绪，所以父母必须仔细聆听和观察孩子的言语及行为，找出背后的信息，才能敏锐地了解孩子当时的感受。应鼓励孩子用口头语言的方式讲出内心的感受并留意孩子语言和非语言的情绪表达，包括语气、面部表情、姿势等，猜想孩子当时的感受。关怀和接纳孩子的不安或挫折，即使是最轻微的也需要加以安慰，鼓励孩子自我化解不安的情绪。当孩子伤心、生气或害怕时，若父母在旁给予安慰及支持，接纳孩子的各种感受，有利于孩子负面情绪的消散，日后也会容易接受别人的安抚和建议。

(三)给儿童留有“情绪准备”的时间

成人在教育孩子时，往往习惯用命令的方式，要求孩子立刻听从，不给他们留有思考及情绪准备的时机，这样容易引起孩子的“逆反心理”，甚至出现对抗情绪，使他们的情绪处于消极状态。因此，教育者在教育孩子时，必须尊重他们，说服他们，要让他们自然滋生积极情绪。如有个孩子迷恋于看电视，但睡眠时间一到，母亲就立即将电视机关上，命令他上床睡觉。开始时，这种简单、快速的处理方法激起孩子大哭大闹。以后，父母商量改变方法，当睡眠时间已到，孩子仍在看电视时，母亲就说：“很乖，再看一会儿就去睡的。”有时则说：“我喊一次一二三，你就上床去睡觉，好吗？”这样就给孩子留有情绪变换和思考的余地，他们接受成人要求时就容易适应了。

三、采取积极的教育态度

(一)评价以肯定为主

许多父母常常对孩子说:"你不行!""太笨了!""没出息!"等。经常处于被否定的评价中,孩子容易情绪消极,也没有活动热情。反之,有个孩子平时画画并不太好,当他在幼儿园画的画第一次拿到奖品——一张小画片回家时,妈妈高兴地说:"太好了!孩子,我知道你能行,你画的大红花多么漂亮!"从此,孩子对美术产生了兴趣,每次画完一张,都拿给妈妈看,妈妈总是说他画得好,有进步。孩子果然越画越好了。

(二)耐心倾听孩子说话

孩子总是愿意把自己的所见所闻向亲人诉说,我们可以从孩子的诉说中了解孩子的心理发展状况。可是成人往往由于自己太忙,没有时间听孩子说话。有时成人认为孩子说的话幼稚可笑,不屑一听。这些都会使孩子感到委屈和不满,产生自卑情绪。有时孩子因此出现逆反心理,故意做出错误行为,与成人产生对抗情绪。做父母的千万不能因为自己的子女还是一个孩子,就疏忽了让他们阐述自己看法的机会。孩子向父母诉说时,父母应安静、专心地倾听,接受和尊重孩子的所有感受。孩子有值得称赞的观点,父母应表明支持的态度,即使孩子认识上存在误区,也要循循善诱启发开导。例如,孩子告诉父母他对小伙伴有多生气,这时父母要理解孩子的感受,可以安慰一下孩子,同时,父母要教育孩子不可通过嘲弄或打人来表达他的生气。

相关链接

孩子的感受需要得到认可与尊重

1. 全神贯注地聆听孩子说话。
2. 用"噢""嗯""我知道了"等词语来认同孩子的感受。
3. 把孩子的感受用适当的词表达出来,如"宝贝,你一定很委屈"。
4. 借助想象满足孩子的愿望,如"如果他现在在这里的话,我就让他跟你道歉!"
5. 所有的感受都可以被接受,但某些行为必须受到限制,如"我知道你很生他的气,但他是弟弟,你可以教他,不能动手打他!"

(三)正确运用暗示

婴儿的情绪在很大程度上受成人的暗示。比如,有位家长在外人面前总是对自己的孩子加以肯定,说:"我们小妹摔倒了从来不哭。"她的孩子果真能控制自己的情绪。另一位家长则常常对别人说:"我们的孩子就是爱哭。""他就是胆小。"这种暗示,则容易使孩子养成消极情绪。

四、帮助孩子调节、控制自己的情绪

婴儿年龄小，身心不成熟，不能管理好自己的情绪问题，需要依靠父母适时地接纳和提供方法，协助和指导孩子来调节控制自己的一些不良情绪。成人帮助孩子调节控制自己的不良情绪，可以根据不同的场景采取不同的方法。

(一)转移法

婴儿能将注意力集中在一件事情上的时间很短。因此，当婴儿不高兴或是遇到了挫折，成人可以把他的注意力转移到其他活动上去。例如：当思思在厨房里吵闹着要玩小刀时，妈妈会把她带到一水池的肥皂泡面前分散她的注意力，她很快会安静下来。另外，场景的迅速改变也能达到同样的目的——安静地把思思从厨房带到房间里去，那里有许多吸引她注意的东西，玩具恐龙、图书都可以让她忘记刚才的不愉快。

(二)冷却法

孩子情绪十分激动时，可以采取暂时置之不理的办法，孩子自己会慢慢地停止哭喊。所谓“没有观众看戏，演员也没劲儿了”。当孩子处于激动状态时，成人切忌激动起来！比如，对孩子大声喊叫“你再哭，我打你”或“你哭什么，不准哭，赶快闭上嘴”之类。这样做会使孩子情绪更加激动，无异火上浇油。

有位母亲使用了以下方法：一天，孩子上床睡觉前非要吃糖不可，妈妈说“没有糖了”，孩子便用高八度的嗓门哭起来。妈妈冷静地打开录音机，录下孩子的尖叫声，然后放出来。孩子听见声音，停止哭闹，问：“谁哭呢?”妈妈说：“是个不懂事的孩子，他大哭大闹，吵得别人睡不好觉。他有出息吗?”孩子答：“没出息。”妈妈说：“你愿意和他一样吗?”孩子回答：“不愿意。”妈妈又说：“那你就不要大声嚷了，睡觉时吃糖，牙齿要痛的。等明天买了糖，给你吃，好不好?”孩子安静地答应了。

(三)消退法

对孩子的消极情绪可以采用一步一步消退的方法。比如，有个孩子上床睡觉要母亲陪伴，否则哭闹。母亲只好每晚陪伴，有时长达一个小时。后来父母亲商量好，采用消退法。与孩子解释陪伴的不利之处，然后答应她接下来的几天，第一天陪伴半小时，第二天陪伴 15 分钟，以后陪伴时间逐渐减少，最后不陪伴。虽然，这个过程中，孩子还会有些消极的情绪，但是她会慢慢地学会控制，一步一步地消除自己的不良情绪。

(四)合理认知法

让孩子想一想自己的情绪表现是否合适。比如，儿童在自己的要求不能满足时，大发脾气、跺脚，甚至在地上打滚，这是不正确的情绪表现方式。在成人的教育下，儿童逐渐懂得，发脾气并不能达到满足要求的目的，他会放弃这种表现方式。又如，和小朋友发生争执时，换位思考，想一想是否错怪了对方。

（五）自我暗示法

遇到困难或挫折而伤心时，引导孩子养成好习惯，想想自己是“大姐姐”“大哥哥”“男子汉”或某个英雄人物，等等。养成以高姿态来面对和处理困难或挫折问题。例如，小弟弟、小妹妹抢孩子的玩具时，引导孩子想象自己是大哥哥或大姐姐，要带领着小弟弟、小妹妹一起分享玩具！又如，在孩子不小心摔倒时，让孩子暗示自己是男子汉，男子汉要勇敢，要坚强！

培养婴儿良好情绪情感是一个长期的过程，关注孩子成长过程，了解了孩子整个身心发展的过程及其特点，才能了解孩子情绪背后的意义，花费时间和精力进行了有效的沟通和引导，随着儿童年龄的增长，认知能力逐步提高，孩子将一定能养成合适的情绪表现习惯和学会恰当的调节控制情绪的方式方法。

任务回顾

序号	本节知识要点	教师认为应达到的程度	学生自评达到的程度
1	如何为婴儿营造良好的家庭情绪环境	☆☆☆☆	☆☆☆☆
2	创造良好的亲子关系	☆☆☆☆	☆☆☆☆
3	培养孩子良好情绪的教育态度	☆☆☆☆	☆☆☆☆
4	帮助孩子调节、控制自己情绪的转移法、冷却法、消退法、合理认知法和自我暗示法	☆☆☆☆	☆☆☆☆

思考与练习

甜甜，今年2岁，每到周末，妈妈喜欢带她到户外玩耍，想到小孩子好奇心强，喜欢新鲜事物，让她多见识见识，开心就好！甜甜的奶奶不同意妈妈的这种做法，每次出门就会说：“小孩子，什么都不懂，出去是白花钱，而且还累，降低了身体免疫力，容易生病，还不如多待在家里，又省钱又省力！”请结合本章婴儿情绪、情感发展的知识，分析一下甜甜奶奶和妈妈观点的对与错。

拓展训练

训练一：有一群婴儿，因缺乏亲人的关爱，长期体验不到安全感和信任感，缺乏积极的情绪体验，因而形成了孤僻、胆怯的个性特征。请设计一个心理学团体拓展训练，对他们进行训练。

训练二：请收集15个能够展现0～3岁婴儿情绪发展特点的婴儿生活事件，并分别解析说明。

训练三：结合婴儿情绪情感培养的相关知识，举出家庭教育中的3～5个反例，并设计出相对应的正确的教育指导方案。

阅读导航

1. 孟昭兰. 不同情绪状态对智力操作的影响——三个实验研究的总报告[J]. 心理科学通讯，1987(4).

2. 孟昭兰. 人类情绪[M]. 上海：上海人民出版社，1989.

3. 庞丽娟，李辉. 婴儿心理学[M]. 杭州：浙江教育出版社，1993.

4. 林崇德. 发展心理学[M]. 北京：人民教育出版社，1995.

5. 陈帼眉. 学前心理学[M]. 北京：人民教育出版社，2001.

6. 孟昭兰. 婴儿心理学[M]. 北京：北京大学出版社，2001.

7. 劳拉·E. 贝克. 儿童发展[M]. 南京：江苏教育出版社，2002.

8. 李臻. 培养幼儿情绪自我调控能力初探[J]. 学前教育研究，2003(5).

9. 鲍秀兰. 0～3岁儿童最佳的人生开端[M]. 北京：中国发展出版社，2006.

10. 王秀园. 儿童心理魔法书[M]. 上海：华东师范大学出版社，2006.

11. 徐德荣，徐晓红，邵静芬. 幼儿心理健康教育互动40课[M]. 上海：科学技术文献出版社，2008.

12. [美]阿戴尔·费伯，伊莱恩·梅兹立希. 如何说孩子才会听，怎么听孩子才肯说[M]. 北京：中信出版社，2009.

学习反思

第八章

婴儿的个性与社会性

学习目标

1. 理解个性的概念，了解婴儿个性的特点和发展规律。
2. 理解教养方式的差异对儿童个性发展的影响。
3. 了解婴儿社会性发展的含义及其在心理发展中的重要作用。
4. 了解婴儿社会性发展的内容与规律及社会性的培养。

本章导读

小斗和瑞琪是邻居，年龄相差十天，经常由妈妈带着在一起玩。每次玩耍时，小斗总是特别闹腾，一刻不停地动，即使坐在婴儿三轮推车里也常常是手舞足蹈。据其妈妈说，唯有他困了才会显得安静。而瑞琪恰好相反，非常安静，即使你用极其有趣的方式去逗引他，他再开心也仅仅是咧嘴一笑，很少出现哈哈大笑的情景。随着两个孩子逐渐长大，小斗比瑞琪更乐意在众人面前表现自己，更爱与人交往，也更善于与人交往。两人的社会性发展也呈现出了不同的特点。婴儿的个性与社会性发展有何特点与规律，本章将和你一起来探讨。

第一节 婴儿的个性发展

在日常生活中，我们会发现，每个人都是独特的。世界上绝对没有两个完全一样的人，即使是孪生兄弟姐妹，你可能从相貌上分不出谁是谁，但一旦熟悉他们就会从其言谈举止上把他们区分出来；即使是初次见面，只要和他们接触一段时间，注意观察其神态、动作、语言及待人接物的态度，也可以把他们区别开来。他们之间的不同，不是表现在相貌上，而是存在于行为的各个方面，其实就是人与人之间个性的差异。

在西方，“个性”一词源于拉丁语Persona，它有两个含义：一方面，原指演员在舞台上所戴的假面具，后引申为一个人在生命舞台上所扮演的角色；另一方面，指能独立思考、具有独特行为特征的人。个性，在西方又称人格。如美国心理学家吴伟士(R. S. Woodworth)认为：“人格是个体行为的全部品质。”美国人格心理学家卡特尔(R. B. Cattell)认为：“人格是一种倾向，可借以预测一个人在给定的环境中的所作所为，它是与个体的外显与内隐行为联系在一起的。”结合不同学者的定义，所谓个性就是指个体在物质活动和交往活动中形成的、具有社会意义的、稳定的心理特征系统。

个性，作为一个心理特征系统，包含着三个彼此紧密相连的子系统。它们是个性倾向性、自我意识和个性心理特征。个性倾向性主要包括需要、动机、兴趣、理想、信念、世界观等，表明人对周围环境的态度，是个性结构中最活跃的因素。自我意识包括自我认识、自我体验、自我调节三个方面，是个性心理结构中的控制系统。个性心理特征包括气质、性格、能力，它们突出地体现出人心理的个体差异。婴儿期是个性的萌芽时期，各种心理成分开始组织起来，并有了某种倾向性的表现，但还没有形成具有稳定倾向性的个性系统。本章将从个性结构的自我意识和个性心理特征入手分析婴儿的个性发展。

一、自我意识

(一)自我意识的含义

自我的发展是婴儿个性发展的重要组成部分，也是体现婴儿个性发展的一个重要方面。自我是一个很宽泛的概念，从形式上看，它包括自我认识、自我体验和自我调控。自我认识属于自我意识的认知成分，是指个体对自己身心特征和活动状态的认知和评价。自我体验属于自我意识的情感成分，是指个体对自己所持有的一种态度，包括自尊、自信、自卑、自豪感、内疚感和自我欣赏等。自我调控属于自我意识的意志成分，是指个体对自己思想、情感和行为的调节和控制，如自制、自立、自主、自我监督等。个体的自我发展从自我认知到自尊建立是一个相当长的时期，它始于婴儿时期而贯穿成年。在这一时期内，自我的发展偏重于自我认识的发展，因此本章所涉及的自我意识的发展仍指婴儿的自我认识的发展。

所谓自我意识就是个体对于自己以及自己与他人关系的认识(庞丽娟，2003)。对自己的认识包括认识自己的生理状况(如身高、体重、形态等)、心理特征(如兴趣爱好、能力、性格、气质等)的认识。对自己与他人关系的认识即认识自己与周围人们相处的关系、自己在群体中的位置与作用等。

自我意识是人类特有的反应形式，是人的心理区别于动物心理的一大特征。自我意识是个体社会化的结果，是个体的社会实践和人际交往的产物。

(二)婴儿自我意识的发展

许多发展心理学家认为，刚出生的婴儿是没有自我意识的。那么婴儿在什么时候能够把自己和周围的世界区分开呢？综观各类研究，婴儿自我意识的发展大致经历如下。

1. 对镜像的感知(5～8个月)

有研究认为，大约在3个月时，婴儿已经可以区分出“我”和“他(它)”，这主要体现在婴儿触摸自己身体和接触别人的身体时有不同的感受。当然，这种区分仅仅是一种模糊的感受，不代表产生了自我认识，即认识自我、反省自我的能力。5 个月的婴儿显示出对镜像的兴趣。他们会接近镜像，注视并抚摸它，与之咿呀对话。但是，婴儿的这种行为与他对别的婴儿形象产生的行为反应没有区别，说明婴儿并没有意识到这是自己的映像，也就没有意识到自己与他人的区别，更没意识到自己是一个独立的个体。因此，此时的婴儿还没萌生出自我认识。

相关链接

阿姆斯特丹的镜像实验

北卡罗来纳大学教堂山分校的比拉·阿姆斯特丹就婴儿的自我形象认识问题做了一项经典性的研究。他通过在婴儿毫无察觉的状态下在其鼻尖上涂上一个红点来揭示婴儿自我认知的发生过程。阿姆斯特丹认为，如果婴儿表现出意识到自己鼻尖上红点的自我指向行为，那就表明婴儿具有自我认知能力。因为如果婴儿特别注意自己鼻尖上的红点或者能够找到自己鼻尖的话，那么说明婴儿已经对自己的面部特征有了清楚的认识，同时也说明，婴儿已经有了把自己当作客体来认识的能力。

阿姆斯特丹研究了 88 名 3 个月到 24 个月大小的婴儿，并对其中 2 名 12 个月大的婴儿进行了追踪研究，时间为 1 年。结果表明，只有到了 15～24 个月时，婴儿才显示出稳定的对自我特征的认识。根据研究，阿姆斯特丹揭示了婴儿自我认识发展的三个阶段。

第一阶段：游戏伙伴阶段(6～12 个月)。这个阶段，儿童以为镜子里的映像是另一个儿童，他们常常会看看镜子里的形象，又到镜子后面去找找那个并不存在的儿童。

第二阶段："退缩"阶段，(13～20 个月)。这个阶段显示了自我形象意识的迹象。儿童看到镜子里的形象，或者感到窘迫，或者有点傻乎乎的，或者带些自我欣赏的样子。有些人认为，这正是自我意识的标志。但阿姆斯特丹却认为，它不足以说明自我意识的出现。他认为，婴儿自我意识的出现是以对稳定的自我特征的认识为标准的，这种能力大约到第二年年末，即 20～24 个月时才会产生。

第三阶段：自我意识的产生阶段(20～24 个月)。这一段段婴儿可以明确地表现出意识到自己鼻尖上的红点。同时伴随这种自我再认，婴儿还会表现出其他行为：自我赞赏。

（引自：比拉·阿姆斯特丹，《发展心理学》）

2. 对自己行动的认识(9～12 个月)

约从 9 个月开始，婴儿开始意识到自己的动作和主观感觉的关系，意识到自己的动作和动作产生的结果的关系(试误出现)，表现在以自己的动作与镜像动作相匹配。此时的婴儿能区分自己与他人动作的区别。

3. 对自己身体活动的认识(12～15 个月)

婴儿已能区分由自己作出的活动与他人作出活动的区别，对自己镜像与自己活动之间的联系和关系有了清楚的觉知，说明婴儿已会把自己与他人分开。

4. 对自己面部特征的认知(15～18 个月)

此时的婴儿对自己的面部特征已经有了比较明确的认知，具体表现在：当把鼻子上涂了红点的婴儿放在镜子前面时，他会产生明确的指向红点的行为。由于婴儿能清楚地指出不属于自己面部特征的东西来，所以此时的婴儿具备区分自己与其他婴儿照片的能力。

5. 对“我”字认识(18～24 个月)

婴儿具有用语言标示自己的能力，具体表现为从了解自己名字到使用代名词“我”“你”，并且具有用适当的人称代词称呼某个形象的能力。

6. 对自己心理活动的认识(24 个月后)

婴儿开始懂得“我想做”和“我应该做”的区别，做错事后知道脸红害羞。

德国作家约翰·保罗曾说：“一个人真正伟大之处，就在于他能够认识自己。”健康、积极的自我意识是促进健康人格形成的重要因素，父母应不失时机地培养婴儿的自我意识。在婴幼儿时期，积极的自我意识主要包括以下内容：觉得自己是有价值的人，应该受到别人的重视和好评；觉得自己是有能力的人，可以“操纵”周围的世界；觉得自己是独特的人，应该受到别人的尊重与爱护。

二、个性心理特征

(一)气质

在日常生活中，当你面对不同的婴儿时，你会发现他们的情绪性、活动性、活泼与安静、对陌生人接近与回避、包括入托适应新环境的快与慢等都会表现不一。这些从婴儿时期就开始表现出来的个人特点就是我们所说的气质。即气质是婴儿出生后最早表现出来的一种较为明显而稳定的个性特征，是任何文化背景中父母最先能够观察到的婴儿的个人特点。①

1. 气质的概念

“气质”这一概念与我们平时说的“脾气”“秉性”或“性情”相近，是一个人心理活动方面比较稳定的心理特征。它表现为心理活动的速度(如言语速度、思维速度等)、强度(如情绪体验强弱等)、稳定性(如注意力集中的时间长短)和指向性(如内向或外向)等方面的特点和差异组合。气质使人的整个心理活动都染上个人独特的色彩，不同气质的人其行为特点、言语速度、情绪类型、思维习惯、交往风格、性格特征都有各自明显的特色。这些特色反映在其所有的心理活动中，并直接影响其性格的形成和个性的发展。

与其他个性心理特征相比，气质和人的解剖生理特点联系最直接，具有突出的生物性。儿童生来就具有个人最初的气质特点。而且，气质比其他的个性心理特征具有更大的稳定性。

2. 气质的类型

对婴儿的气质类型有多种划分标准。

(1)传统的四重类型说

传统的气质类型是古希腊医生希波克拉底(Hippocrates)提出的。他认为，个体内有四种体液，其分布多寡构成人的气质差异：有的人易激动，如发怒不可抑制，是由于黄胆汁过多，这种人被称为“胆汁质”；有的人热情，活泼好动，是由于血液过多，被称为“多血质”；另一些人敏感、抑郁，是由于黑胆汁过多，被称为“抑郁质”；还有一些人冷静、沉稳，是由于黏

① 庞丽娟，李辉．婴儿心理学[M]．杭州：浙江教育出版社，1993：297.

液过多，被称为“黏液质”。虽然希波克拉底用体液来解释气质成因缺乏根据，但他把人的气质分为四种基本类型却比较切合实际。至今，心理学界一直沿用这一分类。

(2)巴甫洛夫的高级神经活动类型说

20 世纪 20 年代，俄国的巴甫洛夫通过实验研究，发现神经系统具有强度、平衡性和灵活性三个基本特性。根据这三种特性的不同结合，可以形成四种高级神经活动类型。

①强而不平衡型。兴奋占优势，条件反射形成比消退来得更快，易兴奋、易怒而难以抑制，又叫兴奋型。

②强、平衡而且灵活型。条件反射形成或改变均迅速，且动作灵敏，又叫活泼型。

③强、平衡而不灵活型。条件反射容易形成而难以改变，庄重、迟缓而有惰性，又叫安静型。

④弱型。兴奋与抑制都很弱，感受性高，难以承受强刺激，胆小而显神经质。

这四种神经活动类型，恰恰与希波克拉底所划分的四种气质类型相对应，见表 8.1.1。

表 8.1.1　气质类型对照表

神经系统的特性和类型				气　质	
强度	平衡性	灵活性	组合类型	气质类型	主要心理特征
强	不平衡 （兴奋占优势）		兴奋型	胆汁质	容易兴奋，难以抑制， 不易约束
	平衡	灵活	活泼型	多血质	反应敏捷，活泼好动， 情绪外显
		不灵活	安静型	黏液质	安静沉稳，反应迟缓， 情感含蓄
弱	不平衡 （抑制占优势）		抑郁型	抑郁质	对事敏感，体验深刻， 孤僻畏缩

由于气质与神经系统的先天或遗传特征有关，因此，通常认为气质类型是相对稳定的，不容易改变。环境可能会掩蔽气质的特性，但并没有改变气质。

(3)托马斯和切斯的三类型说

美国的儿童精神病医生托马斯和切斯(1986)通过对大量儿童的考察和追踪，发现有一些行为模式，是从孩子出生开始贯穿其整个儿童时期的。他们据此提出划分儿童气质类型的 9 项指标。①

活动水平。指在睡眠、进食、穿衣、游戏等过程中身体活动的数量。例如，睡眠时从小床的一边滚到另一边，还是基本不移动。

规律性。指睡眠、进食、排泄等生理机能活动是否有一定规律。

趋避性。指对新情景、新刺激、新玩具、陌生人等是接近还是退缩。

① 孟昭兰．婴儿心理学[M]．北京：北京大学出版社，1996：357.

适应性。指对陌生人和新环境的适应水平，常规或外界要求变化后，对其接受的难易程度。

反应的强度。指婴儿对外界刺激反应的程度。

反应阈限。指使儿童产生某种反应所需要的刺激量。如需要多大的刺激能使婴儿哭与笑。

心境的质量。指积极、愉快情绪与消极、不愉快情绪相比较的量。

注意力分散程度。指儿童是否易受外界刺激的干扰而改变其正在进行的活动。

注意持久性。指儿童在从事某项活动时，注意稳定时间的长短，以及当遇到障碍与挫折时是否仍能维持原先进行的活动。

根据上述标准，他们把儿童(主要是婴儿)划分为三种类型。

①容易型

大多数婴儿属于这一类型，约占托马斯、切斯全体研究对象的40%。这类婴儿的吃、喝、睡等生理机能有规律，节奏明显，容易适应新环境，也容易接受新事物和不熟悉的人。他们的情绪一般是积极愉快的，爱玩，对成人的交往行为反应积极。由于他们生活规律、情绪愉快且对成人的抚养活动提供大量的积极反馈(强化)，因而容易受到成人最大的关怀和喜爱。

②困难型

这一类婴儿人数较少，约占10%。他们突出的特点是时常大声哭闹，烦躁易怒，爱发脾气，不易安抚。在饮食、睡眠等生理机能活动方面缺乏规律性，对新食物、新事物、新环境接受很慢。他们的情绪总是不好，在游戏中也不愉快。成人需要费很大的力气才能使他们接受抚爱，难以得到他们的正面反馈。由于这种孩子对父母来说是一个较大的麻烦，因而在养育过程中容易使亲子关系疏远，因此需要成人极大的耐心和宽容。

③迟缓型

约有15%的被试属于这一类型。他们的活动水平很低，行为反应强度很弱，情绪总是消极而不甚愉快，但也不像困难型婴儿那样总是大声哭闹，而是常常安静地退缩，情绪低落。逃避新事物、新刺激，对外界环境和事物的变化适应较慢。但在没有压力的情况下，他们也会对新刺激缓慢地发生兴趣，在新情境中能逐渐地活跃起来。随着年龄的增长，这一类儿童由于成人抚爱和教育情况的不同而发生分化。

以上三种类型只涵盖了约65%的儿童，另有约35%的婴儿不能简单地划归到上述任何一种气质类型中去。他们往往具有上述两种或三种气质类型的混合特点，属于上述类型中的中间型或过渡(交叉)型。

(4)布雷泽尔顿的气质三类型说

布雷泽尔顿(1969)将婴儿气质划分为三种基本类型：活泼型、安静型和一般型。

①活泼型

典型的活泼型婴儿是名副其实地“连哭带踢”地来到人世的。不像一般婴儿那样要靠外力帮助才哭，他等不及任何外界刺激就开始呼吸和哭喊。护士给他穿衣服时，他大喊大叫，脚挺直或用脚踢，用手推开护士。睡醒后立即就哭，从深睡到大哭之间似乎没有较长的过渡阶段。每次喂奶对母亲来说都是一场战斗。

②安静型

这类婴儿从出生起就不活跃。出生后就安安静静地躺在小床上，很少哭，动作柔和、缓慢，眼睛睁得大大的，四处环视。第一次给他洗澡，他也只是睁大眼睛、皱皱眉，没有惊跳也不哭，甚至连打针时也较安静而不哭闹。

③一般型

这类婴儿介于前两类之间。大多数婴儿都属于这一类。

布雷泽尔顿指出，活泼型和安静型婴儿的父母常常忧虑自己孩子的身心是否正常，其实这是没有必要的，婴儿的气质是各不相同的，但这些婴儿都是正常儿童。

3. 婴儿气质的发展特点与教育

(1)婴儿气质具有稳定性

在人的各种个性心理特征中，气质是最早出现的，也是变化最缓慢的。有人对 138 名儿童从出生直到小学的气质发展进行了长达 10 年的追踪研究。结果发现，在大多数儿童身上，早期的气质特征以后一直保持稳定不变。如一个活动水平高的孩子，在 2 个月时睡眠中爱动，换尿布后常蠕动；到了 5 岁，在进食时常离开桌子，总爱跑。而一个活动水平低的孩子，小时候睡眠或穿好衣服后都不爱动，到他 5 岁时穿衣服也需要很长时间，在电动玩具上能安定地坐很久。

(2)婴儿的气质受生活环境的影响

婴儿气质发展中存在“掩蔽现象”。所谓“掩蔽现象”，就是指一个人气质类型没有改变，但是形成了一种新的行为模式，表现出一种不同于原来类型的气质外貌。如，一个儿童的行为表现明显地属于抑郁质，但神经类型的检查结果都是“强、平衡、灵活型”。究其原因，发现这个儿童长期处于十分压抑的生活条件，在这种生活条件下形成的特定行为方式掩盖了原有的气质类型，而出现了委顿、畏缩和缺乏生气等行为特点。由此可见，儿童的气质类型具有相对稳定的特点，但并不是一成不变的，其后天的生活环境与教育可以改变原来的气质类型。

(3)婴儿气质影响父母教养方式

气质无所谓好坏，但儿童的气质类型对父母亲的教养方式有较大影响。母亲对待不同类型孩子的行为方式是不同的。如果孩子的适应性强、乐观开朗、注意力持久，则母亲的民主性表现突出。而影响母亲教养方式的消极气质因素包括：较高的反应强度(如平时大哭大闹)、高活动水平(如爱动、淘气)、适应性差及注意力不集中等。可见，儿童自身的气质类型，通过父母亲教养方式而间接影响自身的发展。因此，父母和教师平时要注意孩子的气质特点，同时，还要避免儿童气质中的消极因素对自己教育方式的影响。容易型婴儿对各种各样的教养方式都容易适应。但是在某些情况下，他们这种容易接受父母管教的优点却会导致一些行为问题的发生。如，这些婴儿在家接受和适应了父母的期望和管教的标准，并将它们内化为自己的期望和规则系统。当走进幼儿园、走进同龄人的世界时，他们就会发现这些新环境中的要求与规则同他们所习以为常的规则系统有所不同。如果这两种要求间的冲突和矛盾十分严重，就会使婴儿陷入进退两难、无所适从的境地，从而导致行为问题或发展障碍。

困难型的婴儿需要特别的关心。为了使儿童抚养和家庭生活的正常秩序能够维持下去，家长必须处理很多棘手问题，如怎样适应婴儿不规律性生活、适应慢的特点，怎样对待婴儿的烦躁、易哭闹等。如果父母在管教孩子时不一致、不耐心或经常性斥责、惩罚孩子，那么这些孩子比其他类型的孩子就更容易表现出烦躁、抵触、易怒和消沉。只有特别热情、耐心、有爱心地对待这些孩子，才能使他们健康地适应社会。

缓慢型气质的婴儿，在接受新人、新事物时，更容易表现出胆小、犹豫和忧虑。家长一定要让这些孩子按照其自己的速度和特点去适应环境。如果这类婴儿的家长或老师给他们施加压力——催促其尽快地适应环境，这只会强化其自然反应倾向——逃避。而另一方面，他们也确实需要机会和鼓励去尝试新经验、适应新环境。

相关链接

我和丈夫都是相当合群的人，总体上来说，性格开朗。我们衷心希望我们的大女儿伊莉莎也具有像我们一样的性格。可是，自从出生的那一刻起，她就清楚无疑地表明她绝不是一个合群的人，至少可以用“嫉妒、腼腆”来形容她的性格。她探索外界的愿望受到抑制，因而需要不断地被激励。在本质上，伊莉莎并不是一个合群的孩子，并且由于她对外界有极高的要求而易于被外界拒绝。我们调整自己的父母角色，竭力去满足伊莉莎的需要。在所有的社交场合都极力支持她踉踉跄跄地走出自己的个人世界。在她需要的时候，不惜花费数小时陪伴她进入梦乡，在所有的方面都加以鼓励和支持。这样，伊莉莎现在终于成长为一个各方面适应性都比较强的小姑娘。直到6岁时，她还不敢吹灭自己的生日蜡烛。而到7岁时，她已经拥有了很多小伙伴，并且敢于带领她的同班同学一起唱“生日快乐”歌，甚至敢在400名观众面前带领跳芭蕾舞剧。

——伊莉莎和阿里安的母亲，苏珊特·阿本德

（引自：杰姆·戈德法布. 天才之路[M]. 西安：西北工业大学出版社，2002.）

总之，婴儿气质对其良好个性的形成以及身心健康发展有着不可忽视的作用，婴儿气质的发展很大程度上取决于社会的文化价值观和父母对其气质的评价，而父母养育婴儿的方式能够与婴儿本身气质进行优化和谐对婴儿的发展是最佳的，它使婴儿更善于解决问题，更能适应环境。因此，家长和教育者要接受婴儿气质的特点，不要无故责备婴儿，应注意根据每个婴儿的气质特点调整对婴儿的抚养、教育方式，使父母、教育者和社会的要求与婴儿的气质相协调，采取恰当的教育方法，努力做到因材施教，扬长避短，促使婴儿健康成长。例如，对一种新食物，我们可以使一个适应能力强的孩子较快地接受并喜欢它；但对适应力弱、感情强烈的孩子则必须连续几天都呈现此食物直至他接受为止。对于正在向电源插座塞东西的孩子：如果是适应能力强的，向他讲清楚道理即可；如果是易分心的，则需转移其注意力；但如果是一个固执的孩子，那只能把他抱到别处才能脱离危险。

(二)性格

1. 性格的概念

性格(character)一词源于希腊语，本义为“印记”、“雕刻”或“雕成之物”，后来转化为“标

志”“特征”。性格是指表现在人对现实的态度和相应的行为方式中的比较稳定的、具有核心意义的个性心理特征。性格的特点表现在以下两方面。

(1)对现实稳定的态度

日常生活中，人们对待周围的人与事的态度是各式各样的。如有人勤劳，有人懒惰；有人正直，有人自私；有人慷慨大方，有人吝啬小气；有人谦虚谨慎，有人骄傲狂妄；有人见义勇为，有人见利忘义……这种在人们行为中经常表现出的对人、对己及对事物态度方面的差异，是人性格的一个主要方面。

(2)惯常的行为方式

所谓惯常的行为方式，区别于一时、偶然的行为方式。如某人勇敢、坚强，只是在一个偶然的场合表现出胆怯的行为，不能据此就说他有怯懦的性格特征。

稳定的态度和惯常的行为方式是统一的。人对现实的态度决定着其行为方式，而惯常的行为方式又体现着人对现实的态度。

性格和气质有密切的联系，二者相互渗透，相互制约。不同气质类型可以形成相同的性格特征，相同气质类型也可以形成不同的性格特征。气质主要受神经系统基本特性的影响，这些特性是出生时已经具备的。性格则主要受后天环境的影响，而在出生头几年逐渐形成。因此，气质对性格的形成起着有力的促进作用。比如，抑郁质的婴儿比胆汁质的婴儿更容易形成自制的性格特征。同时，气质使性格涂上特有的个性色彩。比如，同是勤劳的性格，多血质者总是热情洋溢，黏液质者则不动声色，从容不迫。

性格对气质的制约作用，表现在性格形成的过程中会在一定程度上掩盖或改造某些气质特点。

2. 婴儿性格的萌芽

儿童的性格，是在先天气质类型的基础上及儿童与父母相互作用的过程中逐渐形成的。如，性急孩子饿了会立刻大哭大闹，这使成人不得不马上放下其他事情，急忙给他喂奶。而对那些饿了只是断断续续地细声哼哼唧唧的婴儿，成人则可能把手头的事情做完，再去喂奶。日积月累，前面那种婴儿可能形成不能等待别人、自己的要求必须立即得到满足的性格特点；而后一种婴儿则可以养成自制的性格特点。

成人的抚养和教育方式，在幼儿性格最初的形成阶段，有着重要意义。比如，家里的东西总是放得整整齐齐、衣服扣子总是扣好、饭前便后洗手等。这种耳濡目染的周围现实，使婴儿在潜移默化中形成了逐渐稳固起来的态度和行为习惯，也就是好整洁、爱劳动性格特征的萌芽。又如，婴儿看见糖就拿起来吃，甚至大把大把地抓到自己身边。这时如果不及时加以教育，反而报以赞赏的表情和语言，那么就会使“独占”的种子得以孕育。反之，如果经常引导孩子同众人分享，则可以为良好的性格特征打下基础。

相关链接

拾柴火

实验对象是保育院的40个学生。实验是在冬天的晚上进行的。实验者把湿柴放在附近的棚子里，而把干柴放在较远的山沟里，要求学生必须在晚上去拾柴生火取暖，自己则隐蔽在一旁观察孩子们的动静。冬天的黑夜是寒冷而可怕的。结果，实验者发现，有的孩子是兴高采烈地到山沟里去的；有的则边走边发出怨言；有的不敢走远，只是到附近的棚子里去取湿柴。后来，实验者对他们讲了有关勇敢者的故事，于是到山沟里取柴的人渐渐多了。经过几个月的教育和观察，发现有 20 个孩子发生了较大的变化。由此了解到孩子们的性格差异，有的勇敢主动，有的畏缩图方便，有的动摇，有的则是胆怯。而他们的性格是可以通过教育改变的。

（引自：田宝，戴天刚，张扬．教育心理学案例[M]．北京：首都师范大学出版社，2007.）

儿童性格的最初表现是在 3 岁左右的婴儿期。儿童之间最初的性格差异主要表现在以下几个方面。

(1)合群性

在儿童与伙伴的关系方面，可以看出明显的区别，如有的孩子比较随和，富于同情心，看到小伙伴哭了会主动上前安慰，当发生争执时，较容易让步；而另一些孩子则存在明显的攻击行为，如在托儿所，一般每个班里都有几个爱咬人、打人、掐人的孩子。

(2)独立性

独立性是婴儿期发展较快的一种性格特征，其表现在 2～3 岁时变得比较明显。独立性强的孩子可以做很多事情，如有的孩子在 2 岁多时就可以用筷子吃饭、自己洗手等，而有些孩子吃饭还得大人追着喂；有些孩子可以独睡，而有些孩子离不开妈妈，表现出很强的依赖性。

(3)自制力

在正确的教育下，有些儿童 3 岁左右，已经掌握了初步的行为规范，并学会了自我控制，如不随便要东西，不抢别人的玩具，当要求得不到满足时也不会无休止地哭闹。而另一些孩子则不能控制自己，当要求得不到满足时就以哭闹为手段来要挟父母。

(4)活动性

有的儿童活泼好动，手脚不停，对任何事物都表现出很强的兴趣，且精力充沛；而有的儿童则好静，喜欢做安静的游戏，一个人看书或看电视等。

3. 性格与家庭环境

家庭是儿童出生后接触到的最初场所。家庭所处的经济地位和政治地位、家长的教育观念和教育水平、家长的教育态度与教育方式、家庭的气氛、儿童在家庭中扮演的角色与所处的地位等，都对儿童性格的形成有非常重要的影响。从这个意义上说，“家庭是制造性格的工厂”。

(1)家庭气氛与父母的文化程度对儿童性格的影响

家庭成员特别是父母之间的相互关系处理得好坏，会直接影响儿童性格的形成。一般来说，家庭成员之间和睦、宁静、愉快的关系所营造的家庭气氛，对儿童的性格有积极的影响；家庭成员之间相互猜疑、争吵等极不和睦的关系所造成的家庭紧张气氛，尤其是父母离异的家庭对儿童性格有消极的影响。大量研究表明，离异家庭的儿童比完整家庭的儿童，更多地表现出孤僻、冷淡、冲动、好说谎、恐惧、焦虑甚至反社会等不良的性格特征。

研究发现，父母的文化程度对儿童的性格发展会产生很大影响。父亲的文化程度对儿童的自制力、灵活性有显著影响；母亲的文化程度则对儿童性格的果断性、思维水平、求知欲、灵活性四项行为特征产生显著影响。父亲文化程度的影响主要表现在儿童的意志特征上；母亲的文化程度除了在性格的情绪特征、意志特征上有某些影响外，对儿童性格的理智特征有较大的影响。

(2)家长的教育观念、教育态度与方式对儿童性格的影响

家长的教育观念具体表现为：家长对家庭教育的作用与在家教问题上所承担的角色与职能之认识的教育观，家长对儿童的权利与义务、地位及对子女发展规律之看法的儿童观，家长在子女成才问题上之价值取向的人才观，以及家长对自己同子女有什么样的关系之看法的亲子观。研究发现，家长教育观念决定着家长对儿童采取何种教育态度与方式，而家长的教育态度与方式又直接影响着儿童的发展，特别是其性格的形成与发展。许多心理学家对此进行了研究，结果表明，在父母不同的教育态度与方式下成长的儿童，其性格特点有明显的差异，见表 8.1.2。

表 8.1.2　父母的教养态度对子女性格的影响

父母的态度与方式	子女的性格
支配性的	依赖性，服从，消极，缺乏独立性
溺爱的	任性，骄傲，利己主义，缺乏独立精神，情绪不稳定
过于保护的	缺乏社会性，任性，依赖，被动，胆怯，深思，沉默的，亲切的
过于严厉的(经常打骂)	顽固，冷酷，残忍，独立的；或怯懦的，缺乏自信心、自尊心，盲从，不诚实
民主的	独立的，协作的，社交的，亲切的，天真，有毅力和创造精神，直爽，大胆，机灵
忽视的	妒忌，情绪不安，创造力差，甚至有厌世轻生的情绪
父母意见分歧的	易生气的，警惕性高的；或两面讨好，好说谎，投机取巧

(3)儿童在家庭中的地位与角色对儿童性格的影响

儿童在家庭中所处的地位及扮演的角色，也会影响其性格的形成与发展。如父母对子女不公平时，受偏爱的一方可能有扬扬自得、高傲的表现，受冷落的一方则容易嫉妒、自卑。

艾森伯格研究认为，长子或独生子比中间的孩子或最小的孩子具有更多的优越感。孩子在家庭中越受重视，其性格发展越倾向自信、独立、优越感强。如果其地位发生变化，原有的性格特征往往会随之产生不同程度的变化。苏联一位心理学家通过对一对孪生女大学生进行了四年的观察后发现，她们虽在同一个家庭生活、同一所小学和大学的历史系接受教育，但性格有明显差异：姐姐处事果断，主动勇敢；妹妹较为顺从、被动。造成姐妹俩性格差异的原因之一，是她们的祖母从小把她们中的一个定为姐姐，另一个定为妹妹，并责成姐姐照顾妹妹，做她的榜样。这样，姐姐就较早形成了独立、主动、果断等特点，而妹妹则养成了追随姐姐、听从姐姐的习惯。

(三)能力

1. 能力的概念

能力是指人们成功地完成某种活动所必需的个性心理特征。但是，在活动中表现出来的

心理特征并不都是能力。我们把顺利地完成某种活动最必需的那些人格心理特征称为能力。

完成某种活动任务所必需的多种能力的有机结合是才能。例如，教师要有较敏锐的观察力、流畅的语言表达力、比较严谨的逻辑思维能力和组织管理能力。这些能力的有机结合就是教师的才能。

2. 能力的种类

根据能力的特征和功能，可以从不同的角度把能力划分为许多种类。

(1)根据能力的范围分类

根据能力的范围可将能力划分为一般能力和特殊能力。一般能力也称为智力，是指在不同实践活动中表现出来的能力，如思维力、想象力、记忆力、观察力，其中思维能力起着核心的作用。特殊能力是指顺利完成某种专业活动所必备的能力，如音乐能力、艺术能力、运动能力、绘画能力等。

(2)根据能力的形成方式分类

根据能力的形成方式可划分为模仿能力和创造能力。模仿能力是通过长期观察他人的示范性行为，而逐渐形成的对事物做出相仿反应的能力。创造能力是利用已知信息，产生出某种新颖、独特、有社会或个人价值的产品的能力。创造力的核心是创造性思维能力，也包括创造性想象能力。尽管模仿力和创造力的形成方式不同，但二者有一定的内在联系。一般来说，模仿在前创造在后，因而模仿力是创造力形成的前提和基础。

(3)根据能力的特殊功能分类

根据能力的特殊功能可划分为认知能力、操作能力和社交能力。认知能力是人脑接收、加工、储存和提取信息的能力，知觉、记忆、注意、思维和想象的能力都被认为是认知能力。操作能力指操纵、制作和运动的能力，劳动能力、艺术表现能力、体育运动能力、实验操作能力都被认为是操作能力。儿童自出生时起，已有运动能力；半岁左右，四肢和身体的运动能力逐渐发展，手的运动能力也开始发展成为操纵物体的能力，即操作能力。在婴儿能力的发展中，运动和操作能力居重要地位。社交能力指人们在社会交往活动中所表现出来的能力，组织管理能力、言语感染能力等都被认为是社交能力。

3. 能力的个体差异

能力的差异表现在质和量两方面。质的差异，包括特殊能力差异和能力类型差异。量的差异，包括发展水平高低的差异和表现早晚的差异。

(1)能力结构差异

能力有各种各样的成分，它们可以按不同的方式结合起来。由于能力的不同结合，构成了结构上的差异。例如，有人长于想象，有人长于记忆，有人长于思维等。不同能力的结合，也使人们互相区别开来。例如，在音乐能力方面，有人有高度发展的曲调感和听觉表象能力，而节奏感较差；而另一些人有较好的听觉表象能力和强烈的节奏感，而曲调感差。

(2)能力发展水平差异

人的能力发展有高有低。研究发现，能力在全世界人口中呈正态分布：两头小，中间大，即智力极低或智力极高的人很少，绝大多数人属于中等智力。表 8.1.3 是美国心理学家推孟抽取 2～18 岁的 2904 人进行测验得出的智商情况。

表 8.1.3　智商分级表

智　商	级　别	%
139 以上	非常优秀	1
120～139	优秀	11
110～119	中上	18
90～109	中智	46
80～89	中下	15
70～79	临界	6
70 以下	智力迟钝	3

心理学家根据智力发展水平把儿童分成三个等级，即超常儿童、低常儿童和常态儿童。

①超常儿童

超常儿童是指智力发展或某种才能显著超过同龄儿童平均水平的儿童。超常儿童智商一般在 130 分以上，他们有浓厚的认识兴趣和旺盛的求知欲；思维敏捷，理解力强，有独创性；感知敏锐，观察仔细；注意力集中，记忆速度快而准；进取心强，勤奋，有恒心。

先天优越的遗传因素是塑造天才儿童的物质基础。早期教育是促使天才儿童成长的重要条件。早期教育可以使儿童的潜能、先天的素质得到更加充分的发展。

②低常儿童

低常儿童指智力明显低于同龄儿童平均水平并有适应行为障碍的儿童，又称为智力落后儿童。推孟认为，智商 70 以下的都可以称为智力低常。其中智商在 50～70 之间的儿童为轻度低能，他们生活能自理，能从事简单劳动，但应对复杂的环境有困难，很难领会学校中抽象的科目；智商在 25～50 之间的儿童为中度低能，他们生活能半自理，动作基本可以或部分有障碍，只会说简单的字或极少的生活用语；25 以下的为重度低能，生活不能自理，动作、说话都有困难。

轻微迟钝的儿童不宜跟正常儿童区分开。尽管他们在学习上有很多困难，但只要教师耐心给予指导，多鼓励少批评，他们就可以完成一定阶段的学习。如果给予适当的职业训练，他们便可能独立完成工作。严重智能不足的儿童，无法与正常儿童随班上课，因此有设置特殊教育机构的必要。

除超常儿童和低常儿童以外的儿童均为常态儿童。

(3)能力表现早晚的差异

人的能力的充分发挥有早有晚。有些人的能力表现得较早，年轻时就显露出卓越的才华，这叫“人才早熟”。在音乐、绘画、文学、体育领域，这种情况尤为常见。据统计，音乐家的才能在学前期出现的情况比以后年龄出现得更多，见表 8.1.4。

表 8.1.4 最早出现音乐才能的年龄阶段(%)

性别	3 岁前	3～5 岁	6～8 岁	9～11 岁	12～14 岁	15～17 岁	18 岁以后
男	22.4	27.3	19.5	16.5	10.7	2.4	1.2
女	31.5	21.8	19.1	19.6	6.5	1	0.5

有些人“中年成才”。有人曾对 1960 年前 1243 位科学家、发明家所作的 1911 项重大发明创造进行了统计，发现科学家发明的最佳年龄为 35 岁左右。莱曼(H. C. Leman)进一步研究了不同学科最佳创造者的平均年龄，见表 8.1.5。

表 8.1.5 不同学科最佳创造者的平均年龄

学科	最佳创造者的平均年龄(岁)	学科	最佳创造者的平均年龄(岁)
化学	26～36	声乐	30～34
数学	30～34	歌剧	35～39
物理	30～34	诗歌	25～29
使用发明	30～34	小说	30～34
医学	30～39	哲学	35～39
植物学	30～34	绘画	32～36
心理学	30～39	雕刻	35～39
生理学	35～39		

有些人“大器晚成”。这是指智力的充分发展在较晚的年龄才表现出来。著名画家齐白石 40 岁才表现出绘画才能；人类学家摩尔根发表基因遗传理论时已 60 岁了。

4. 能力与知识的关系

能力(包括智力)和知识不可分割地彼此联系着，是相辅相成的。一方面，掌握知识可以促进能力的发展，能力是通过掌握知识发展起来的。这里所说的知识，包括各种经验，也包括运用某种知识经验完成一定活动的行动方式，即技能。如果儿童显露出某种绘画能力，又有机会获得相应的知识和技能，他的绘画才能就可以得到发展，而缺乏进一步掌握知识技能的机会，则最初的能力就可能被埋没。一个人对某个领域的知识技能掌握得越多，他在这个领域内解决问题的能力越强。反之，缺乏必要的知识技能，将妨碍相应能力的发挥。

另一方面，能力是获得知识技能的前提，能力的形成反过来促进知识技能的掌握。缺乏概括能力的儿童，无法掌握抽象的理论知识。能力的高低影响着学习新知识技能的速度、费力程度和对知识技能的运用。

应该认真了解每个儿童知识掌握和能力发展的具体水平和状况。达到同样知识水平的儿童，他们的能力发展不一定相同。不能回答某个问题，有的儿童可能是由于智力水平不足，一些儿童则可能是缺乏有关知识。

5. 能力和性格的关系

能力和性格密切相关。一方面，性格会影响能力发展的状况。比如，良好的意志品质，活动的热情和勤奋的性格，不但使人的能力得以锻炼和更好地发展，而且可以弥补某些能力的严重不足。另一方面，能力也会影响人的性格特征，如爱好倾向、自信心等，运动能力强的幼儿往往喜爱体育运动。

在大多数情况下，幼儿能力和性格的发展是相辅相成的，某些能力和特定的性格特征往往相互关联，例如对我国的超常儿童的研究表明，这些儿童具有求知欲旺盛、进取心强、坚持性强等性格特征。

任务回顾

序号	本节知识要点	教师认为应达到的程度	学生自评达到的程度
1	理解个性的概念	☆☆☆☆	☆☆☆☆
2	掌握婴儿个性发展的特点	☆☆☆☆	☆☆☆☆
3	分析气质与性格、能力与性格之间的关系	☆☆☆☆	☆☆☆☆
4	运用父母教养态度对婴儿性格的影响要素对婴儿性格形成特点进行分析，并能提出家庭教养的建议	☆☆☆☆	☆☆☆☆

附：

幼儿人格发展趋向评定量表

（Personality Tendency Scale for Children，PTSC）

郑毅、陈学诗执笔，全国培养独生子女健全人格研究组研制

指导语：健全人格是心理健康的基础，而人格的发展始于生命早期，“3 岁看大，7 岁看老”，婴幼儿时期的生长发育、生活习惯、气质特点对成人心理和人格都有巨大的影响。本量表正是针对幼儿人格发展特点编制，有利于了解幼儿的人格发展状况，预测其将来发展趋势，对促进儿童心理健康、全面发展具有十分重要的意义。

量表适于 2.5～3.5 岁幼儿。由父母或其他监护人根据孩子近期的表现认真填写，在符合项的数字上画圈，每题只能选一个最符合的答案。

	从不	极少	有时	经常	总是
(1)大小便时主动去厕所或蹲便盆	1	2	3	4	5
(2)吃饭时能自己用筷子或勺子进餐(有泼洒现象也可以)	1	2	3	4	5

	从不	极少	有时	经常	总是
(3)到睡觉时间能自己上床睡觉，不需要家长哄或陪着睡	1	2	3	4	5
(4)在家或外出时，都能做到不随地乱扔果皮、纸屑	1	2	3	4	5

(5)睡醒后可以自己起床，穿一些简单的衣裤、鞋袜	1	2	3	4	5
(6)来客人时对客人有礼貌	1	2	3	4	5
(7)饭前便后会主动洗手	1	2	3	4	5
(8)有什么要求能主动用语言或动作表示	1	2	3	4	5
(9)玩有竞争性的游戏时能按要求去做，输了也不乱来	1	2	3	4	5
(10)在家能帮助家长做一些力所能及的家务	1	2	3	4	5
(11)发现家长不高兴时或家长患病时会主动表示关心	1	2	3	4	5
(12)大人明确表示不许做的事情即使想做也可以不去做	1	2	3	4	5
(13)看图画故事、听幼儿童话后能复述给他人听	1	2	3	4	5
(14)有什么要求被家长拒绝后用哭闹、倒地、不吃饭等行为来要挟家长	1	2	3	4	5
(15)去做客时能同他人打招呼	1	2	3	4	5
(16)未经允许就去拿他人的食品或玩具	1	2	3	4	5
(17)有人送食品玩具时能先征求家长同意并表示感谢	1	2	3	4	5
(18)遇到不会做的事情能想方设法学着去做	1	2	3	4	5
(19)在人多的地方能表演唱儿歌，讲故事	1	2	3	4	5
(20)主动同小朋友一起到室外去玩耍或在家里做游戏	1	2	3	4	5
(21)做一些感兴趣的游戏时，能一个人玩 15 分钟以上	1	2	3	4	5
(22)同家长外出时，能不乱跑	1	2	3	4	5
(23)到不太远的地方去能自己走	1	2	3	4	5
(24)损坏或丢失了别人的东西，在提醒下能承认或道歉	1	2	3	4	5
(25)停止游戏时能把玩过的物品收拾到指定的地方	1	2	3	4	5
(26)到比较陌生的地方时会向四下张望，表示好奇	1	2	3	4	5
(27)新的小朋友介绍给他后会主动同他说话、玩耍或领着到自己的小朋友中去玩	1	2	3	4	5
(28)喜欢同别的小朋友一起玩、说话	1	2	3	4	5
(29)对不明白的事情主动问“为什么”“怎么样”	1	2	3	4	5
(30)见了生人或到陌生的场所去，一般不退缩，玩一会儿就适应了	1	2	3	4	5
(31)玩新的玩具时，能自己尝试着怎样玩，不必等到别人告诉怎样玩后才动手去玩	1	2	3	4	5
(32)正在做有趣的事情时，让他停下来，不会过分不满	1	2	3	4	5
(33)孩子提出要求后，可以等待一段时间，也不要求全部满足	1	2	3	4	5

	从不	极少	有时	经常	总是
(34)受了什么委屈后做一些过分的行为，如打人、破坏东西或没完没了地哭闹	1	2	3	4	5

(35)别的小朋友摔倒了或哭泣时会用自己的方式表示关心、安慰	1	2	3	4	5
(36)做什么事情都肯动脑筋尽力去做好	1	2	3	4	5
(37)喜欢询问一些不知道的地点、事情、人物	1	2	3	4	5
(38)听了故事后喜欢询问下一步的情节	1	2	3	4	5
(39)会自己脱鞋和袜子及容易穿脱的衣物	1	2	3	4	5
(40)想睡觉时，一般能很快入睡	1	2	3	4	5
(41)玩同样的玩具能尝试着用新的方法去玩	1	2	3	4	5
(42)小朋友做游戏时，能主动参加而不是看着或回避	1	2	3	4	5
(43)情绪反应同发生的事情相适应	1	2	3	4	5
(44)能根据他人的表情、动作来判断他人的态度，调整自己的言行	1	2	3	4	5
(45)被人拒绝或批评时，一般不能承受	1	2	3	4	5

结果分析

1. 粗测法：累加每题得分，得分越多，表示人格发展趋势越好，得分中等说明人格发展趋势特点不突出，需要加强培养，得分偏低需专业人员进一步诊断和处理。

高分说明：

(1)探索主动性强：求知欲和好奇心强，并能主动尝试新的活动，探索未知的外部世界

(2)合群和适应性好：对人友好，喜欢与他人在一起，并主动进行交往；情绪经常保持愉快，且与环境相协调，并善于以恰当的方式表达情绪；

(3)情绪稳定性和自我控制能力较强：能忍耐一定的痛苦，克服困难，完成预定的事情，自我控制的意识能力强；低分表示情绪不稳定，常表现出消极情绪，情绪表达不恰当；

(4)独立性强：幼儿生活能相对自理，不过分依赖他人和环境，有与独立意识相对应的行为。

低分则相反，表示对外界兴趣低，喜欢熟悉的环境和事物，不敢进行新的尝试；对人冷漠，喜独处，与人交往被动；同时忍耐力差，自我控制能力差，做事缺乏坚持性；幼儿生活自理能力差，需依赖他人照顾，缺乏独立意识或没有养成与年龄相符的独立能力。

2. 专业测评：本研究成果已编织成电脑测试软件，可根据不同的因子分，按儿童的几个人格发展有关维度进一步详细分析，并结合专业知识给以解释和指导。

第二节　婴儿社会性发展

呱呱坠地的小生命带给年轻的父母们太多太多的惊喜。然而，在生命的初始，无论父母如何去逗引小婴儿，婴儿似乎都没能给父母所期望的反应。初生的婴儿是不合群的，是一个纯粹的自然个体，只要他们的身体需要得到满足，他们对任何人都没有兴趣。大约到了 3 个月时，婴儿听到人的声音或笑声时，就会转动小脑袋对其作出反应。他们通过微笑、踢腿、

挥舞手臂来表示他们的快乐。这与婴儿最初自发性的微笑有了本质的区别。婴儿的社会性发展就此开始了，并贯穿其一生的发展。

所谓社会性是个体在掌握社会规范、形成社会技能、学习社会角色的社会化过程中所产生的一种心理特征。社会性发展是每个儿童成为负责任的、有独立行为能力的社会成员的必经途径。它既离不开个体与社会群体、集体、个人的相互作用和相互影响，也离不开个体主动积极地掌握社会经验和社会关系。儿童正是在这个过程中丰富自己的社会经验，形成个性，不但成为具有社会作用的客体，而且成为具有社会作用的主体。儿童掌握社会经验和社会关系包括多方面的内容，即掌握参加社会生活所必须具备的道德品质、价值观念、行为规范以及形成积极的生活态度、善于自我调节、掌握交往技能等①。对于 0～3 岁的婴儿而言，该阶段社会性的发展仅为初始萌芽期，其社会性发展程度虽无法达到上面所述内容，但它是儿童社会性发展的基础，主要包括交往行为的出现与发展、社会适应行为的发展。

一、亲子交往

(一)亲子交往概念

亲子交往是指儿童与其主要抚养人(主要是父母)之间进行的，伴随情感关系的交往过程。人们也常常把它称为亲子关系。它是儿童早期生活中最主要的社会关系，是婴儿期的主导活动。在亲子关系中，父母相对婴儿来讲，处在亲子关系的主动地位，父母的想法、观念和行为对孩子产生极大影响，是婴儿安全感的建立和将来人际交往、社会适应能力发展的基础。

(二)亲子交往发展的阶段

依恋开始于最早的母婴交往，是母婴交往过程中乳儿和照看者(主要是母亲)之间形成的一种亲密的、持久的情绪关系的联结。在发展心理学中，依恋是指婴儿寻求并企图保持与养育者的身体接触和情感联系的一种倾向性(桑标，2003)。依恋是儿童最早出现的心理模式之一，对儿童心理的发展具有重要影响。

相关链接

依恋情结和未来学业成就

明尼苏达大学儿童发展研究所的艾伦·斯罗菲、拜伦、格兰和同事们参与了一项长期广泛的研究，研究儿童早期依恋情结的形成及其对儿童未来学业成就是否构成影响。研究人员对 174 名儿童进行了整整 16 年的跟踪调查研究。首先，他们对家庭环境中的影响因素作了评估，如婴儿与父母之间的依恋情结模式以及婴儿的自主能力、自我调节、整体家庭环境和母性影响等，接着还对儿童早期的智商进行了测试。然后，研究人员对这些儿童在学校环境中的表现进行跟踪研究，并对儿童适应学校环境的能力，以及数学、识字、阅读理解、拼写和

① 李幼穗. 儿童社会性发展及其培养[M]. 上海：华东师范大学出版社，2004：30，292.

综合知识等科目的标准化考试成绩展开评估。最终，研究人员的调查结果令人大吃一惊。通过早期评估测定的智商数显然可以用来预测儿童后来的学习成绩和表现。但是，当儿童的智商数相等时，最能预测未来学习成绩的因素则是幼儿和父母之间依附关系的力度和模式因素。

（引自：比拉·阿姆斯特丹，《发展心理学(第五版)》）

发展心理学家拜伦·埃格兰曾说："儿童终生的发展是受到了其人生之初与父母的依恋关系的影响。"母婴依恋是婴儿早期最重要的社会联系，对婴儿情绪、个性、社会性形成和认知发展都具有举足轻重的作用。[①] 关于母婴依恋的发展庞丽娟对其进行了详细的阐述。

1. 依恋的发展

(1)前依恋期(出生～3 个月)

此阶段也叫无差别的依恋阶段，即婴儿对所有人都做出相同的反应，如用哭声唤起人们对他的注意，喜欢注视所有人的脸。在舒适状态对所有人微笑、手舞足蹈，对所有人发出的声音展示相同的反应，对安慰他的人不存在选择，也没有形成对母亲的偏爱。而此时，所有人对婴儿产生的影响也是一致的。任何人的拥抱和抚触都能给婴儿以愉悦的感受。

(2)依恋关系建立期(3～12 个月)

此阶段的婴儿对人的反应有了区别，对熟悉的人尤其是母亲逐渐显示出偏爱，更愿意与之接近、微笑。面对陌生人时，反应行为减少。此时的婴儿一般仍然能接受陌生人的照顾，也能忍受与父母的暂时分离，但是带有略微伤感的情绪。

(3)依恋关系确立期(12～24 个月)

此阶段的婴儿对母亲或其看护人的偏爱显得尤为强烈。当母亲或看护人在身边时，婴儿能以他们为"安全中心"，从这个中心出发去主动探索周围世界。当有安全需要时，会立即返回"中心"。离开母亲或看护人会显得焦虑不安，形成了分离焦虑，并且出现了陌生焦虑，对陌生人回避，且对陌生人很少微笑或咿呀作语。

(4)目的协调的伙伴关系期(2 岁以上)

此阶段的婴儿随着认知的发展，能较好地理解父母或看护人的情感、意愿等，也能调控自己的行为。此时的婴儿能忍耐父母或看护人的迟迟不注意，也能理解父母因为接电话而不能及时给予自己反馈的行为。同时，他们还能忍受与父母的短暂分离，知道父母将会返回到自己身边。

2. 依恋的类型

艾斯沃斯根据婴儿在陌生情境中的表现，将婴儿的依恋行为分为三种类型。

(1)焦虑—回避型

此类型的婴儿容易与陌生人相处，容易适应陌生环境，对母亲的离开与出现一般没有特别的反应，不难过也不高兴。因此，实际上这类婴儿与母亲或看护人并没有形成特别紧密的情感联系。故也有学者将这类婴儿称为"无依恋婴儿"。

(2)安全型

此类型的婴儿与母亲在一起时能放心地愉快玩耍，并不总是缠住母亲。当陌生人进入时，

---

① 陈会昌，梁兰芝．亲子依恋研究的进展[J]．心理学动态，2000，8(1)：29-34.

他们有点警惕，但是也很积极，会对其微笑。当母亲离开把他留给陌生人时，他们不再玩耍，试图寻找母亲，有时会哭闹。当母亲回来时，他们会显得比以前与母亲更亲热，同时也很容易平静下来，继续游戏。

(3)焦虑—矛盾型

此类型的婴儿常常显出较高的分离焦虑。当与母亲分离时，他们感到强烈不安，常哭闹不止。当母亲返回时，一方面，试图寻求与母亲的亲近；另一方面，会抗拒来自母亲的安慰，显得异常的矛盾。

(三)良好亲子关系的培养

母亲是婴儿生存、发展的"第一重要他人"。在婴儿早期的社会性交往中，与母亲的交往占据了最重要的地位。母亲在婴儿心理的全面发展中都起着积极、重要的作用，影响着婴儿认知、情感、社会性、行为等各方面的健康发展。此外，母亲也是婴儿社会性行为和社会交往发展的重要基础。婴儿与母亲的关系是以后诸多社会关系形成的基础，母婴关系在很大程度上影响了婴儿以后人际关系的形成。①

想一想

当婴儿哭泣时要立即抱起他吗？

答案是肯定的。因为婴儿的哭泣就是在向母亲传达自己的需求。此时，母亲如果因为喂奶的时间还没到，觉得让他哭一下，可以培养婴儿的独立性而不管他，也许过一会儿婴儿就不哭了，但这样一来，婴儿就不知道用什么方法来向外界传递自己的心情，也无法学会忍耐，更不能和母亲建立良好的关系。

（引自：[日]七田真. 21世纪最佳育儿法[M]. 北京：中国轻工业出版社，2001.）

父亲与婴儿的交往对婴儿心理发展同样具有非常重要的作用。由于父亲的性别角色及性格特点与母亲存在差别，因而对婴儿情感、社会性、认知、语言、性别角色等各方面的发展都会产生深刻的影响。父亲是婴儿重要的游戏伙伴，是婴儿积极情感满足、个性品质形成的重要源泉，是婴儿重要的依恋对象。心理学家格尔迪说："父亲的出现是一种独特的存在，对培养孩子有一种特别的力量。"大量研究表明，父婴交往具有母婴交往所不能替代的独特作用。

亲子交往中良好亲子关系的建立，对孩子的影响如此巨大。父母在养育孩子的过程中，一定要亲近孩子，在温馨的互动中与孩子建立良好的亲子关系。

相关链接

皮亚·埃杜瓦多是个早产儿，重2磅10盎司。她现在已出生12天了，重3磅4盎司。她趴在早产儿保育器里睡觉，这里的温度由机器控制，模拟母亲子宫的温度。皮亚睡在保育器里一张倾斜的板子上，这有利于她呼吸。她的静脉注射着流体，身上缠着心脏、大脑检测

① 钟鑫琪，刘建安，李秀红. 婴儿与母亲的交往及依恋[J]. 华南预防医学，2004，30(1).

仪，以持续的评估生命官能。

皮亚的父亲在午饭时间来到医院，晚上他在医院待的时间很短，因为他要加班，为皮亚的母亲托尼娅挣足够的钱，以便让她大多数时间待在医院里陪女儿。

在医院工作人员的帮助下，托尼娅频繁地把皮亚从早产儿保育器里抱到自己的怀里，提供皮肤对皮肤接触。托尼娅抚摸着皮亚的手、脚、背和腿，温柔地按摩它们，同时轻轻地、缓慢地和皮亚说话，有意地安慰皮亚。她没有抹古龙香水，所以皮亚能闻到她天然的气味，她有意识地保持与皮亚一样的呼吸节奏。这一触摸皮肤的程序被证明能释放大脑的化学物质，促进身体的发展。

托尼娅有意识地给予皮亚的关注、赞赏与温情直接影响着皮亚的生命官能，这一点在监测仪上有记录。在托尼娅触摸、抱着、紧贴、安慰、爱抚皮亚时，皮亚的心脏和大脑波变得更强烈、更有规律，她的呼吸变得更深、更平静，她的身体反应模式大体上更健康。这种针对早产儿的紧贴程序和有意识地提供关注、赞赏和温情已经成为医院的标准实践，有研究表明，接受了这一紧贴的婴儿比没有接受这种保育的婴儿长得更快、更健康。此外，现在许多医院组成家长集体，教导家长给予婴儿关注、赞赏和温情，以此作为促进健康和成长的有效工具。

（引自[美]琳达·杜威尔-沃森．婴儿和学步儿的课程与教学[M]．北京：人民教育出版社，2011.）

1. 父母应亲近孩子，承担起抚养孩子的责任

首先，尽可能采用母乳喂养。母乳中除了包含代乳品无法供给的养分和抗体外，在哺乳过程中宝宝躺在妈妈怀里，可以感到温馨的母爱，就像在妈妈的子宫里一样，有利于母子的情感交流。同时，哺乳过程中与婴儿的眼神对视，可以让婴儿感受到来自母亲的关爱。母乳喂养有助于早期亲子关系的建立。

其次，要重视“母子敏感期”中的母子接触。以前，我国医院里对新生儿的一般做法是：婴儿出生后让妈妈看一眼孩子，就把初生婴儿放在隔离的育儿室，只有在需要喂奶时才把婴儿带到母亲那里。这种做法看似保证了产妇的休息，使婴儿受到最科学的照顾，但实际上恰恰错过了良好母子关系建立的关键期，严重妨碍了母婴关系的建立。也许母亲与初生婴儿的早期接触并不会对婴儿的依恋行为产生重要影响，但对母亲却是一种情绪上的满足，能激发母亲对孩子的关注和爱，使产妇尽快进入“母亲”的角色。所以，目前国内外医院都采取了“母婴同室”的做法，甚至让刚分娩不久的母亲单独承担起照料孩子的任务，这种做法能使母子在“母子敏感期”中充分接触，及时建立良好的亲子关系。

相关链接

母婴同室与亲子关系

孩子出生15分钟后在母子身上会发生什么？瑞典医学工作者唐·沙桐曾为此做过实验。实验分两组进行。一组按医院通常的程序进行操作，婴儿生下来后给他量体重，进行一系列的处理(30分钟)，然后把婴儿交给母亲看一眼，之后抱走，放进新生婴儿室，使母婴分开。另一组设定了母子接触的时间。婴儿出生后对其进行6分钟左右的必要处理，然后让他趴在母亲的肚子上，之后用毯子盖住婴儿和母亲的腹部。母婴接触约 5 分钟后，把婴儿往母亲的胸部挪一挪，使婴儿能吮吸母亲的乳房。母婴接触的时间约 15 分钟。然后按医院通常的程序进行处理，把婴儿放进新生婴儿室。之后的情况和条件与第一组一样。这 15 分钟的差距是如何反映到母亲和孩子的身上的呢？唐·沙桐对这两组母婴的情况进行了追踪调查。调查共考察 35 个项目，并分 36 个小时后、一个月后、一年后和两年后四个时间段来进行。结果表明，这两组母婴直到两年后还因这 15 分钟而存在差距。其差距不仅表现在婴儿的哭泣次数上，还表现在母亲的行动上。和婴儿有过 15 分钟接触的母亲常常爱抚婴儿、抱婴儿、亲婴儿、对婴儿说话等。和婴儿没有过接触的母亲则很少爱抚婴儿，对婴儿的清洁过分敏感，总担心婴儿尿湿了尿布。而且，在抱怨带孩子烦人、带孩子辛苦的问题上，两者也有明显的区别。尤其在男孩子与母亲的关系问题上，两者的差别就更加明显。

（引自：[日]井深大. 零岁教育[M]. 欧文东，译：北京：商务印书馆，2001.）

再次，应经常保持母子亲密的身体接触。婴儿对母亲依恋情感的建立并不是因为母亲喂食，而是与母亲亲密的身体接触。在婴儿期，抚养者应该为婴儿提供积极稳定的情感支持，提供积极应答的环境，关注孩子的情绪和需求，并给予积极回应(微笑、爱抚、拥抱)。宝宝的每一声呼唤都期待着妈妈的回答，能得到母亲的回应他会倍感兴奋。在抚养的过程中要有积极的情感沟通与交流，如对孩子说话、做游戏、唱歌、抚触等。

想一想

有奶便是娘吗？

依恋是如何产生的？弗洛伊德等心理学家认为，婴儿依恋父母是因为父母为他们提供基本的物质需要——食物。这就是依恋的“碗柜理论”。也就是说，谁给婴儿喂奶，婴儿就依恋谁。这种说法是不是正确的呢？1959 年，美国心理学家哈洛将刚出生的婴猴放在隔离的笼子里养育，用两个假母猴代替真母猴，其中一个是金属丝做的“金属母猴”(有橡皮奶头)；另一个是用绒布做的“绒布母猴”(无奶头)。发现幼猴只有在饿的时候才到金属猴那里去，其余时间喜欢与绒布猴待在一起，甚至“黏”在绒布猴身上。在受到陌生物体威胁时，会跑到绒布猴身边，抱住绒布猴，似乎绒布母猴能给它更多的安全感。该实验表明，与喂食相比，身体的舒适接触对依恋的形成起更重要的作用。

图 8.2.1　小猴对绒布母猴的依恋

（引自：姚会民. 5 分钟心理小实验[M]. 天津：天津科学技术出版社，2010.）

最后，年轻的父母要承担起抚育子女的主要责任。日本著名儿童心理专家森永良子先生对小狗“小甜饼”的研究，虽然是以狗为被试，无法直接推演到人类身上，但我们在现实中也不难发现，一些孩子由于从小离开父母而很难适应重新回到父母身边的生活，母子间存在的隔阂也难以消除。现在，一些年轻的父母由于工作忙，于是将自己的孩子托付给长辈照顾，造成“隔代教育”和“留守儿童”的现象。这种做法看似兼顾了孩子和工作，实际上对亲子双方心理成长的影响都不容忽视。从孩子的角度看，与父母的分离使其在早期失去了其他任何情感都无法超越和替代的母爱，同时，母子的长期分离也会严重影响母亲的育子心理发展。实验表明，母亲的心理发展也有临界期，如果早期母子分离，缺少接触，母子之间就会产生隔阂，而这种隔阂心理反作用于重回母亲身边的孩子身上，就会阻碍良好亲子关系的建立。因此，父母应从孩子出生起就尽可能地自己带养孩子，并维持稳定的抚养关系。如果在婴儿阶段频繁地更换监护人、更换保姆，甚至将孩子托付给老人，都可能使亲子依恋关系不能正常稳定地建立。

相关链接

母亲心理发育的“临界期”

1976年，日本著名儿童心理专家森永良子先生以狗为实验对象研究母狗是否存在心理临界期，以及母狗与小狗的相互关系是否会影响小狗在狗群中的生存问题。实验从虎犬——蒂罗生孩子开始。蒂罗一共生下12只小狗，最后活下来的只有5只小狗。到第12天，森永良子先生把一只叫“小甜饼”的小母狗从蒂罗身边抱走，放到家里养了三周后，“小甜饼”被重新送到母亲蒂罗的身边。当其他在母亲身边长大的兄弟姐妹在蒂罗身上找乳房吃奶时，“小甜饼”站在一旁远远地站着。过了好一会儿，它才走了过来。结果，蒂罗拒绝它，并用低低的吼叫威吓它，不许它过来喝自己的奶。同时，也不许它吃饲料盒子里的狗食。回来后的第四天，“小甜饼”趁蒂罗不注意，吸上了妈妈的乳房。蒂罗发现后，对“小甜饼”进行了威吓。不过，后来还是默认了“小甜饼”，允许“小甜饼”吸自己的奶。但是，与其他在母亲身边长大的兄弟姐妹相比，“小甜饼”明显受到了歧视，它从来没有得到过母亲的亲吻。而且不管它怎样撒娇，妈妈就是不接受。

三周的分别决定了母犬的心理变化，同时也使“小甜饼”有别于其他的兄弟姐妹。该实验说明，早期亲子关系的建立不仅是孩子健康成长的基石，对母亲的心理成长也有重要影响。

（引自：边玉芳．儿童心理学[M]．杭州：浙江教育出版社，2009．）

2. 父母在养育中应提高抚养质量

抚养质量关乎养育者的敏感性与反应性、积极的情绪表达、社会性刺激。儿童出生后就处于一定的社会养育环境中，成人尤其是母亲的喂养方式及其与婴儿的相互作用的性质，构成了影响儿童依恋的关键因素。克拉克－斯坦怀特用三个维度来衡量母亲的教养行为：反应性是指母亲对婴儿的哭、叫、微笑、语言要求等的反应比例；积极的情绪表达指母亲与婴儿充满感情的密切接触，加上微笑、轻柔说话、抚摸等；社会性刺激指母亲接近婴儿、对婴儿微笑、交谈或模仿婴儿的频率。研究发现，安全依恋婴儿的母亲三个维度的分数都很高。

在与孩子的交往过程中，要使婴儿获得安全的依恋，有两点特别重要：一是父母对婴儿发出的各种信息能敏感及时地做出反应（即敏感性和同步性）；二是对婴儿的态度要温和、充满热情和积极鼓励。

3. 采取正确的教养方式，营造温馨的家庭氛围

父母的教养态度与教养方式影响着亲子关系的建立。心理学家们运用了直接观察、调查与访问等多种手段研究了父母教养儿童的行为模式，其中比较突出的是鲍姆雷特。为了对父母教养方式与孩子个性特点之间的影响关系进行究，1976 年他专门创设情境观察了幼儿和父母在一起时的活动方式，又通过考察幼儿个性特点和了解家长的教养认识、平日的教养态度与方式，将父母的教养方式归纳为以下四种主要类型。①

(1)权威型

父母对儿童的态度积极肯定，热情地对儿童的要求、愿望和行为进行反应，尊重儿童的意见和观点，对儿童提出明确的要求并坚定实施规则，对儿童的不良行为表示不满，对其良好行为表示支持和鼓励，鼓励儿童独立和探索的行为。在此种教养方式下成长的儿童独立性强，善于自我控制和解决问题；自尊心和自信心较强；喜欢与人交往，对人很友好，有很强的认知能力和社会能力。

(2)专制型

父母在情感方面倾向于拒绝和漠视儿童，对儿童是一种缺乏热情的否定的情感反应，很少考虑儿童自身的愿望和要求，对儿童违反规则的行为表示愤怒，甚至采用严厉的惩罚措施。在此种教养方式下成长的儿童缺乏主动性；胆小，怯懦，畏缩，抑郁；有自卑感，自信心较低；容易情绪化，不善于与人交往。

(3)放纵型

父母对儿童有积极的感情，但是缺乏控制，对儿童没有任何要求，让其自己随意控制；对儿童违反规则的行为采取忽视或接受的态度，很少发怒和训斥以纠正儿童。在此种教养方式下成长的儿童具有较高的冲动性，缺乏责任感；不顺从，难以管教；行为缺乏自制，自信心较低。

(4)忽视型

父母对孩子无爱的情感和积极反应，又缺乏行为的控制；亲子交往少，对儿童缺乏基本的关注，容易流露出厌烦、不想答理的态度。在此种教养方式下成长的儿童具有较强的冲动性和攻击性，不顺从；很少替别人考虑，因为缺少爱的孩子没人为他考虑；对人缺乏热情和关心，在青少年期更有可能出现不良行为问题。

在以上四种教养方式中，权威型父母用一种合理的方式来应用控制，能向孩子耐心地讲道理，能够准确判断孩子的要求，尊重并理解孩子，因此能与孩子形成非常融洽的亲子关系，家庭的氛围也非常的温暖与融洽。父母对子女温暖的照顾，并以合理的方式养育子女，其子女多属于安全依恋型风格。父母的教育行为过于专制或放纵，或漠视孩子的存在，则往往难以形成和谐温暖的家庭氛围，使孩子感到在需要时无法获得关爱，从而认为人际关系是不可靠的，造成疏离感增强，形成回避型依恋风格，也就影响了良好亲子关系的建立。

二、同伴交往

与婴幼儿在家庭中与父母形成的“垂直关系”不同，婴幼儿与同伴形成的是“水平关系”。

---

① 李幼穗. 儿童社会性发展及其培养[M]. 上海：华东师范大学出版社，2004：46-47.

这种关系更能体现地位平等的特点。婴儿之间的交往行为具有自己独有的特点，是儿童社会性发展的重要内容。

（一）同伴交往的概念

0～3 岁的婴儿生活的主要场所是家庭，其交往的对象也主要是父母及其家人。但在这个过程中，婴儿随着各方面能力的发展，会逐步走出家庭，与更多的人产生交往，其中之一就是同伴。同伴交往是指同伴之间通过接触产生互相影响的过程。同伴交往能帮助幼儿形成自己的态度和价值观念，它提供的活动领域可以使孩子筛选从父母那里获得的价值观念，从中吸取一部分，扬弃一部分。婴儿同伴之间的交往比与成人交往更平等，这种平等使婴儿有可能从事各种新的探索和尝试，为婴儿的社会性发展奠定基础。随着婴儿心理发展的需要，婴儿会与更多的同龄婴儿产生交往，形成一种重要的人际关系——同伴关系。同伴关系是儿童社会性发展的重要内容，也是其他方面社会性发展的主要背景。

（二）婴儿与同伴交往的发生发展

婴儿与同伴交往的发生发展是与同母亲逐渐分离相联系的。大量的观察和研究证实，婴儿早期同伴交往行为的发展经历了以下三个阶段。

（1）客体中心阶段

婴儿的相互作用主要集中在玩具或物体上，而不是婴儿本身。其实，婴儿很早就对同伴发生兴趣。范德尔等人指出①：大约 2 个月时，同伴的出现会引起婴儿的注意，并且相互注视；3～4 个月时，婴儿能够互相触摸和观望；6 个月时能向同伴微笑和发出“呀呀”声。但是这些反应并不是真正的社会性反应，即使 10 个月之前的婴儿在一起，也只能把同伴当做物体或活动的玩具来看待，相互抓扯，咿咿呀呀说话。随着婴儿行走能力的提高，他们会爬向对方或跟在对方身后。1 岁时，婴儿之间出现了许多社交行为，如大笑、打手势和模仿。在整个第一年期间，大部分社交行为是单方面发起的，他们还不能主动追寻或期待从同伴那里得到相应的社会反应，如一方的注视或者微笑并不总能引起对方同等的反应。

（2）简单相互作用阶段

12～18 个月的婴儿开始出现某些带有应答性特征的交往行为。此时，婴儿已经能对同伴的行为作出反应，如互相拍对方或给拿玩具等，并试图去控制对方的行为。比如，A 儿童由于不小心碰着自己的手而大哭起来；B 儿童看见 A 儿童哭了，也跟着大哭起来；这时，A 儿童看见 B 儿童跟着他哭，似乎觉得挺好玩，哭声就更大了。

（3）互补的相互作用阶段

12～18 个月后，婴儿之间的社会交往更为复杂，模仿行为普遍出现，还有互补或互惠的角色游戏（如你跑我追、你躲我藏、一起搭积木等）。在发生积极的相互作用的同时，还伴有消极的行为，如打架、揪头发、抓脸、争玩具等。

---

① 张文新．儿童社会性发展[M]．北京：北京师范大学出版社，1999.

（三）同伴交往能力的培养

同伴交往能力的发展对于个体一生的成长与发展有着重要的意义。对于年幼的婴儿也是如此。

同伴交往可以促进婴儿社交技能及策略的获得，增强社会适应性。在亲子关系中，婴儿多处于被关注的、被动地位，因而不需要婴儿自己去发起或维持与父母的交往。同伴关系则不同，交往双方处于平等地位，因此需要婴儿关注对方的反应态度，并提高自己交往的主动性。在同伴交往中，一方面，婴儿常常要向对方发出交往行为，如微笑、请求、邀请等，并根据对方的反应做出调整；另一方面，婴儿还要通过观察同伴的社会行为，模仿学习一些新的社交手段。正是通过同伴交往过程，婴儿尝试、练习甚至学习各种社会交往技能和策略。同伴交往比亲子交往对婴儿的社会交往技能要求更高，更能锻炼婴儿的社会适应性。

相关链接

同伴是集中营孤儿健康成长的动因

借助一些特殊的案例(Mussen，1989)，可以说明同伴关系的重要心理价值。在第二次世界大战期间，6 个婴儿的父母在集中营被纳粹分子杀害，这 6 个婴儿被转移到另一个集中营。他们在那里成长到 3 岁后，被英国一个寄宿托儿所接管。这之前，他们很难得到成人的照顾，基本上都是自己照顾自己，尽管新环境对他们照料不错，但他们对周围的成人不怎么感兴趣，整天都是 6 个人在一起，彼此之间有着强烈的忠诚和依恋，如果他们中有谁离开了这个集体，大家都会感到难受。他们似乎对成人没有强烈的依恋，是彼此的相互作用使他们社会化，发展为身心健康的正常人。他们中没有一个有缺陷、犯过大的错误，或是有精神疾病。他们以正常的速度获得了新语言，长大后成为正常的、有作为的成年人。这个特殊的例子可以充分说明同伴关系在儿童社会性发展中的重要作用。

（引自：俞国良，辛自强．社会性发展[M]．北京：人民大学出版社，2013.）

同伴交往可以促进婴儿情绪情感的发展。研究发现，良好的同伴交往像良好的亲子关系一样，能使婴儿产生安全感和归属感，从而心情愉快。有研究指出，婴儿在同伴交往中表现出明显的愉快、兴奋和更多的微笑、愉快地发声、高兴地拍手等，并且更自主地投入到活动中去。同时，婴儿可以在同伴游戏中宣泄并调节不良情绪，在摔痛或需要玩具、帮助时得到同伴的关切、抚慰和帮助，从而平衡自我的心理状态。

同伴交往可以促进婴儿自我评价和自我调控系统的发展。同伴交往为婴幼儿自我评价提供了有效的对照标准，使婴幼儿更好地认识自己，这是婴幼儿最初的社会性比较。它为婴幼儿形成积极的自我概念打下了最初的基础，如“我比你快”“你没我好”等。同伴交往还为婴幼儿对行为的自我调控提供了丰富的信息和参照标准。婴幼儿在交往中发出的不同行为，往往会招致同伴的不同反应，婴幼儿不仅可以从中了解自己行为的结果和性质，还可以理解自己是否为他人所接受，从而调整自己的行为。因此，同伴交往特别是同伴的反馈，对婴幼儿自我调控系统的发展具有积极意义。

同伴交往能力培养包括以下几个方面。

1. 帮助幼儿摆脱自我中心思维

自我中心是儿童早期自我意识发展的一个必然阶段，是人类从幼年走向成熟的一个自然必经阶段。孩子约在2～3岁时自我意识发展到自我中心阶段。该阶段孩子一个比较明显的特点，就是随着自我意识的发展不再如以往那般“听话”，显得比较“独立”，喜欢说“不”。一方面，这是儿童心理发展的一个表现；另一方面，如果任由孩子继续如此发展，自我中心思维就会给孩子对自己、对他人的认识带来负面影响，从而影响孩子与他人的友好关系。如果自我倾向过于严重或到了四五岁，甚至六七岁以至于成年还停滞在自我中心阶段，这就成了问题。日常生活中所说的某某孩子的自我中心即指此，这是高级心理机能发展不充分的结果。这类儿童往往把注意力过分集中在自己的需求和利益上，不能采纳不同意见。对于与他认识不一致的信息，绝不能接受。因为他不懂得，除了自己的观点以外，还可以有别人的观点；他认为别人的心理活动和自己的完全一样。① 因此，成人应经常有意识地让孩子把好吃的东西、好玩的玩具拿出来与大家一起分享，体验到共同分享的快乐；引导孩子想想他人的想法与感受，并在日常生活中加以渗透。

相关链接

正确理解孩子的第一反抗期

不少父母认为2～3岁的孩子特别难管，常常“倔头倔脑”，要他这样，偏要那样，一不顺心，还要发脾气。例如，孩子要自己吃饭，常吃得满脸、衣服、饭桌上全是饭菜，母亲将小饭匙从他手中拿过来喂他吃饭，他就发脾气，不肯吃饭。父母常常不理解，小时候孩子那么听话，现在为什么要“反抗”？有些父母为了使孩子服从，而采取强行制止的办法，勉强孩子老老实实就范，还有的孩子不肯罢休，继续“反抗”。这种表现，心理学家称之为人生最初阶段的“第一反抗期”。

对于所谓的“反抗期”父母不必担心和烦恼，而应正确地去理解孩子的心理。因为2～3岁的孩子身心发展方面，已经能够自由行动，活动范围扩大了，掌握了基本的语言与人交流思想感情和进行思维的想象。知道自己的名字，会用代名词“我”“我的”来表示“我自己吃”，“我自己做”的意愿，自我意识在不断发展，并有了自己的主见。“第一反抗”的出现，标志着孩子的独立性、主动性和意志的发展。实际上是孩子要求“自立”，应该称这时期为“自立期”。

（引自：韩棣华．0～3岁婴幼儿心理与优教[M]．上海：上海科学普及出版社，1999.）

2. 鼓励孩子尽可能多地与同伴交往

给孩子留出时间和空间，让孩子与同龄人充分交往。在与同伴交往的过程中，孩子可以了解他人的想法与情感体验。只有在与同伴的交往中，儿童才能将自己的观点与别人的观点相比较，从而认识到自己的感觉与别人有别，对别人的观点才可以提出疑问或更改意见。因此，无论在家里还是在亲子中心、幼儿园里，都可以鼓励孩子多与同伴交往，让孩子多参加一些需团体合作才能完成的活动，让孩子在彼此思想的碰撞中逐渐学会尊重别人的意见，并

① 钟玮．帮助幼儿摆脱自我中心思维的途径[J]．四川文理学院学报，2008.

且体会到合作带给大家成功的快乐，以及矛盾和误会带给大家失败的痛楚。没有一种方法比在同伴交往中更能锻炼孩子交往能力的了。

3. 具体指导孩子的交往方式，培养孩子交往技巧

相信大家都看过这样的场景：两个1岁半左右的孩子见面了，其中一个孩子伸手猛地抓向另一个孩子的脸。这时，双方家长急忙拉开孩子。一家长想，他家孩子怎么动不动就打人呢？其实，这不叫“打人”，这叫婴儿间的“交往”。只不过因为是婴儿，不知道采取适当的方式与同伴交往而已。如果双方家长都把婴儿的这种行为定性为“打人”的话，那么，孩子就可能在这种充满暗示性的环境中学会了打人。适当的交往方式是指孩子在与人交往时，既能满足自己的需要，又不影响他人，并且这种方式要为他人接受。比如，如何与同伴打招呼，是点点头还是抱一抱或者牵牵手；如何与同伴分享一个玩具，是交换还是轮流。

4. 刺激正确行为，强化孩子良好的交往技能、合作性行为

当孩子表现出良好的交往技能和合作性行为时，应适时适当地给予强化。家长可运用抚摸、拥抱、奖励等形式，对孩子进行关注和表扬。当孩子出现错误的交往方式时，必须指出并可适当给予合理的惩罚，让孩子记住这样的行为是不受欢迎的行为。

三、社会适应行为

（一）含义和内容

社会适应性在社会心理学中叫社会适应行为或社会适应能力，一般也统称为适应行为。关于社会适应性的定义，主要有以下一些观点：对社会适应行为最先展开研究的是美国心理学家利兰在1973年，以及后来科恩在1987年的研究。他们都认为，社会适应性是个体在与社会生存环境中交互作用中的心理适应，即对社会文化、价值观念和生活方式的应对。阿瑟·S. 雷认为，社会适应性是：“对促进和谐社会互动的无数技能的统称。”美国智力落后协会对社会适应性的定义是：“个体达到人们期望与其年龄和所处文化团体相适应的个人独立和社会责任标准的有效性或程度”，并在2002年对适应行为做了进一步说明：“个体的适应行为是其在日常生活中所习得的社会和实践技能。”①

总而言之，社会适应能力是指人适应赖以生存的外界环境的能力，即个体对周围自然环境和生活需要的应付和适应能力。孩子的社会适应能力是他们各个年龄阶段相应的心理发展（感知觉、注意、记忆、学习、想象、思维、言语、情感、意志、自我意识等发展）的综合表现。② 对于0～3岁的婴儿而言，其社会适应能力包括的内容有生活自理能力，如穿衣服时知道配合、会脱袜子、会穿鞋、会扣扣子和解扣子、会穿上衣等；适应外界要求的能力，如会控制大小便、见食物兴奋、适应新环境的能力等。

---

① 杨彦平，金瑜．社会适应性研究述评[J]．心理科学，2006，29(5)：1171-1173.

② 张凤，周方，坂田宪治．中日学龄前儿童社会适应能力的跨文化研究[J]．中国心理卫生杂志，2002，16(11).

（二）婴儿生活适应行为的发展

1. 进食能力的发展

（1）成人扶杯时会用杯子喝水而不用奶瓶

刚出生的婴儿即有吸吮动作，对于吸吮奶嘴而言是先天就具备的能力。通过慢慢地学习，婴儿会接受用勺子进食流状的食物，但是一般也是采用吸吮的方法。到 5 个月左右，通过若干次的尝试，就可用杯子直接喝水，用杯子喝水的速度较用奶瓶快。当然，从喂养上来说，从奶瓶直接过渡到杯子，对于婴儿而言跨度稍大，可在使用杯子前使用鸭嘴杯。鸭嘴杯一方面是孔小，可防止婴儿呛水，以免引起不愉快的体验；另一方面材质较奶嘴稍硬一点，也便于婴儿吸吮。

（2）自己用手喂自己固体食物如饼干等

最初婴儿在吸吮奶嘴的时候，小手是不会参与的。但是慢慢地出现了伸手拿奶瓶的动作。可别小看了婴儿伸手够奶瓶的意义。在生理上，这不仅表示他已具有"吸吮"与"双手碰在一起"的能力；心理上，则有助于培养其注意力。当他会伸手扶拿奶瓶时，可以说是正式踏出自我照顾的第一步。因此，此时，如果给婴儿一块饼干，他就会自己伸手来拿并喂入口中，见图 8.2.2。

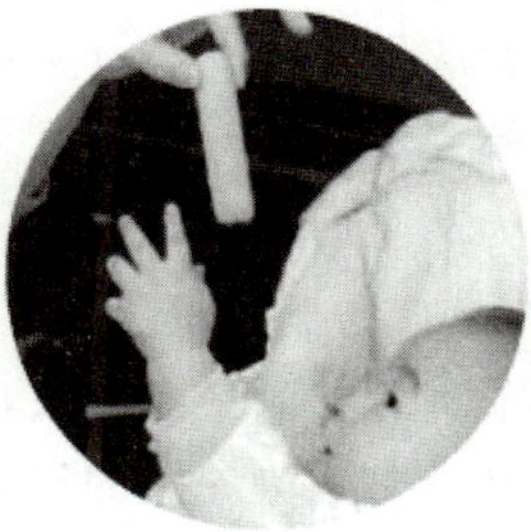

图 8.2.2　接住成人给的饼干

（3）自己拿杯喝水不弄洒

15 个月以前的婴儿用杯子喝水，难免会四处洒。但这之后，则具备了自己端着杯子喝水不弄洒的能力。当然，这需要婴儿反复地尝试。如果这样的锻炼机会不常有，那么婴儿到了 2 岁用杯子喝水也是会洒在衣服和地板上的。

（4）自己用勺子吃饭

早在三四个月的时候，甚至刚出生的婴儿都能接受用勺子喂奶。但是他接受勺子的方式跟奶瓶的区别不大，均是采用吸吮的方法。到了 9～10 个月的时候，婴儿才正式开始接受用勺子吃东西，但是仍然需要成人喂。18 个月左右的婴儿才能自己手握勺子吃饭，但不能保证桌面干净。

2. 穿衣能力的发展

（1）自己脱帽、戴帽

12 个月以前的孩子，当家长为其穿衣戴帽时，他们基本上都是被动地接受，稍不如意还会以哭闹抗议。而 12 个月以后，在成人为其穿衣的时候，他们开始知道予以配合了，如主动抬起手臂等。这个简单的配合实际上就是婴儿主动穿衣戴帽的基础。到了 15 个月左右，他们基本可以完成自己脱帽、戴帽的动作。当然，太软无形的帽子不容易戴上，且很容易戴得不正。

（2）拉上拉下衣裤的拉链

拉衣链动作的出现需要以手指精细动作能力发展为基础。只有当婴儿会用拇指和食指对捏的时候，他才可能捏住拉链进行上下移动。

(3)脱去外衣、穿上不用系鞋带的鞋

在练习穿衣服前，“脱”是个很重要的动作，当婴儿最初能主动脱下帽子时，表示他有主动合作参与的意愿，不再一直处于被动状态。从脱帽子到脱去外衣，是婴儿穿衣能力发展的一个阶段，也是一个进步。只有从最初简单的脱才能发展到稍复杂的穿，如穿上不用系鞋带的鞋子。

(4)解开或扣上衣服上的扣子

扣上和解开扣子，这项技能的完成必须以婴儿小手精细动作的发展为基础。因此，这项能力需要婴儿到近 36 个月时才能完成。

3. 梳洗能力的发展

(1)模仿用面巾擦嘴、自己擦鼻子

养成良好的卫生习惯，是需要从小建立的生活规范之一。从吃完东西后能主动用面巾擦嘴开始，逐渐养成保持自身清洁的技能。这样的生活技能主要来自婴儿对成人的模仿。当模仿行为产生后，婴儿就会从最初的简单随意模仿发展到最后的认真努力擦拭干净。

(2)自己梳头、洗脸、洗手

能力养成的最大意义，在于经过内化后形成习惯，即使不用父母提醒，孩子也知道何时该做什么事，为一生的发展奠定良好的基础，对培养独立感、自信心、责任感等，将有很大的帮助。随着婴儿认知能力和动作的逐渐发展，在成人有步骤有计划的训练下，他们逐步能很熟练地掌握这些技能。

(3)自行刷牙

从婴儿出生起就应养成每次奶后喂食少量温开水的习惯，达到清洁口腔的目的；在孩子 6 个月左右长出第一颗牙齿后，餐后应用温开水和软布为孩子漱口和洗牙。在孩子 2 岁半左右乳牙出齐后，开始逐步教孩子学习刷牙，努力养成早晚刷牙的习惯。2～3 岁的婴儿喜欢模仿大人的各种活动，这正是让婴儿学习一些基本生活技能的大好时机。教婴儿自己刷牙，要逐步过渡，刚开始可以让他们用牙刷和杯子，模仿成人的动作，让他们对刷牙感兴趣。几周后，他们就可以逐渐掌握上下转动牙刷的动作要领，用清水刷。最后，再挤上牙膏，用牙刷从外到里有顺序地刷。

(4)自己能绞干毛巾

自己能绞干毛巾的技能需要婴儿双手的配合，并且是双手反向用力配合，因此对他们来说是一项较难的技能。该项技能需要孩子 3 岁的时候才能完成。

4. 大小便控制能力的发展

(1)以声音或手势表示大小便

如厕需求的表达有一个发展过程。婴儿在括约肌及排泄器官发育成熟后，才能感受到尿意与便意，再加上语言发展成熟，他才能明确用语言表达。而在这之前，当婴儿还不会使用语言表达要求时，他们采取自己的方式来告知成人，如有的婴儿会发出“嗯、嗯”的声音，有的婴儿会指向厕所表示大小便。而 18 个月以后，婴儿在白天会控制大小便，排尿前常会告诉成人。

(2)自己能坐在痰盂或抽水马桶上完成大小便

18个月以后的婴儿不仅能表达自己大小便的要求，也能自己坐在坐便器上完成大小便。在脱、提裤时尚需要成人的帮助。

(3)白天及时要求上厕所

15～18个月的婴儿通常在裤子尿湿后才会告诉成人。18个月以后，婴儿在白天会控制大小便，排尿前常会告诉成人。①

(4)晚上大小便知道叫人

据研究发现，约有75%的孩子36个月时，夜里不再尿床。此时，他们才能在夜里也知道告诉成人自己的大小便要求。

(三)婴儿生活适应行为(即自理能力)的培养

1. 良好生活习惯的培养

生活制度的合理。认真执行生活制度，使生活习惯与身体生理需要相适合。为孩子制定生活制度，就是把孩子一天在家里的各种活动和休息时间，如起床、吃饭、活动、睡眠等的时间和次序科学地安排，并将它固定下来，持之以恒。制定合理的生活制度，是保证幼儿大脑皮层兴奋与抑制有规律地转换、做到劳逸结合的重要条件，从而进一步保证幼儿身心的健康发展。

饮食习惯的养成。根据月龄的增长训练孩子独立进食的能力，如6个月的婴儿就要训练他拿着奶瓶喝奶；再大一些就可以培养按时进餐的习惯。进餐前应避免过度兴奋或疲劳，进餐的环境应安静、舒适，固定进餐的位置和餐具。平衡膳食，荤素搭配，养成孩子不挑食的习惯。

睡眠习惯的训练。在规定的睡眠时间内，要培养孩子主动入睡的习惯。家长不要抱着、拍着或唱催眠曲使孩子入睡。要给孩子创造良好的睡眠条件，如室内要安静，温度要适宜，睡前要大小便，换干尿布，使婴儿能适当入睡。睡眠时，要注意孩子姿势是否正确，养成独立安静的睡眠习惯。

大小便习惯的养成。要养成小儿夜间少尿或不尿的习惯。这要从满月后开始训练，入睡前要少喂或尽量不喂水，喂饱奶，入睡前把一次尿。做父母的要精心观察婴儿的排便时间，掌握其排尿规律。等孩子稍大就应每天在固定时间让孩子坐盆排便，逐渐养成每日定时排便的习惯。训练排便也同排尿一样，要摸清其规律。良好的排便习惯，不仅有利于卫生，也有利于消化系统活动的规律性。

清洁卫生习惯的养成。父母对孩子的清洁护理要到位，并逐渐帮助孩子养成勤洗手等习惯。

2. 培养孩子的自我服务意识(自己的事情自己做)

埃里克森的“心理社会期”理论，认为个体心理发展的第二阶段(1.5～3岁)为：自主与害羞和怀疑的冲突。这一时期，婴儿学会了怎样坚持或放弃，开始“有意志”地决定做什么或不

---

① 高振敏. 走进小儿智能[M]. 上海：上海第二军医大学出版社，2001：48-49.

做什么。婴儿开始了自主感，他们愿意自主地做某些事情，如自己动手吃饭。此时正是培养孩子自我服务意识的好机会。父母应根据婴儿的能力，让其服务于自我，让其逐渐懂得自己的事情自己做的道理。

3. 加强精细动作和动手能力训练

动作技能的练习是发展孩子社会适应能力的一个必要途径。不管是婴儿的自我服务，还是在生活中各种习惯的养成，都离不开婴儿动手能力的发展。父母可以采取一些游戏来发展孩子的精细动作，如手指、串珠游戏等。

4. 让孩子参加力所能及的劳动

当孩子能走路的时候，他的活动范围逐渐增大，且随着小手灵活性的增加，孩子已经不满足原来的活动方式了。他更愿意模仿成人，加入到成人的活动中来。因此，此时父母在劳动的同时，不要忘了分派孩子一些简单且他能完成的任务，如取拿物品、给爷爷奶奶端茶等。

5. 正确对待孩子的错误行为

孩子在成长的过程中出现错误的行为是必然也是必需的。父母对孩子做错事的态度应以宽容、鼓励为主，同时教给正确的方法，千万不要训斥和责骂。过度的指责会破坏孩子的积极性，毁灭孩子的自主性。

附：

婴儿个别化过程及成人的适当反应

阶段	年龄(月)	婴儿的能力	社会性结果	个别化过程中的机能	成人支持个别化的行为
1	0	吮吸、视线移动、抓握、拥抱、发声	反射	接近母亲	观察儿童发出的信号，提供及时的照料
2	1～2	清醒时间增多，初步认识人和物，依赖成人的身体，能进行感兴趣的活动，咕咕发声	把一对母子看作一个整体，有最初的社会性反应，相互交流、凝视	开始区分自己与物体，运用多种接近成人的方式	提供给儿童玩具，同儿童一起游戏，给予及时的照料，对不同的情况做出准确反应
3	4～8	能坐、能抓东西、能爬、对物品更感兴趣、感觉发展；嘴动、利用工具、观察、敲击、笑、大喊、尖叫、牙牙学语	能分辨出熟悉的人，对个别人有了偏爱，能有意识的运用已有的有限的能力，爱玩，有社会意义的笑	没有自我意识，开始有社会期望，对陌生人有恐惧感，接近和跟随成人，短期外出后需再认保育员	为儿童的探索活动提供安全的环境，限制儿童的行为，对儿童的行为提前做出预测

续表

阶段	年龄(月)	婴儿的能力	社会性结果	个别化过程中的机能	成人支持个别化的行为
4	9～12	走、爬高、跑、乐于探索；好奇、兴奋，开始运月言语和手势；能较清晰地区分人和物；通过尝试错误来解决问题；有意运用言语、手势、行动来进行交流，发出请求，理解词语，能说更复杂的儿语	强烈地想获得认可，服从性降低，有了自己的意愿，自我控制力增强；有不同的情感，与成人玩要时，对事情感兴趣	开始知道母亲不是自我的一部分，用跟随和呼唤母亲来保持亲近；对个别人有了明显的偏爱，抗议与成人分开，总依靠母亲，行为外显	儿童玩要时要做好保护工作，对儿童的交流行为作出快速的反应，建立和保持对儿童的约束，给儿童独立行动的机会，用语言安慰儿童，与儿童分离时要向儿童解释，并且有耐心
5	15～24	运动增多，喜欢探索，言语和非言语交流技能快速发展，给喜欢的成人东西。此阶段末期能认识自我，用手指着说出一些词，然后再把几个词连起来	挨近成人然后再跑开，玩“妈妈追我”的游戏，自己意识到要说“不”，自我控制力增强，能够自我安慰，离开母亲之后会突然感到恐惧，母亲回来可能会因感到安心而哭泣	知道母亲的意愿不是自己的意愿，独立性与依赖性发生矛盾，成人不在时也可以高兴的玩要，用礼物“接近”他人，会说更多的话	给儿童解释暂时离开的原因，容忍儿童时亲时远的转变，与儿童用语言来讨论事情等；允许儿童占有物品，明确对儿童的社会期望，要有耐心
6	24～30	能理解日常用语，行为有意性增强，能解决精神上的问题，需要时会寻求帮助，行为有了目的，知道自己的性别和年龄	对其他儿童更感兴趣，同伴间的玩要和交流增多，相互调整社会性互动，玩角色游戏	对自己和他人有了明确的认识，用更多的方式来接近他人，可以忍受与成人的分离	继续使儿童安心、支持、提供照料，对儿童的自我控制和独立行为进行鼓励，让儿童接触其他学步儿

（引自：[美]马乔里·J. 克斯特尔尼克. 儿童社会性发展指南理论到实践[M]. 北京：人民教育出版社，2009.）

任务回顾

序号	本节知识要点	教师认为应达到的程度	学生自评达到的程度
1	了解婴儿自我意识发展的特点	☆☆☆☆	☆☆☆☆

续表

序号	本节知识要点	教师认为应达到的程度	学生自评达到的程度
2	掌握同伴交往对婴儿发展的重要性	☆☆☆☆	☆☆☆☆
3	分析影响良好亲子依恋关系形成的因素	☆☆☆☆	☆☆☆☆
4	运用促进婴儿社会性发展的策略开展家庭教育讲座	☆☆☆☆	☆☆☆☆

思考与练习

为了找出影响孩子自立的因素，佛蒙特大学的苏珊·克罗克伯格和加州大学戴维斯分校的辛迪·利特蒙对95位母亲及其23～26个月大的孩子进行了研究。参与这项研究的母亲和婴儿无论在家里还是实验室都要接受观察。无论是在家里还是在实验室，研究人员都会给母子或母女一项任务，要求孩子遵照母亲的要求做。研究表明，当孩子说“不”的时候，妈妈如果用温和的态度管教(告诉孩子该做些什么)和指导(给孩子提出建议或向孩子提出问题)，便会大大增加孩子遵从的机会，并且还能提高孩子通过积极的方式表达自己想法的能力；与此形成鲜明对照的是，如果母亲使用负面的管教方式或利用强权施教的话(如威吓或怒气冲冲地命令孩子做什么)，极有可能导致孩子的违抗。请结合教材和案例思考不同的教养方式对孩子个性与社会性发展的影响。

拓展训练

训练一：选定一婴儿，对其亲子依恋的行为进行观察，并判断其依恋的类型，谈谈不同依恋类型对孩子发展的影响是什么？

训练二：收集能帮助孩子发展良好个性和社会性的各类材料：图画故事书、儿歌、手指操游戏、视频等。

训练三：收集幼儿入园时不同焦虑反应的案例，逐一对其进行分析。

阅读导航

1. 庞丽娟，李辉. 婴儿心理学[M]. 杭州：浙江教育出版社，1993.
2. 桑标. 当代儿童发展心理学[M]. 上海：上海教育出版社，2003.
3. 林崇德. 发展心理学[M]. 北京：人民教育出版社，1995.
4. 陈帼眉. 学前心理学[M]. 北京：人民教育出版社，2001.
5. 王振宇. 幼儿心理学[M]. 北京：人民教育出版社，2009.
6. 李臻. 培养幼儿情绪自我调控能力初探[J]. 学前教育研究，2003(5).
7. 李幼穗. 儿童社会性发展及其培养[M]. 上海：华东师范大学出版社，2004.
8. 黄希庭. 心理学导论(第二版)[M]. 北京：人民教育出版社，2007.

9. 张文新. 儿童社会性发展[M]. 北京：北京师范大学出版社，1999.

10. 鲍秀兰. 0～3 岁儿童最佳的人生开端[M]. 北京：中国发展出版社，2006.

11. 俞国良，辛自强. 社会性发展[M]. 北京：中国人民大学出版社，2013.

12. [美]戴维·谢弗. 社会性与人格发展[M]. 北京：人民邮电出版社，2012.

13. [美]琳达·杜威尔—沃森. 婴儿和学步儿的课程与教学[M]. 北京：人民教育出版社，2011.

14. [美]马乔里·J. 克斯特尔尼克. 儿童社会性发展指南理论到实践[M]. 北京：人民教育出版社，2009.

学习反思

第九章

婴儿期常见的问题行为与心理障碍

学习目标

1. 了解多动症、缄默症和孤独症等心理障碍和常见问题行为的区别。
2. 了解多动症、缄默症和孤独症等心理障碍的特点。
3. 了解常见问题行为与心理障碍的教育指导方法。

本章导读

“有一个转园过来的小朋友，5 岁多了还不怎么说话，性格内向，不和其他小朋友一起玩，喜欢一个人玩，有时老师叫也不理睬，据说在家也是一样，肚子饿了也不主动找家长……”“有一个孩子 4 岁了，平时上课安静不下来，总喜欢和其他孩子闹，老师制止后过不了多久又去招惹其他孩子，好像有轻微暴力倾向……”在平时工作中，教师会遇到很多类似的实际问题。星星幼稚园的张老师说：“一看见孩子在教室跑来跑去，我就会想这个娃娃怎么那么难管呀？怎么老是不听话呢？干脆不管他，让别的孩子离他远点，免得被伤着了”。如果教师、父母能够多懂得一些相关的心理学知识，孩子的表现和发展状况可能会有很大不同。

本章将对婴幼儿期常见的问题行为和心理障碍展开讨论，并提出一些教育对策供教师和家长参考使用。

第一节 好动与多动症

洋洋平时表现出比其他孩子动作多，比如在椅子不能安静地坐着，喜欢晃椅子，经常惹旁边坐的小朋友，注意力不集中，东张西望，但教师批评或暗示后有一定效果；与小朋友在一起时显得不大合群，好搞“恶作剧”。在家里则表现得任性、冲动，遇到想办的事情父母不能满足，便大喊大叫，甚至在地上打滚，精力显得特别充足；对看电视很感兴趣，碰到爱看的节目，能一连看上一两个小时，但做其他事情时注意力难以集中。在家庭教养方式上，洋洋的父亲比较粗暴，看到孩子好动、不听话，烦了就骂，急了便揍；母亲则对孩子过于宠爱，给孩子买的玩具比一般家庭的儿童多好几倍，而且有不少是高级的电动玩具，但孩子玩不了几天就弄坏了，有时碰到孩子发脾气，新买的玩具拿起来就摔，对此母亲只是叹息，可舍不得管孩子。到底洋洋是不是患有多动症呢？

一、好动与多动症的区别

（一）多动症的特点①

多动症是一种通俗的提法，按照国际通用的提法，这类儿童行为问题应该称作“注意缺陷多动障碍”（Attention-Deficit-Hyperactivity-Disorder，ADHD）。注意缺陷多动障碍是指儿童智能正常，但主要表现为与年龄不相称的注意力分散、不分场合的过度活动、情绪冲动的一组症候群。目前，比较得到公认的界定是 Barkley（1990）的定义：注意缺陷多动障碍是一种发展性的异常，主要特征是发展性的、不恰当的不专注、多动和冲动。通常出现于童年的早期阶段。这些症状多会造成遵守规则行为或维持固定表现上的相关困难。ADHD 的临床表现常因年龄、环境和周围人的态度不同而有所不同。通常起病于 6 岁以前，学龄期症状明显，随年龄增大逐渐转好，大约 80％多动症儿童注意力不能集中、活动过多、难以控制的行为到了青年前期就会明显减少或者消失，但部分病例有可能延续到成年期。

1. 临床表现

（1）注意缺陷

注意缺陷是指主动注意保持时间达不到与患儿同年龄和智商儿童的水平，这是多动障碍的核心症状之一。患儿对于来自各方的刺激几乎都能做出反应，很容易受到环境影响而分散注意力，因而注意力的保持时间很短暂，注意对象频繁地从一种活动转移到另一种活动。患儿在玩积木或做游戏时往往显得不专心，做事时不能全神贯注，经常粗心大意，忽略细节，拖拖拉拉，不能坚持始终，也不能按照规则、要求去完成，常常出现遗失活动物品如玩具等。与之谈话时，常常不看交谈对方的眼睛而出现发呆的现象。在阅读时往往会出现漏字、串行等问题，以至于无法正确朗读文章。在课堂上东张西望，心不在焉或凝视发呆。对教师布置的活动常听不清、记不住，对教师的提问也经常因为听不清楚而答非所问。

（2）活动过多

在相对安静的环境中，活动量和活动内容在需要自我约束和次序井然的场合下明显增多，是 ADHD 的又一核心症状。活动过多大都开始于幼儿早期，有一部分儿童在婴儿甚至胎儿期就开始过度活动，表现为胎动比较频繁，出生后格外活泼，当开始学步时常常以跑步代走，好喧闹捣乱、翻箱倒柜。平时动作比较多，在座位上扭来扭去，左顾右盼，不能安静地坐一会儿，甚至离开座位走动、叫喊或者讲话。凡是能碰的东西总要碰一下，要么触碰周围东西，

① 吴增强．多动症儿童心理辅导——实用心理辅导丛书[M]．上海：上海教育出版社，2006．

要么招惹别人，会影响其他儿童的活动。患儿整天动个不停，但他们并不觉得疲倦。总体说来，患儿的多动常常带有唐突、冒失，不顾危险，具有一定的破坏性。有些过分的恶作剧，事先缺乏严密的思考，事后不顾后果。他们的多动不仅是量的增加，还可能是质的改变。进入学龄阶段后因受到各种限制多动的表现更为显著。

(3)冲动性

冲动性是指在信息不充分的情况下引发的快速、不精确的行为反应。ADHD 儿童情绪不稳定，易波动、激怒、过度兴奋，易受外界影响，且易受挫折。患儿做事前不假思索、不考虑结果，全凭冲动行事。在与人交往的过程中，常常强行加入或打断别人的活动、谈话，抢先回答他人还未说完的话题。由于自制力比较差，对于一些不愉快的刺激做出过分反应，容易激怒，脾气暴躁，当他们需要什么时必须立刻满足，否则就大吵大闹，出现攻击性行为。

(4)学习困难

ADHD 儿童大多智力水平都正常或接近正常，部分患儿智力偏低，智商在 70～90 之间，尤其言语智商与正常儿童有差距，理解力、领悟力、言语和文字表达能力相对要差一些。患儿的学习困难是逐渐发生的，学习成绩起伏不定，部分儿童存在认知功能缺陷，如在临摹图画时往往分不清主体与背景的关系，不能分析图形的组合。

(5)神经系统异常

半数 ADHD 儿童会出现神经系统软体征，即快速轮替动作笨拙、不协调，精细动作不灵活，生理反射活跃，共济活动不协调(不能走直线，闭目难立)。这些软体征仅作为诊断参考，并无定位意义，随着神经系统的发育成熟会逐渐好转。

2. 伴随表现

(1)言语发育延迟

ADHD 儿童的口头语言发育明显落后于正常儿童水平，开口讲话的时间比较晚，表达自己意图和理解意图比较困难，以至于影响其与他人交流的能力。但随着年龄的增长，言语发育延迟的情况会逐渐得到改善。

(2)功能性遗尿

指儿童在 5 岁以后仍然出现不明原因的不自主排尿现象，主要是在夜间尿床。有些 ADHD 儿童的尿床现象可以持续到青少年时期。

(3)手眼协调能力差

大约 50%的 ADHD 儿童手眼协调能力比较差，系扣子有困难，投球、传球、游戏、写字等很容易出差错。

(4)感知觉异常

ADHD 儿童在智商上并不比其他儿童差，但在使用词汇方面有困难，记忆力不好，解决问题的能力发展得比较慢，常常不能区别左右，不能用自己的左手去指右耳朵。

(5)自我评价低

ADHD 儿童常常受到批评，因此对自己的信心不足，学习成绩不好，人际关系差，会产生自我评价低的情况。

另外，ADHD 儿童在临床表现上会出现性别差异：女性患儿多动程度较轻，伴随的品行问题比较少，攻击性行为发生率较低，但往往有比较严重的智力受损。根据美国精神学会编制的《精神障碍诊断和统计手册》(第 4 版)(DSM-Ⅳ)中的诊断标准，ADHD 可以分为两种类型：一种以注意缺陷为主型；另一种以多动-冲动为主型，在临床上主要表现为活动过多，或合并为冲动型。

(二)多动症与好动的区别

活泼好动是儿童的天性，但有的儿童过分好动，无论做什么事情都不能专心，以致影响了学业及发展。他们有的被贴上多动症的“标签”，有的被扣上问题儿童的“帽子”，对此家长十分担心和烦恼。其实很多儿童并非人们所说的“多动症”，而是儿童的好动行为，正确地区分好动和多动症有助于开展切实有效的教育活动。正常的好动与多动症之间的区别主要有以下四点。

第一，正常好动的孩子虽然也有注意力不集中的表现，但对自己有兴趣的事情却能专心致志，很少分散注意力；而多动症的儿童任何时间、任何地点都不能较长时间集中自己的注意力。

第二，正常好动儿童行动常常有明确的目的，而且有计划及安排，虽然表现散漫，如做小动作，甚至吵闹打架，但当他意识到必须控制自己时，他就能控制得住；而多动症的孩子行动往往无目的，事先缺乏考虑，也不顾后果；行为常常唐突、冲动、冒失、富于冒险性、杂乱、有始无终。没有自我控制能力，经常在严肃的场合出现过分的举动，如在上幼儿园里的公开课时，他也会站起来走动或搞恶作剧等。

第三，正常孩子做快速、反复和轮换动作时，表现得灵活自如；而多动症的患儿却表现得很笨拙。

第四，中枢神经兴奋剂能使正常儿童引起兴奋；而患多动症的儿童服用后，却很快地表现得安静、少动，注意力呈相对集中。当他们服用镇静剂时，反而兴奋、多动。因此，对被怀疑的孩子，不妨给他们喝些咖啡或浓茶。如果孩子没有突出表现多动症的特征时，希望家长不要随便带孩子到精神病院去就诊，否则会给孩子心理以不良的刺激，也不要随便对孩子说“你是多动症”，这样做，反而会影响孩子的智力发展，增加精神负担。

另外，还可以用一些简单的方法来判断孩子是不是真的患上了多动症。

第一，翻手试验。

让被检测儿童将双手手心向下并置于桌子上，拇指置于掌心，其余四指并拢，然后再将双手翻过来。就这样限定在原位置范围内，反复翻动双手，并逐渐加快速度。这时要观察其肘部摆动的幅度、双手翻动时的姿势及双手是否还能并拢等。如果肘部摆动幅度较大，而且翻动姿势笨拙、不协调，疑似多动症患儿。

第二，指鼻试验。

让被检测儿童先用左手食指、后用右手食指指自己的鼻尖，在睁眼和闭眼的状态下各指 5 次。这时要观察被检测儿童在指鼻尖过程中的协调性和速度。多动症儿童往往动作过重、笨拙、错误次数多，尤其在闭眼操作时错误更明显。

第三，点指试验。

让被检测儿童一手握拳，另一只手用拇指依次接触其他四个手指，然后，另一只手重复上述动作。也可以正反两个方向接触其他四个指头(即食指—中指—无名指—小指或小指—无名指—中指—食指)。这时要重点观察被检测儿童动作的速度与协调性。如果不能快速、灵活、准确地完成这项测试，疑似多动症患儿。

以上是为教师及儿童家长们提供的三种简便易行的鉴别多动症的方法。同时需要提醒的是，不要轻易定义某儿童为多动症。如果家长发现儿童有多动、无法控制自己的行为、和同龄孩子不一样等方面的问题后，应及时到医院请专科医生检查，由医生诊断孩子是否患了多动症。

本节中介绍的洋洋具有多动行为，如注意力不集中，课余活动中常搞“恶作剧”，好冲动，精力特别旺盛，活动过度等。但这位儿童在以下几方面又与多动症有着明显区别：①当他受到家长批评或暗示后，一般能控制自己的行为，有所收敛，而患有多动症的儿童这一点却很难做到。②这位儿童对自己感兴趣的电视节目能够持续观看较长时间，这说明他的注意力并无障碍，只是由于多动的特点影响了注意效果，而多动症儿童的无意注意和有意注意都具有明显的缺陷，特别是不能持续地将一项活动进行到底，注意的有意性和坚持力很差。根据以上分析，我们认为，这位儿童属于一般性的好动行为，而不是患有儿童多动症，一般性多动行为可以随着儿童发展和教育影响逐渐改善，但多动症儿童则必须接受心理治疗和药物治疗方能好转。

二、多动症和引起好动的原因

(一)多动症原因[①]

ADHD的起病原因至今不明，近几年的研究表明，ADHD是由生物因素、心理因素、社会因素等多种因素共同作用的结果。

1. 遗传因素

临床学家在家族研究中发现，多动症家族成员中患多动症的比例比其他家族成员明显增多，多动症儿童父母、同胞中患多动症的可能性达40%，而且家族中男性成员中患酗酒、反社会人格的比较多，家族中女性成员中较多出现癔症。患儿同胞的同病率为65%，正常儿童同胞的同病率仅为9%。可见，ADHD的发生多是家族性的。另外，通过对多动症双生子的研究证明，多动症是与遗传有关的，其中著名的研究是由Goodman和Stevenson于1989年进行的。他们通过老师和父母填写问卷的方式从普通人群中筛选多动症双生子患儿，对问卷分析后发现，单卵双生子的同病率是51%，而双卵双生子的同病率是33%。虽然还不能由此作出多动症遗传方式的结论，至少从他们的研究中可以得出多动症和遗传有关。寄养子的研究也发现，不管寄养家庭的经济、教育和疾病情况如何，有精神病理学异常的父母寄养出的子女要比正常父母寄养出的子女患多动症的可能性大。也有研究发现，ADHD儿童的亲生父母具有反社会人格、酒精依赖以及癔症患者明显多于养父母或对照组父母。

2. 大脑发育延迟

对ADHD儿童脑电图的研究发现，患儿的脑电图异常率为10%～72.5%，表现为与年

① 吴增强. 多动症儿童心理辅导——实用心理辅导丛书[M]. 上海：上海教育出版社，2006.

龄不相符的慢波比例增多、波幅增高、频率加大，显示大脑皮层正常活动的 α 波所占比例减少，而 θ 波活动增多，且在睡眠时出现较多，这表示 ADHD 儿童存在觉醒不足。

3. 心理社会因素

怀孕、生产过程中的损伤、惊厥、母亲的不良精神状态、胎儿的晚熟、妊娠年龄、药物使用、难产等都会导致 ADHD 的发生。社会心理因素可能不是多动症的直接原因，单独存在不一定会造成多动症，但对 ADHD 儿童有重要意义，例如家庭因素中经济困难、家庭气氛紧张、对子女进行躯体或心理虐待、社会城市化和现代化的步伐增快、电影电视内容的影响、学习压力过重等都可能减弱脑的调节功能，易导致儿童注意力不集中，促使多动症的发生和持续。同时，随着经济的发展，各地工业污染有所加重，而一些色彩鲜艳的玩具也可能含铅，导致小孩铅中毒。金属元素中毒也会引起儿童多动症，但并非同一种情况的孩子都多动。

相关链接

关于多动症的研究新进展

美国《小儿科》杂志刊登一项新研究发现，睡觉鼾声大的孩子更可能会出现多动症、抑郁和注意力不集中等行为问题。辛辛那提儿童医院医学中心神经心理学专家迪恩·碧比博士及其同事对 249 名幼儿进行了研究。结果发现，2～3 岁时每周至少打鼾两次的孩子比睡觉不打鼾的孩子或者只在 2 岁或 3 岁打鼾的孩子更容易出现行为问题。碧比博士这项新研究表明，儿童持续打鼾与家庭社会经济地位差和缺乏母乳喂养或母乳喂养时间过短关系密切。新研究建议广大父母，务必将孩子打鼾，特别是持续打鼾的情况如实告诉医生，以便进行恰当的治疗。对儿童打鼾问题持等待和观望的态度，只会导致学前儿童行为问题更加严重。新研究也再次提醒新生儿母亲，应尽量给孩子多吃母乳。

[引自：人民网(健康·生活)相关文章]

美国 Nat Genet 杂志上发表一项新研究，研究发现多动症与大脑重要信号通路有关的一些基因存在着变异有关，这些基因会影响大脑中与多动症有关的神经递质。研究人员发现 4 种基因在多动症儿童中存在明显数量的 CNVs(DNA 序列删除或复制的拷贝数变异)。这 4 种基因属于谷氨酸受体(GMR)基因家族成员，其中变化最明显的是 GMR5 基因。谷氨酸是属于一种神经递质，而神经递质是负责在神经元中传递信号的一种蛋白。儿童精神病专家约瑟芬埃利亚说："多动症属于高异质疾病，区分出遗传变异的类型是非常重要的。"她说，与多动症有关的基因有数千种，在像多动症这样常见神经精神疾病中找到与 10%病例有关的一个基因家族是一个重大发现。这项研究将带来对这部分多动症患者有针对性的治疗，也是向儿童个性化治疗迈出的一步。

(引自：生物谷网站相关文章)

在美国《儿童和青少年医学档案》2012 年 1 月刊上发表的一项研究显示，若母亲在怀孕期间得了糖尿病，其孩子到 6 岁时患多动症风险增加 14 倍。纽约西奈山医学中心教授杰弗里·霍尔柏林指出："女性孕期监测血糖，以及合理的饮食习惯，不但关乎自己的健康状况，更会影响到孩子。"

[引自：人民网(健康·生活)相关文章]

(二)引起好动的原因

好动是儿童的天性，从孩子一出生就表现出这一天性，造成儿童好动的因素可以是以下几方面。

1. 年龄特征

儿童正处于发育阶段，心理发育有其一定的规律，而且具有某些特点。比如，正常小儿神经兴奋性高于抑制性，通常好动。3 岁左右的孩子出现第一反抗期，其行为往往与父母愿望相违背。如果家长对儿童心理发育特点不了解，往往产生误解，对反抗期儿童不是加以引导，帮助他度过反抗期，而是以家长制作风强制孩子服从，势必使反抗期延长，反抗行为加重，人为塑造成任性、倔强性格，使孩子好动行为加剧，产生一些类似“多动症”的行为。

2. 气质特征

人的气质有不同的类型，有一种类型叫作多血质。多血质孩子的明显特点就是活泼好动，情绪不稳，注意和兴趣容易转移，做事常常不够专心。年龄越小，气质类型的特征就越明显。

3. 智力特征

人的智力是有差别的。当周围环境中新颖的刺激不足时或者游戏活动不能满足需要时，“学有余力”的孩子不会安排自己的精力，于是就常常表现为注意力分散，活泼好动，时间一长还会形成习惯。

4. 标签效应

人的心理行为的发展有个奇怪的现象，就是常常按照自己期望的方向发展。说得通俗些就是，认为自己是个怎样的人，自己就常常成为怎样的人。孩子更是如此，只不过孩子是从大人那里学来的。就是说，大人认为孩子是个怎样的人，孩子就成为怎样一个人。正因如此，孩子常常会来“证实”大人的评价似乎总是有根据的。因为孩子还不知道自己究竟是怎样一个人，大人的评价常常形成孩子的自我认知，于是就朝着大人评价的方向发展了。这里，大人的评价如同一个标签，所以，心理学上把这种现象称为“标签效应”。可以这样说，有些孩子类似多动症的表现，是大人不经意间经常的评价“培养”出来的。

三、对好动与多动症儿童的教育与心理对策

对于儿童的好动行为，我们应该正确地认识它，通过耐心地教育和引导，给以正确的矫治和影响。随着儿童的不断成长，会逐渐改掉好动行为的毛病，慢慢养成注意力集中和做事认真的好品质的。在此提供几种简单的方法用于矫正儿童的好动行为①。

(一)矫正儿童好动行为的方法

1. 安静调节法

好动行为的孩子往往较烦躁、情绪不稳定，采用安静调节法对孩子进行早期干预，能收到良好的效果。如，老师可以带领孩子来到大自然或幼儿园的小花园，让幼儿躺下，闭上眼

---

① 邢贯荣. 浅谈多动儿童的教育及矫治[J]. 学前教育研究，2001(5).

睛，用耳朵听听大自然的声音，然后让孩子告诉老师听到了什么。①

2. 利用兴趣培养注意力

好动儿童的最大特点是对其感兴趣的活动注意力集中，因此可利用其兴趣培养他们的注意力。如，利用儿童爱听故事、看图书、下棋、画画等特点，做一些多动儿童感兴趣的静态活动，使他们安静下来，集中精神，投入活动，以此锻炼儿童的注意力。

3. 塑造新的行为

可以建议好动儿童每天用一定时间专心画画或涂写。如，可先从短时间(如每天 10 分钟)开始，然后逐渐延长；也可先由成人陪练，以后由儿童独立完成；还可要求坚持一定时间，然后再要求做好。当儿童按规定完成时及时给予表扬，使他们产生被信任感，以增强其信心，强化其良好行为。这样持之以恒，可以促进儿童注意力的发展。

4. 进行注意力集中的游戏训练

如走迷宫、找异同等智力游戏，或让儿童连续拍球和手持球拍往墙上推乒乓球，数量由少到多逐渐增加，使儿童注意的稳定性、专一性得到很好的训练，从而矫正儿童上课走神、注意力不集中的现象。

(二)多动症的综合治疗方式

至于对 ADHD 儿童的医治方面，由于病因不明，ADHD 的产生可能与多种因素有关，因此，对 ADHD 应该采取综合治疗方式，如药物治疗、物理治疗、饮食治疗、心理治疗等。

1. 药物治疗

治疗此病的药物可分为中枢神经兴奋剂、抗抑郁剂、抗精神病药及抗癫痫剂等，但一般以中枢神经兴奋剂哌醋甲酯或右旋苯丙胺为常用药品。药物治疗必须经过医生的诊断，并在医生指导下用药。

2. 物理治疗

物理疗法是指通过微电流刺激大脑，直接调节大脑使之分泌一系列有助于改善多动症的神经递质和激素，如内啡肽、乙酰胆碱，这些激素参与调节人体多项生理和心理活动，能够全面改善 ADHD 患儿情绪不稳、易激怒、活动过度等表现。相对于药物而言，物理疗法具有无副作用、依赖性疗效显著的特点。

3. 饮食辅助

中医对食物治病十分重视，饮食治疗就是在食物中配一定的中药进行食用，起到补身治病的作用。强调均衡膳食，多吃绿色食品、蛋类、肉类(鱼、虾)。

4. 心理治疗

文献资料指出，药物有效，但药物与教育、行为上的指导相结合更为有效。如认知疗法可以用于多动症儿童的紧张、焦虑及冲动性行为，以及注意力不集中。在认知治疗的实施过程中，心理医生应与患儿及其家长共同找出儿童的不良认知，并指导训练或学习等方法来纠

---

① 卢晓丽. 幼儿多动行为纠正的个案研究[J]. 学前教育研究，2008(6).

正错误的认知，使患儿的认识更接近现实和实际，从而改善其心理障碍。多动症儿童往往伴有继发学习困难，患儿的家长总认为孩子不用功，不肯学习，儿童自己也觉得不如其他儿童聪明。而实际上，多动症儿童由于存在注意障碍，造成思想不集中，学习不专心。所以，要克服学习困难，必须从改善儿童的“注意品质”着手，这样就能提高学习效果。总之，通过行为治疗的手段，使其不良行为得以纠正。

想一想

在多动症儿童的教育中家长应该注意哪些问题?

1. 家长对多动症儿童的教育必须要切合实际，不要像对待正常儿童那样严格，只要他的多动行为有所控制就可以了，不要要求过高。这是比较重要的多动症的教育。

2. 要把过多的精力引导出来，家长要带孩子参加各种体育活动，如打球、跑步、跳远等，如有条件，应安排他们做一些室内活动，使他们把过多的精力释放出来。但是，在安排他们进行活动时，要注意安全，避免危险。

3. 对多动症儿童的教育还需要加强集中注意力的培养可以从看图书、听故事做起，逐渐延长集中注意力的时间。也可以把他们安排在教室的第一排座位上，以便在上课时能随时得到老师的监督。如果儿童在集中注意力方面有所进步，应及时表扬、鼓励，以利于强化。增强他们的自信心。

4. 对多动症儿童的教育更要培养其自尊心和自信心，对于这类儿童，应耐心反复地进行教育和帮助，帮助他们提高自控能力，这就是最好的多动症的教育了。

总之，在对多动症儿童教育时，家长一定要有耐心，用心呵护孩子。

相关链接

行为疗法如何强化幼儿的正确行为

强化法的理论基础是在一种正确的行为之后加以奖励(强化)，可以增加这种正确行为发生的概率。在运用强化法时，我们确定了本次强化行为是：“上课没有到处走动”“能克制不打人”；根据晓宇很喜欢管人，有较强的支配欲的特点和喜好，确定的具体强化物是“担任值日班长”；并跟晓宇提出明确要求，上课时在教师没有允许的前提下不能随意走动、不管何种原因都不能随意打人，如果晓宇在当天上课时没有到处走动，并且当天没有发生打人事件时，他可以得到1颗小星星，等他积满5颗小星星就可以换朵大红花。而得到2朵大红花就可以担任一天的值日班长。

同时，让家长配合我们的干预措施，如果晓宇在家一天都没有打人，就给予口头表扬；一旦出现打人，家长要当场批评，并及时告诉教师。根据晓宇的后期的表现，可以逐步延缓满足强化物时间，直到撤销强化物。

［引自：严碧芳，李美銮. 矫正多动症幼儿园行为的个案研究[J]. 教育导刊，2012(7).］

任务回顾

序号	本节知识要点	教师认为应达到的程度	学生自评达到的程度
1	多动症的特点	☆☆☆☆	☆☆☆☆
2	好动与多动症的区别	☆☆☆☆	☆☆☆☆
3	引起多动症的原因	☆☆☆☆	☆☆☆☆
4	好动的原因	☆☆☆☆	☆☆☆☆
5	好动儿童的教育对策	☆☆☆☆	☆☆☆☆
6	多动症儿童的教育对策	☆☆☆☆	☆☆☆☆

第二节 沉默与缄默症

陈陈两岁半来上小班，智力一般，入园后和同伴有交往、交流。在成人面前不愿意说话，说话时比较胆小紧张。参加集体活动不主动，注意力不集中，不敢在集体面前表现自己。而下课后就表现得很活跃、调皮，经常有攻击同伴的行为。回家后从不说幼儿园的事情，对父母的提问也不愿意回答①。陈陈到底怎么了？通过医生诊断，陈陈患上了缄默症。那什么是缄默症，它与平时孩子表现出的沉默寡言有什么区别呢？

一、沉默与缄默症的区别

（一）缄默症的特点

缄默症是指在意识清楚，理解力完好也无口面部异常的情况下的言语完全缺失，患者除不讲话外，还会发出哭、笑、叫喊等声音。作为一种症状，缄默症可出现在多种疾病中。临床根据发病机制分为功能性和器质性两类。② 功能性缄默症是由心理因素引起的缄默不语，可以单一症状出现，多见于儿童的选择性缄默症状，也可作为一种精神症状见于多种精神疾病，如癔症性缄默、孤独症、情感障碍、精神分裂症等；器质性缄默症主要由脑部器质性病变所致，脑肿瘤、脑炎、脑损伤、脑积水都可伴发此症。③ 器质性缄默症的治疗需要医学仪器的检查、治疗，本节主要介绍功能性缄默症中儿童多发的选择性缄默症。

① 何佩红．初谈幼儿选择性缄默症．http://new.060s.com/article/2008/10/20/113655.htm.

② 施璐芳，徐佩宗，朱凯．听力正常儿童言语及语言障碍48例临床分析[J]．温州医学院学报，2001(5)：330.

③ 王晓萍，黄凌志．功能性缄默症的诊治体会[J]．听力学及言语疾病杂志，2007(6)：489.

选择性缄默症(SelectiveMutism，SM)是指患儿在某些特定的、需要言语交流的场合(如学校等环境中)因为焦虑或极度害羞持久地“拒绝”说话，而在其他场合言语正常为特征的一种临床综合征。① 选择性缄默症的临床特征有5点，可作为诊断的依据：①在需要言语交流的场合“不能”说话，而在另外一些环境说话正常。②持续时间超过一个月。③无言语障碍，没有因为说外语(或不同方言)引起的言语问题。④由于入学或改变学校、搬迁或社会交往等影响到患儿的生活。⑤没有患诸如自闭症、精神分裂症、智力发育迟缓或其他发育障碍等发育或心理疾病。② “缄默”的高度选择性是本症的最大特点。在婴幼儿期，儿童表现为：在家里或对熟悉的人讲话，而在幼儿园或对陌生的人就不讲话。少数患儿相反，在家里不讲话而在幼儿园里讲话。缄默时与其他人交往，可用手势、点头、摇头等动作来表示自己的意见，或用“是”“不是”“要”“不要”等最简单的单词来回答问题。待学会写字后，偶尔也可用写字的方式来表达自己的意见。

选择性缄默症多在3～5岁起病，女孩多见。中国人因为性格较为内向，这类患儿在上学前不易被父母发现。患儿在开始上幼儿园时不说话，往往被认为是因为内向和害羞性格原因等而忽略，直到上小学以后，表现为不愿回答任何问题，不愿与其他同学交谈，不参加集体活动时才被发现，造成患儿不能及时被发现和治疗。随着社会压力增加、社会矛盾增多、社会流动性加大、家庭问题和家庭矛盾增多，选择性缄默的患儿有增多的趋势。

相关链接

一位教师对某患选择性缄默症幼儿在幼儿园的一天的观察记录

8：30—9：00，晨间活动，她一个人拿着呼啦圈站在操场的一角，没有与小朋友进行任何交流。

9：00，早操，基本上能跟着音乐做动作。

9：15，活动间过渡，她坐在小椅子上，时而仰着头，一副茫然的表情；时而爬上桌子；时而挖鼻子；时而弯下腰摆弄鞋带；就是没有与任何小朋友交流。

9：27，谈话活动，教师提问时总会提醒幼儿要举手回答，她从来没有举手，也没有想要回答的迹象，东看西看，东摇西摇，注意力几乎没有在教师前面停留过。

9：50，学做操，她经常走神，需要教师时而点名提醒。

10：45，安静地休息。

11：00，教师教幼儿用手帕做玩具，她没有参与。

11：20—14：30，午餐、户外散步、午睡。

14：30，户外游戏，切西瓜。她拒绝和旁边的小朋友手拉手，她边上的两个小朋友也同样不愿意和她手拉手，她始终一个人站在那里。

15：00，回教室，休息。利用这段间隙，教师试着与她沟通，教师先走到她那个小组附近，和旁边的小女孩交谈，然后转向她，笑着问她叫什么名字，她只笑不答；旁边的小朋友

---

① 尹义臣，陈卓铭，李冰肖．选择性缄默症的诊治[J]．广东医学，2005(7)：896-897.

② 王晓萍，黄凌志．功能性缄默症的诊治体会[J]．听力学及言语疾病杂志，2007(6)：489.

告诉我，她叫青青，我向她证实，问她对不对，她依然是只笑不答，这时一个小男孩说：她不会说话。我问：真的吗？她还是只笑不答，旁边的小朋友再次强调：她从来不说话。

15：20，吃点心。

15：40，讲故事，十只小猪。当教师讲到精彩的部分，她也会和小朋友一起开心地笑，但大部分时间她面无表情。

16：05，桌面游戏。一开始她并没有选择自己的玩具，教师过来鼓励她拿玩具自己玩，她才开始。教师靠近她，问她摆的什么？她看着教师，没有回答。教师又问你摆的是房子吗？她笑着摇头。你摆的是汽车吗？她笑着摇头。是犀牛吗？她依然笑着摇头。到后来，教师根据她摆的图形建议她在旁边再摆一个红色的房子，然后再摆一个很高的绿色的房子，她行动接受了教师的建议，但依然没有语言。

17：00，离园。

（二）缄默症与沉默的区别

在生活中需要注意区分缄默症和儿童正常的沉默寡言现象，如有的家长发现孩子不爱说话、在社会交往时表现出沉默寡言，便怀疑孩子是缄默症。二者虽然都属于儿童心理卫生范畴，但并非完全相同，所以需要加以区分。

1. 沉默的持续时间不同

沉默寡言的儿童沉默的时间比较短，可能是暂时性的思维停滞，随着交往时间的增长，沉默寡言的情况会越来越少；缄默症儿童沉默不语的时间不会因为交往时间的增长而减轻。

2. 沉默时对象和场合稳定性不同

沉默寡言的正常儿童在任何人和任何场合时都可发生沉默现象，可能是用沉默的方式来表示他们拒绝别人的某种要求，或因为对需要他说话的新场合感到不适应而不说话；而缄默症儿童最畏惧的只是某个社交情境，如只选择学校或是聚会的场合不说话。

3. 引起沉默的原因不一样

正常儿童产生沉默可能是由于此年龄阶段语言发展的特殊性造成的。在儿童言语发展的过程中有一个“语言沉默期”，约在1岁半到2岁左右，部分家长会发现以前爱说话的宝宝突然沉默了，不喜欢说话。当家长遇到这种情况时，不要随意地给孩子贴上缄默症的标签，它只是这个年龄阶段儿童语言发展的正常现象。当儿童表现出沉默时，若不分原因地加以惩罚，如打骂、排斥、孤立等，会使儿童陷入焦虑不安，沟通更加困难，有可能真正患上缄默症。缄默症的孩子出现沉默，不是“语言沉默期”的现象，因为他们只在某个场合沉默，不是在所有场合都变得不爱说话。

二、缄默症与导致正常儿童沉默的原因

（一）缄默症的原因

关于选择性缄默症的起病原因目前尚无定论，病因学说有以下几种。

1. 选择性缄默症的发生与心理障碍相关

早期选择性缄默症个案研究，将问题归咎于家庭因素或难以解决的内心冲突，如父母过

度保护。最近研究认为，选择性缄默症和恐怖症有密切相关。有的专家甚至认为，选择性缄默症应该被称为儿童社会恐怖症。选择性缄默症患儿和成人社会恐怖症患者有很多共同特点。选择性缄默症和恐怖症相关的另一个有力证据，是抗焦虑药物对治疗选择性缄默症有效。

2. 选择性缄默症的发生与行为障碍相关

行为学家认为，选择性缄默症是一系列被加强的消极的学习模式所造成的行为问题，是一种"以拒绝说话作为巧妙应对外界环境的惯常反应"。也就是说，缄默状态是患儿处理与所处环境之间相互关系的一种行为表现。行为专家认为，患儿的沉默行为是功能性的，不良的外界环境是这种状态持续存在的维持因素，因而，患儿的这种缄默状态是一种适应行为，而不是病态行为。

3. 选择性缄默症的发生与智力发育障碍相关

Kristensen 等认为，选择性缄默症和智力发育障碍有关，常合并为咀嚼吞咽障碍、运动协调障碍及睡眠障碍。焦虑症状可能引起认知困难，比如工作记忆障碍容易导致焦虑症状。当认知任务超过认知能力时，患儿工作记忆可利用的资源匮乏，焦虑随之加重，于是采取妥协的方式如消极的、不说话等方式来完成任务。与之相反，Katharina 等人的研究结论却显示出：选择性缄默症患儿与对照组的儿童在认知功能上没有明显的差异。由此可见，选择性缄默症患儿通常不存在认知能力低下的问题。

4. 选择性缄默症的发生与言语或语言障碍相关

有研究发现，选择性缄默症患儿存在言语或语言障碍。Kolvin 和 Fundudis 的研究证实，选择性缄默症患儿开始说话的时间明显晚于正常儿童。在选择性缄默症患儿中 50%的患儿言语不成熟，而未出现缄默的儿童只有 9%言语不成熟。Wilkins 研究了 24 例选择性缄默症患儿，尽管评估时只有 8%的患儿有言语问题，但有 25%的患儿具有言语延迟现象，21%的患儿言语不清晰。在欧洲，对 100 例选择性缄默症患儿的大规模研究中，发现至少 38%的患儿存在言语或语言表达障碍，尤其在移民儿童中选择性缄默症发生率高，也印证了语言障碍与选择性缄默症有关。频繁搬家或转换学校可以诱发选择性缄默症，因此，选择性缄默症不应仅仅是一个语言问题。

除了以上四个方面，也有报道称外伤也可引起选择性缄默症，或可能与遗传有关。

(二)导致正常儿童沉默寡言的原因

1. 生理因素

当孩子年龄较小时，如处于言语发展的准备期时，口头表达能力不是很强，当思维的速度比口头表达速度快时，儿童会出现暂时的沉默。另外，每一个人的气质有不同的类型，有一种类型叫作黏液质。黏液质孩子的明显特点就是稳重，考虑问题全面；安静，沉默，善于克制自己；善于忍耐。情绪不易外露；注意力稳定而不容易转移，外部动作少而缓慢。年龄越小，气质类型的特征就越明显。这也是很正常的事。

2. 教养环境

与孩子沟通较少或抚育人过于沉默的家庭、常采取简单粗暴教育方式的家庭、过度限制孩子社交活动的家庭，容易导致孩子沉默寡言。

3. 物理环境

心理学研究表明，人在满足基本需要后会有安全和归属的需要，而家庭是满足这两个需要的最佳场所，因此，家庭的不和谐或突然改变原来熟悉的生活环境，会对孩子带来压力和焦虑使之出现沉默不语，例如，刚刚入园或移民到另一个国家开始生活等。由于缺乏安全感，孩子就会对外界的任何事产生不信任感而减少与外界的交流，语言就会越来越少。

三、对缄默症与沉默孩子的教育与心理对策

对于儿童出现的沉默寡言行为，教育工作者既不能把它简单归为是害羞现象，会随着年龄的增长慢慢消失；也不能认为沉默是孩子的一种反抗行为而横加指责；更不能随意贴上缄默症标签。我们可以通过恰当的教育方式改善儿童的沉默行为。对待正常儿童的沉默寡言现象，教育者可采用鼓励方式：①不要过分强迫儿童说话，让儿童有一定的言语自由，特别是处于语言发展准备期的儿童。虽然这一时期的儿童开口说话的时间暂时性减少了，但他们通过听别人的语言、理解别人的词语在为进入口头语言表达的爆发期做着准备。②鼓励孩子与同伴交往，增加孩子与同伴在一起的时间，因为同伴交往对于儿童来说是一种重要的社会交往方式，同伴是儿童行为的范型。③给予孩子足够的安全感。给予孩子情感上的安全感，让孩子处于稳定的家庭关系中，感到父母言行一致，值得信赖；给予孩子环境的安全感，让儿童生活在他熟悉的环境中；给予孩子事件上的安全感，有计划地安排孩子的日程，保证日常生活有规律，避免经常出现事先无法预料和不能计划的事件。只有保证上述三种安全感，才能保证儿童所在的这个世界具有连续性，让他可以找出其中的规律，使孩子对周围的环境和人具有一定的熟悉度，减少焦虑的发生，从而自主顺畅地进行交流。

对于选择性缄默症需要更加专业的治疗，经过治疗大多数缄默症儿童可以在数月至数年内恢复。以下介绍几种治疗方式。

(一)心理治疗

心理治疗是最早应用于选择性缄默症的治疗方法，目前仍在广泛应用。心理学家认为，选择性缄默症是一种心理问题，是社会恐怖症的一种表现类型，其出现的原因是躯体或精神创伤。心理治疗以缓解患儿的内心冲突为主要目的，强调个体化治疗，具体方法有心理暗示、心理辅导、精神分析法、认知治疗等。

(二)行为治疗

行为治疗是心理治疗的一种特殊形式。行为学家认为，选择性缄默症是一种行为障碍，常发生于有社会焦虑症、非常害羞的孩子，因此需纠正其行为方式。研究证实，行为治疗有显著疗效。新研究显示，行为治疗可以帮助患儿调节情绪，克服急躁和焦虑，纠正处理问题的行为模式。常用的方法有正性强化法、负性强化法、脱敏法、录像自我模型法等。

相关链接

正性强化法和脱敏法是行为疗法中最常用的两种方法。

正性强化法可以用在孩子各种不同的水平上完成任务时使用，从使用非口语交流(如手势、点头、使用图片表达需要等)到使用口语交流都可以奖励。如本节的教育故事中患选择性缄默症的幼儿，教师采用了正性强化，让幼儿作为一个信使，来回穿梭在两个教师之间，或者传递信息，或者帮助本班教师到别的班级借用某些物品，以此刺激幼儿说话的动机，当幼儿成功完成任务后，教师及时表扬。当然这需要一个过程，应给以孩子足够的时间。

脱敏法是指以渐进的方式让孩子置身于他所害怕的环境中以帮助孩子克服恐惧。例如孩子与家长单独留在教室里并且玩游戏，然后慢慢引进新的日益增多的较为困难的变量(教师在教室外面走动并装作无意听到家长与孩子交谈，然后教师进入教室，最后在教室中孩子与教师交往)。

[引自：张丽莉．一个选择性缄默症儿童在幼儿园的一天——对交往障碍儿童的个案分析[J]．山西师大学报(社会科学版)，2008(1).]

(三)家庭治疗

家庭治疗包括家庭教育和家庭游戏。家庭教育的目的是改善不健康的家庭环境和家庭关系，加强家长对选择性缄默症的认识，给患儿创造一个适宜的家庭环境，改善家庭关系，减少粗暴的呵斥，增加善意的鼓励，如患儿主动与客人交流(包括眼神、手势、躯体姿势、言语等)时给以适度的鼓励，不强迫患儿说话。而家庭游戏指邀请患儿的朋友、同学和老师来家中做客，同患儿一起做游戏，让患儿在熟悉的环境中同他们进行交流。不鼓励患儿使用其他方式交流，但不能反对，以免增加患儿的焦虑，诱导鼓励患儿交谈。来客由熟悉到陌生，由少到多，最终使患儿在学校接触到的人都是自己熟悉的人，而忽略学校是一个陌生的环境。

(四)学校和社会环境的参与和支持

给患儿创造一个良好的环境，多鼓励患儿讲话，不取笑其言语障碍，不恐吓捉弄等。鼓励患儿单独和老师交流，提前准备要回答的问题，然后在小范围内由患儿单独回答。老师或同学们用言语诱导、提示，配合患儿回答问题，逐渐将范围扩大。

(五)综合治疗

由于选择性缄默症病因还不十分清楚，可能为多因素所致。各种方法都有不同的疗效，因此目前选择性缄默症治疗多采用综合治疗方案，包括心理治疗、行为治疗、家庭治疗、学校社会支持和可能的精神药物治疗。首先，要避免精神刺激，对处在语言发育期的儿童要尽量避免各种精神上的刺激，培养儿童广泛的兴趣和开朗豁达的性格。其次，消除心理紧张因素，适当安排和改善生活和学习环境，鼓励他们积极参加各种集体活动。对患儿的缄默不要过分注意，避免强迫讲话而造成情绪上的进一步紧张，甚至产生反抗心理。可采取转移法，如父母陪孩子玩游戏、外出游玩，分散其紧张情绪。在情绪松弛的基础上，孩子刚张口讲话就给予奖励和鼓励；也可以用孩子最需要、最喜欢的东西作为奖励条件，让孩子说话。

任务回顾

序号	本节知识要点	教师认为应达到的程度	学生自评达到的程度
1	选择性缄默症的特点	☆☆☆☆	☆☆☆☆
2	沉默的特点、与选择性缄默症的区别	☆☆☆☆	☆☆☆☆
3	引起选择性缄默症的原因	☆☆☆☆	☆☆☆☆
4	引起儿童沉默的原因	☆☆☆☆	☆☆☆☆
5	沉默儿童的教育对策	☆☆☆☆	☆☆☆☆
6	选择性缄默症儿童的教育对策	☆☆☆☆	☆☆☆☆

第三节　孤僻与孤独症

沙沙直到2岁半都不会与人交流，怎么喊也不应声；她会自己在原地转圈一直玩儿，不制止就停不下来；看到小朋友，要么不理不睬，要么就上去推一把；想要什么东西，就拉着你的手去够，不会说："妈妈我要！"娟娟3岁半了，平时由爷爷奶奶照顾，在家说话少，喜欢爸爸妈妈，并愿意和家里大人一起玩儿。但是一出家门见到陌生人就哭，而且不愿意和其他小朋友一起玩儿，喜欢自己在一边玩儿。沙沙和娟娟的妈妈很困惑：我的宝宝有孤独症吗？应该怎么办？本节将主要介绍孤独症的概念、孤独症与孤僻的区别、孤独症与孤僻的教育策略等，从中也能为妈妈们的疑问找到答案。

一、孤僻与孤独症的区别

（一）孤独症的特点

孤独症（曾称为自闭症），是由美国约翰霍普金斯大学的卡勒博士于1943年首次提出的，并提供了世界上第1份孤独症案例报告：《情感交流的孤独性障碍》。1990年，世界卫生组织（WHO）对孤独症概念作了如下表述：孤独症的临床表现是一种广泛性发育障碍，表现为接受性言语的特异发育障碍，伴有一些情绪、行动障碍和精神发育迟滞。3岁以前就表现出来的一些障碍症状与精神分裂症相似，但不是早期发病的精神分裂症。① 1994年，美国心理学会（APA）在美国精神疾病分类和诊断手册4（DSM-4）中再次把孤独症明确定义为"广泛性发展障碍（Pervasive Developmental Disorders，PDD）"。孤独症具有的特点可总结为以下几方面。

1. 交互性社会交往方面的障碍

下列五项中至少要有三项才能将之归为社会交往障碍：①无法恰当地利用眼神、脸部表

① 沙海燕．对自闭症儿童的行为训练[J]．现代特殊教育，2004(7-8)：69-71．

情、身体姿势和手势等肢体语言来调节社会交往。②未能发展出(符合其智力年龄，且有充分发展机会的)同伴关系及和同伴彼此分享喜好的事物、活动及情绪的能力。③在紧张及痛苦时，极少寻求或让别人来安慰和安抚自己，别人感到紧张或痛苦时也几乎不去安慰或安抚别人。④缺乏主动地与别人分享快乐的能力(例如别人高兴时自己也感到高兴，自己快乐时也把别人带入快乐中)。⑤缺乏社会情绪的交互性，对别人的沟通性行为反应有障碍或作出不恰当的反应。

2. 沟通方面本质上的障碍

下列五项中至少要有两项符合才能归为沟通障碍：①口语发展迟滞或完全没有发展，而且没有用手势、哑语等替代性的沟通方式来辅助沟通的意图。②不太会引发或维持一来一往的对话，对别人的话语不会予以交互性的反应。③以刻板、重复或特异的方式使用字词或短语。④言语的音高、重音、音速、节律和声调等异常。⑤缺乏各种自发的装扮性游戏或年幼时的社会性模仿游戏。

3. 局限、重复以及刻板的行为模式、兴趣和活动

以下六项中至少要有两项符合才能归为行为障碍：①执着于刻板、狭窄的兴趣。②对某些不寻常的物品特别着迷。③强迫性地执着于某些不具功能性的常规或仪式。④经常出现刻板或重复的动作，包括手部或手指的拍打、扭转或复杂的全身动作等。⑤对游戏材料的某些部分或无功能的成分执着(如气味、触感、发出的噪音或震动等)。⑥对于环境中细小的、无关紧要的变化感到痛苦。

4. 必须在3岁前出现以上三个方面的发展迟缓或障碍

(二)孤独症与孤僻的区别

在诊断与评估过程中，需要注意区分孤独症儿童与孤僻儿童。有的家长发现孩子比较孤僻，便怀疑孩子患了孤独症。其实，二者虽然都属于儿童心理卫生范畴，但并非完全相同。孤僻是气质等问题，而孤独症属于发育障碍。具体的不同如下：

1. 社会交往方面

孤僻的儿童和孤独症儿童虽然都显得离群，但孤僻儿童在熟悉的环境(如家里)能很好地与他人交往，也能正确地运用注视、表情、手势、姿势等进行交往；他们对父母能产生依恋，也能交到个别好朋友。而孤独症儿童则表现为极度孤僻，对熟悉或不熟悉的人往往不加区分地表现出冷漠，如不会对亲人微笑，喂奶时不会将身子紧贴大人，成人伸手去抱时患儿没有迎接姿势。到了幼儿期乃至以后，孤独症儿童不能像正常儿童那样玩耍，无法和小朋友交往。

2. 语言发育方面

孤僻儿童在陌生的环境中可能言语很少，但他们的言语发展并没有障碍，在熟悉的环境中能正确运用语言与他人交往。而孤独症的儿童言语交流方面存在明显障碍，通常缄默或像鹦鹉学舌似的模仿别人的语言。主要表现在：①语言发育迟缓。有学者认为，50%的孤独症儿童最终会使用有用的语言，但他们只能以极有限的方式进行语言活动，不能与他人有效交流；语言刻板，代词用错，如“我要”说成“你要”，或将自己称为他；患儿对语言的理解表达能力低下，无法理解稍微复杂一点儿的句子。②重复性语言。重复性语言是指持续反复地说着所听到的他人的部分语言。正常儿童3岁左右时，这种现象即消失，而孤独症儿童可能会将这种现象持续终身。重复性语言有即时性的，也有延时性的。即时性的重复性语言是重复刚听到的，延时性的重复性语言包含了孤独症儿童重复以前某个时间周期所听到的言语，即无意义地重复所听到的。③语言的声调、重音、速度、节律及音调等方面的异常。孤独症儿童说话时的语调、速度往往存在问题，最为常见的是说话时表现出的语调平板单一，有的用高尖的声音说话，有的在说话的句子与句子之间没有间隙而显得很快，有的则在说话时不能控制音量等。

3. 兴趣和行为方面

孤独症儿童在兴趣和行为方面有以下表现：①兴趣狭窄。孤独症儿童兴趣异常狭窄，往往不愿与其他儿童玩，对玩具也不像正常儿童那样表现出强烈的兴趣，会极度专注于某些物件，对物件的某些部分或某些特定形状的物体特别感兴趣，甚至产生依恋。②仪式性和强迫性行为。由于缺乏变化和想象力，患儿常常坚持重复刻板的游戏模式，重复相同的生活，如反复给玩具排队，总要玩弄自己的脚趾，穿衣顺序相同，坚持某些物件的摆置形式，不能变动，一旦有所变化他们会极为沮丧。③自伤行为和攻击性行为。有的孤独症儿童有自伤行为，重复地自虐身体，如咬抓或戳自己、撞头等，这些行为通常持续到成人期。有的孤独症儿童还会攻击他人。④自我刺激行为。自我刺激行为是一种重复性、刻板性的行为，如旋转物体、敲打脸颊、摆手、凝视等。⑤日常生活能力低下。孤独症儿童缺乏生活自理能力，如穿衣、吃饭、如厕等行为能力缺乏。而孤僻儿童则没有这些异常兴趣与行为。

4. 感知觉和运动方面

孤独症儿童有明显的感知觉障碍，有的对感觉刺激如光、噪声、痛觉等反应过度迟钝，有的则过度敏感，有的则无法过滤整合有效信息，并做出适当反应。孤独症儿童也常存在运动障碍，包括体态的异常，脸部、头、身体、四肢的运动异常，眼睛的运动异常，重复性的手势和动作以及笨拙的走路姿态等。而孤僻儿童则没有。

5. 认知方面

孤独症可发生在从超常到弱智各种智力水平的儿童身上，大约20%的孤独症儿童有正常智力，30%有轻度至中度智力障碍，42%有中度和极重度智力障碍。关于认知障碍，已有研究发现了以下问题：①注意力。在注意特征中，敏感与迟钝同时并存，过度选择和无视刺激两种倾向兼而有之。②记忆能力。孤独症儿童机械记忆和视觉记忆往往具有很强的优势，如记忆列车时刻表、家中物体的位置等，但语义记忆很差；另外，他们的短期记忆较强，而对以前记忆的材料进行重组性编码时就显得困难重重。③情感认知障碍。孤独症儿童缺乏对他人情绪注意的能力，缺乏对他人情感的认知。④执行功能障碍。国外研究发现，孤独症儿童缺乏灵活解决问题的策略，缺乏变通能力，不会用改变策略的方法来解决问题。而孤僻儿童大多智力正常。

由此分析前面两则案例，案例中的沙沙，2岁半，不会与人交流，别人主动与她交流也不理睬。一直转圈不停下来，表明有重复性的刻板动作；看到想要的东西，就拉着大人的手去够，不会说“我想要”类似的话，表明语言发展受阻，因此在此可以初步判断可能有孤独症。而案例中的娟娟，虽然说话少，见到陌生人就哭，而且不愿意和其他小朋友玩耍，表现出拒绝陌生人、不合群，但在家喜欢与大人玩，表明能正常与人交流，对父母也有依恋。因此，该宝宝的种种表现只是说明宝宝性格孤僻，而谈不上是孤独症。

二、引起孤僻与孤独症的可能成因

（一）引起孩子性格孤僻的原因

婴儿阶段是孤僻性格的形成期。产生婴儿性格孤僻的原因也是多种多样，一般认为，主要包括生物因素和环境因素两方面。

1. 生物因素

有研究结果表明，性格孤僻因素受到生物遗传因素的影响，那些胆小、害羞的婴幼儿其父母可能儿时也是胆小、害羞的。也有研究认为，气质是婴幼儿表现出性格孤僻的重要因素，性格内向、抑郁质的孩子更容易表现出性格孤僻。

2. 环境因素

（1）家庭环境因素

家长的过于严格和要求过高、过多保护和代替，都会导致婴幼儿性格孤僻。家长对孩子限制多、期望高，会使孩子做起事情来总是胆怯退缩、缩手缩脚。另外，家长对孩子宠爱备至，关心和保护过多，使孩子从小缺乏锻炼自己独立解决问题的能力，不能感受由于自己完成某一任务后的成功喜悦，孩子也会逐渐形成性格孤僻。

（2）社会因素

处于信息时代的当今社会，生活节奏越来越快，人与人之间的关系淡漠。在这种情况的影响下，孩子与外界接触较少，所接受的环境刺激较少，与同龄人交往的机会也较少，长期交往不良使其不善与同伴交往，容易形成孤僻性格。

（二）引起孩子孤独症的原因

迄今为止，孤独症的病因仍不明了，但还是取得了许多重要和广泛的研究结果。主要归纳如下。

1. 不良的生活环境或不恰当的教养方式

美国约翰霍普金斯大学的卡勒博士指出，孤独症的病因是父母亲在情感方面的冷漠和教养过分形式化所造成。也有学者提出了“冰箱父母”的理论，认为孤独症患儿的大脑并没有损害，只是父母在心理上对孩子的排斥和虐待，对孩子缺乏温暖，使孩子的情绪发育受到干扰。另外，也有研究表明，溺爱也会导致儿童孤独症。过分满足和保护孩子，使孩子既不需要动口也不需要动手就可以得到满足，这样，没有言语刺激抑制了孩子语言、行为的自然发展从而导致孤独症。但是近年来的研究发现，儿童患孤独症可发生在任何家庭，与家庭环境、父母文化程度、教养方式等没有明显关系。而所谓一部分孤独症患儿的父母表现出冷漠或教养形式化，其实表明父母本身可能存在有轻型的类似障碍。但有一点是不可否认的，那就是不良的生活环境或不恰当的教养方式，可能会影响孤独症的发展，不利于孤独症的治疗和康复。

2. 遗传因素

关于引起孤独症遗传因素的有关研究，主要有双生子研究、家系研究、细胞遗传学及分子遗传学等。它们都表明了遗传因素在孤独症的病因中起着重要作用。

(1) 双生子研究。双生子研究表明，单卵双生子的孤独症发病一致率较双卵双生子明显为高，单卵双生子同病率为 90%，双卵双生子的同病率为 0～10%。

(2) 家系研究。Bolton 等对 99 例孤独症及 36 例 Down 综合征患者进行了系统性家系研究，发现在孤独症家系中的广泛发育障碍(PDD)发病率增加，孤独症同胞的患病风险是群体发病率的 30～100 倍。以后许多研究也表明，在高发孤独症家系的家族中，社交、交往缺陷和刻板行为发生率较高，以及孤独症双亲的人格特点多为冷漠、刻板、敏感、焦虑、谈话专断、固执、缺乏言语交流、很少发展友谊等。这说明孤独症存在家族聚集现象。

(3) 细胞遗传学研究。细胞遗传学研究主要探讨了细胞中染色体的异常与孤独症的关系。常染色体中，除了 14 号和 20 号染色体，其他常染色体异常与孤独症有关系均有过报道，而其中报道最多的又是 15 号染色体。此外还有关于性染色体的研究，有研究认为，脆性 X 综合征是导致孤独症的常见原因。

(4) 分子遗传学研究。目前有研究筛选到了一些孤独症候选基因，但这些基因只是列入可能与孤独症有关的候选基因之列，是否确实是孤独症的易感基因或致病基因，至今还没有一致肯定的研究结果，还需进一步研究和证实。

3. 神经因素

有研究发现，部分孤独症患儿脑部体积比同龄正常儿童相对要大，结构也存在一定的异常；也有学者提出，孤独症的发生可能与神经系统中神经递质的功能失调有关，等等。

4. 孕产期危险因素

许多研究表明，与孤独症有关的孕产期因素有：头胎、父母育龄大、母亲先兆流产、使用尾骨硬膜外麻醉、诱导分娩和产程小于 1 小时、胎儿窘迫、剖宫产分娩等，但缺乏特异性关联。所以，目前人们比较一致地认为，孕产期危险因素可能不是孤独症发病的直接原因，而是重要的辅助原因。

5. 营养因素

目前，研究人员通过已获得的研究成果一致认为，孤独症患儿对谷蛋白和酪蛋白饮食产生过敏反应(主要是谷类食物和牛奶)，不能将谷蛋白和酪蛋白彻底分解，形成过多短肽链，这些短肽链通过消化道进入血液，再穿过血脑屏障进入大脑，刺激影响人的整个中枢神经系统，最终导致功能失调，出现孤独症的许多障碍症状。

总之，孤独症的发生是一个极其复杂的过程，可能由多因素构成，虽然现在尚无定论，相信不久的将来会破解孤独症病因的谜团。

相关链接

孤独症研究与治疗获得新进展

目前，儿童孤独症的诊断依然只能利用行为症状进行观察。2012 年 2 月 1 日《参考消息》转载英国《每日邮报》1 月 27 日《通过监测大脑活动可以发现 6 个月大婴儿的孤独症迹象》一

文，科学家在监测大脑活动时突破性发现年仅 6 个月婴儿的孤独症迹象，将使识别孤独症儿童时间大大提前。目前大多数儿童要到两岁时才显示出孤独症状，给及早判断治疗带来了困难。该项研究负责人伦敦大学的马克·约翰逊教授认为，第一次发现表明，对 1 岁以内婴儿的大脑活动进行的直接监测与此后被诊断为患有孤独症相关联，这比通过行为症状进行诊断提前了很多。

（引自：人民网相关文章）

三、对孤僻与孤独症儿童的教育与心理对策

对于孤僻儿童的教育引导与对孤独症儿童的教育引导有大致相同的方面：

（一）优化孩子的交往空间

对于孤僻儿童而言，家长应经常让孩子多与他人接触，让孩子的交往领域扩大，尤其是与同龄小朋友接触。家长还可以运用游戏的方式来优化孩子的同伴交往空间，在游戏中孩子可以愉快交往，通过游戏家长可以给予孩子一定的帮助与指导，让孩子在游戏中扮演与自己平时孤僻性格不同的角色，增加对他们的交往要求，鼓励和引导孩子与同伴交往。

对于孤独症儿童而言，目前为其提供的最佳交往环境之一便是提供全纳教育，即让孤独症儿童与普通幼儿在同一环境中生活、接受教育，而不是把他们纳入传统的隔离式特殊机构中，可以达到孤独症幼儿与普通幼儿教育的双赢效果。全纳教育要求幼儿园要做好全面接纳特殊幼儿的准备。根据孤独症幼儿特征，营造一个温暖、舒适、支持的环境；教师可通过模仿游戏等方法帮助普通幼儿感受、了解特殊幼儿的需要以及特殊的情感表达方式，从而帮助普通幼儿与孤独症幼儿建立良好的同伴关系；教师应掌握特殊教育的知识与技能，了解幼儿的特别需求，接纳差异，善于激发幼儿的潜能，具有耐心、爱心、恒心、细心和信心；不能把孤独症和其他种类的残疾幼儿放在同一个班级里，这样可以让教师有精力对孤独症幼儿更好地进行个别化教育；根据幼儿的需要、能力开发全纳性课程，等等。

（二）尊重孩子的自主性

心理学家艾里克森提出“人的八个阶段”以及每个阶段的发展任务，而其中第二阶段为儿童早期，2～4 岁，这个阶段儿童主要获得自主感而克服羞怯与疑虑，孩子不满足于停留在狭窄的空间之内，渴望探索新的世界。处理好这一阶段的发展任务，孩子的自信心将大大增强，作为家长不应过分娇惯孩子，也不要对孩子限制过多，而应充分尊重孩子发展的自主性，解放孩子的双手，让孩子学会做自己的事，从小塑造孩子的自信以及活泼开朗的性格。

（三）积极强化

积极强化是指利用奖赏引发成功的愉快，从而激发婴儿的交往兴趣，改变孩子的孤僻性格。当孩子的理想行为出现后，家长应尽快用赞扬、某种奖品、活动机会或是代用券等方式进行及时强化，增强孩子的自信。

（四）榜样示范

运用观察学习的原理和方法，使得婴儿通过观察学习来增加、获取良好的交往行为，减

少或消除不良行为。家长应向孩子提供多样化的、有针对性的、易于效仿的理想模本，使得孩子能直观地进行观察和模仿。需要注意的是，在榜样示范中家长尤其应以身作则，在言行、人际交往的各方面给孩子树立良好的榜样，孩子耳濡目染，在不知不觉中就会形成良好性格。

以上是针对孤僻儿童与孤独症儿童共同的教育引导，但是由于孤独症属于不健康心理范畴，因此需要更深入的专门的教育治疗。目前针对孤独症儿童的教育治疗主要有以下几方面。

1. 游戏疗法①

游戏治疗是在一种自由、安全的环境下，治疗者陪伴儿童利用游戏材料进行游戏或儿童与其他人在治疗情景中游戏的治疗方法。主要包括积木游戏、箱庭游戏、水戏、玩黏土、乱画游戏、角色扮演等。其主要开展形式有单独游戏、平等游戏、指导性合作游戏、同伴游戏等。目的是通过游戏释放患儿的不良情绪，使儿童在一种被爱、被关注和容纳的气氛中渐渐感受到与人交流的乐趣，逐渐从自我封闭的世界中走出。游戏治疗按儿童人数划分，可以分为一对一游戏疗法和二人以上的团体疗法。一对一游戏疗法能针对性地治疗儿童自身的问题，团体疗法可以促进儿童与他人的沟通。按玩具选择性质划分，可以分为自由式游戏疗法和限制性游戏疗法，其中限制性游戏疗法又可以分为玩偶游戏、手指画游戏、黏土游戏等。学前教育阶段的游戏治疗，由于儿童的游戏技巧较弱，因此需要由家长、老师来指导。因此，良好的治疗关系的建立是游戏治疗成功的保障。

2. 箱庭治疗法②

箱庭治疗法是目前游戏疗法中运用得最多的一种，因此在此单独提出进行介绍。箱庭疗法的基本配置包括一个或两个沙箱(一个干箱、一个湿箱)、各种各样的小玩具模型。其实施过程如下：在咨询者的陪伴下，患者选择自己需要的玩具模型在沙箱中摆放、表演，从而再现其多维的现实生活，充分展现自己的内在世界，表达自己的情感体验。箱庭疗法包括两个核心阶段：作品制作阶段和理解、体验阶段。在作品制作阶段，咨询者默默陪伴患者选择玩具模型，在沙箱中创造一个场面。在理解、体验阶段，咨询者应鼓励患者对作品进行描述，可以是一个故事，也可以是对作品的简单描述。

图 9.3.1　箱庭疗法

3. 社会故事法③

社会故事法是指由专业治疗师、教师或父母为孤独症儿童编写的小故事，对所发生事件的时间、地点和参与人员等信息进行具体描述，对人们在事件情境中通常会怎么做、有什么想法或感觉等进行说明，并强调指出重要的社会线索，进而以患者能理解的语言说明与此情境相适应的行为方式。

---

① 梁慧琳. 儿童自闭症的游戏治疗[J]. 忻州师范学院学报，2009(2)：96-98.

② 陈顺森. 箱庭疗法治疗自闭症的原理和操作[J]. 中国特殊教育，2010(3)：42-47.

③ 李晓，尤娜，丁月增. 社会故事法在儿童自闭症干预中的应用研究述评[J]. 中国特殊教育，2010(2)：42-47.

在写小故事时应注意以下三点。第一，小故事是针对孩子生活、学习中遇到的一些情形而写的，目的是为了给孩子提供指导，让他明白我该如何面对和处理，即怎么做。第二，包括三个部分：第一部分是综述，在什么情况会出现这件事情，我该怎么做，会有什么结果；第二部分是具体怎么做，列出来所有可以做的、适当的、期望的行为；第三部分是强化（奖励），这是最关键的。强化（奖励）可以帮助孩子塑造、建立适当的行为。第三，小故事的使用，一方面是为了提高孩子的社会交往能力，另一方面也是提高孩子的自主性和独立性，所以随着孩子能力的提高，小故事可以让孩子自己带着，自我提醒，就像指导手册一样。当然，最初一段时间大人的提醒是非常重要的，最好大人拿着小故事提醒孩子。如果孩子自己认得，就只需要指给他看，不要使用语言。

总之，孤独症的治疗是一个复杂的过程，治疗方法目前也层出不穷。教育者应根据实际情况综合运用各种治疗方法。

相关链接

个案的基本情况：我有个学生叫乐乐，6岁，语言理解和表达能力都很强，但是脾气比较差，与人配合学习能力弱。当要求他做一件事情时，如果他不愿意做，他会大声喊，也可能会坐到地上，坚决不过来；在上课的过程中，想看自己喜欢的手机或图片时，会直接动手拿，很难安静地上完一节课；做作业时，嘴巴会不停地说话。他认识很多的汉字，喜欢手机、地铁、其他交通工具。

针对他的情况，在对他的教学中，一方面加入了很多视觉元素，同时引入了社会故事法。下面举一则我写的社会故事。

当我在学校里遇见老师

在学校里，有时候我会在院子里遇见老师，有时候我会在教室看见老师。看见老师我很开心，我可以走过去跟老师打招呼。如果我这样做，老师会很开心。我可以：

1. 远远地看见老师，朝老师笑笑。

2. 可以向老师点点头来打招呼。

3. 我也可以跑到老师跟前站好，跟老师说“老师好”。

4. 我也可以走过去，告诉老师我正在干什么。

这样做，老师会奖励我玩会儿宝马车。

为什么会写这个小故事呢？以前在学校里每当乐乐看见老师，就会很快地扑过来拉住老师衣服，跪在地上，然后快速地跑开。针对这种情况，我们写了这个小故事。在上课的时候跟他一起读。然后在平常遇到这种情况时，提醒他该怎么办，及时强化非常重要。

乐乐的记忆力很强，第二天在校园里看见他，我主动叫了他的名字，他跑过来，我看着他，他主动说“老师你好”，然后走开了。他的反应让我很吃惊。不过当情境稍有变化时，如老师们在照相，乐乐跑过来了，老师叫他一起照相，这时候他还会出现扑在地上的情形。小故事的学习还要继续，要根据孩子的实际情况及时调整。

任务回顾

序号	本节知识要点	教师认为应达到的程度	学生自评达到的程度
1	孤独症的特点	☆☆☆☆	☆☆☆☆
2	孤僻的特点、与孤独症的区别	☆☆☆☆	☆☆☆☆
3	引起儿童孤独症的原因	☆☆☆☆	☆☆☆☆
4	引起儿童孤僻的原因	☆☆☆☆	☆☆☆☆
5	孤僻儿童的教育对策	☆☆☆☆	☆☆☆☆
6	孤独症儿童的教育对策	☆☆☆☆	☆☆☆☆

思考与练习

1. 假如在你实习的班级中有本章所讲的三类行为问题儿童的任何一类，请你任选一类写出具体的教育方案。

2. 想一想，在家庭教育中，我们应该注意些什么以避免孩子患上本章所讲的三类病症。

拓展训练

训练一：请收集玩偶游戏、手指画游戏、黏土游戏等常用的游戏疗法实例，并尝试自制玩教具，与同学分享交流。

训练二：请收集能用本章知识回答的家长育儿问题，并写出答案，与同学分享交流。

训练三：收集相关成功教育案例，并加以分析。

阅读导航

1. [美]莫那斯特拉. 家有顽童——孩子有了多动症怎么办[M]. 雷秀雅，等译. 重庆：重庆大学出版社，2009.

2. [法]勒桑德厄，高诺法尔. 多动症：你应该知道的140个问题[M]. 杜赞，李利红，译. 上海：上海社会科学院出版社，2009.

3. [美]阿黛尔·法伯，伊莱恩·玛兹丽施. 如何说孩子才会听，怎么听孩子才肯说[M]. 安燕玲，译. 北京：中央编译出版社，2007.

4. 张丽莉. 一个选择性缄默症儿童在幼儿园的一天——对交往障碍儿童的个案分析[J]. 山西师大学报(社会科学版)，2008(4)：98-100.

5. 邵智. 儿童心理及障碍防治[M]. 重庆：西南师范大学出版社，2003.

6. 黄伟合. 儿童自闭症及其他发展性障碍的行为干预[M]. 上海：华东师范大学出版社，2003.

7. 张日昇. 箱庭疗法[M]. 北京：人民教育出版社，2006.

8. [美] 黛安娜·帕帕拉，萨莉·奥尔兹. 孩子的世界：0～3 岁儿童心理百科[M]. 北京：人民邮电出版社，2011.

学习反思